2.5 P15 套索工具 写意字体

2.11 P21 肤色识别选择

2.16 P26 扩展选区 街舞人生

3.14 P40 眼神提亮

3.19 P43 布艺麋鹿

4.13 逆光新娘

P39

6.12 液化
——夸张表情

P95

5.13 填充路径

P81

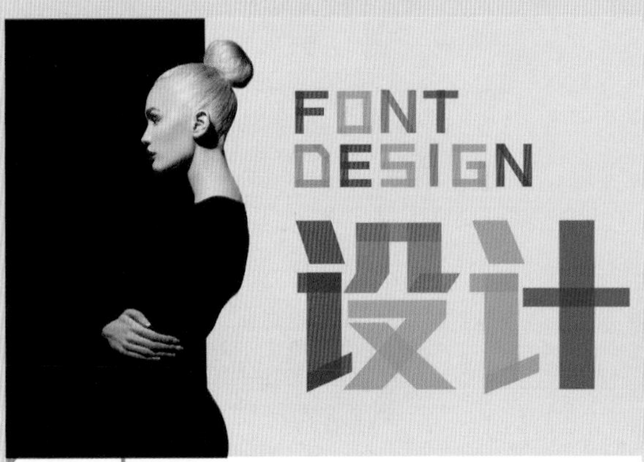

5.3 矩形工具
——多彩字体

P69

6.6 智能滤镜

P89

7.17 P118 制作照片的水彩效果

7.6 P111 给人物的眼睛变色

5.4 P70 圆角矩形工具——涂鸦笔记本

6.1 P84 通道调色

7.2 P107 美白肌肤

7.5 P110 染出时尚发色

8.1 P128 描边字
——放飞梦想

8.8 P136 蜜汁文字
——甜甜的蛋糕

9.3 P145 梦幻影像合成
——雪中的城堡

9.1 P143 超现实影像合成
——被诅咒的公主

9.2 P144 超现实影像合成
——笔记本里的秘密

9.5 P149 梦幻影像合成——太空战士

9.6 P150 残酷影像合成——火焰天使

9.7 P152 趣味影像合成——香蕉爱度假

9.10 P155 广告影像合成——生命的源泉

9.8 P152 趣味影像合成——空中宫殿

9.11 P156 广告影像合成——手机广告

匠造装饰

JIANG ZAO DECORATION

匠心筑家 · 精益求精

汉斯牛排

HANS STEAK

山庭水院 · 湖景洋房

天鹅湾

盛世明珠

|20|万|方|都|市|综|合|体|

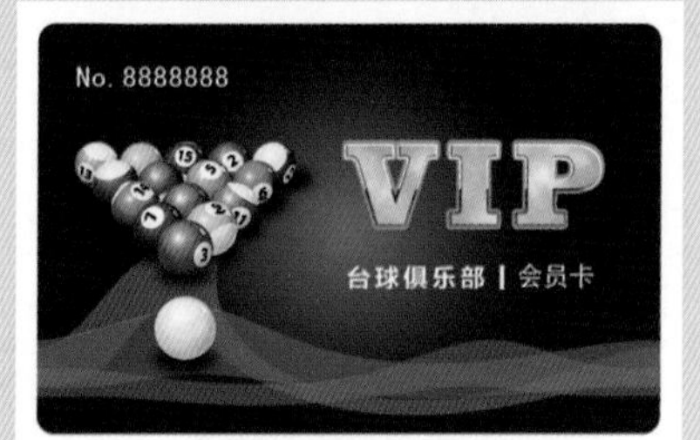

12.1 手机广告——挚爱一生 P198

12.6 电影海报——回到未来 P210

12.4 香水广告——小雏菊之梦 P205

12.8 金融宣传海报——圆梦金融 P214

13.2 P217 汽车类杂志封面——《汽车观察》

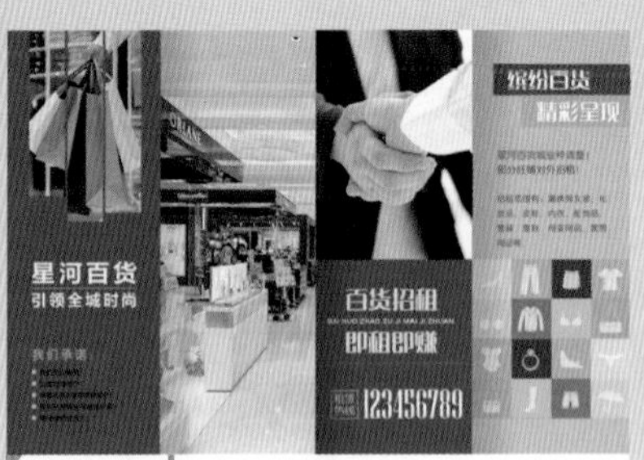

13.3 P218 百货招租四折页——星河百货

13.4 P219 房产手提袋——蓝色风情

13.5 P221 茶叶包装——茉莉花茶

13.6 P221 月饼纸盒包装——浓浓中秋情

13.7 P223 食品包装——鲜奶香蕉片

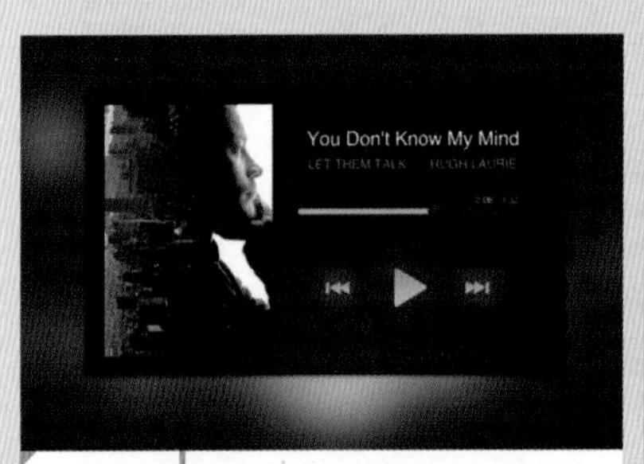

14.2 P227 网页按钮——音乐播放界面

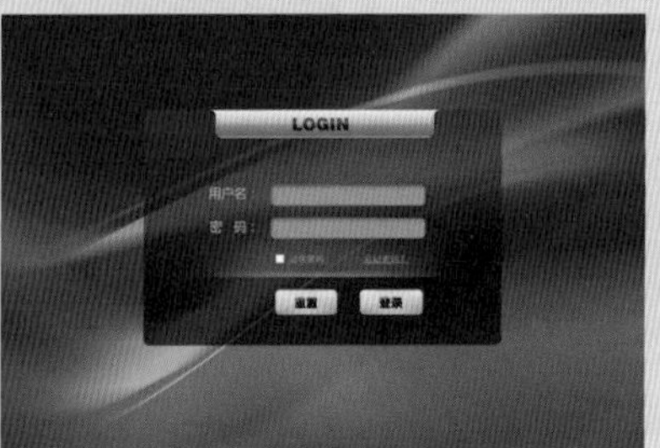

14.3 P231 网页登录界面——网络办公室

14.5 P236 数码网站——手机资讯网

15.2 P241 家居产品——沙发

15.3 P244 电子产品——鼠标

15.4 P247 电子产品——MP3

从新手到高手

钟霜妙 / 编著

Photoshop 平面设计从新手到高手

清华大学出版社
北京

内 容 简 介

本书是一本专门讲解Photoshop CC 2017的专业教材。全书通过大量的实例展示与详细的步骤操作，深入讲解了Photoshop CC 2017从工具操作等基本技能到制作综合实例的完整流程。

本书共15章，第1章为Photoshop基础篇，讲解了Photoshop CC 2017的基础知识；第2章至第6章为运用篇，讲解了Photoshop CC 2017的基础知识和基本操作，以帮助没有基础的读者轻松入门；第7章至第15章为综合篇，分别讲解了数码照片的处理、文字特效、影像合成、标志设计、卡片设计、广告与海报设计、装帧和包装设计、UI与网页设计、产品设计等的制作方法，以使读者全面掌握Photoshop CC 2017的使用方法和操作，并积累实战经验。

本书讲解深入、细致，具有很强的针对性和实用性，可作为各大专院校和培训机构相关专业教材，也可作为广大Photoshop爱好者、平面设计、网页制作等从业人员的自学教程和参考书。

图书在版编目（CIP）数据

Photoshop平面设计从新手到高手/钟霜妙编著. — 北京 ：清华大学出版社，2018（2022.1 重印）

（从新手到高手）

ISBN 978-7-302-50591-4

Ⅰ. ①P… Ⅱ. ①钟… Ⅲ. ①平面设计—图像处理软件 Ⅳ. ①TP391.413

中国版本图书馆CIP数据核字(2018)第153386号

责任编辑：陈绿春
封面设计：潘国文
责任校对：胡伟民
责任印制：丛怀宇

出版发行：清华大学出版社
网址：http://www. tup.com.cn，http://www.wqbook.com
地址：北京清华大学学研大厦A座　**邮编**：100084
社总机：010-62770175　**邮购**：010-83470235
投稿与读者服务：010-62776969, c-service@tup.tsinghua.edu.cn
质量反馈：010-62772015, zhiliang@tup.tsinghua.edu.cn
课件下载：http://www.tup.com.cn,010-83470236

印装者：三河市龙大印装有限公司
经　销：全国新华书店
开　本：188mm×260mm　**印　张**：16.5　插页：4　**字　数**：535千字
版　次：2018年11月第1版　**印　次**：2022年1月第5次印刷
印　数：5301～6500
定　价：89.00元

产品编号：073502-01

前言 FOREWORD

Photoshop 是 Adobe 公司旗下最为著名的图像处理软件之一，主要用于处理由像素构成的数字图像，是一款专业的位图编辑软件。Photoshop 应用领域广泛，在图像、图形、文字、视频等方面均有涉及，在平面广告、出版印刷、网页制作、包装、海报、书籍装帧等各方面都有着不可替代的重要作用。2016 年 11 月 2 日，Adobe 公司对产品进行了全线的升级，并命名为 Adobe CC 2017。

1. 编写目的

鉴于 Photoshop 强大的图像处理能力，我们力图编写一本全方位介绍 Photoshop CC 2017 基本技能和技巧的工具书，帮助读者逐步掌握使用 Photoshop CC 2017 的技巧。

2. 本书内容安排

本书共分 15 章，精心安排了 200 个具有针对性的案例，从最基础的 Photoshop CC 2017 的使用方法介绍到复杂的平面广告设计、海报、包装设计和网页设计等，内容丰富，可以帮助读者轻松掌握软件使用技巧和具体应用。而为了让读者更好地学习本书的知识，在编写时特地对本书采取了“疏导分流”的措施，具体编排如下。

章名	内容安排
第 1 章 Photoshop CC 2017 快速入门	本章主要讲解一些 Photoshop CC 2017 的基本使用技巧，包括软件界面、文件的新建与存储，以及一些新增功能
第 2 章 选区的使用	本章主要了解选区的应用方法。精选 17 个案例，讲解移动选区工具、椭圆工具、套索工具、魔棒工具的运用，同时介绍对选区进行如羽化、变换、反选、扩展和描边等操作的方法
第 3 章 绘画和修复工具的运用	本章通过 24 个案例，了解画笔工具、铅笔工具等绘画工具的应用方法，同时通过具体的案例使读者掌握仿制图章工具、污点修复工具等修复工具的使用方法
第 4 章 图层和蒙版的运用	本章介绍了图层、图层样式、图层混合模式和调整图层的使用方法，并介绍图层蒙版、剪贴蒙版和矢量蒙版的使用方法
第 5 章 路径和形状的应用	本章通过 14 个案例，了解钢笔工具、各类形状工具的使用方法，还介绍路径的运算以及路径的描边和填充等操作方法
第 6 章 通道与滤镜的运用	本章讲述了使用通道进行调色、美白和抠图的方法，同时还介绍各类滤镜的使用方法
第 7 章 数码照片处理	本章主要针对数码照片进行处理，从遮瑕、去皱、美白和修饰腿形等到照片的调色、综合实例的运用
第 8 章 文字特效	本章通过 11 个特效文字的制作，为读者提供了制作特效字的思路
第 9 章 创意影像合成	只有想不到，没有做不到，本章通过 12 个创意影像的合成创意案例，非常详细地讲述了 Photoshop 合成作品中的一些技巧
第 10 章 标志设计	本章的 10 个标志设计案例涉及多个行业，展示了标志设计的技巧，步骤详细，能帮助读者上手设计标志，同时启发设计灵感
第 11 章 卡片设计	本章通过 12 个案例，讲解各个行业的卡片制作，以及优惠券、贺卡、吊牌和书签的制作方法
第 12 章 广告与海报设计	本章的 8 个不同风格的广告和海报设计案例，是制作海报的极佳范例。通过讲解，可以了解海报制作的过程与技巧
第 13 章 装帧与包装设计	本章的 7 个案例，讲解了画册、杂志、折页等装帧设计的方法，还讲解了手提袋、罐类、纸盒、食品等包装设计的过程
第 14 章 UI 与网页设计	本章的 5 个设计案例，小到图标按钮，大到网站设计，为读者制作 UI 和网页设计提供了具有参考价值的设计方案
第 15 章 产品设计	本章通过 4 个产品设计案例，包括家电产品、家居产品和电子产品，详细地展示了其设计过程

3. 本书写作特色

为了便于读者更好地阅读与理解，本书在具体的写法上也“暗藏玄机”，具体如下。

- 由易到难，轻松学习

本书详细地讲解了每个工具在实际应用中的使用方法，在编写时还特别考虑各种可能用到的场景。实例从基本内容到综合案例的运用，多加练习即可应对绝大多数的工作需要。

- 知识点一网打尽

除了基本内容的讲解，在书中的操作步骤中分布了大量的“提示”，用于对相应概念、操作技巧和注意事项等深层次解读。因此本书可以说是一本不可多得的、能全面提升读者 Photoshop 技能的练习手册。

4. 本书创作团队

本书由钟霜妙编著，参加编写的还包括洪唯佳、陈志民、江凡、薛成森、张洁、马梅桂、李杏林、李红萍、戴京京、胡丹、申玉秀、李红艺、李红术、陈云香、陈文香、陈军云、彭斌全、林小群、刘清平、钟睦、刘里峰、朱海涛、廖博、易盛、陈晶、黄华、杨少波、刘有良、刘珊、毛琼健、江涛、张范、田燕。

由于编者水平有限，书中疏漏与不妥之处在所难免。在感谢您选择本书的同时，也希望您能够把对本书的意见和建议告诉我们。

联系信箱：lushanbook@qq.com

读者 QQ 群：327209040

5. 配套素材

本书的相关素材和视频教学文件，请扫描章首页的二维码进行下载。配套素材和视频教学文件也可以通过下面的地址或右侧的二维码进行下载。如果在下载过程中碰到问题，请联系陈老师，邮箱 chenlch@tup.tsinghua.edu.cn。

地址：https://pan.baidu.com/s/1h53J9QJUWnLDJ-6GkEwtkg 密码：awdk

编者

2018 年 4 月

目录 CONTENTS

第1篇　基础篇

第1章　Photoshop CC 2017 快速入门

第2篇　运用篇

第2章　选区的使用

第 3 章 绘画和修复工具的运用

Dance

我们的口号是
每天笑一笑

第 6 章 通道与滤镜的运用

第3篇 综合篇

第7章 数码照片处理

第 8 章 文字特效

第 9 章 创意影像合成

第 10 章　标志设计

第 11 章　卡片设计

第 12 章　广告与海报设计

我的旅行日记

汽车观察
CAR OBSERVATION

星河百货
百货招租
123456789
缤纷百货

PHONE
7 iPhone
在此

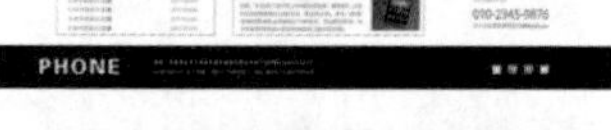
PHONE

第 1 篇　基础篇

1.1　快速起步——Photoshop CC 2017 工作界面

在学习 Photoshop CC 2017 之前，首先来认识一下它的工作界面。Photoshop CC 2017 中文版的工作界面主要由 6 大版块构成，分别是菜单栏、工具属性栏、工具箱、浮动窗口、编辑窗口以及文档属性栏。

01 打开 Photoshop CC 2017，其启动界面如图 1-1 所示。

图 1-1

02 启动后，Photoshop CC 2017 的工作界面如图 1-2 所示。工作界面详细介绍如下：

✦ 菜单栏：在菜单栏中可以执行各项命令，主要包括文件、编辑、图像、图层、选择、滤镜、3D、视图、窗口、帮助命令。

✦ 工具属性栏：工具属性栏控制当前所选工具的属性。如当前选择“选框”工具，工具属性栏则显示出“选框”工具的各项属性。若选择其他工具，工具属性栏则显示相应工具的属性。

✦ 工具箱：工具箱默认位于 Photoshop CC 2017 工作界面的左侧，也可以根据自身的使用习惯调整到界面的其他位置。工具箱中包含 Photoshop CC 2017 中所有的工具，是处理图片的“兵器库”。

✦ 浮动窗口：浮动窗口可以自由拖动，还可以通过“窗口”菜单中的命令打开或者关闭。通过不同的浮动窗口，可以完成填充颜色、调整色阶等操作。

✦ 编辑窗口：编辑窗口是编辑图像的主要操作界面。

✦ 文档属性栏：文档属性栏的具体数值，因打开的文档不同而显示不同的内容。用户可以手动输入百分比来控制画面放大或缩小的比例；单击文档属性栏的小三角按钮，如图 1-3 所示，将弹出文档大小、文档配置文件、文档尺寸、测量比例等选项，供用户选择；单击小三角左侧的显示条，即出现画面的宽度、高度、通道和分辨率参数。

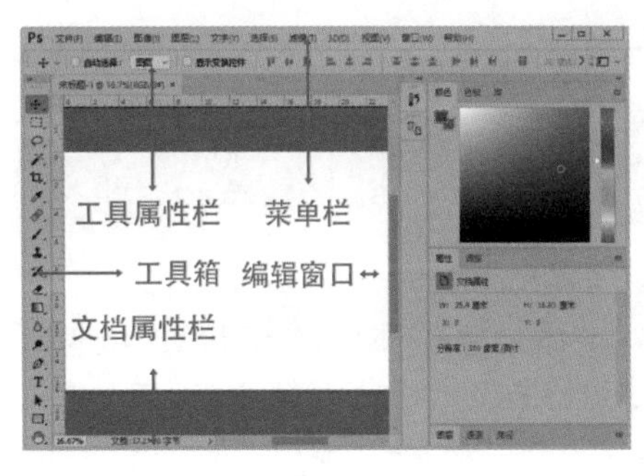

图 1-2

Adobe Drive
文档大小
文档配置文件
文档尺寸
测量比例
暂存盘大小
效率
计时
当前工具
32 位曝光
存储进度
100%
文档:430.8K/0 字节

图 1-3

第 1 章

Photoshop CC 2017 快速入门

Photoshop 是世界上运用最多的图像处理软件，不论是平面设计、3D 动画、数码艺术、网页制作，还是多媒体制作，Photoshop 在每个领域都发挥着不可替代的作用。本章主要介绍 Photoshop CC 2017 的基本操作方法，如新建文档、打开文档、保存和关闭文档等，通过对本章的学习可以快速掌握 Photoshop 的使用技巧。

第 1 章 视频

第 1 章 素材

03 更改编辑窗口的背景颜色。执行“编辑”|“首选项”|“界面”命令，在弹出的对话框中选择合适的颜色，如图 1-4 所示，调整颜色后的编辑窗口如图 1-5 所示。

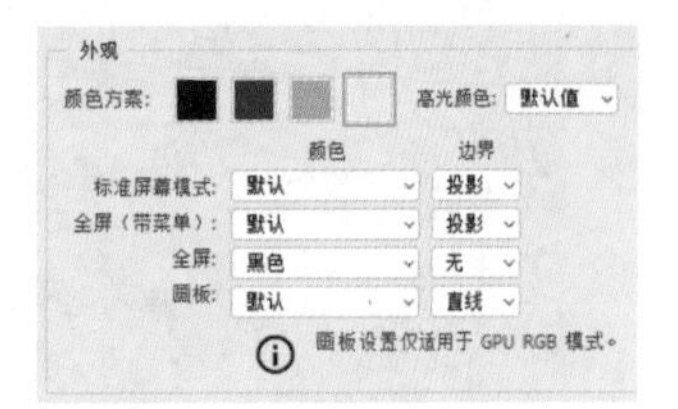

图 1-4

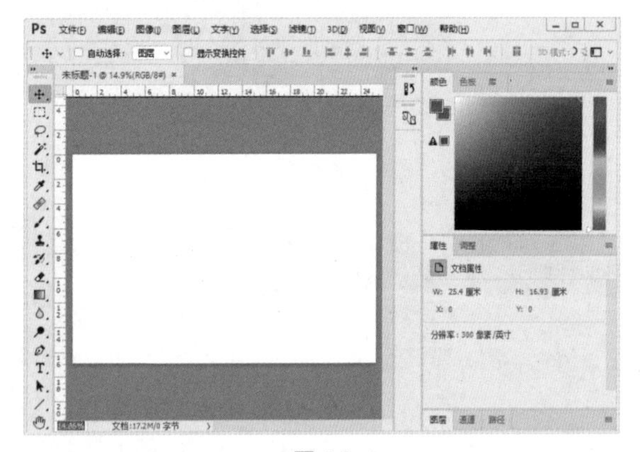

图 1-5

1.2 文件管理——新建、打开、关闭与储存图像文件

本节主要学习 Photoshop CC 2017 的文件管理方法，也就是如何新建、打开、关闭和储存图像文件。

01 启动 Photoshop CC 2017，执行“文件”|“新建”命令，或按快捷键 Ctrl+N，在弹出的“新建”对话框中设置参数，如图 1-6 所示。在这里可以为文件命名，设置图像的大小、分辨率、颜色模式和背景颜色等，单击“创建”按钮，新建文件。

图 1-6

02 打开文件。执行“文件”|“打开”命令，或按快捷键 Ctrl+O，在弹出的对话框中找到要打开的文件，单击“打开”按钮，这样就打开了一个文件，如图 1-7 所示。接下来可以对该文件的图片进行编辑和调整。

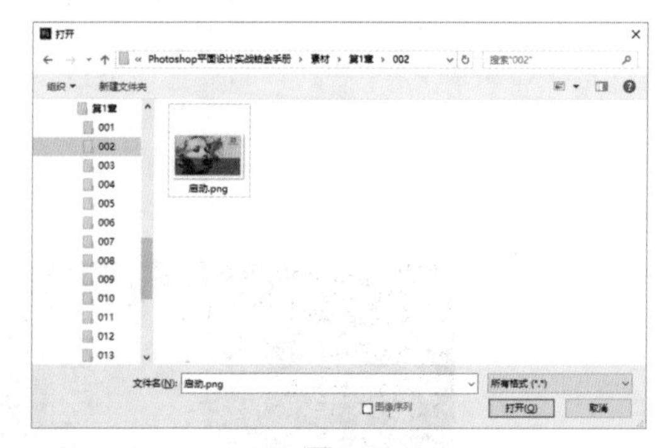

图 1-7

03 存储文件。执行“文件”|“存储”命令或按快捷键 Ctrl+S，即可对文档进行存储。若有对图层进行的操作，如新建了一个图层，存储时会弹出“另存为”对话框，选择计算机中合适的路径进行保存即可。

04 若想将文件存储为其他格式，执行“文件”|“存储为”命令或按快捷键 Shift+Ctrl+S，在弹出的“存储为”对话框中选择相应的格式，如图 1-8 所示。

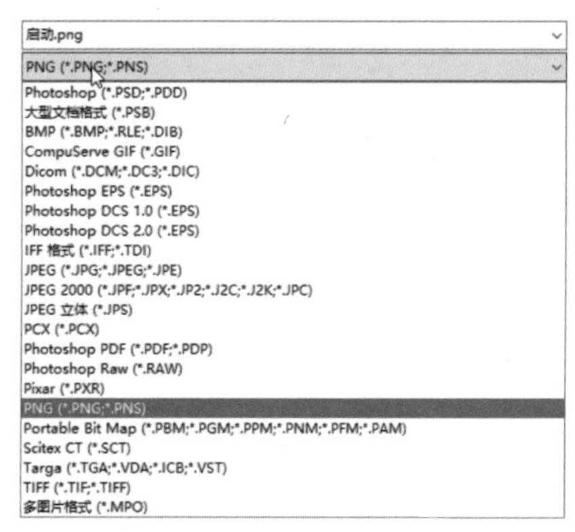

图 1-8

05 若需要存储为 PNG、JPEG、GIF 和 SVG 类 Web 常用格式，执行“文件”|“导出”|“导出为”命令或按快捷键 Alt+Shift+Ctrl+S。

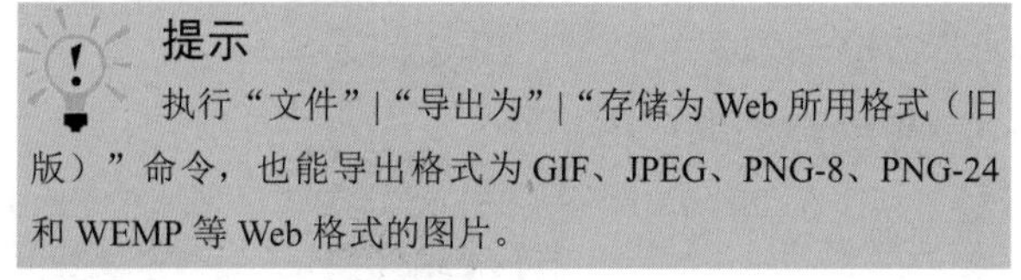

提示

执行“文件”|“导出为”|“存储为 Web 所用格式（旧版）”命令，也能导出格式为 GIF、JPEG、PNG-8、PNG-24 和 WEMP 等 Web 格式的图片。

06 关闭文件，可以直接单击文档右上角的 × 按钮，或执行“文件”|“关闭”命令，也可以按快捷键 Ctrl+W。若要关闭同时打开的全部文件，按快捷键 Alt+Ctrl+W 或直接单击 Photoshop CC 2017 右上角的“关闭” × 按钮即可。

07 若没有对图像进行修改，文件会在执行“关闭”命令后直接关闭。若对图片进行了修改，文档会在执行“关闭”命令后弹出提示对话框，如图 1-9 所示。单击“是”按钮，文档会在保存后关闭；单击“否”按钮，文档不会保存，而直接关闭；单击“取消”按钮，文档则不会进行任何处理。

图 1-9

1.3　控制图像显示——放大与缩小工具

在 Photoshop CC 2017 的实际运用中，经常要对图像进行放大和缩小。其方法有很多，下面就来学习如何对图像进行放大与缩小。

01 启动 Photoshop CC 2017，执行“文件”|“打开”命令，打开“花”素材，如图 1-10 所示。

02 选择工具箱中的“缩放”工具，需要放大图像时，在工具属性栏中单击“放大”图标，移动光标到编辑窗口的图像上并单击，即可将图像放大，如图 1-11 所示。

图 1-10

图 1-11

03 需要缩小图像时，在工具属性栏中单击“缩小”图标或按住 Alt 键，移动光标到编辑窗口的图像上并单击，即可将图像缩小，如图 1-12 所示。

04 通过按快捷键 Ctrl+“+”也可对图像进行放大。需要连续放大时,可以在按住 Ctrl 键的同时,连续按键盘上的“+”键。同样，通过快捷键 Ctrl+“–”可对图像进行缩小。连续缩小时，在按住 Ctrl 键的同时，连续按键盘上的“–”键。

05 通过按快捷键 Alt 并滚动鼠标滚轮，也是一种常用的对图像进行放大、缩小的方法。按 Alt+Shift 键并滚动鼠标滚轮时，能够对图像进行成倍放大或缩小。

提示

按快捷键 Ctrl+ 空格键，切换到放大工具，单击即可放大图像；按快捷键 Alt+ 空格键，切换到缩小工具，单击即可缩小图像。

06 还原缩放。在工具箱中双击“缩放”工具，即可按 100% 的比例显示图像，如图 1-13 所示。

图 1-12

图 1-13

提示：其他还原缩放的方法

a. 按快捷键 Ctrl+1 使图像 100% 显示。

b. 单击“缩放”工具属性栏中的 100% 按钮，100% 显示图像。

c. 在文档属性栏中手动输入 100%，100% 显示图像。

提示：整体预览图像的方法

单击 适合屏幕 按钮时，图像将自动缩放到窗口大小，以方便对图像进行整体预览；单击 填充屏幕 按钮，图像将自动填充整个图像窗口，而实际长宽比例不变。

1.4　移动图像显示区域——抓手工具

通过上一节的学习，了解了“缩放”工具可以快速调整图像的显示比例，而本节将学习的“抓手”工具，则可以通过鼠标自由控制图像在编辑窗口中显示的位置。

01 启动 Photoshop CC 2017，执行“文件”|“打开”命令，打开“叶子”素材，如图 1-14 所示。

02 按 Alt 键并滚动鼠标滚轮放大图像（图像在编辑窗口中显示全部时不能使用“抓手”工具），如图 1-15 所示。

图 1-14

图 1-15

03 选择工具箱中的“抓手”工具，或按快捷键 H，移动光标到素材图像处，单击并拖曳，即可移动图像在窗口中的显示区域，如图 1-16 所示。

04 在使用其他工具时，按住空格键，当光标变为“抓手”工具的形状时，单击并拖曳也能对图像进行移动。

图 1-16

05 若同时打开了多幅图像，可以选中“抓手”工具属性栏的☑滚动所有窗口复选框，即可同时移动多画面。

提示

在选中“抓手”工具的情况下，按住 Ctrl 键的同时，单击或按住鼠标左键拖出一个矩形框，即可对图像进行放大；若想缩小图像，则在按住 Alt 键的同时单击即可。

1.5 调整图像——设置图像分辨率（新功能）

Photoshop CC 2017 较其他版本来说增加了很多新功能，如相机防抖、智能锐化、Camera Raw 修复和自动垂直功能等。本节中，将介绍在实际使用中经常需要用到的功能——设置图像分辨率。

01 启动 Photoshop CC 2017，执行“文件” | “打开”命令，打开“黄玫瑰”素材。

02 执行“图像” | “图像大小”命令，或按快捷键 Ctrl+Alt+I，弹出“图像大小”对话框，如图 1-17 所示。

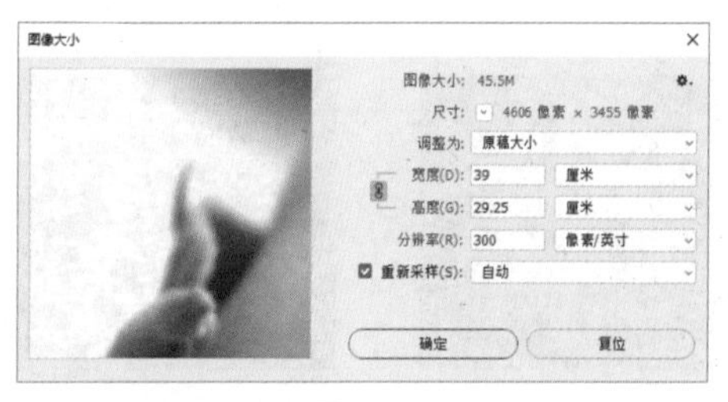

图 1-17

03 此时图像分辨率为 300，选中☑重新采样复选项，手动输入分辨率为 150，单击“确定”按钮。

04 再次执行“图像”|“图像大小”命令，调出“图像大小”对话框。可以看到分辨率变成 150，而图像的宽度和高度和原来保持一致，如图 1-18 所示。在 Photoshop CC 2017 之前的版本中，在不改动高度和宽度的情况下，改动分辨率时图像的宽度和高度也会随之变化。

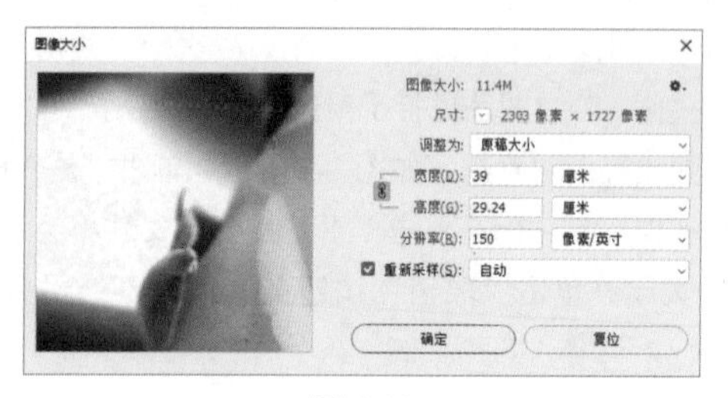

图 1-18

05 更改图像大小时，若取消选中☐重新采样复选框，像素数量不会变化，从屏幕上看，图片大小没有变化。此时增加图像的宽度和高度，分辨率只能减小，如图 1-19 所示。同理，此时增加分辨率，图像尺寸会相应缩小，如图 1-20 所示。

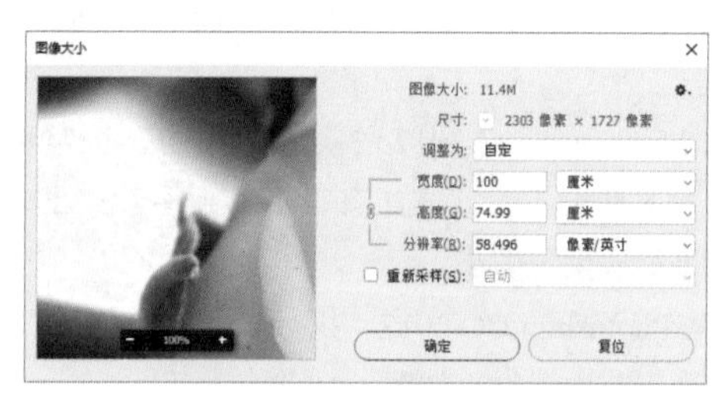

图 1-19

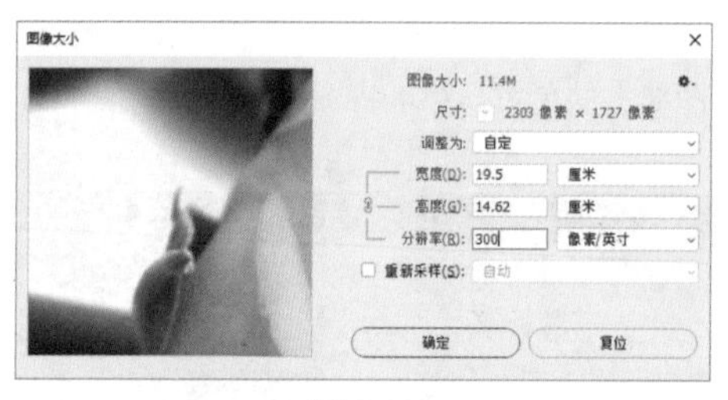

图 1-20

提示

分辨率是指单位长度内包含的像素数量，单位通常为像素 / 英寸。通常情况下，分辨率越高，单位面积内包含的像素就越多，图像质量也越高，但也相应地增加了文件的存储尺寸。为了得到最佳的使用效果，一般用于手机移动端和计算机端等屏幕显示的图像，分辨率设置为 72 像素 / 英寸，这样可以提高文件的传输和下载速度；用于打印机的图像，分辨率通常设置为 100~150 像素 / 英寸；用于印刷的图像，应设置为 300 像素 / 英寸。

1.6 调整画布——设置画布大小

有时在 Photoshop CC 2017 中编辑图像，会发现画面太小，需要为图像增加宽度或者高度，本节就来学习如何设置画面的大小。

01 启动 Photoshop CC 2017，执行“文件” | “打开”命令，打开“野花”素材。

02 执行“图像”|“画面大小”命令，或按快捷键Ctrl+Alt+C，弹出“画布大小”对话框，如图 1-21 所示。

03 在“高度”和“宽度”文本框内输入需要的数值，即可设置画面大小。

04 当选中“相对”复选框时，画面的宽度和高度变为0，这时输入的数值是指在原来画面大小上增加或减少的尺寸。

05 若只在画面的左侧增加画面的宽度时，单击“定位”处的“→”箭头，定位图示的左侧出现 3 个空白小格，如图 1-22 所示，便可增加图像的左侧画面。同样，单击其他小箭头时，相应位置出现 3 个小空格，如此可从画面的各个方向增大或缩小画布。

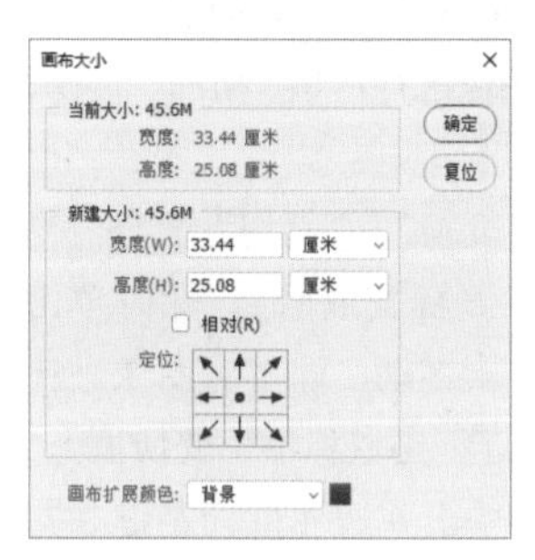

图 1-21

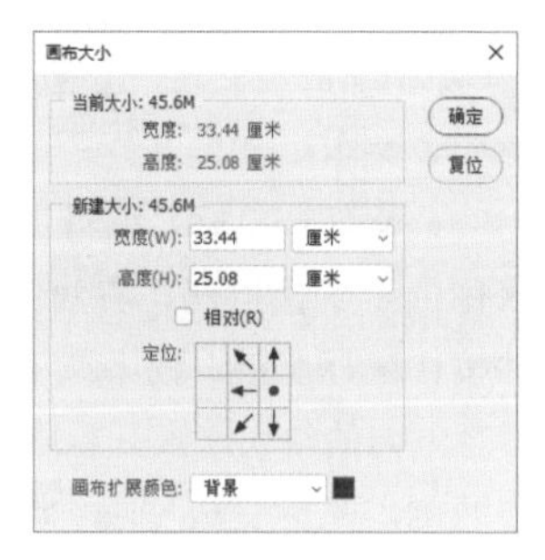

图 1-22

06 若要定义新增画布的颜色，可以在“画布扩展颜色”下拉列表中选择前景色或背景色，以及白色、黑色和灰色，如图 1-23 所示。

07 若要选择其他颜色，选择“画布扩展颜色”下拉列表中的“其它…”选项或单击“画布扩展颜色”下拉列表右侧的颜色框，在弹出的“拾色器”对话框中选择需要的颜色，如图 1-24 所示。

图 1-23

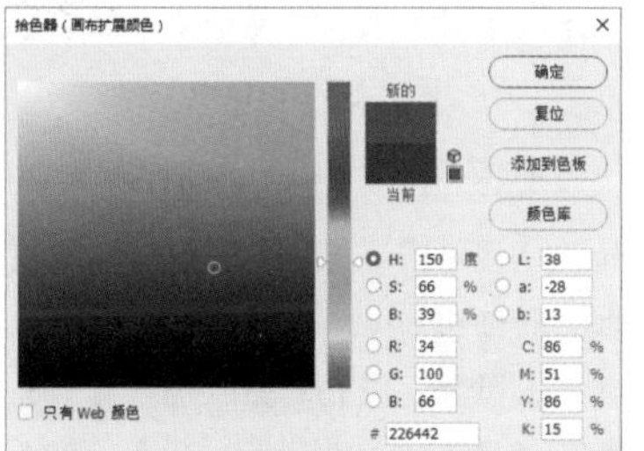

图 1-24

1.7　管理屏幕——控制屏幕显示

在 Photoshop CC 2017 中有 3 种不同的屏幕显示模式，分别是标准屏幕模式、带有菜单栏的全屏模式和全屏模式。

01 启动 Photoshop CC 2017 软件，执行“文件”|“打开”命令，打开“美人蕉”素材，如图 1-25 所示。此时屏幕显示为标准屏幕模式。在这种模式下，Photoshop CC 2017 的所有组件都将显示，如菜单栏、工具栏和浮动面板等。

图 1-25

02 执行“视图”|“屏幕模式”|“带有菜单栏的全屏模式”命令，即可切换到带有菜单栏的全屏模式，如图 1-26 所示。此模式下，编辑窗口全屏显示，图像窗口标题栏和文档属性栏被隐藏。

图 1-26

03 执行“视图”|“屏幕模式”|“全屏模式”命令，则 Photoshop CC 2017 软件的所有内容均被隐藏起来，以获得图像的最大显示空间，如图 1-27 所示。此时图像以外的空白区域将变成黑色。

图 1-27

04 还可以用鼠标左键长按工具栏中的“更改屏幕模式”按钮，在弹出的菜单中选择需要的屏幕显示模式。若单击“更改屏幕模式”按钮，切换“全屏模式”时会弹出如图 1-28 所示的“信息”对话框，单击“全屏”按钮即可切换到全屏模式。按 Esc 键可返回标准屏幕模式。

图 1-28

提示

按 F 键，可以快速切换屏幕模式。按快捷键 Shift+Tab，可显示或隐藏面板；按 Tab 键，可显示或隐藏除图像窗口之外的所有组件。

1.8 变换图像——缩放、旋转、斜切、扭曲、透视与变形

为了方便查看和编辑图像，经常会对图像进行缩放与旋转操作，本节将学习变换图像的方法。

01 启动 Photoshop CC 2017 软件，执行“文件”|“打开”命令，打开“美丽手指”素材。双击“图层”面板中的“背景”图层，将“背景”图层转换成可编辑图层，如图 1-29 所示。

图 1-29

02 执行“编辑”|“变换”|“缩放”命令，此时图像四周将出现含有 8 个控制点的变换框，如图 1-30 所示。

图 1-30

03 光标位于变换框的控制点上时，会变成↔形状，此时单击并按住鼠标左键，向变换框内拖动，图像将缩小，如图 1-31 所示。单击并按住鼠标左键，向变换框外拖动时，图像将放大，如图 1-32 所示。

图 1-31

图 1-32

04 当光标位于变换框四周时，光标变成“↷”时，单击并按住鼠标左键，向箭头方向拖动，即可对图像进行旋转。

05 所有操作结束后，按 Enter 键确认缩放或旋转操作。

06 执行“编辑”|“自由变换”命令或按快捷键 Ctrl+T 也可调出自由变换框，并对图像进行缩放和旋转操作。

07 除了缩放与旋转，还能对图像进行斜切、扭曲、透视、变形等操作。

a. 斜切：执行“编辑”|“变换”|“斜切”命令，当鼠标位于变换框左、右两侧，光标变成时，此时单击并按住鼠标左键，向上或下方向拖动，即可对图像进行垂直方向的斜切，如图 1-33 所示。当鼠标位于变换框上、下两侧，光标变成时，此时单击并按住鼠标左键，向左或右方向拖动，即可对图像进行水平方向的斜切。

b. 扭曲：按 Esc 键取消操作，练习扭曲操作。执行“编辑”|“变换”|“扭曲”命令，当光标变成▷时，单击并拖动鼠标可以扭曲图像，如图 1-34 所示。

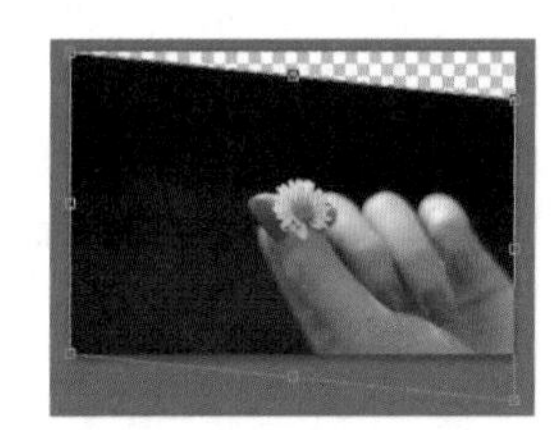

图 1-33

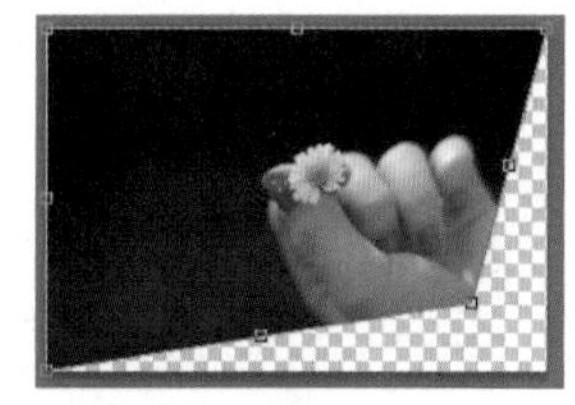

图 1-34

c. 透视：按 Esc 键取消操作，练习透视操作。执行“编辑”|“变换”|“透视”命令，当光标变成▷时，单击并拖动鼠标可以进行透视变换，如图 1-35 所示。

d. 变形：按 Esc 键取消操作，练习变形操作。执行“编辑”|“变形”|“透视”命令，图像上将出现九格宫状，拖动图像的任意位置，即可对图像进行变形操作，如图 1-36 所示。

图 1-35

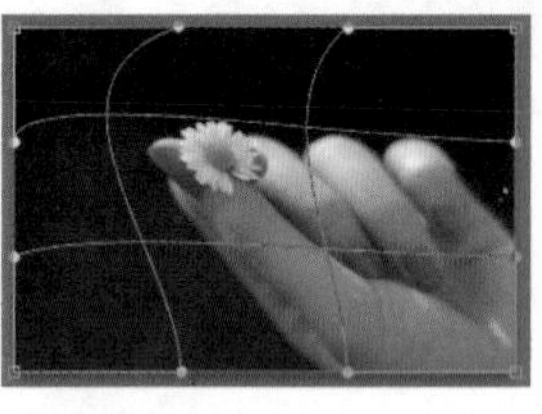

图 1-36

> **提示**
>
> 1. 按住 Shift 键的同时对图层进行缩放和旋转操作，可保持等比例缩放或 15° 角倍数旋转。
>
> 2. 在自由变换状态下，当光标位于图像中央时，可对图像进行拖动。按住 Alt 键可以移动自由变换框的中心点，图像的缩放和旋转将以拖移后的中心点为变换中心。

08 如果只是需要视觉上的旋转，并且能实时看到旋转效果，不需要对旋转后的效果进行保存，可以利用“旋转视图”工具。选择工具箱中的“旋转视图”工具后，输入旋转角度进行旋转或直接旋转。

a. 输入旋转角度旋转：在工具属性栏中的旋转角度文本框内输入旋转角度，如输入 30°（或拖动属性栏中的光标）时，视图即可进行角度的旋转，如图 1-37 所示。

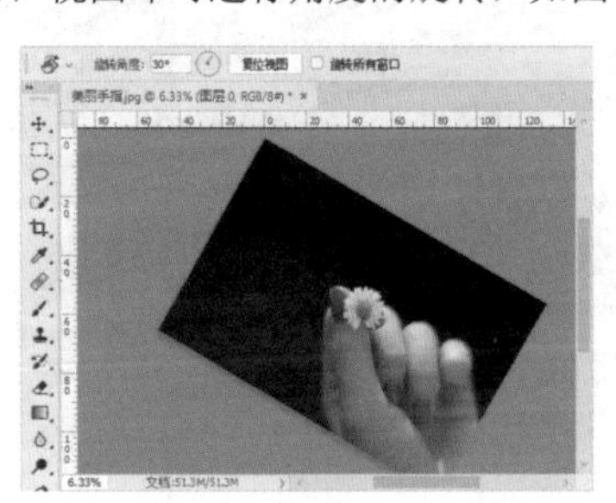

图 1-37

b. 鼠标移动到素材图像上，光标变成，如图 1-38 所示，即可任意旋转视图。

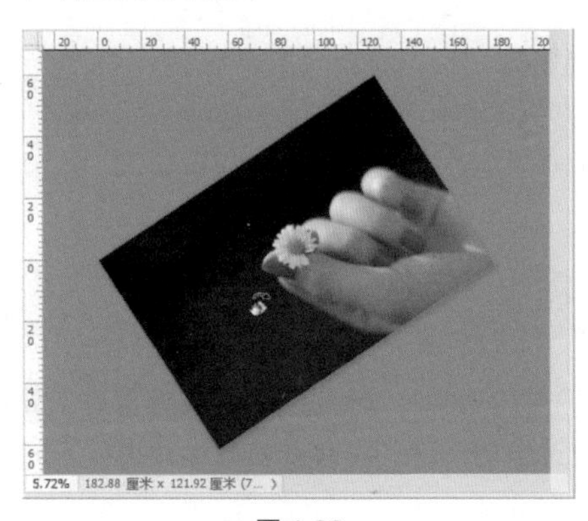

图 1-38

09 单击“旋转视图”工具属性栏的“复位视图”按钮 复位视图 ，可以还原视图角度，也可以按 Esc 键，复位视图。

10 若需要对打开的多幅图像一起旋转，选中属性栏中的 ☑ 旋转所有窗口 复选框即可。

1.9 裁剪图像——裁剪工具

无损裁剪是图像编辑中的重要手段，可以对倾斜的图片进行矫正，还可以自由选取需要的图像区域，本节将学习如何在 Photoshop CC 2017 中无损裁剪图片的方法。

01 启动 Photoshop CC 2017 软件，执行“文件”|“打开”命令，打开“芽”素材。

02 选择工具箱中的“裁剪”工具，在工具属性栏中设置裁剪的默认设置为“比例”，如图 1-39 所示。

03 若选择“1:1（方形）”选项，此时裁剪操作框将按 1:1 设置，如图 1-40 所示。

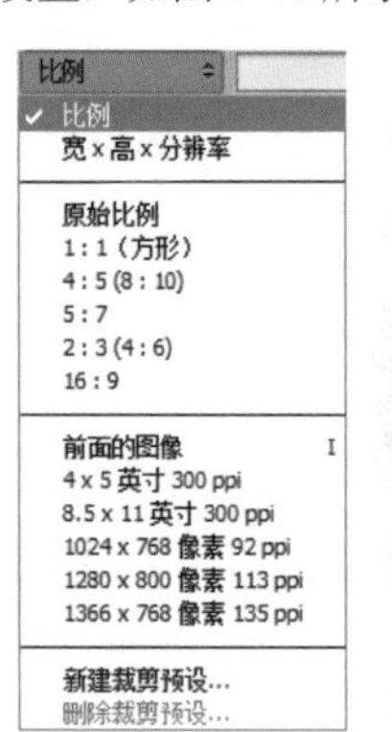

图 1-39　　图 1-40

04 前面已经学习了对图像进行缩放和旋转的方法，此时的裁剪操作框也能用相同的方法进行缩放和旋转。

05 确定裁剪区域后，按 Enter 键确认裁剪。

06 若在裁剪时选中了工具属性栏中的 ☐ 删除裁剪的像素 复选框，则裁剪后裁剪框以外的内容被删除。若未选中此选项框，并觉得图像裁剪过多时可以重新选择“裁剪”工具，重新进行剪裁。

1.10 裁剪功能——透视裁剪工具

上一节学习的“裁剪”工具只能按照严格的矩形区域进行裁剪，而 Photoshop CC 2017 的新功能中添加了“透视裁剪”工具，可以在裁剪时调整图片的透视关系，这样就可以对倾斜的图片进行矫正，使画面的构图更完美。

01 启动 Photoshop CC 2017 软件，执行“文件”|“打开”命令，打开“窗边女孩”素材。

02 选择工具箱中的“透视裁剪”工具，在画面中单击并拖动鼠标，框选出需要裁剪的区域，如图 1-41 所示。

03 用鼠标拖动裁剪选区或通过调整裁剪区域 4 个角的控制点来确定裁剪区域。可以在工具属性栏中选中 ☑ 显示网格 复选框确定是否显示网格。

04 通过移动裁剪区域控制点，使裁剪的边与需要摆正的边重合，如图 1-42 所示。

图 1-41

图 1-42

05 双击或按 Enter 键确认裁剪，裁剪后的效果如图 1-43 所示。

图 1-43

1.11 操控角度——标尺工具

在实际使用中，“标尺”工具较多的用途是在版式设计中为图像定位，其实“标尺”工具也可以对图像进行精准测量。

01 启动 Photoshop CC 2017 软件，执行“文件”|“打开”命令，打开“建筑”素材。

02 选择工具箱中的“吸管”工具，在该工具按钮上按住鼠标两秒左右，在弹出的菜单中选择“标尺”工具。

03 单击图片上面的一个点，单击拖动到另外一个点后释放鼠标。此时工具属性栏中将显示该标尺线的起始点、结束点、角度、长度等一系列数值，如图 1-44 所示。

图 1-44

04 若要清除标尺线，单击工具属性栏中的 清除 按钮即可。

05 若发现图片有倾斜，可以使用“标尺”工具对图片进行“拉直”。先沿需要拉直的方向画一条标尺线，如图 1-45 所示。

06 单击属性栏中的 拉直图层 按钮，图像会自动根据标尺线进行拉直，如图 1-46 所示。

图 1-45

图 1-46

07 再次裁剪，将画面外的内容裁掉，这样图片更美观，如图 1-47 所示。

图 1-47

提示

在按住鼠标左键的情况下按住 Shift 键，可以变换方向，画出倾斜角度为 0°、45°、90° 的标尺线。

1.12 控制图像方向——翻转图像

在编辑图像时，有时我们需要对图像进行翻转。与在前面 1.8 节中学习的图像旋转与缩放操作不同的是，这里针对的是单个图层的翻转。

01 启动 Photoshop CC 2017 软件，执行“文件”|“打开”命令，打开“牛”素材。

02 执行“图像”|“图像旋转”|“180 度”命令，图像将进行 180° 旋转，如图 1-48 所示。

03 同样，执行“图像”|“图像旋转”菜单下的其他命令，可进行其他翻转操作。

04 执行“文件”|“存储”命令，或按快捷键 Ctrl+S 保存翻转后的图像。

05 打开一张图片后，双击“背景”图层将其转换为可编辑图层，执行“编辑”|“变换”|“水平翻转”命令，

图像水平翻转如图 1-49 所示。

图 1-48

图 1-49

06 同样，可以执行“编辑”|“变换”|“垂直翻转”命令使图像垂直翻转。

1.13　工具管理——应用辅助工具

前面学习了如何利用“标尺”工具拉直图像，本节将学习另一个辅助功能，以及其他应用辅助工具，如网格、切片和注释等。辅助工具不能直接用来编辑图像，但可以帮助更精准地编辑图像。

01 启动 Photoshop CC 2017 软件，执行“文件”|“打开”命令，打开“城市”素材，如图 1-50 所示。

02 标尺工具。执行“视图”|“标尺”命令或按快捷键 Ctrl+R 显示标尺，按住鼠标左键在 *X* 轴或 *Y* 轴标尺上拖出参考线，如图 1-51 所示。

图 1-50

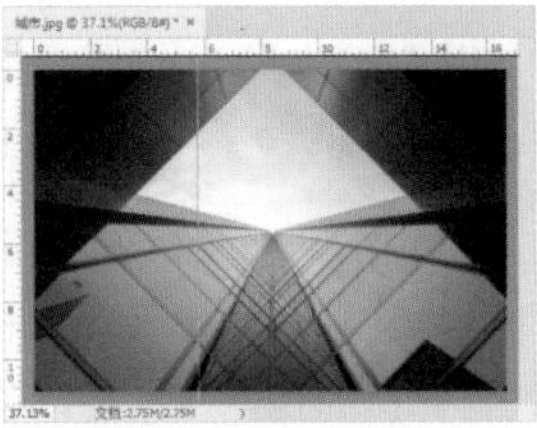

图 1-51

03 拖移参考线，光标移动到参考线上会发生变化，按住鼠标左键手动拖动即可；隐藏参考线，按快捷键 Ctrl+H 或执行“视图”|“显示”|“参考线”命令，即可隐藏参考线；清除参考线，执行“视图”|“清除参考线”命令即可；锁定参考线，执行“视图”|“锁定参考线”命令即可。

04 想要精确调整参考线的位置，执行“视图”|“新建参考线”命令，在弹出的对话框中设置参考线位置参数。

05 网格辅助工具。执行“视图”|“显示”|“网格”命令显示网格，按快捷键 Ctrl+K，弹出“首选项”对话框，选中“参考线、网格和切片”选项，在右侧可以选择网格的颜色、间隔大小和样式，如图 1-52 所示，单击“确定”按钮即可看到网格的变化。

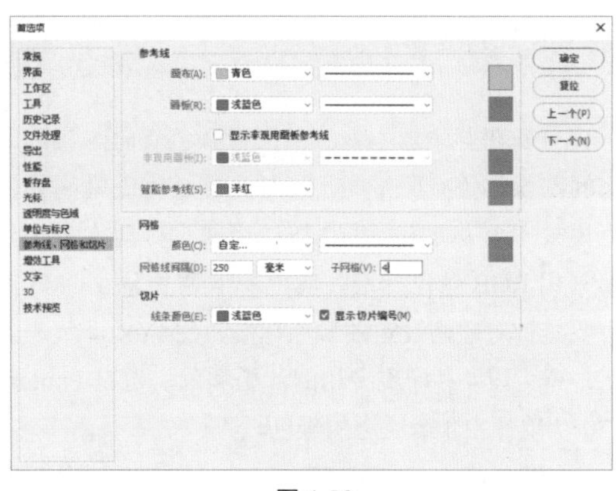

图 1-52

06 也可以用同样的方法对参考线的颜色和样式进行设置。

07 切片工具。选择工具箱中的“切片”工具，将光标移到画布中间，按住鼠标左键，在想要切片的位置拉出一个矩形框，图像将出现一个蓝色数字标识的矩形区域，这就是将要切片的区域，如图 1-53 所示。

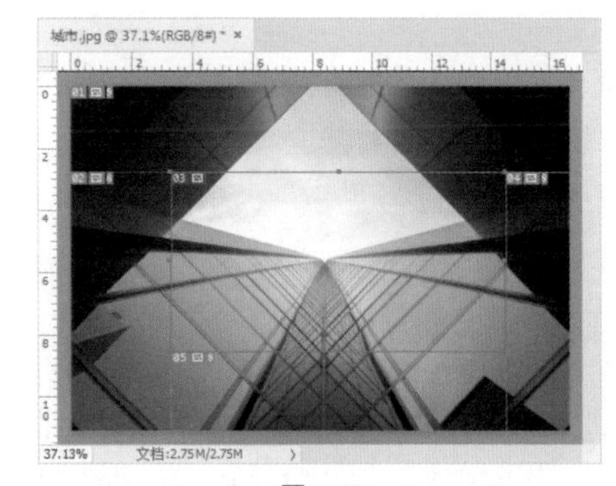

图 1-53

08 若需要对切片内容进行调整，选择工具箱中的“切片”工具后，在画面中右击，在弹出的快捷菜单中选择“编辑切片”选项，在弹出的“切片选项”对话框中对切片的名称、位置和大小进行调整。

09 若要等距水平或垂直划分切片，选中工具箱中的“切片”工具后，在画面中右击，在弹出的快捷菜单中选择“划分切片”选项，选中“水平划分为”或“垂直划分为”选项，并输入切片个数即可。

10 若要基于参考线进行切片划分，在工具属性栏中单击 基于参考线的切片 按钮。

11 保存时执行“文件”|“存储为 Web 所用格式”命令。

12 注释工具。选择工具箱中的“注释”工具，单击画面中想要增加注释的位置，旁边会显示一个注释框，在其中输入相应内容即可。若要删除注释，在图中选择注释小图标，右击，在弹出的快捷菜单中选择“删除注释”或“删除所有注释”选项即可。

1.14 管理图像颜色——转换颜色模式

在计算机显示器中看到的图像颜色有时与实际印刷出来的图像颜色有所不同，这是为什么呢？常用的图像颜色模式主要有 RBG 和 CMYK 模式，目前大多数显示器都采用 RGB 颜色标准，其色彩丰富饱满。CMYK 模式主要是针对印刷设定的颜色标准，CMYK 即代表青、洋红、黄、黑 4 种印刷专用的油墨颜色，也是 Photoshop CC 2017 软件中 4 个通道的颜色。

01 启动 Photoshop CC 2017 软件，执行“文件”|“新建”命令或按快捷键 Ctrl+N 新建一个文件，在弹出的对话框中选择颜色模式，如图 1-54 所示。

图 1-54

02 将“龙”素材图片拖入该文档中，调整大小后按 Enter 键确认。在图像窗口标题栏中可以看到文件的名称、缩放信息和色彩模式信息；在“通道”面板中可以看到这张图片是由“红”“绿”“蓝”3 个通道组成的，如图 1-55 所示。

03 执行“图像”|“模式”|CMYK 命令，将图像转换为 CMKY 模式的图像。此时的图像与 RGB 模式时相比略微变暗一些，图像窗口标题栏处文件色彩模式也显示为 CMYK 模式。在“通道”面板中，可以看到这张图片是由“青色”“洋红”“黄色”和“黑色”4 个通道组成的，如图 1-56 所示。

图 1-55

图 1-56

04 执行“图像”|“模式”|“灰度”命令，将图像转换成黑白模式，扔掉彩色信息。将图片转换为灰度模式后，图像没有彩色信息。

05 在灰度模式下，执行“图像”|“模式”|“双色调”命令，可以将图像转换为双色调模式，双色调模式主要用于特殊色彩输出，也可以选择三色调或四色调。该模式采用曲线来设置各种颜色的油墨，如图 1-57 所示为“双色调选项”对话框，调整相应参数可以得到比单一通道更丰富的色调层次，在印刷中表现出更多的细节。

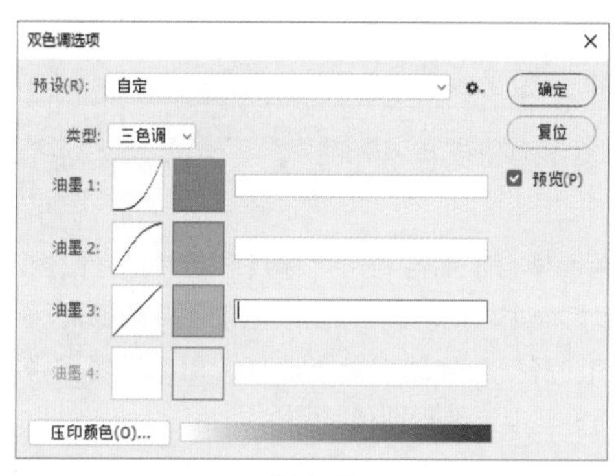

图 1-57

06 位图模式只有纯黑和纯白两种颜色，只保留了亮度信息，主要用于制作单色图像或艺术图像。只有在灰度模式和双色调模式下，图像才能转换为位图模式。

1.15 优化技术——设置内存和暂存盘

在用 Photoshop 处理图像时会产生大量的数据，这些数据在默认情况下保存在 C 盘。若 C 盘文件过多将影响计算机的性能，甚至出现 Photoshop CC 2017 软件因内存不足自动关闭的情况，这时可以选择修改暂存盘和设置使用内存来进行优化。

01 启动 Photoshop CC 2017 软件，执行“编辑”|“首选项”|“性能”命令或按快捷键 Ctrl+K，在弹出的对话框的“性能”选项中找到“暂存盘”，如图 1-58 所示，默认情况下暂存盘在 C 盘。取消选中 C 盘前的“√”，并选择其他容量较大的盘符，单击“确定”按钮，完成暂存盘的设置。

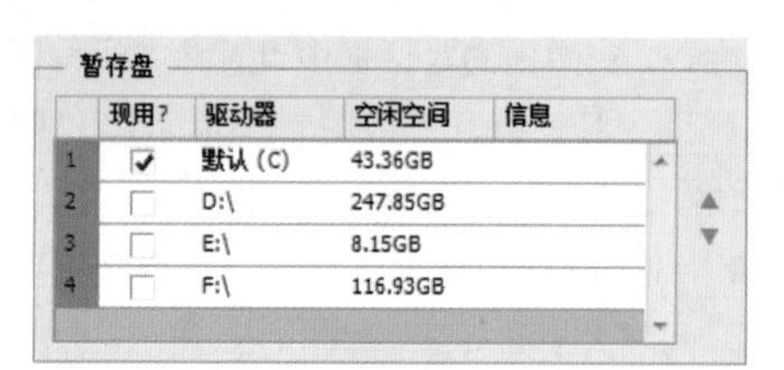

图 1-58

02 调整 Photoshop CC 2017 的使用内存时，向右拖曳“内存使用情况”选项区下方的滑块，或在文本框内输入更大的数值，如图 1-59 所示，单击“确定”按钮，就设置好了更大的使用内存。

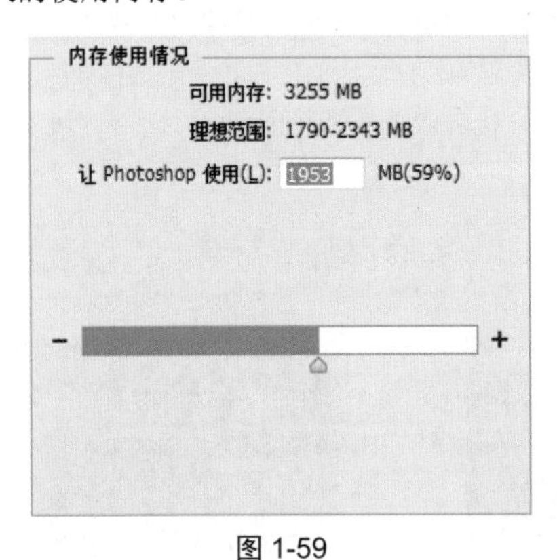

图 1-59

1.16　新增功能——完美的同步设置

Photoshop CC 2017 可以进行同步设置，将用户的所有设置以及正在创作的文件全部同步到“云端”，这样在不同的计算机上只需登录自己的 Adobe ID 账号，就能找到相应的设置和文件。

01 启动 Photoshop CC 2017 软件，执行“帮助”|“登录”命令，在弹出的对话框中输入 Adobe ID 账号和密码。

02 登录账号后执行“编辑”|“同步设置”|“管理同步设置”命令或按快捷键 Ctrl+K，在弹出的“首选项”对话框中选择“同步设置”选项。

03 选中需要同步的内容，并在“发生冲突时”下拉列表中按照不同的需要选择不同的选项，如图 1-60 所示。

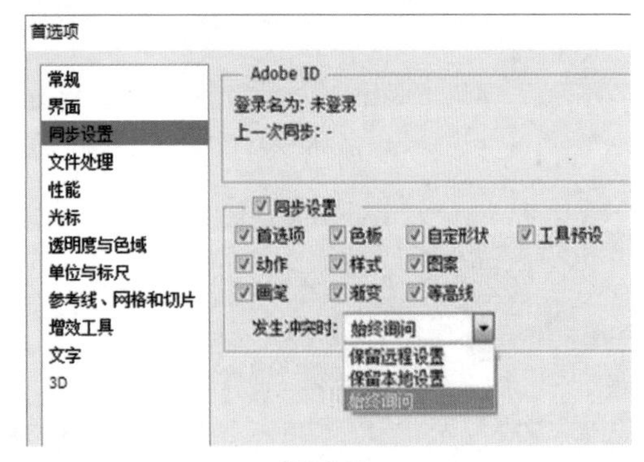

图 1-60

04 设置完成后，执行“编辑”|“同步设置”|“立即同步设置”命令，如图 1-61 所示命令，文件就能同步到“云端”了。若之前同步过，Photoshop CC 2017 将校验“云端”和本地设置文件的差异。“云端”与本地设置文件存在差异时会弹出对话框，询问覆盖“云端”设置还是覆盖本地设置。

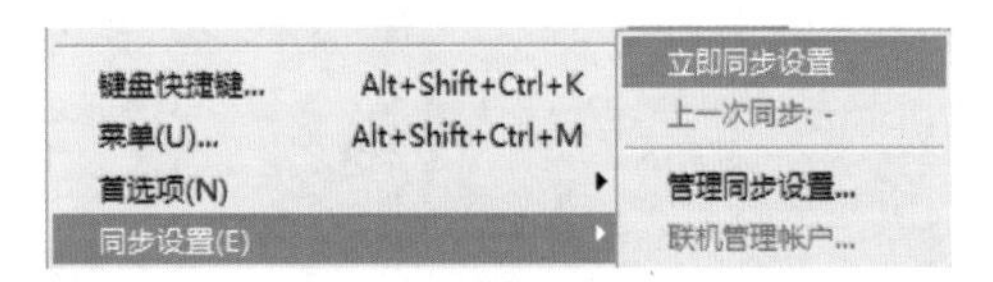

图 1-61

05 若要手动备份 Photoshop CC 2017 的设置文件，在软件安装路径找到 Photoshop CC 2017 的本地设置文件目录——Adobe Photoshop CC 2017 文件夹，复制到要备份的位置，这样就可以在其他计算机上使用了。

选区的使用

选区的使用在Photoshop CC 2017中极其重要。创建选区即指定图像编辑操作的有效区域，可以用来处理图像的局部像素。定义选区，基本会采用选区工具，包括规则的选区工具和不规则的选区工具。其中规则的选区工具包括：矩形选框工具、椭圆选框工具、单行选框工具、单列选框工具，而不规则的选区工具包括：套索工具、多边形套索工具、磁性套索工具、快速选择工具和魔棒工具。

第2章 视频

第2章 素材

第2篇　运用篇

2.1　移动选区——繁花似锦

Photoshop CC 2017在处理图像时，要指定操作的有效区域，即选区。本节学习移动和复制选区的方法。

01 启动Photoshop CC 2017，执行“文件”|“打开”命令，打开“背景”素材，如图2-1所示。

02 将“太阳花”素材拖入“背景”文档中，调整其大小和位置，按Enter键确认，如图2-2所示。

图2-1

图2-2

03 按住Ctrl键，单击“图层”面板中“太阳花”图层的缩略图，以“太阳花”区域创建选区，如图2-3所示。

04 选中“移动”工具将光标移至选区内，单击并拖动，即可移动选区内的图像，如图2-4所示。若要对选区内的图像进行细微调整，可以通过按键盘上的↑、↓、←、→键进行调整。

图2-3

图2-4

05 单击并拖动选区的同时，按住Alt键，可移动并复制选区中的图像，如图2-5所示。

06 重复以上的移动并复制操作，在背景中铺满花儿。拖入“云朵”素材，按Enter键确认，完成整幅图像的制作，如图2-6所示。

图2-5

图2-6

2.2　矩形选框工具——艺术相框

“矩形选框”工具可以创建规则的矩形选区，本节学习具体的操作方法。

01 启动 Photoshop CC 2017，执行“文件”|“打开”命令，打开“背景”素材，如图 2-7 所示。

02 将“艺术”素材文件拖入打开的文档中，按 Enter 键确认，如图 2-8 所示。

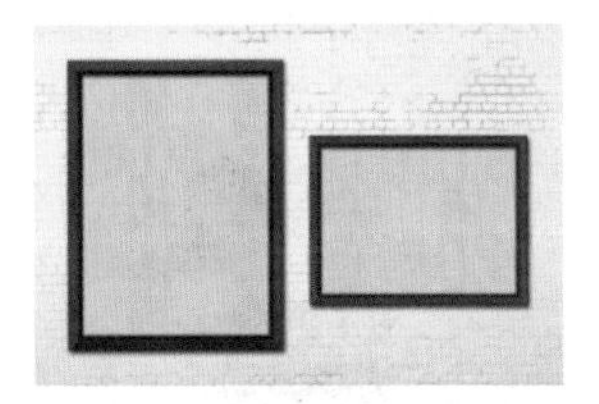

图 2-7

图 2-8

03 选择工具箱中的“移动”工具，单击并拖动将置入的图像移到左侧相框上。

04 在“图层”面板上选择刚才置入的图层，右击，在弹出的快捷菜单中选择“栅格化图层”命令。

> **提示**
>
> “栅格化”是指将智能矢量图形转换为位图。对智能矢量图进行缩放和变形，图像的质量和原图保持一致，而栅格化的位图在进行缩放和变形过程中容易出现图像模糊的现象。智能矢量图与位图的处理方法不同，为了在 Photoshop 中使用位图的处理方法就需要对该图层进行栅格化。

05 选择工具箱中的“矩形选框”工具，单击并拖动创建矩形选区，如图 2-9 所示。

图 2-9

06 选择工具箱中的“移动”工具，按住 Alt 键的同时，单击并拖动到右侧相框处，移动并复制选区中的图像，如图 2-10 所示，按快捷键 Ctrl+D 取消选区。

图 2-10

07 选择工具箱中的“矩形选框”工具，在工具属性栏中单击“从选区减去”按钮，此时创建的选区将进行相减处理。

08 先绘制大选区将两个相框选出，再按照相框内需要保留的区域定义两个小选区，如图 2-11 所示。此时选区相减，选中了大矩形选区内两个小矩形选区之外的区域。

09 按 Delete 键删除选区内图像，再按快捷键 Ctrl+D 取消选区，图像制作完成，如图 2-12 所示。

图 2-11

图 2-12

> **提示**
>
> 工具属性栏中除了可以进行“添加到选区”，还可以进行“从选区减去”和“与选区交叉”的处理，也可以设置数值创建固定比例或固定大小的选区。

2.3　椭圆选框工具——波点衣帽

与“矩形选框”工具类似，“椭圆选框”工具也能创建规则的选区。与“矩形选框”工具略有不同的是，因“椭圆选区”的边为弧形，因此比“矩形选框”工具多了“消除锯齿”功能。

01 启动 Photoshop CC 2017，执行“文件”|“打开”命令，打开“背景”素材，如图 2-13 所示。

02 单击“图层”面板中的“创建新图层”按钮，创建一个空白图层。

03 选择工具箱中的“椭圆选框”工具，按住 Shift 键的同时，单击并拖动，创建一个正圆形选区，如图 2-14 所示。

图 2-13

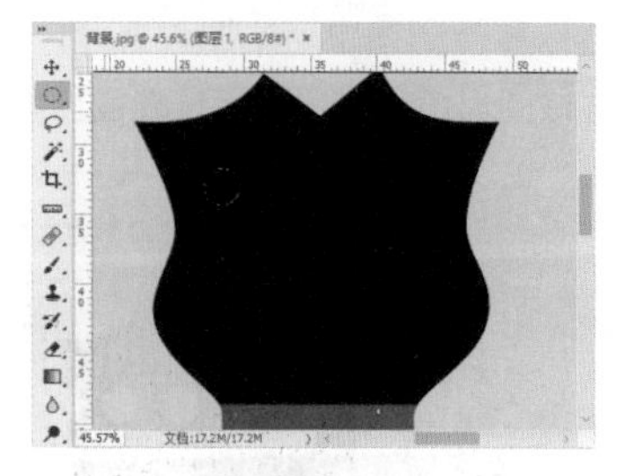

图 2-14

> **提示**
>
> 创建椭圆选区时，按住 Alt 键将以单击点为中心向外创建椭圆选区；按 Shift 键将创建正圆形选区；按 Alt+Shift 键将以单击点为圆心创建正圆形选区。

04 执行“窗口”|“色板”命令，调出“色板”面板，在其中选择白色。

05 在编辑窗口右击，在弹出的快捷菜单中选择“填充”命令，弹出“填充”对话框，选择“前景色”选项，并单击“确定”按钮，或按快捷键 Alt+Delete，给正圆形选区填充白色，如图 2-15 所示。

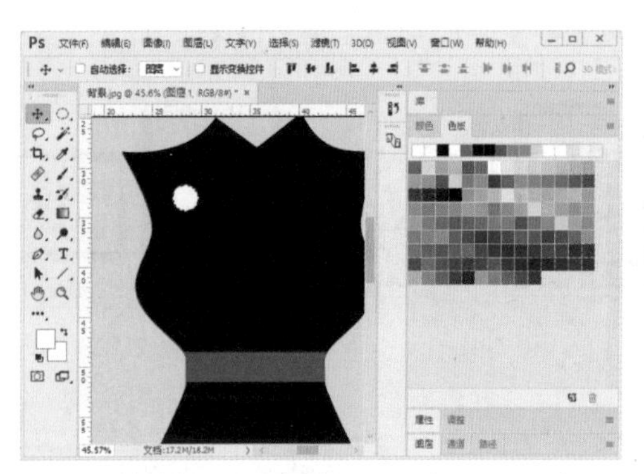

图 2-15

> **提示**
> 前景色的设置方法，在 3.1 节中有相应的案例介绍。

06 按住 Alt+Shift 键的同时，单击并拖曳选区后释放鼠标，即可沿水平或垂直方向移动并复制选区中的图像，如图 2-16 所示。

图 2-16

07 重复上一步操作，复制一排白色圆形。

08 选择“图层”面板中新建的图层，按住 Ctrl 键，当光标移动到图层缩略图位置时，光标变成，此时单击将该图层的所有图像区域变成选区，如图 2-17 所示。

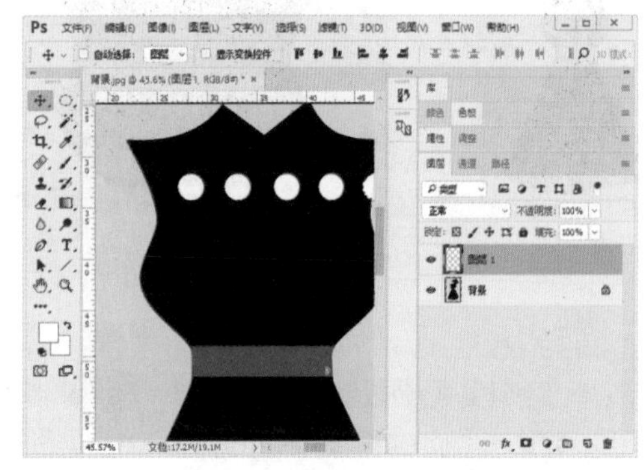

图 2-17

09 选择工具箱中的“移动”工具，按住 Alt 键，单击并拖曳，复制足够多的白色圆形将裙子铺满，如图 2-18 所示，按快捷键 Ctrl+D 取消选区。

10 选择工具箱中的“椭圆选框”工具，结合按 Delete 键删除多余的圆形，如图 2-19 所示。

图 2-18

图 2-19

11 用同样的方法为帽子制作波点，图像制作完毕，如图 2-20 所示。

图 2-20

2.4 单行和单列选框工具——美丽格子布

“单行选框”工具和“单列选框”工具可以创建高度为 1 像素的行或宽度为 1 像素的列选区的工具。本节将结合网格，巧妙利用这两个工具制作格子布效果。

01 启动 Photoshop CC 2017，执行“文件”|“新建”命令，新建一个高为 2000 像素、宽为 3000 像素、分辨率为 300 像素 / 英寸的 RGB 文档。

02 执行“视图”|“显示”|“网格”命令，使网格可见。

03 按快捷键 Ctrl+K 调出“首选项”对话框，在其中设置“网格线间隔”为 3 厘米、“子网格”为 3，如图 2-21 所示。

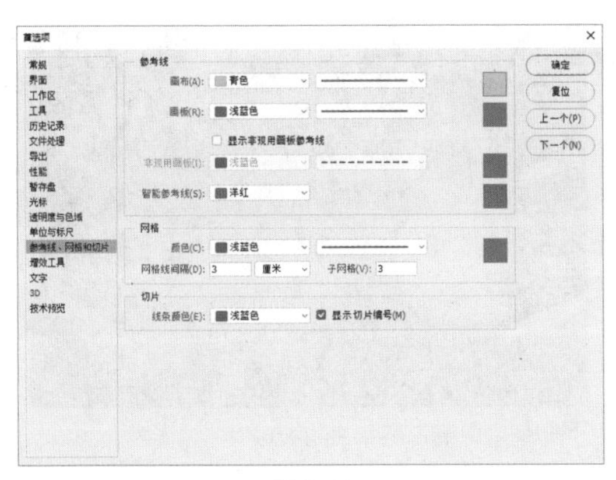

图 2-21

04 选择“单行选框”工具，单击工具属性栏中的“添加到选区”按钮，每间隔 2 条网格线单击一次鼠标，创建多条单行选区，如图 2-22 所示。

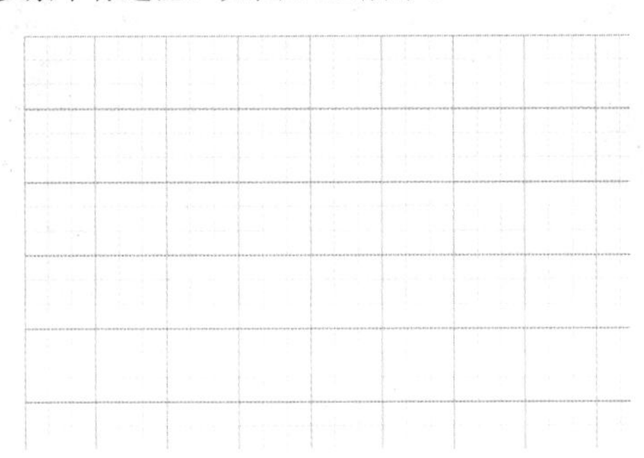

图 2-22

提示

除了单击选中“添加到选区”按钮可以添加连续的选区，按住 Shift 键也可以实现相同的效果。

05 执行“选择”|“修改”|“扩展”命令，在弹出的对话框中输入 80，将 1 像素的单行选区扩展成高为 80 的矩形选框，如图 2-23 所示。

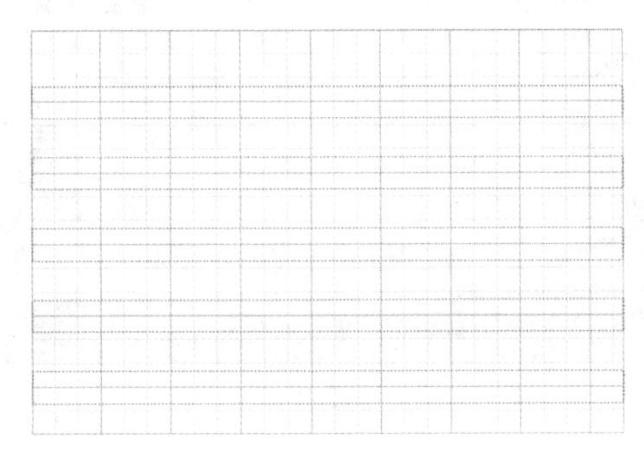

图 2-23

06 单击“图层”面板中的“创建新图层”按钮，新建一个空白图层。选择“颜色”面板中的纯蓝色，按快捷键 Alt+Delete 为选区填充颜色，并在“图层”面板中将该图层的“不透明度”设置为 50%，如图 2-24 所示，按 Ctrl+D 取消选区。

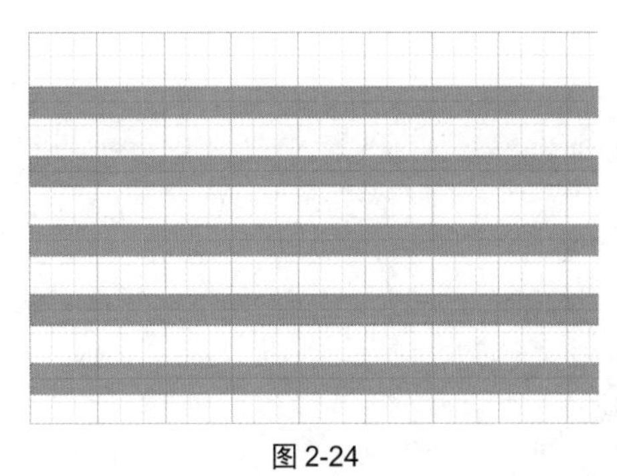

图 2-24

提示

颜色的选择，在 3.1 节有相应的案例介绍。

07 选择“单列选框”工具，用同样的方法新建一个蓝色列条的图层，如图 2-25 所示。

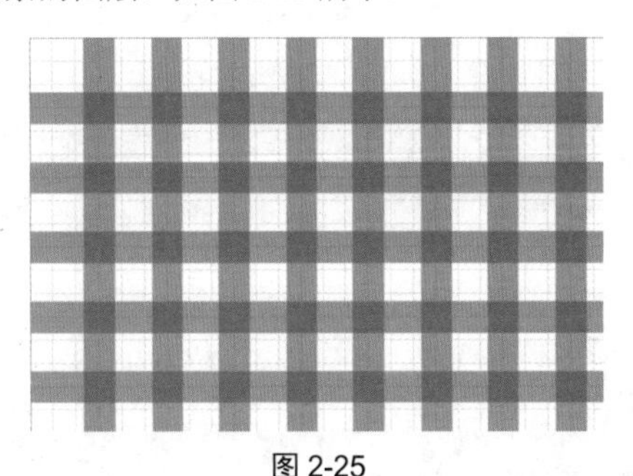

图 2-25

08 单击“图层”面板中的“创建新图层”按钮，新建一个空白图层，选择“颜色”面板中的蜡笔青色，利用“单行选框”工具和“单列选框”工具为网格的每个参考线区域填充新的颜色，格子布效果制作完成。按快捷键 Ctrl+H 隐藏网格，完成效果如图 2-26 所示。

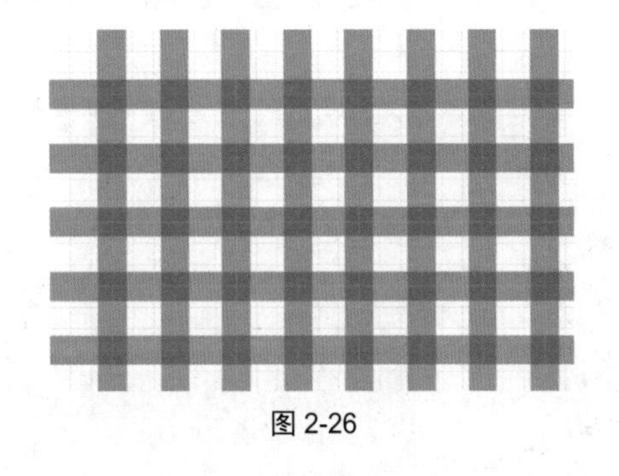

图 2-26

2.5　套索工具——写意字体

“套索”工具组包括：“套索”工具、“多边形套索”工具和“磁性套索”工具，使用它们能够创建不规则的选区，在抠图时使用较多。

01 启动 Photoshop CC 2017，执行“文件” |“打开”命令，打开“背景”素材，如图 2-27 所示。

图 2-27

02 单击“图层”面板中的“创建新图层”按钮，新建一个空白图层。

03 选择工具箱中的“套索”工具，单击并拖曳，创建一个不规则选区，如图 2-28 所示。

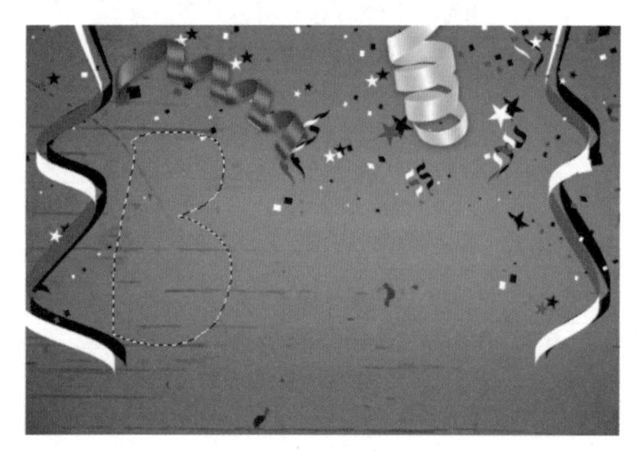

图 2-28

04 选择“颜色”面板中的白色，按快捷键 Alt+Delete 为选区填充白色，如图 2-29 所示，按快捷键 Ctrl+D 取消选区。

图 2-29

05 再次选择“套索”工具，创建新的不规则选区，并按 Delete 键删除选区中的图像，如图 2-30 所示，按快捷键 Ctrl+D 取消选区。

图 2-30

06 用同样的方法制作其他字母，如图 2-31 所示。

图 2-31

07 按快捷键 Ctrl+J 复制该图层，在“图层”面板中单击该图层的缩略图，将字母选区载入。将前景色设置为黑色，按快捷键 Alt+Delete 填充前景色，再按快捷键 Ctrl+D 取消选区。

08 将该图层移动到白色图层的下方，用键盘上的↑、↓、←、→键进行微调，并将图层的不透明度更改为 60%，为字母加上阴影，如图 2-32 所示。

图 2-32

2.6 多边形套索工具——恐龙来了

上一节中使用“套索”工具创建选区的形状比较随意，且边缘不规整，本节学习的“多边形套索”工具通过直线构建更容易控制其形状，可以使选区更规则。

01 启动 Photoshop CC 2017，执行“文件” | “打开”命令，打开“背景”素材，如图 2-33 所示。

图 2-33

02 选择文件夹中打开“恐龙”素材并拖入背景中，按住 Shift+Alt 键的同时拉大图像，如图 2-34 所示，按 Enter 键确认置入。

图 2-34

03 双击“图层”面板中的背景图层，将背景转换成可编辑图层，并将此图层单击拖曳到“恐龙”图层上方，如图 2-35 所示。

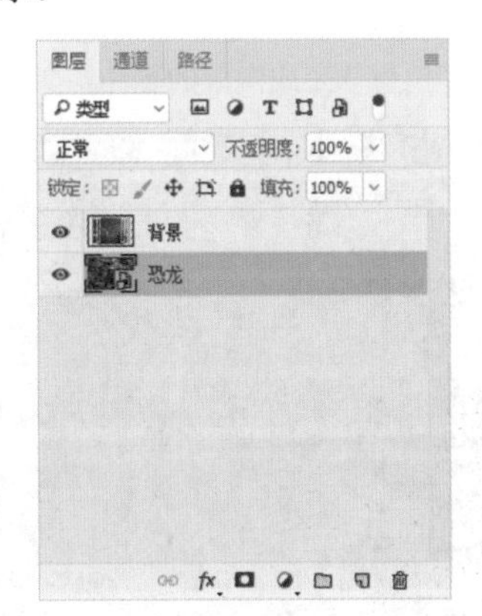

图 2-35

04 选择工具箱中的“多边形套索”工具，在工具属性栏中单击“添加到选区”按钮。此时单击并拖曳，将拖出一条线，再次单击即可固定一条选区线。如图 2-36 所示。

图 2-36

05 再次拖曳后单击，固定另一条选区线。当选区线闭合时，选区线将变成“蚂蚁线”，如图 2-37 所示。

图 2-37

06 用“多边形套索”工具画出其他选区，如图 2-38 所示。

图 2-38

07 按 Delete 键删除选区内的图像，“恐龙”图像就出现了，如图 2-39 所示。

图 2-39

08 用同样的方法选择“恐龙”下颌处的窗户区域并删除图像，露出来恐龙的下颌。按快捷键 Ctrl+D 取消选区，完成图像的制作，如图 2-40 所示。

图 2-40

> **提示**
> 选区与非选区的分界处闪动的虚线即为“蚂蚁线”。

2.7 磁性套索工具——女巫的城堡

“磁性套索”工具可以自动识别边缘较清晰的图像，与“多边形套索”工具相比，其更智能。

01 启动 Photoshop CC 2017 软件，执行“文件”|“打开”命令，打开“女巫”素材，如图 2-41 所示。

02 选择工具箱中的“磁性套索”工具，在“女巫”的边缘处单击，如图 2-42 所示。

图 2-41

图 2-42

03 鼠标沿女巫边缘拖动，出现一系列锚点和线，并吸附在图像边缘处，如图 2-43 所示。

> **提示**
> 在拖动鼠标的过程中，单击即可放置一个锚点；按 Delete 键可删除当前不准确的锚点，连续按 Delete 键可依次删除之前的锚点；按 Esc 键可清除所有锚点。

04 光标移到初始锚点处，单击封闭选区后，选区变成“蚂蚁线”，如图 2-44 所示。若在绘制选区的过程中，双击，将直接把选区变成“蚂蚁线”（双击处和初始锚点将以直线连接）。

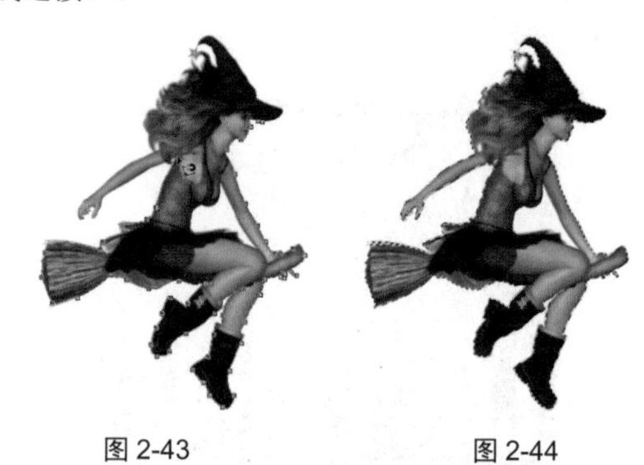

图 2-43　　图 2-44

05 双击“图层”面板中的“背景”图层，将其变成可编辑图层。

06 按快捷键 Shift+Ctrl+I 反选选区，按 Delete 键删除白色底图，如图 2-45 所示。按快捷键 Ctrl+D 取消选区，“女巫”便从图像中抠出来了。

图 2-45

07 执行“文件”|“打开”命令，打开“背景”素材。

08 切换到“女巫”文档，选择工具箱中的“移动”工具，将“女巫”拖到“背景”文档中，按快捷键 Ctrl+T，调整图像大小和位置，完成图像的制作，如图 2-46 所示。

图 2-46

> **提示**
> 在使用“磁性套索”工具时，按住 Alt 键单击可以将“磁性套索”工具临时切换为“多边形套索”工具。

2.8　快速选择工具——空中的单车

“快速选择”工具的使用方法与“画笔”工具类似，通过涂抹的方式，选区自动扩展到图像中的明显边缘。

01 启动 Photoshop CC 2017 软件，执行“文件”|“打开”命令，打开“单车”素材，如图 2-47 所示。

图 2-47

02 选择工具箱中的“快速选择”工具，在工具属性栏中设置笔尖的“大小”，如图 2-48 所示。

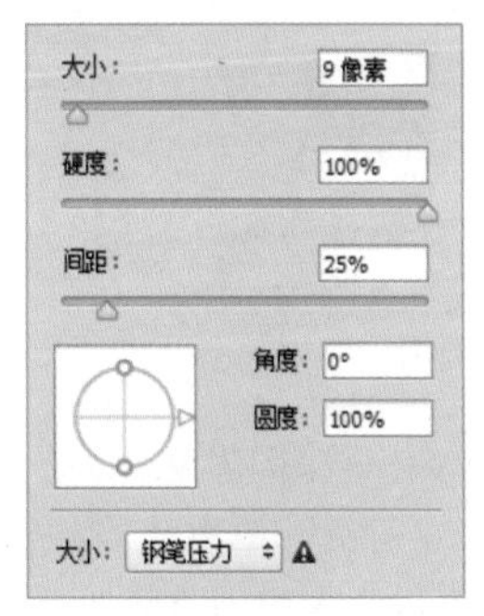

图 2-48

03 在蓝色区域单击并拖动，选区自动扩展，如图 2-49 所示。

图 2-49

提示

在工具属性栏中选择“添加到选区”工具，涂抹区域将添加到原选区；也可以利用“从选区减去”工具将多余的选区从原选区中排除。

04 选好所有蓝色图像后，双击“图层”面板中的“背景”图层，将其转为可编辑图层，按 Delete 键删除选区内的图像，如图 2-50 所示，按快捷键 Ctrl+D 取消选区。

图 2-50

05 执行“文件”|“打开”命令，打开“背景”素材。

06 切换到“单车”文档。选择工具箱中的“移动”工具，将抠出的图像拖到“背景”文档中，按快捷键 Ctrl+T，调整图像的大小和位置，完成图像的制作，如图 2-51 所示。

图 2-51

2.9　魔棒工具——鼓上美女

“魔棒”工具和“快速选择”工具类似，都可以快速选择色调相近的区域。不同于“快速选择”工具通过涂抹方式来确定选区，“魔棒”工具通过单击即可创建选区。

01 启动 Photoshop CC 2017 软件，执行“文件”|“打开”命令，打开“舞女”素材，如图 2-52 所示。

图 2-52

02 选择工具箱中的“魔棒”工具，在工具属性栏中设置“容差值”为20。

提示
容差值即颜色取样时的宽容度，容差值越大，选择的图像范围越大；反之，选择的范围越小。

03 在白色背景处单击，将背景区域选中，如图2-53所示。

图 2-53

04 双击“图层”面板中的“背景”图层，将其转为可编辑图层，按Delete键删除选区内的图像，如图2-54所示，按快捷键Ctrl+D取消选区。

05 执行“文件”|“打开”命令，打开“背景”素材。

06 切换到“舞女”文档。选择工具箱中的“移动”工具，将抠出的图像拖到“背景”文档中，按快捷键Ctrl+T，调整其大小和位置，完成图像的制作，如图2-55所示。

图 2-54

图 2-55

2.10 色彩范围——换颜色的裙子

“色彩范围”命令和“魔棒”工具类似，都是通过识别颜色范围来确定选区的。与“魔棒”工具不同的是，“色彩范围”命令的选择精度更高。

01 启动Photoshop CC 2017软件，执行“文件”|“打开”命令，打开“背景”素材，如图2-56所示。

图 2-56

02 执行“选择”|“色彩范围”命令，弹出“色彩范围”对话框。

03 在“选择”下拉列表中，选择“取样颜色” 取样颜色，在选区预览图中选中◉图像(M)选项，如图2-57所示。移动光标到选区，当光标变成吸管时，单击美女的裙子。

图 2-57

04 选中选区预览图中◉选择范围(E)选项，预览区域变成黑白图像，如图2-58所示。白色代表被选中的区域；黑色代表未被选中区域；不同程度的灰色代表图像被选中的程度，即“羽化”的选区。

05 通过调节“颜色容差” 颜色容差(F):的值，来确定选取颜色区域的程度；单击“添加到取样”按钮可添加颜色，单击“从取样中减去”按钮可减去颜色；在“选区预览” 选区预览(T):下拉列表中可选择其他选区预览方式，如图2-59所示。

图 2-58

图 2-59

06 单击“确定”按钮关闭对话框，即可创建选区。单击“图层”面板中的“创建新图层”按钮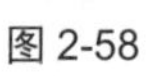，创建一个新图层。

07 选择“色板”面板中的纯青色█，按快捷键Alt+Delete为选区在新图层中填充颜色，如图2-60所示，按快捷键Ctrl+D取消选区。

图 2-60

08 选择工具箱中的“多边形套索”工具，将多余的蓝色选中并删除，如图2-61所示。

图 2-61

09 将混合模式设置为“颜色”，如图2-62所示，这样会使衣裳的纹理更清晰，图像制作完成，如图2-63所示。

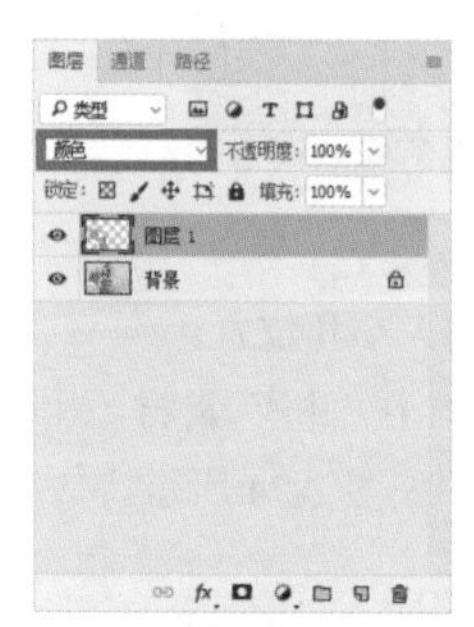

图 2-62

图 2-63

> **提示**
>
> 单击“色彩范围”对话框的“存储”按钮，可以将当前设置保存为选区预设；“载入”按钮可以载入选区预设文件；选中“反相”复选框可以反选选区；选中“本地化颜色簇”复选框可调节选区范围与取样点的距离。

2.11 肤色识别选择——变白的美女

编辑图片时经常需要选择人物的皮肤区域，从而进行后续的美化处理，但是使用大多数选区工具选择皮肤区域都不是一件容易的事。Photoshop CC 2017的“色彩范围”命令，有专门针对人物肤色识别的功能，大大简化了抠图的过程。

01 启动Photoshop CC 2017软件，执行“文件”|“打开”命令，打开“美女”素材，如图2-64所示。

02 执行“选择”|“色彩范围”命令，弹出“色彩范围”对话框。

03 在“选择”下拉列表中，选择“肤色”选项，如图2-65所示。

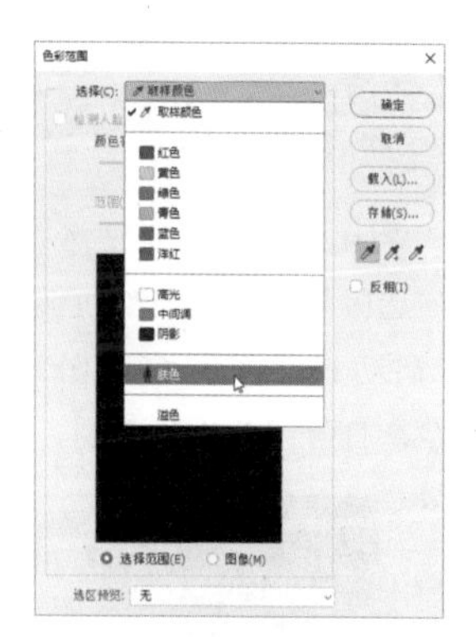

图 2-64

图 2-65

04 调整“颜色容差”值为94，确定选择皮肤的范围，如图2-66所示。

> **提示**
>
> “肤色”模式下，选中“检测人脸”选项能帮助更好地选择区域。

05 单击“确定”按钮关闭对话框，人物的皮肤便选好了。

06 执行“图像”|“调整”|“亮度/对比度”命令新建调整图层，在“属性”面板中设置选区中图像的“亮度”和“对比度”，如图2-67所示。

图 2-66

图 2-67

07 调整后的图像如图 2-68 所示。

图 2-68

2.12　羽化选区——江南水乡

羽化选区主要是使选区的边缘变得柔和，实现选区内与选区外图像的自然过渡。

01 启动 Photoshop CC 2017 软件，执行“文件”|“打开”命令，打开“渔夫”素材，如图 2-69 所示。

图 2-69

02 选择工具箱中的“套索”工具，单击并拖曳，围绕渔船创建选区，如图 2-70 所示。

图 2-70

03 执行“选择”|“修改”|“羽化”命令，或按快捷键 Shift+F6，弹出“羽化选区”对话框，如图 2-71 所示。

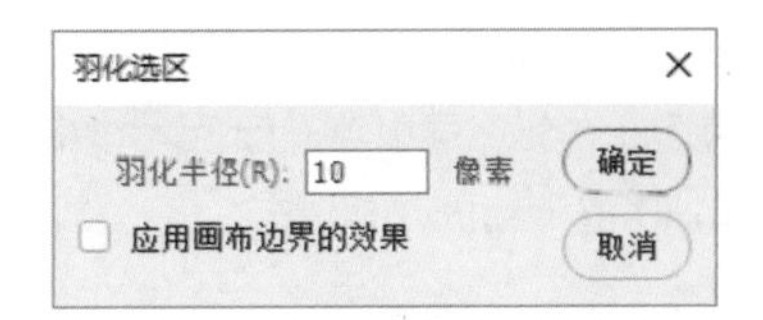

图 2-71

04 在“羽化半径”文本框内输入羽化值为 10，单击“确定”按钮。此时细心观察可以发现，选区略有缩小且边缘更圆滑了。

05 双击“图层”面板中的“背景”图层，将其转为可编辑图层。

06 按快捷键 Shift+Ctrl+I 反选选区，按 Delete 键删除选区中的图像，如图 2-72 所示，按快捷键 Ctrl+D 取消选区。

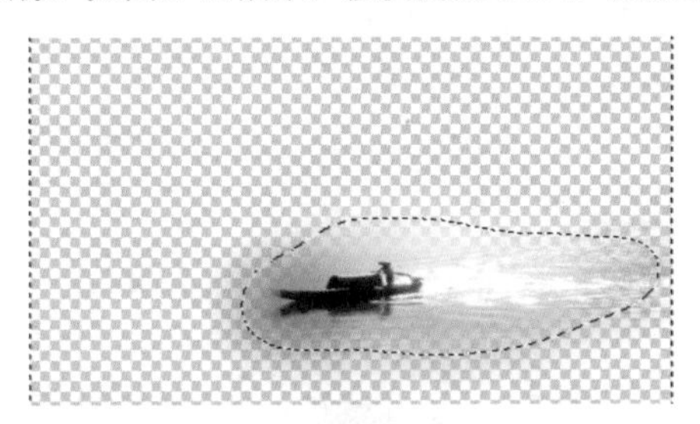

图 2-72

07 执行“文件”|“打开”命令，打开“背景”素材。切换到“渔夫”文档，选择工具箱中的“移动”工具，将抠出的“渔船”拖入“背景”文档，如图 2-73 所示。

图 2-73

08 按快捷键 Ctrl+T 调整“渔船”的大小和位置。

09 执行“文件”|“打开”命令，打开“桥”素材，用同样的方法，为桥创建选区并羽化，如图 2-74 所示。

图 2-74

10 将抠出的桥拖入“背景”文档，按快捷键 Ctrl+T 调整其大小和位置，完成图像的制作，如图 2-75 所示。

图 2-75

2.13　变换选区——质感阴影

变换选区是对选区进行一系列的变换操作，例如缩放、旋转、斜切、扭曲、透视和变形。

01 启动 Photoshop CC 2017 软件，执行“文件”|“打开”命令，打开“背景”素材，如图 2-76 所示。

图 2-76

02 打开“雪人”素材，并拖入“背景”文档中，按 Enter 键确认，如图 2-77 所示。

图 2-77

03 选择“图层”面板中“雪人”图层，按住 Ctrl 键，单击图层缩略图，为“雪人”图层创建选区，如图 2-78 所示。

图 2-78

04 执行“选择”|“变换选区”命令，将选区变成可变换选区，如图 2-79 所示。

图 2-79

05 在选区上右击，可以执行弹出的快捷菜单中的各个变换命令。按下 Ctrl 键后松开，当光标变成▷时，可以移动变换控制点，如图 2-80 所示。调整好选区后，按 Enter 键确认。

图 2-80

提示

变换选区时对选区内的图像没有任何影响，这与使用“移动”工具拖曳选区不同。

06 单击“图层”面板中的“创建新图层”按钮，选择“色板”面板中的 85% 度灰色，按快捷键 Alt+Delete 为选区填充颜色，如图 2-81 所示。按快捷键 Ctrl+D 取消选区。

图 2-81

07 在“图层”面板中将“影子”图层拖到“雪人”图层下面，雪人的影子便做好了，如图 2-82 所示。

图 2-82

08 用同样的方法置入“字母”素材，并为字母做好影子，完成后的图像如图 2-83 所示。

图 2-83

2.14 反选选区——驶向外星球

在前面的实例操作中常用快捷键 Shift+Ctrl+I 反选选区，本节将进一步详细介绍反选选区的特别作用。

01 启动 Photoshop CC 2017 软件，执行“文件”|“打开”命令，打开“船”素材，如图 2-84 所示。

02 选择工具箱中的“矩形选框”工具，创建海水选区，如图 2-85 所示。

图 2-84

图 2-85

03 选择工具箱中的“椭圆选框”工具，在工具属性栏中单击“添加到选区”按钮，选择“地球”区域，实现“地球”选区与“海水”选区相加，如图 2-86 所示。

04 执行“选择”|“反选”命令，或按快捷键 Shift+Ctrl+I 将选区反向，如图 2-87 所示。

图 2-86

图 2-87

05 双击“图层”面板中的“背景”图层，将其转为可编辑图层，按 Delete 键删除选区内的图像，如图 2-88 所示。按快捷键 Ctrl+D 取消选区。

06 打开“星球”素材并拖入到背景中，按住 Shift 键拉大素材并移动到合适的位置，按 Enter 键确认。

07 在“图层”面板中将星球素材拖到船素材的下方，图像制作完成，如图 2-89 所示。

图 2-88

图 2-89

2.15 运用快速蒙版编辑选区——马桶上的青蛙

快速蒙版能将选区转换成临时蒙版图像，通过画笔等工具编辑蒙版之后，便能将蒙版图像转换为选区。

01 启动 Photoshop CC 2017 软件，执行"文件"|"打开"命令，打开"青蛙"素材，如图 2-90 所示。

图 2-90

02 选择工具箱中的"快速选择"工具，创建"青蛙"选区，如图 2-91 所示。

图 2-91

03 执行"选择"|"在快速蒙版模式下编辑"命令或单击"以快速蒙版模式编辑"按钮，进入快速蒙版编辑模式，此时，选区外的颜色变成半透明的红色，如图 2-92 所示。

图 2-92

04 此时工具箱中的前景色和背景色分别变成黑色或白色（若前景色不是白色，单击工具箱中的"切换前景色和背景色"按钮，将白色切换到前景色）。

05 选择工具箱中的"画笔"工具，在工具属性栏中设置"画笔大小"为 50，"不透明度"为 20%，在马桶后面涂抹出阴影区域，涂抹处将被添加到选区，如图 2-93 所示。若用黑色涂抹选区，则可将涂抹处排除到选区之外。

图 2-93

06 单击工具箱中的"以快速蒙版模式编辑"按钮，回到正常模式，新的选区便出现了，如图 2-94 所示。

图 2-94

07 双击"图层"面板中的"背景"图层，将其转为可编辑图层。

08 按快捷键 Shift+Ctrl+I 反选选区，按 Delete 键删除反选区域，青蛙和阴影便一起抠出来了，如图 2-95 所示。按快捷键 Ctrl+D 取消选区。

图 2-95

09 执行"文件"|"打开"命令，打开"背景"素材。

切换到“青蛙”文档，选择工具箱中的“移动”工具，将抠出的图像拖入“背景”文档，按快捷键 Ctrl+T，调整图像的大小和位置后按 Enter 键确认，完成图像的制作，如图 2-96 所示。

图 2-96

2.16 扩展选区——街舞人生

在调整选区边缘时，经常要对选区进行扩展或者收缩操作，本节将用一个实例来介绍如何进行选区扩展。

01 启动 Photoshop CC 2017 软件，执行“文件”|“打开”命令，打开“街舞”素材，如图 2-97 所示。

图 2-97

02 按住 Ctrl 键，单击图层缩略图，为人物创建选区，如图 2-98 所示。

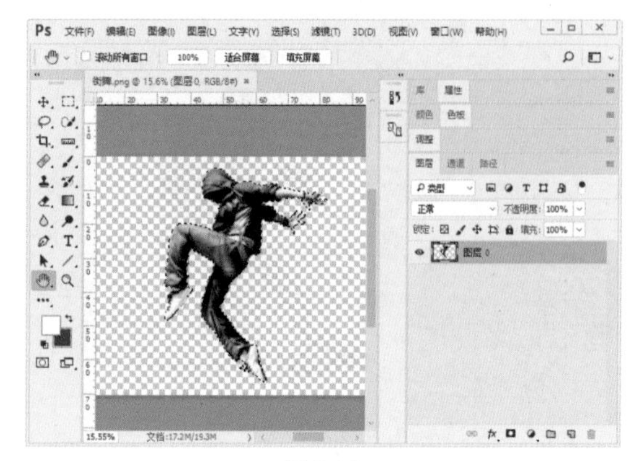

图 2-98

03 执行“选择”|“修改”|“扩展”命令，弹出“扩展选区”对话框，输入“扩展量”为 50 像素，如图 2-99 所示。

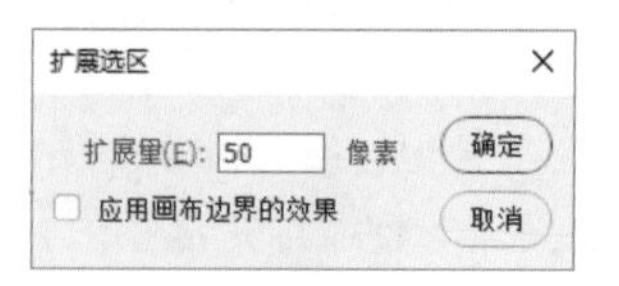

图 2-99

04 扩展后的效果，如图 2-100 所示。

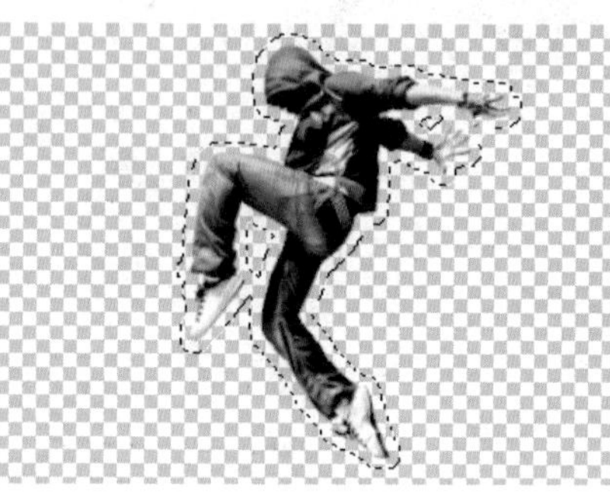

图 2-100

05 单击“图层”面板中的“创建新图层”按钮，创建新图层，并移到“街舞”图层下方。

06 在工具箱中的前景色上双击，在弹出的“拾色器（前景色）”对话框的 # 文本框处输入颜色值 #c8e0ff，如图 2-101 所示，单击“确定”按钮关闭对话框。

图 2-101

07 按快捷键 Alt+Delete 为选区填充颜色，如图 2-102 所示。

图 2-102

08 执行“选择”|“修改”|“扩展”命令，在弹出的“扩展选区”对话框中输入“扩展量”为 60，创建新图层并拖到所有图层的底部。填充新的颜色，如图 2-103 所示。

图 2-103

09 重复第 8 步，扩展选区并用不同的颜色进行填充，直到颜色铺满背景，完成图像的效果如图 2-104 所示。

图 2-104

2.17　描边选区——生日快乐

描边选区就是为选区边缘描绘线条，即给边缘加上边框。本节学习如何给选区描边。

01 启动 Photoshop CC 2017 软件，执行“文件”|“打开”命令，打开“背景”素材，如图 2-105 所示。

02 选择文件夹中的“字母”素材，并拖入到“背景”文档中，调整大小和位置，按 Enter 键确认置入，如图 2-106 所示。

图 2-105　　图 2-106

03 按住 Ctrl 键，单击“字母”图层缩略图，将沿字母创建选区，如图 2-107 所示。

04 单击“图层”面板中的“创建新图层”按钮，创建新图层。执行“编辑”|“描边”命令，在弹出的“描边”对话框中设置“宽度”为 30 像素，单击“颜色”色块，并选择白色，“位置”为“居外”，如图 2-108 所示。

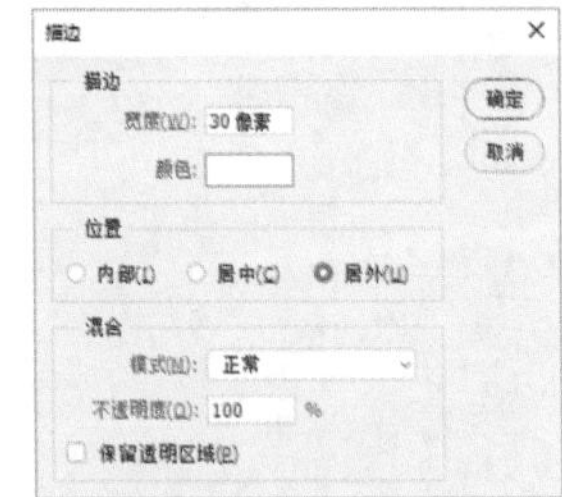

图 2-107　　图 2-108

05 单击“确定”按钮，完成描边，描边后的效果如图 2-109 所示，按快捷键 Ctrl+D 取消选区。

图 2-109

06 重复第 4 步，通过调整描边选区的大小、颜色及位置，分别给字母和描边图层制作宽度分别为 10 像素、颜色为 #d57404、位置为居中的描边和 18 像素、颜色为 #ac5c00、位置为居外的描边。完成图像后的效果，如图 2-110 所示。

图 2-110

第3章

绘画和修复工具的运用

Photoshop CC 2017 提供了丰富多样的绘图工具和修复工具，具有强大的绘图和修复能力。使用这些绘图工具，再配合画笔面板、混合模式、图层等功能，可以创作出传统绘画技巧难以企及的作品。本章通过 24 个实例，详细讲解了 Photoshop 绘图和修复工具的使用方法和应用技巧。

第 3 章 视频

第 3 章 素材

3.1 设置颜色——前景色和背景色

前景色主要是绘制图形、线条和文字时指定的颜色；背景色一般指图层的底色，如新增画布大小时以背景色填充。

01 启动 Photoshop CC 2017，执行“文件”|“打开”命令，打开“时尚”素材，如图 3-1 所示。

图 3-1

02 在工具箱中找到前景色和背景色设置图标，上方色块为前景色，下方色块为背景色，如图 3-2 所示。

提示

默认情况下，前景色为黑色，背景色为白色。按 X 键或单击“切换前景色和背景色”小图标，可以切换前景色和背景色。单击“默认前景色和背景色”小图标，可恢复到默认颜色。

03 单击前景色，在弹出的“拾色器（前景色）”对话框中选取颜色，在 # 文本框输入颜色值 550bd2，如图 3-3 所示，单击“确定”按钮。

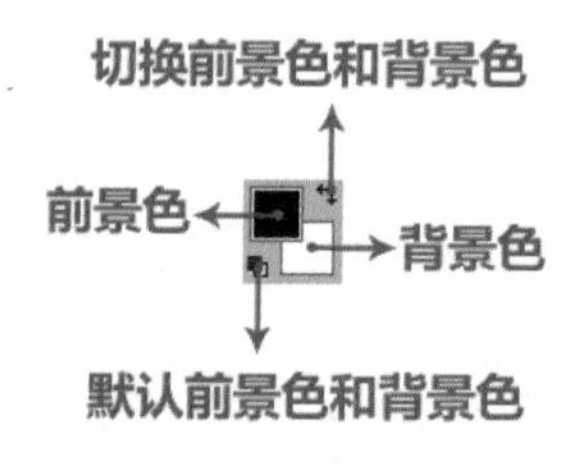

图 3-2

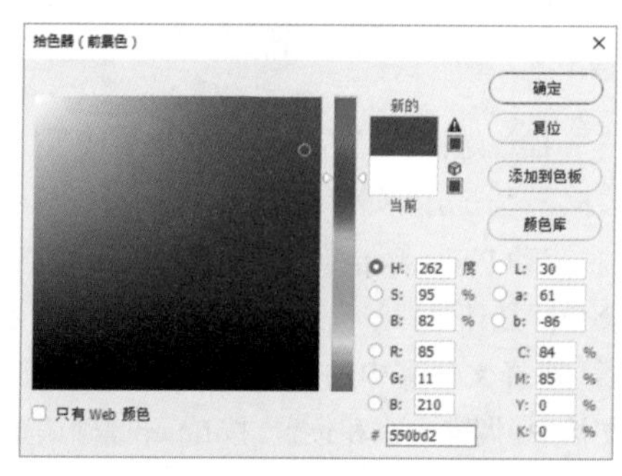

图 3-3

04 除了使用“拾色器”对话框，也可以在“颜色”面板和“色板”面板中选择颜色。

✦ “颜色”面板通过混合颜色来调色。要编辑前景色，则单击前景色块 编辑背景色，则单击背景色块。如选择R、G、B选项，则可通过在R、G、B 文本框中输入数值、拖动滑块，或单击调色色条的颜色三种方式来调整颜色，如图 3-4 所示。

✦ “色板”面板中的颜色是预先设置好的，如图 3-5 所示。将鼠标移动到“色板”面板的色块上，光标变成吸管形状，单击颜色色块即可。单击“创建前景色的新色板”按钮，可添加前景色到预设色块中。

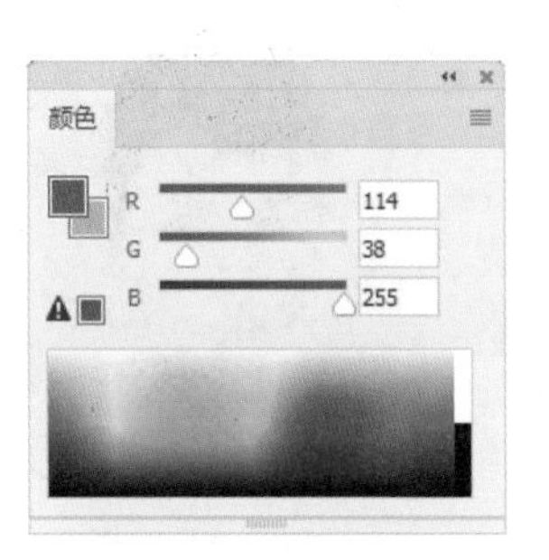

图 3-4

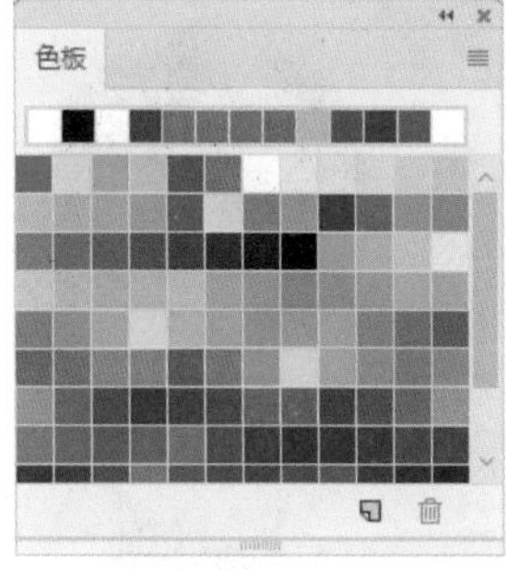

图 3-5

提示

单击“颜色”面板或“色板”面板右上角的菜单图标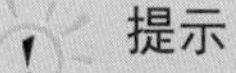，可以选择更多的模式。

05 选择工具箱中的“多边形套索”工具画出三角形选区，在“图层”面板上单击“创建新图层”按钮，新建一个图层，按快捷键 Alt+Delete 为选区填充前景色，如图 3-6 所示。

图 3-6

06 在“图层”面板中将新建图层的“不透明度”设置为 60%，如图 3-7 所示。

图 3-7

07 单击背景色，在弹出的“拾色器（背景色）”对话框中选取颜色，在 # 文本框输入颜色值 8049de，单击“确定”按钮。

08 在“图层”面板上单击“创建新图层”按钮，新建“图层”2，按快捷键 Ctrl+Delete 给选区填充背景色，设置图层的“不透明度”为 50%，并移动到合适位置，如图 3-8 所示，按快捷键 Ctrl+D 取消选区。

图 3-8

09 重复第 5 步，用“多边形套索”工具创建多个三角形和斜切矩形，将前景色颜色设置为 #cab2ef、#f29c9f、#ac7bf9、#7e2eff、#b88cfc 并分别填充三角形，用颜色 #ad79fd 和 #f29c9f 填充斜切矩形，如图 3-9 所示。

图 3-9

10 选择“英文”素材，并拖入到文档中，调整位置和大小后，按 Enter 键确认，完成图像的制作，如图 3-10 所示。

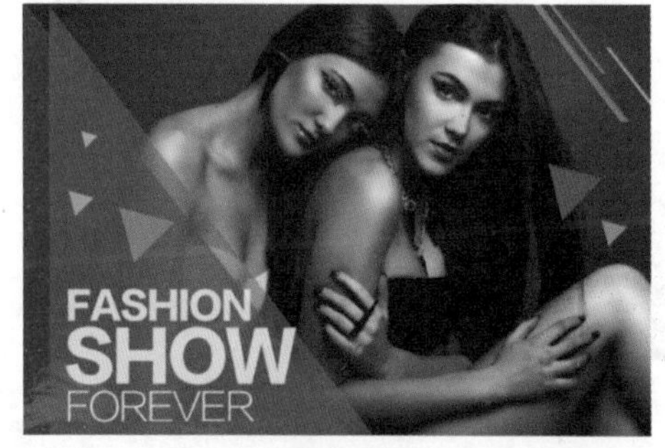

图 3-10

3.2 画笔工具——美女填色

“画笔”工具是 Photoshop 中比较常用的工具之一，本节主要学习“画笔”工具最基本的使用方法。

01 启动 Photoshop CC 2017，执行“文件”|“打开”命

令，打开“赫本”素材，如图 3-11 所示。

02 选择工具箱中的“画笔”工具，笔尖选择柔边圆，如图 3-12 所示。

图 3-11

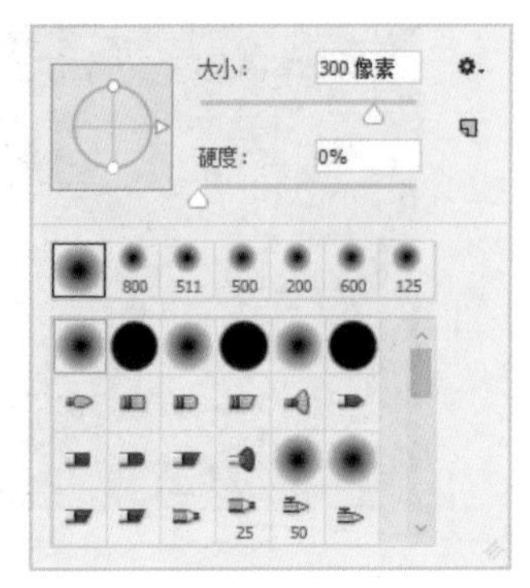

图 3-12

提示

降低画笔的硬度或选择柔边圆笔尖，可使绘制的画笔边缘虚化。

03 在工具属性栏中设置画笔属性，如图 3-13 所示。

图 3-13

提示

执行“窗口”|“画笔”命令，打开“画笔”面板，可以对画笔笔尖形状、大小和间距等属性进行设置。

04 单击前景色图标，设置前景色为 #6a3906，如图 3-14 所示。

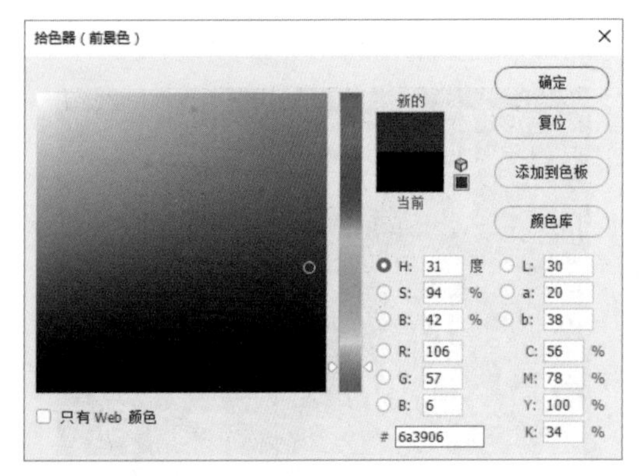

图 3-14

05 用“画笔”工具在人物头发处涂抹，通过按 [键缩小画笔笔尖或按] 键扩大画笔笔尖，填满细节，如图 3-15 所示。

06 重复第 3 步和第 4 步，分别将颜色设置成 #00a0e9、#ffe4d1 和 #c80311，并涂抹背景、皮肤和嘴唇，完成图像的制作，如图 3-16 所示。

图 3-15

图 3-16

3.3 铅笔工具——幸福一家人

“铅笔”工具和“画笔”工具类似，也能绘制线条。与“画笔”工具不同的是，“铅笔”工具只能创建硬边线条，且多了“自动抹除”功能。

01 启动 Photoshop CC 2017，执行“文件”|“打开”命令，打开“石头”素材，如图 3-17 所示。

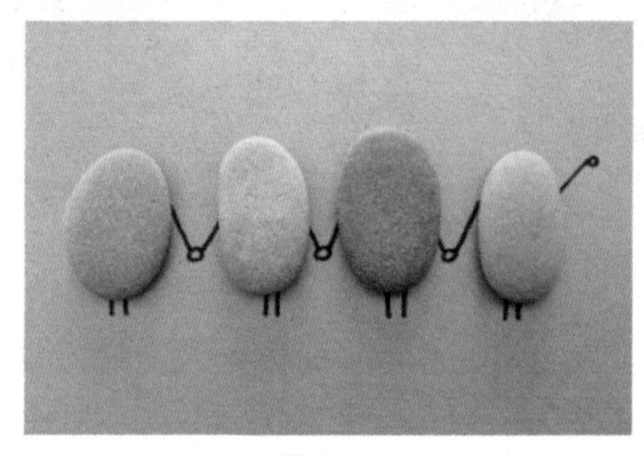

图 3-17

02 单击“图层”面板中的“创建新图层”按钮创建一个新图层。

03 选择工具箱中的“铅笔”工具，设置铅笔大小为 10 像素，并将前景色设置为黑色，如图 3-18 所示。

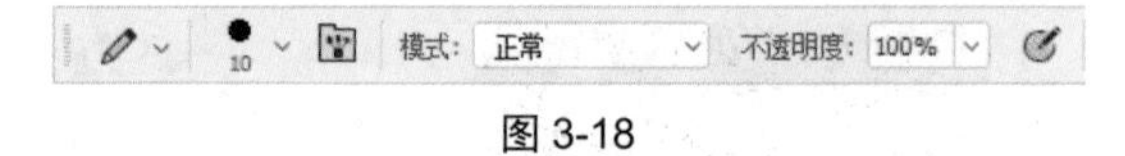

图 3-18

提示

设置铅笔属性时，调整硬度或笔尖选择柔边圆，线条仍是 100% 填充。

04 给左侧第一个石头画上眼睛、嘴巴、手和帽子，如图 3-19 所示。

提示

按住 Shift 键，单击并拖动，可绘制水平或垂直方向的直线。

05 将前景色设置为 #d3e2f6，按“[”键将笔尖调小或按“]”键将笔尖调大，为帽子涂上颜色，并将图层置于线条图层的下方，如图 3-20 所示。

图 3-19

图 3-20

06 选择其他颜色涂抹，为帽子增加层次感，如图 3-21 所示。

图 3-21

07 用同样的方法，涂抹其他人物的造型，完成图像的制作，如图 3-22 所示。

图 3-22

3.4　颜色替换工具——鲜艳的郁金香

在 2.10 节中，通过“色彩范围”命令选择相应区域给美女的裙子换颜色。本节将要学习的颜色替换工具能更加精确地改变图片的颜色。

01 启动 Photoshop CC 2017，执行“文件”|“打开”命令，打开“郁金香”素材，如图 3-23 所示。

图 3-23

02 选择工具箱中的“颜色替换”工具，前景色设为 #8049de。设置工具属性栏中的参数，选择“颜色”模式，单击选中“连续”按钮，如图 3-24 所示。

图 3-24

03 在第一朵花上涂抹，按“[”键将笔尖调小或按“]”键将笔尖调大，对花朵颜色进行替换，如图 3-25 所示。

图 3-25

04 除了更改颜色，“颜色替换”工具还能增加图像饱和度和降低图像明度。将工具属性栏中的“模式”更改为“饱和度”，在第二朵郁金香上涂抹，可以看到花的饱和度增加了，如图 3-26 所示。同样，将“模式”更改为“明度”，涂抹区域将变暗。

图 3-26

提示

饱和度是指色彩的鲜艳程度，也称色彩的纯度。纯度越高，饱和度越大，色彩越鲜艳；明度是指色彩的亮度，明度最高的颜色为白色，明度最低的颜色为黑色。

05 选择不同的颜色，重复第 2 步和第 3 步，为花朵换上不同的颜色，如图 3-27 所示。

图 3-27

3.5 历史记录画笔工具——飞驰的高铁

使用“历史记录画笔”工具，可以将图像编辑过程中的某个状态还原回来。巧妙利用“历史记录画笔”工具，还可以做出特别的效果。

01 启动 Photoshop CC 2017，执行“文件”|“打开”命令，打开“高铁”素材，如图 3-28 所示。

图 3-28

02 按快捷键 Ctrl+J 复制一个图层，执行“滤镜”|“模糊”|“动感模糊”命令，在弹出的“动感模糊”对话框中设置“角度”为 –13°，“距离”为 100 像素，如图 3-29 所示。

03 选择工具箱中的“历史记录画笔”工具，单击浮动面板中的“历史记录”按钮，展开“历史记录”面板，可以看到“历史记录画笔”的图标出现在“高铁”素材缩略图的前面，意思是此处为“历史记录画笔”工具的源，如图 3-30 所示。

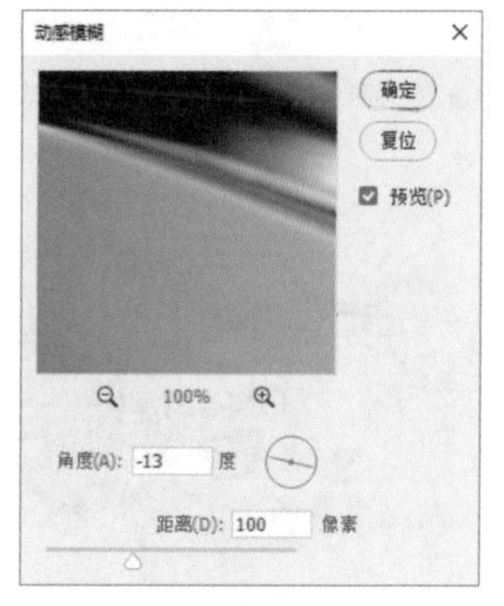

图 3-29

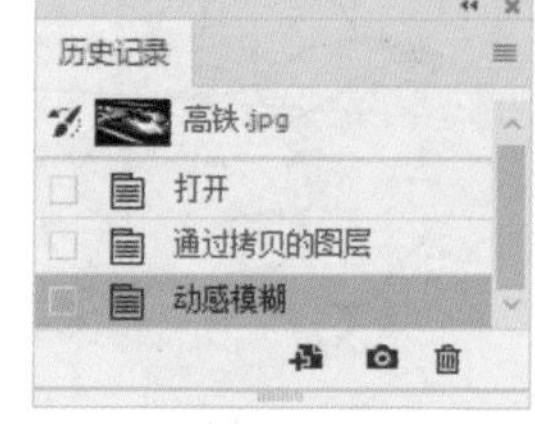

图 3-30

提示

执行“编辑”|“首选项”|“性能”命令，可以在“历史记录状态”文本框中 历史记录状态(H): 20 输入更大数值，使“历史记录”面板中显示最多的历史步骤。

04 通过“[”和“]”键控制“历史记录画笔”工具的笔尖大小，在高铁的头部涂抹，涂抹处即可恢复原图像，如图 3-31 所示。

05 若涂抹后发现恢复原图的区域过多，想要“动感模糊”效果更明显，可单击“历史记录”面板中“动感模糊”步骤前的空白小方块，设置此步骤为“历史记录画笔”工具的源，如图 3-32 所示。

图 3-31

图 3-32

06 在画面中涂抹想恢复“动感模糊”效果的位置，涂抹处便出现“动感模糊”效果，完成图像的制作，如图 3-33 所示。

图 3-33

3.6 混合器画笔工具——复古油画女孩

“混合器画笔”工具的效果类似于绘制传统水彩或油画时通过改变颜料颜色、浓度和湿度等，将颜料混合在一起绘制到画板上。利用“混合器画笔”工具可以绘制出逼真的手绘效果，是较为专业的绘画工具。

01 启动 Photoshop CC 2017，执行“文件”|“打开”命令，打开“唯美”素材，如图 3-34 所示。

图 3-34

02 按快捷键 Ctrl+J 复制一个图层，选择工具箱中的“混合器画笔”工具，并分别设置参数。笔尖设为 100 像素、柔边圆，当前画笔载入“清理画笔”，单击“每次描边后载入画笔”按钮，选择“有用的混合画笔组合”为“非常潮湿，深混合”，如图 3-35 所示。

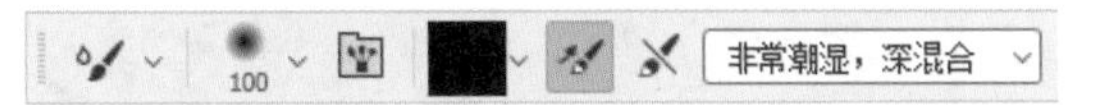

图 3-35

03 在女孩头发上涂抹后，画面出现颜色混合效果，如图 3-36 所示。

图 3-36

04 更改画笔的大小、混合画笔组合等一系列设置，用心感觉每种设置下画笔的效果，完成图像的制作，如图 3-37 所示。

图 3-37

提示

“混合器画笔”工具属性栏中各项参数详解如下：

- ✦ 100：可在该下拉列表中设置笔尖大小、硬度及画笔种类。
- ✦ ：可在该下拉列表中选择载入画笔、清理画笔、只载入纯色。
- ✦ ：每次描边后载入画笔，指鼠标光标下的颜色与前景色混合，如同将画笔重新沾上颜料。
- ✦ ：每次描边后清理画笔，指每次绘画后清理画笔上的油彩，如同将画笔用水洗干净。
- ✦ 自定：选择“自定”时，潮湿值不为 0% 时，可以自由设置潮湿、载入和混合值；选择其他混合组合时，潮湿、载入和混合值变为预先值。
- ✦ 潮湿：50%：指从画布拾取的油彩量。潮湿值越大，就像颜料中加越多的水，画在画布上的色彩越淡。
- ✦ 载入：50%：指画笔上载入的油彩量，载入值越低，画笔描边干燥的速度越快。
- ✦ 混合：100%：指控制载入颜色和画面颜色的混合程度。混合值为 0% 时，所有油彩都来自载入的颜色；混合值为 100% 时，所有油彩都来自画布；当潮湿值为 0% 时，该选项不可用。
- ✦ 流量：100%：指描边时流动的速率。当流量为 0% 时，油彩量流出速率为 0；当流量为 100%，油彩量流出速率为 100%。
- ✦ ：启用喷枪模式后，当画笔在同一位置长按鼠标时，画笔会持续喷出颜色。若取消这个模式，则画笔在同一个位置不会持续喷出颜色。
- ✦ 对所有图层取样：对所有可见图层的颜色进行取样。
- ✦ ：始终对“大小”使用压力，使用手绘板等能感知笔触压力的工具时可用。

3.7 油漆桶工具——儿童涂鸦

“油漆桶”工具可以为选区或颜色相近区域填充前景色或图案。本节主要通过一个实例来说明“油漆桶”工具的使用方法。

01 启动 Photoshop CC 2017 软件，执行“文件”|“打开”命令，打开“简笔画”素材，如图 3-38 所示。

图 3-38

02 选择工具箱中的“油漆桶”工具，设置填充区域的源为“前景”，“模式”为“正常”，“不透明度”为 100%，“容差”为 32，如图 3-39 所示。

图 3-39

提示

学习“魔棒”工具时，了解到“容差”的概念，即颜色取样时的范围。容差值越大，选择的像素范围越大；反之，选择的像素范围越小。因此，通过设置“油漆桶”工具的容差可以确定填色区域的大小和范围。

03 设置前景色为红色（#e60012），在蘑菇处单击，为蘑菇填上颜色，如图 3-40 所示。

图 3-40

04 在工具属性栏中，设置填充区域的源为“图案”，单击图标右侧的小三角形，打开“图案”拾色器，单击小图标右下侧的小三角形，在菜单中选择“彩色纸”，追加彩色纸图案，如图 3-41 所示。

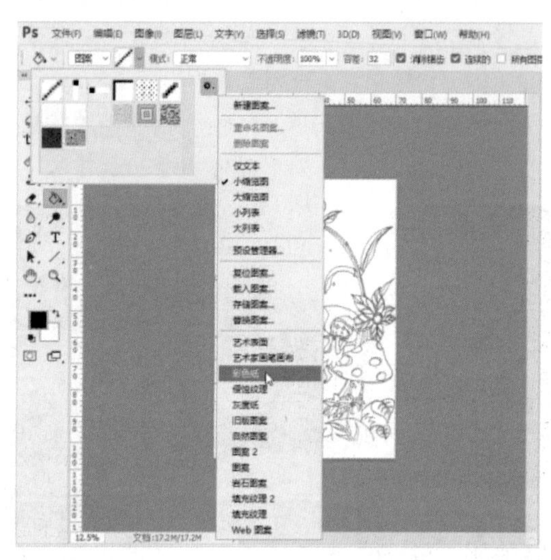

图 3-41

05 在“图案”拾色器中选择“蓝色纹理纸”，单击图像中空白背景处，为简笔画填充图案背景，如图 3-42 所示。

06 用同样的方法，选择其他前景色和图案，为图像填充其他颜色，完成图像的制作，如图 3-43 所示。

图 3-42

图 3-43

3.8 渐变工具——时尚煎锅

“渐变”工具可以创建多种颜色之间的渐变混合，不仅可以填充选区、图层和背景，还可以用来填充图层蒙版和通道等。

01 启动 Photoshop CC 2017 软件，执行“文件”|“打开”命令，打开“美味”素材，如图 3-44 所示。

图 3-44

02 选择工具箱中的“渐变”工具，在工具属性栏中选择“线性渐变”按钮，单击渐变色条，弹出“渐变编辑器”对话框，如图 3-45 所示。

03 预设区提供了多种渐变组合，单击任意一种渐变样式，即可出现在可编辑渐变色条区域。单击渐变色条上方的色标图标，可以在下面的色标栏中调整不透明度；单击下方色标图标，可以在下面的色标栏中定义颜色；拖动色标图标可以改变不透明度或颜色的位置。这里为左下色标定义颜色为 #8c8989，右下色标定义颜色为 #ffffff，如图 3-46 所示。

图 3-45

图 3-46

提示

渐变条中最左侧色标指渐变的起点颜色，最右侧色标代表渐变的终点颜色。

04 单击“图层”面板中的“创建新图层”按钮，创建新图层。选择工具箱中的“椭圆选框”工具，在新图层上创建圆形选区，如图 3-47 所示。

图 3-47

05 选择工具箱中的“渐变”工具，在画面中单击并向右上方拖动，松开鼠标后，选区内填充好定义的渐变，再按快捷键 Ctrl+D 取消选区，如图 3-48 所示。

图 3-48

提示

鼠标的起点和终点决定渐变的方向和渐变的范围。渐变角度随着鼠标拖动的角度变化，渐变的范围即渐变条起点处到终点处的渐变。按住 Shift 键拖动鼠标时，可创建水平、垂直和 45° 倍数的渐变。

06 在工具属性栏中单击“径向渐变”按钮，单击渐变色条，弹出“渐变编辑器”对话框，单击色条下方，即可添加新色标。移动两个渐变色标中间的小菱形◇，可调整该点两侧颜色的混合位置，如图 3-49 所示。

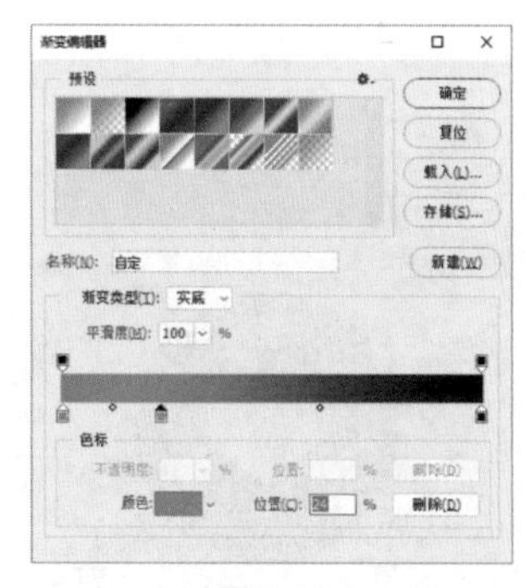

图 3-49

提示

“线性渐变”按钮，创建从起点到终点的直线渐变。

“径向渐变”按钮，创建从起点到终点的圆形渐变。

“角度渐变”按钮，创建从起点到终点的逆时针扫描渐变。

“对称渐变”按钮，创建从起点到终点再到起点的直线对称渐变。

“菱形渐变”按钮，创建从起点到终点再到起点的菱形渐变。

07 单击“图层”面板中的“创建新图层”按钮，创建新图层。选择工具箱中的“椭圆选框”工具，在新图层上创建稍小的圆形选区，单击圆心处，按住鼠标拖到边缘处松开，给选区填充编辑好的渐变，按快捷键 Ctrl+D 取消选区，如图 3-50 所示。

图 3-50

08 用同样的方法结合“矩形选框”工具和“椭圆选框”工具创建选区并填充合适的渐变，完成锅的制作，如图 3-51 所示。

图 3-51

09 选择工具箱中的“自定形状”工具，在工具属性栏的“形状”拾色器中选择心形❤，并填充径向渐变，如图 3-52 所示。

图 3-52

10 设置合适的径向渐变，完成蛋黄、蛋黄处光影渐变，最终效果如图 3-53 所示。

图 3-53

3.9 填充命令——小房子

使用“填充”命令和使用“油漆桶”工具填充效果类似，都能为当前图层或选区填充前景色或图案。不同的是，“填充”命令还可以利用“内容识别”功能进行填充。

01 启动 Photoshop CC 2017 软件，执行“文件”|“打开”命令，打开“房子”素材，如图 3-54 所示。

图 3-54

02 按快捷键 Ctrl+J 复制一个图层，选择工具箱中的“魔棒”工具，单击屋顶处，将屋顶选出，如图 3-55 所示。

图 3-55

03 设置前景色为红色（#e60012），执行“编辑”|“填充”命令或按快捷键 Shift+F5，弹出“填充”对话框，在“内容”下拉列表中选择“前景色”选项，如图 3-56 所示。

图 3-56

04 单击“确定”按钮后，屋顶便填充了颜色，按快捷键 Ctrl+D 取消选区，如图 3-57 所示。

图 3-57

05 选择工具箱中的“魔棒”工具，将墙体选出。

06 执行“编辑”|“填充”命令或按快捷键 Shift+F5，弹出“填充”对话框，在“内容”下拉列表中选择“图案”选项。

07 打开图案下拉面板，单击设置图标，在下拉列表中选择“彩色纸”，将“彩色纸”追加到自定图案中，如图 3-58 所示。

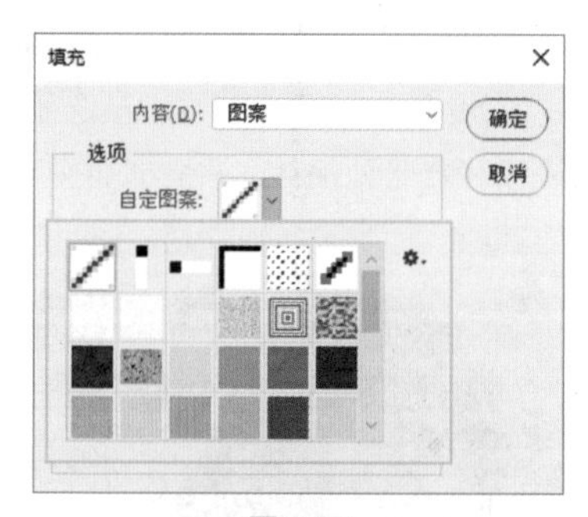

图 3-58

08 在自定图案中选择“树叶图案纸”图案，单击“确定”按钮，选区便填充了图案，如图 3-59 所示，按快捷键 Ctrl+D 取消选区。

图 3-59

提示

若在“内容”下拉列表中选择“内容识别”选项进行填充，则选区内将会以选区附近的图像进行明度、色调等融合进行后填充。

09 用同样的方法，为房子的其他部分填充颜色，完成图像的制作，如图 3-60 所示。

图 3-60

3.10　橡皮擦工具——冰激凌花

“橡皮擦”工具，顾名思义与橡皮功能类似，可以用于擦除图像。

01 启动 Photoshop CC 2017 软件，执行“文件”|“打开”命令，打开“背景”素材，如图 3-61 所示。

02 将“冰激凌”素材拖入到文档中，调整位置和大小后，按 Enter 键确认，如图 3-62 所示。

图 3-61

图 3-62

03 选择“图层”面板中的“冰激凌”图层，右击，在弹出的快捷菜单中选择“栅格化图层”，将智能矢量图层转换为栅格化图层。

04 选择工具箱中的“橡皮擦”工具，在工具属性栏中设置合适的大小，并选择“柔边圆”笔触，“不透明度”设置为 30%，在冰激凌的阴影处涂抹，留下部分未擦除阴影，如图 3-63 所示。

提示

单击按下“图层”面板中的“锁定透明像素”按钮，涂抹区域将显示为背景色。

05 在工具属性栏中选择“硬边圆”笔触，“不透明度”设置为 100%，在冰激凌的其他处进行涂抹，只留下蛋筒外壳，如图 3-64 所示。

图 3-63

图 3-64

06 将“绣球花”素材拖入到文档中，调整大小、位置后按 Enter 键置入，在“图层”面板中右击该图层，将智能矢量图层转换为可编辑图层，如图 3-65 所示。

07 在工具属性栏中选择“硬边圆”笔触，用同样的方法擦除多余的部分。完成图像的制作，如图 3-66 所示。

图 3-65

图 3-66

提示

在“橡皮擦”工具的工具属性栏中，“模式”除了可以选择“画笔”，还能根据擦除需要选择“铅笔”或“块”来进行擦除。

3.11 背景橡皮擦工具——长发美女

“背景橡皮擦”和“魔术橡皮擦”工具主要用来抠图，适合边缘清晰的图像。“背景橡皮擦”工具能智能采集画笔中心的颜色，并删除画笔内出现的该颜色的像素。

01 启动 Photoshop CC 2017 软件，执行“文件”|“打开”命令，打开“长发”素材，如图 3-67 所示。

02 选择工具箱中的“背景橡皮擦”工具，在工具属性栏中将“大小”设置为 300，单击按下“连续”取样图标，“容差”设置为 15%，如图 3-68 所示。

图 3-67

图 3-68

提示

容差值越低，擦除的颜色越相近；反之，擦除的颜色范围越广。

03 在人物边缘和背景处涂抹，将背景擦除，如图 3-69 所示。

图 3-69

04 选择“移动”工具，打开“背景”素材，将抠好的人物拖入背景中，完成图像的制作，如图 3-70 所示。

图 3-70

提示

取样方式包括“连续取样”“一次取样”和“背景色板取样”。

连续取样：在拖动鼠标过程中对颜色进行连续取样，凡在鼠标光标中心的颜色像素都将被擦除。

一次取样：擦除第一次单击取样的颜色像素，适合擦除纯色背景。

背景色板取样：擦除包含背景色的图像。

3.12　魔术橡皮擦工具——水果笑脸

“魔术橡皮擦”工具的效果相当于用“魔棒”工具创建选区后删除选区内的像素。锁定图层透明区域后，该图层被擦除的区域将为背景色。

01 启动 Photoshop CC 2017 软件，执行“文件”|“新建”命令，新建一个高为 3000 像素、宽为 2000 像素、分辨率为 300 的 RGB 图像，并填充渐变，如图 3-71 所示。

02 选择“橙子”素材，并拖入背景中，调整大小后按 Enter 键确认。右击该图层，在弹出快捷菜单中选择“栅格化图层”命令，如图 3-72 所示。

图 3-71

图 3-72

03 选择“魔术橡皮擦”工具，在工具属性栏中将“容差”设置为 20，“不透明度”设置为 100%，如图 3-73 所示。

提示

“魔术橡皮擦”工具的工具属性栏中，各项参数详解如下：

✦ 容差：设置可擦除的颜色范围。容差值越小，擦除的颜色范围与单击处的像素越相似；反之，则可擦除的颜色范围越广。

✦ 消除锯齿：选中后擦除区域的边缘将更平滑。

✦ 连续：未选中时，只擦除单击处相邻的区域；选中后，将擦除图像中所有相似的区域。

✦ 对所有图层取样：未选中时，只擦除当前图层相似颜色；选中后，将擦除对所有可见图层取样后的相似的颜色。

✦ 不透明度：控制擦除的强度。不透明度越高，擦除的强度越大，当不透明度为 100% 时，将完全擦除。

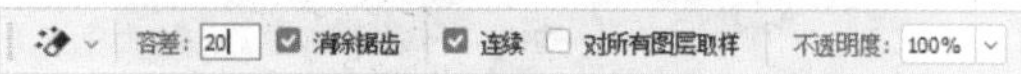

容差：20　消除锯齿　连续　对所有图层取样　不透明度：100%

图 3-73

04 在白色背景处单击，即可删除多余背景，如图 3-74 所示。

05 按快捷键 Ctrl+J 复制“橙子”图层，选择工具箱中的“移动”工具，按住 Shift 键，水平拖动到合适位置，如图 3-75 所示。

图 3-74

图 3-75

06 用同样的方法将“香蕉”素材删除背景并调整大小后拖移到合适位置，完成图像的制作，如图 3-76 所示。

图 3-76

3.13　模糊工具——静物

“模糊”工具主要用来对图像进行修饰，通过柔化图像减少图像的细节，达到突出主体的目的。

01 启动 Photoshop CC 2017 软件，执行“文件”|“打开”命令，打开“静物”素材，如图 3-77 所示。

图 3-77

02 选择工具箱中的“模糊”工具，设置合适的笔触大小，“模式”为“正常”，“强度”为100%，如图3-78所示。

图 3-78

> **提示**
> 强度值越大，图像模糊的效果越明显。

03 在左侧的花上反复涂抹，涂抹处即出现模糊效果，如图3-79所示。

图 3-79

3.14 减淡工具——眼神提亮

“减淡”工具主要用来增加图像的曝光度，通过涂抹，可以提亮照片的部分区域，从而增加质感。

01 启动Photoshop CC 2017软件，执行“文件”|“打开”命令，打开“眼妆”素材，如图3-80所示。

图 3-80

02 按快捷键Ctrl+J复制一个图层，选择工具箱中的“减淡”工具，设置“范围”为“阴影”，曝光度为50%，如图3-81所示。

图 3-81

> **提示**
> “减淡”工具属性栏中各项参数的详解如下：
> 范围：阴影可以处理图像中明度低的色调；中间调可以处理图像中的灰度中间调；高光可以处理图像中的高亮色调。
> 曝光度：数值越高，效果越明显。
> 喷枪：单击后启用“画笔喷枪”功能。
> 保护色调：选中后可以防止图像颜色发生色相偏移。

03 按“[”键和“]”键调整笔尖大小，在画面中反复涂抹，涂抹后阴影处的曝光增加了，如图3-82所示。

04 执行“文件”|“恢复”命令，将文件恢复到初始状态。按快捷键Ctrl+J复制一个图层，设置“范围”为“中间调”。

05 按“[”键和“]”键调整笔尖大小，在画面中反复涂抹，涂抹后中间调减淡，如图3-83所示。

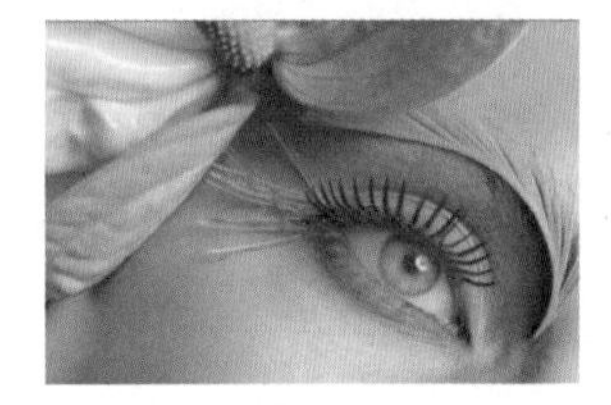

图 3-82　　图 3-83

06 执行“文件”|“恢复”命令，将文件恢复到初始状态。按快捷键Ctrl+J复制一个图层，设置“范围”为“高光”。

07 按“[”键和“]”键调整笔尖大小，在画面中反复涂抹，涂抹后高光减淡，图像变亮，如图3-84所示。

图 3-84

3.15 加深工具——古朴门房

“加深”工具主要用来降低图像的曝光度，使图像中的局部亮度变得更暗。

01 启动 Photoshop CC 2017 软件，执行“文件”|“打开”命令，打开“门”素材，如图 3-85 所示。

图 3-85

02 按快捷键 Ctrl+J 复制一个图层，选择工具箱中的“加深”工具，设置“范围”为“阴影”，如图 3-86 所示。

图 3-86

提示

“加深”工具的工具属性栏和“减淡”工具类似。

03 按“[”键和“]”键调整笔尖大小，在画面中反复涂抹，涂抹后阴影加深，如图 3-87 所示。

04 执行“文件”|“恢复”命令，将文件恢复到初始状态。按快捷键 Ctrl+J 复制一个图层，设置“范围”为“中间调”。

05 按“[”键和“]”键调整笔尖大小，在画面中反复涂抹，涂抹后中间调曝光度降低，如图 3-88 所示。

图 3-87　　图 3-88

06 执行“文件”|“恢复”命令，将文件恢复到初始状态。按快捷键 Ctrl+J 复制一个图层，设置“范围”为“高光”。

07 按“[”键和“]”键调整笔尖大小，在画面中反复涂抹，涂抹后高光部分的曝光度降低，如图 3-89 所示。

图 3-89

3.16　涂抹工具——森林小熊

“涂抹”工具的效果类似于在未干的油画上涂抹，可以出现色彩混合扩展的效果。

01 启动 Photoshop CC 2017 软件，执行“文件”|“打开”命令，打开“背景”素材，如图 3-90 所示。

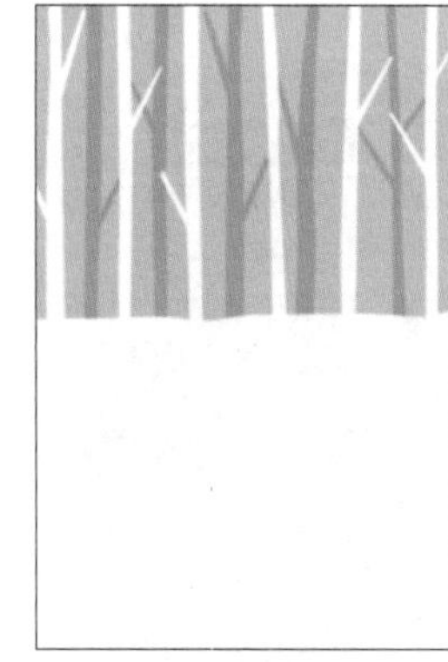

图 3-90

02 选择“小熊”素材，并拖入到文档中，按 Enter 键确认。右击该图层，在弹出的快捷菜单中选择“栅格化图层”命令，将拖入图层栅格化，如图 3-91 所示。

图 3-91

03 选择工具箱中的“涂抹”工具，在工具属性栏中选择一个柔边笔触，设置笔触大小为6像素，取消选中“对所有图层取样”选项，在小熊的边缘处进行涂抹，如图3-92所示。

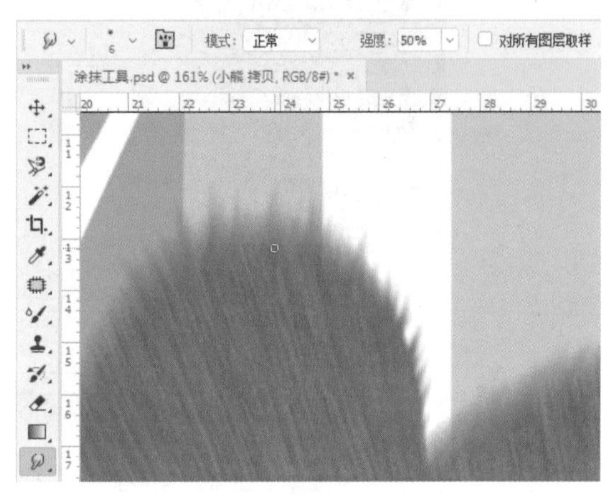

图 3-92

04 耐心涂抹完全部连续边缘，小熊便成了一只毛茸茸的小熊了，如图 3-93 所示。

图 3-93

> **提示**
>
> “涂抹”工具适合扭曲小范围的区域，主要针对细节处的调整，处理的速度较慢。若需要处理大面积的图像，结合使用滤镜效果会更明显。

3.17 海绵工具——山

“海绵”工具主要用来改变局部图像的色彩饱和度，但无法为灰度模式的图像增加色彩。

01 启动 Photoshop CC 2017 软件，执行“文件”|“打开”命令，打开“山”素材，如图 3-94 所示。

图 3-94

02 选择工具箱中的“海绵工具”，设置工具属性栏中的“模式”为“去色”，如图 3-95 所示。

图 3-95

> **提示**
>
> “海绵”工具属性栏中各项参数的详解如下：
>
> 模式：选择“去色”模式，涂抹图像后将降低图像饱和度；选择“加色”模式，涂抹图像后将增加图像饱和度。
>
> 流量：数值越高，修改的强度越大。
>
> 喷枪：单击后启用“画笔喷枪”功能。
>
> 自然饱和度：选中后可避免因饱和度过高而出现溢色现象。

03 按“[”键和“]”键调整笔尖大小，在图像中反复涂抹，即可降低图像饱和度，如图 3-96 所示。

图 3-96

04 执行“文件”|“恢复”命令，将文件恢复到初始状态。设置工具属性栏中的“模式”为“加色”，即可增加图像饱和度，如图 3-97 所示。

图 3-97

3.18　仿制图章工具——天坛

“仿制图章”工具从源图像复制取样，通过涂抹的方式，将仿制的源复制到新的区域，以达到修补、仿制的目的。

01 启动 Photoshop CC 2017 软件，执行“文件”|“打开”命令，打开“背景”素材，如图 3-98 所示。

图 3-98

02 按快捷键 Ctrl+J 复制一个图层，选择工具箱中的“仿制图章”工具，选择一个柔边圆笔触，如图 3-99 所示。

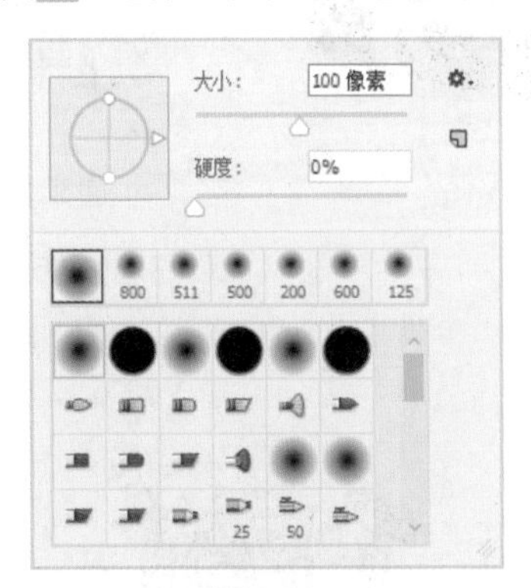

图 3-99

03 将光标放在取样处，按 Alt 键并单击进行取样，如图 3-100 所示。

图 3-100

04 松开 Alt 键，接下来的涂抹笔触内便会出现取样图案，如图 3-101 所示。

图 3-101

提示

取样后涂抹时，会出现一个十字光标和一个圆圈。操作时，十字光标和圆圈的距离保持不变。圆圈内区域即表示正在涂抹的区域，十字光标表示此时涂抹区域正从十字光标所在处进行取样。

05 在需要仿制的地方涂抹，去除多余的人物，如图 3-102 所示。

图 3-102

06 仔细观察图像，寻找合适的取样点，用同样的方法将其他人物覆盖，如图 3-103 所示。

图 3-103

3.19　图案图章工具——布艺麋鹿

“图案图章”工具和图案填充效果类似，都可以使用 Photoshop 软件自带的图案或自定义图案对选区或者图层进行图案填充。

01 启动 Photoshop CC 2017 软件，执行“文件”|“新建”命令，新建一个高为 3000 像素、宽为 2000 像素、分辨率为 300 像素 / 英寸的 RGB 图像。

02 打开“花纹 1”素材，如图 3-104 所示。

图 3-104

03 执行“编辑”|“定义图案”，弹出“图案名称”对话框，如图 3-105 所示，单击“确定”按钮，便自定义了一个图案。

图 3-105

04 用同样方法，分别为素材“花纹 2”“花纹 3”“花纹 4”和“花纹 5”定义图案。

05 选择工具箱中的“图案图章”工具，在工具属性栏中选择一个柔边笔触，在“图案”拾色器的下拉列表中找到定义的“花纹 1”，并选中“对齐”选项。按“[”键和“]”键调整笔尖大小，在画面中涂满图案，如图 3-106 所示。

图 3-106

> **提示**
>
> “图案图章”工具的属性栏中除“对齐”与“印象派效果”选项外，其他选项基本与画笔工具属性栏相同。
>
> 对齐：选中此项后，涂抹区域图像保持连续，多次单击也能实现图案间的无缝填充；若取消选中，则每次单击时都会重新应用定义的图案，两次单击之间涂抹的图案保持独立。
>
> 印象派效果：选中此项后，可模拟印象派效果的填充图案。

06 选择“卡通”素材，并拖入文档中，按 Enter 键确认。右击图层，在弹出的快捷菜单中选择“栅格化图层”命令，将置入的素材栅格化。

07 选择工具箱中的“魔棒”工具，单击滑板处，创建选区，如图 3-107 所示。

08 选择工具箱中的“图案图章”工具，在工具属性栏中选择一个柔边笔触，在“图案”拾色器的下拉列表中找到定义的“花纹 2”，按“[”键和“]”键调整笔尖大小，在选区内涂抹，如图 3-108 所示。

图 3-107

图 3-108

09 用同样的方法，给其他区域创建选区并选择合适的图案进行涂抹，一个布艺的小麋鹿图像就做好了，如图 3-109 所示。

图 3-109

3.20 污点修复画笔工具——没有斑点的斑点狗

“污点修复画笔”工具可以快速除去图片中的污点和其他不理想部分，并自动对修复区域与周围图像进行匹配与融合。

01 启动 Photoshop CC 2017 软件，执行“文件”|“打开”命令，打开“斑点狗”素材，如图 3-110 所示。

图 3-110

02 按快捷键 Ctrl+J 复制一个图层，选择工具箱中的“污点修复画笔”工具，设置工具属性栏，如图 3-111 所示。

图 3-111

> **提示**
>
> “污点修复”工具属性栏中“类型”的详解如下：
>
> 近似匹配：根据“污点修复”工具单击处边缘的像素以及颜色来修复瑕疵。
>
> 创建纹理：根据单击处内部的像素以及颜色，生成一种纹理效果来修复瑕疵。
>
> 内容识别：根据单击处周围综合性的细节信息，创建一个填充区域来修复瑕疵。

03 将光标放在斑点处，单击并拖曳进行涂抹，如图 3-112 所示。

04 松开鼠标后，即可清除斑点，如图 3-113 所示。

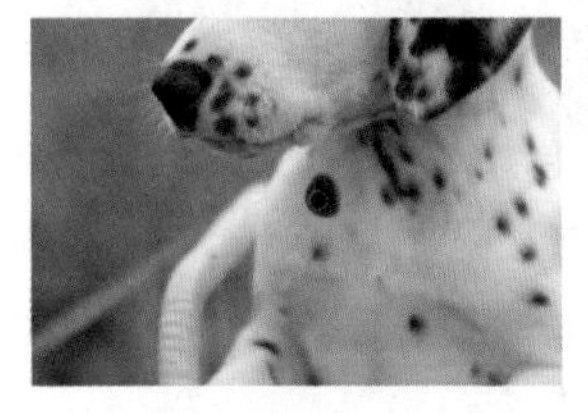

图 3-112

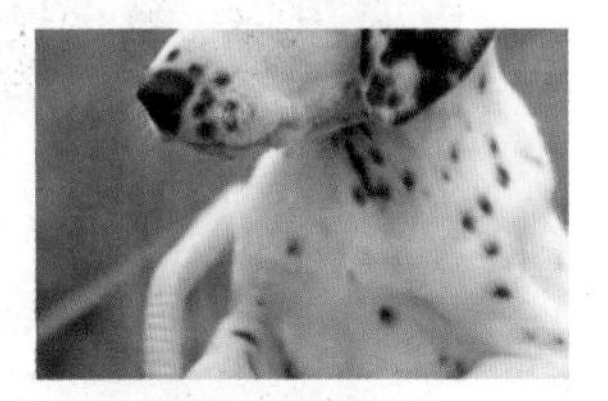

图 3-113

05 采用同样的方法，清除其他斑点，完成图像的制作，如图 3-114 所示。

图 3-114

3.21　修复画笔工具——无籽西瓜

“修复画笔”工具和“仿制图章”工具类似，都是通过取样将取样区域复制到目标区域。不同的是，“修复画笔”工具不是完全复制，而是经过自动计算使修复处的光影和周边图像保持一致，源图像的亮度等信息可能会被改变。

01 启动 Photoshop CC 2017 软件，执行“文件”|“打开”命令，打开“西瓜”素材，如图 3-115 所示。

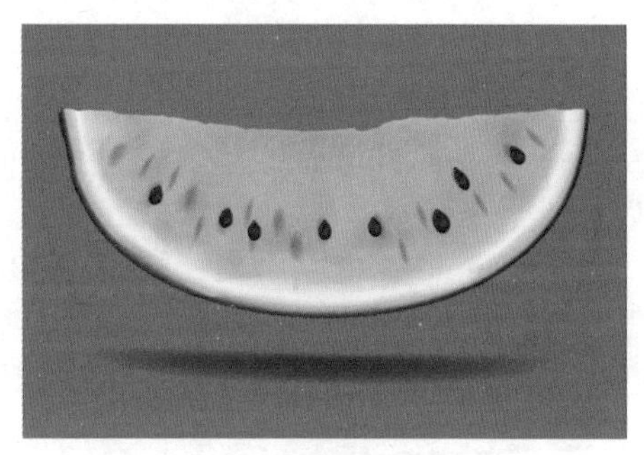

图 3-115

02 按快捷键 Ctrl+J 复制一个图层，选择工具箱中的“修复画笔”工具，在工具属性栏中设置笔触的“大小”和“硬度”，将“源”设置为“取样”，如图 3-116 所示。

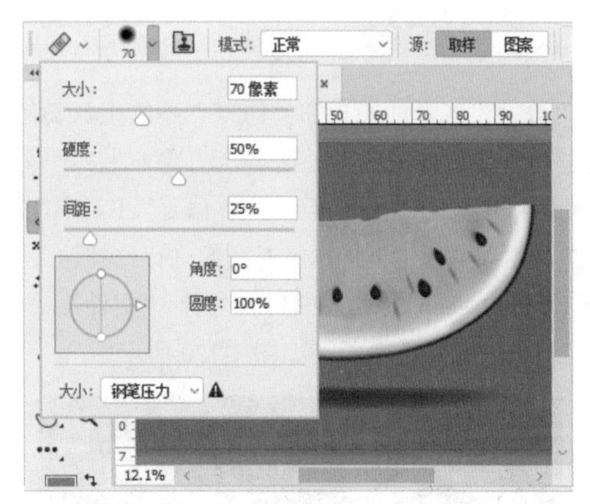

图 3-116

> **提示**
>
> “修复画笔”工具属性栏的“模式”和“源”详解如下：
>
> 模式 模式: 替换 ：“正常”模式下，取样点内，像素将与替换涂抹处的像素进行混合识别后进行修复；而“替换”模式下，取样点内像素将直接替换涂抹处的像素。
>
> 源：用来设置修复处像素的来源，源可选择“取样”或“图案”。“取样”指直接从图像上进行取样；“图案”指选择“图案”拾色器下拉列表中的图案来进行取样。

03 将光标放在没有西瓜籽的区域，按住 Alt 键进行取样，如图 3-117 所示。

04 松开 Alt 键，在西瓜籽处涂抹，即可将西瓜籽去除，如图 3-118 所示。

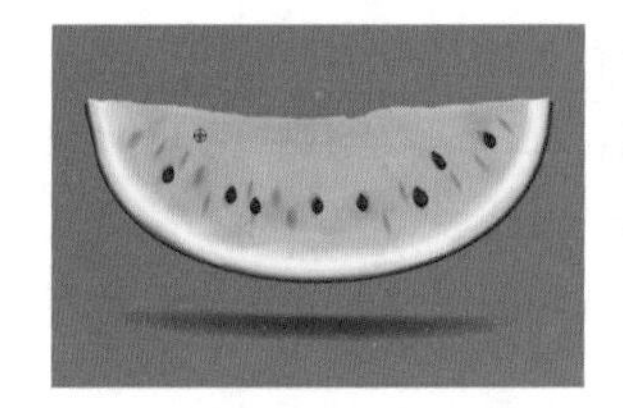
图 3-117

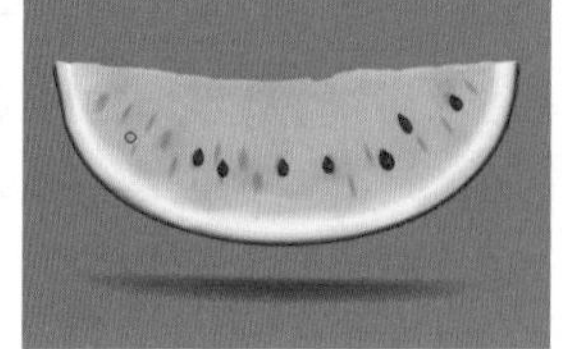
图 3-118

05 重复第 3 步和第 4 步，可按“[”键或“]”键缩小或放大笔触，完成整个西瓜的修复，如图 3-119 所示。

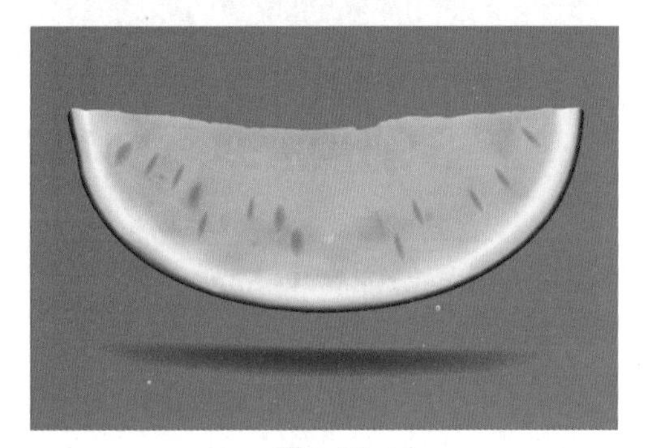
图 3-119

3.22 修补工具——去除文身

“修补”工具的原理和“修复”画笔工具类似，都是通过仿制源图像中的某一区域，去修补另外一个区域并自动融入图像的周围环境中。与“修复”工具不同，“修补”工具主要是通过创建选区对图像进行修补的。

01 启动 Photoshop CC 2017 软件，执行“文件”|“打开”命令，打开“美背”素材，如图 3-120 所示。

图 3-120

02 按快捷键 Ctrl+J 复制一个图层，选择“修补”工具，并选择工具属性栏中的源，如图 3-121 所示。

图 3-121

提示

“修补”工具属性栏中的修补模式包括正常模式和内容识别模式。

正常模式：该模式下，选择“源”时，是用后选择的区域覆盖先选择的区域；选择“目标”时与“源”相反，是用先选择的区域覆盖后来的区域。选中“透明”选项后，修复后的图像将与原选区的图像进行叠加。修补工具创建选区后，还可以使用图案进行修复。

内容识别模式：自动对修补选区周围的像素和颜色进行识别融合，并能选择适应强度从“非常严格”到“非常松散”来对选区进行修补。

03 单击画面并拖动鼠标，为玫瑰花创建选区，如图 3-122 所示。

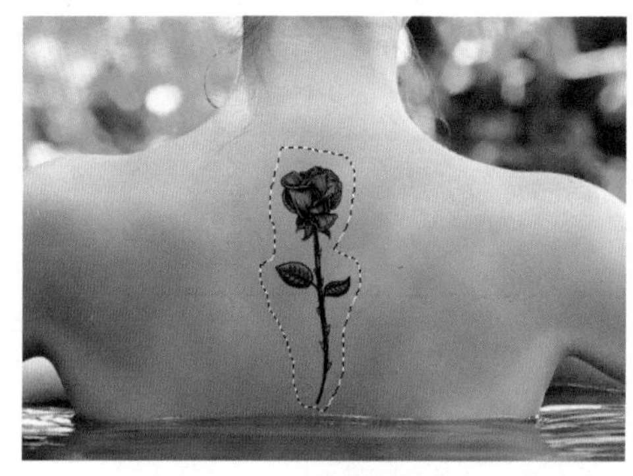
图 3-122

04 将光标放在选区内，拖动选区到光洁的皮肤处，按快捷键 Ctrl+D 取消选区，即可去除文身，如图 3-123 所示。

图 3-123

3.23 内容感知移动工具——往前走

“内容感知”工具可以用来移动和扩展对象，并自然地融入原来的环境中。

01 启动 Photoshop CC 2017 软件，执行“文件”|“打开”命令，打开“小孩”素材，如图 3-124 所示。

图 3-124

02 按快捷键 Ctrl+J 复制背景图层后，选择工具箱中的“内容感知移动”工具，在工具属性栏中，“模式”选为“移动”，如图 3-125 所示。

图 3-125

提示

“结构”是指调整原结构保留的严格程度；“颜色”可修改原颜色的程度。数值设置越大，图像与周围融合度越好。

03 在画面上单击并拖动，将小孩和影子选中，如图 3-126 所示。

图 3-126

04 将光标放在选区内，往右拖动，即可将图像移动到新的位置，并自动对原位置的图像进行融合补充，如图 3-127 所示。

图 3-127

05 在工具属性栏中将“模式”选为“扩展”，将光标放在选区内，并往左拖动，即可复制并移动到新位置，并自动对原位置的图像进行融合补充，如图 3-128 所示，按快捷键 Ctrl+D 取消选区。

图 3-128

06 选择“仿制图章”工具，对复制后的图像进行处理，效果将更加完美，如图 3-129 所示。

图 3-129

提示

“移动”模式即剪切并粘贴选区图像后融合图像，扩展模式即复制并粘贴选区图像后融合图像。

3.24　红眼工具——变成凡人

“红眼”工具能很方便地去除拍摄时，因相机使用闪光灯或者其他原因出现的红眼问题。

01 启动 Photoshop CC 2017 软件，执行“文件” | “打开”命令，打开“魔女”素材，如图 3-130 所示。

图 3-130

02 选择工具箱中的“红眼”工具，设置工具属性栏中的“瞳孔大小”为50%，“变暗量”为50%，如图3-131所示。

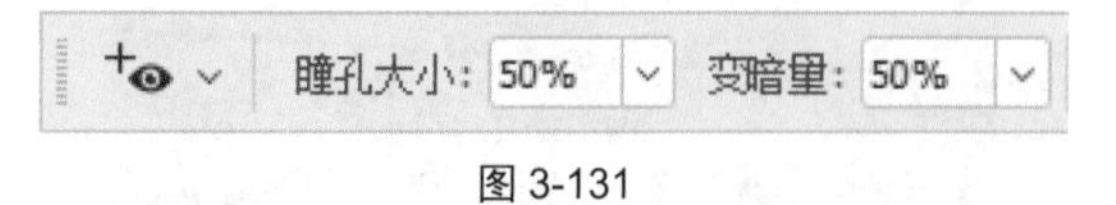

图 3-131

提示

“瞳孔大小”和“变暗量”可根据实际图像情况来设置。“瞳孔大小”用来设置瞳孔的大小，百分比越大，瞳孔越大；“变暗量”用来设置瞳孔的暗度，百分比越大，变暗效果越明显。

03 将光标放在左眼处并单击，即可去除红眼现象，如图3-132所示。

图 3-132

提示

若一次没有处理好，可多次单击，直到去除红眼现象为止。

04 也可以选择“红眼”工具后，在红眼处拖出一个虚线框，即可去除框内红眼，如图3-133所示，在右眼处拖出虚线框。

图 3-133

05 去除“红眼”后的效果，如图3-134所示。

图 3-134

4.1 编辑图层——情人节

图层是编辑图像的基本元素之一，增减图层可能会影响整个图像的呈现。如果图像相当于一摞透明纸叠加后的效果，图层则是代表每一张透明纸，每张纸上有着不同的内容并可独立编辑，叠加组合形成图像。

01 启动 Photoshop CC 2017，执行“文件”|“打开”命令，打开“情侣”素材，如图 4-1 所示。

02 在“图层”面板中，单击“创建新图层”按钮可直接在“背景”图层的上方新建一个透明图层。也可执行“图层”|“新建”|“图层”命令，或按住 Alt 键并单击“创建新图层”按钮，这样可对新建的图层进行设置，单击“确定”按钮后即新建一个图层，如图 4-2 所示。

图 4-1

图 4-2

提示

对新建图层进行设置时，在“颜色”菜单中选择一种颜色，表示用该颜色对图层进行标记，便于有效地区分不同用途的图层。

03 选择“大雪”和“中雪”素材，并拖入到文档中，按 Enter 键确认。由于之前新建图层为空白图层，所以“大雪”图层直接覆盖了“图层 1”成为一个新图层。此时的“图层”面板如图 4-3 所示。

04 选择“图层”面板中的“中雪”图层，将该图层拖到“创建新图层”按钮上，或执行“图层”|“复制图层”命令，输入图层名称为“中雪 拷贝”后，单击“确定”按钮，即可复制一个相同的图层，如图 4-4 所示。

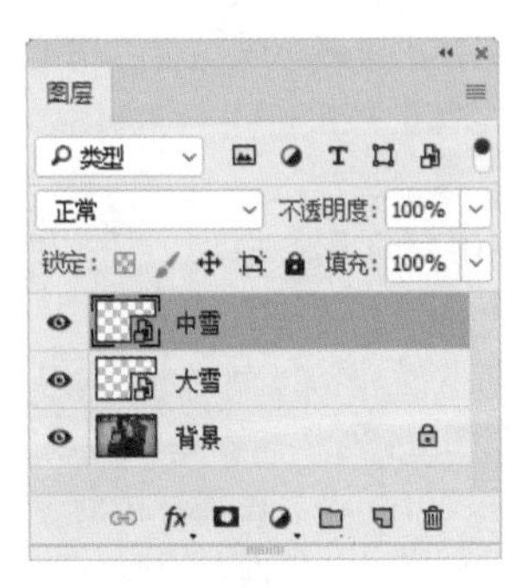

图 4-3

图 4-4

05 按快捷键 Ctrl+T，调整“中雪 拷贝”图层的大小和位置后，按 Enter 键确认。

06 按住 Ctrl 键并单击不同图层，可选中任意多个图层，如图 4-5 所示。

07 选择图层后，单击“链接图层”按钮，或将图层拖到“链接图层”按钮上，即可链接图层，如图 4-6 所示。此时，选择任意一个链接图层

第 4 章

图层和蒙版的运用

图层是 Photoshop 的核心功能之一。图层的引入，为图像的编辑带来了极大的便利。本章通过 16 个实例，详细讲解了图层的创建、图层样式、混合模式、图层蒙版等功能，在平面广告设计中的具体应用方法。

第 4 章 视频

第 4 章 素材

并移动，链接的所有图层将同时移动。若要取消某个图层的链接关系，单击该图层上的“链接图层”图标即可。

图 4-5　　图 4-6

08 双击图层的名称，即可对图层名称进行修改，如图 4-7 所示。

09 选择“大雪”“中雪”和“小雪”图层，并拖到“创建新组”图标上，可为当选图层结组，如图 4-8 所示。

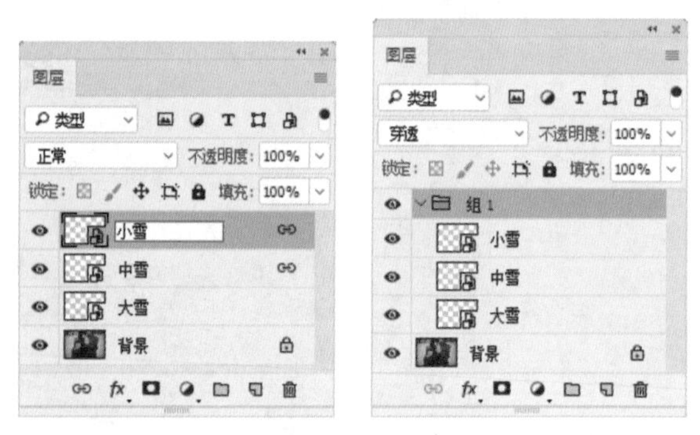

图 4-7　　图 4-8

10 选择“图层”面板中的“组 1”，右击，在弹出的快捷菜单中选择“合并组”命令，即可对组内图层进行合并，如图 4-8 所示。

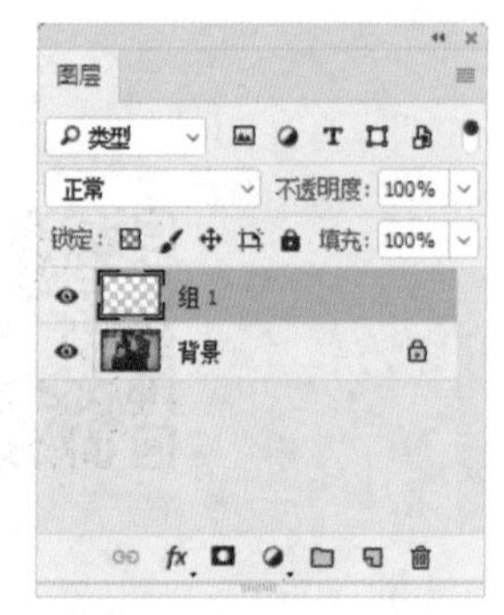

图 4-9

提示

合并组后，所有图层将合并成一个栅格化的图层。

11 选择“片名”素材，并拖入到文档中，调整位置和大小后，按 Enter 键确认，完成图像的制作，如图 4-10 所示。

图 4-10

提示

“图层”面板中各项功能详解如下：

✦ 类型：用于选择图层类型，当图层较多时，可在该图层的下拉列表中选择图层类型，其中包括名称、效果、模式、属性、颜色、智能对象、选定和画板等类型。选择其中任意一类型图层，将隐藏其他类型的图层。

✦ ：用于图层过滤，可组合使用，当单击按下“全部”按钮时显示所有图层。按下“像素图层过滤器”按钮时，将隐藏栅格化图层以外的图层；按下“调整图层过滤器”按钮时，将隐藏调整图层以外的图层；按下“文字图层过滤器”按钮时，将隐藏文字图层以外的图层；按下“形状图层过滤器”按钮时，将隐藏形状图层以外的图层；按下“智能对象过滤器”按钮时，将隐藏智能矢量图层以外的图层。单击“打开或关闭图层过滤”按钮，可打开或关闭图层过滤功能。

✦ 正常：用于设置图层的混合模式，在下拉列表中共有 27 种图层混合模式，包括正常、溶解、变暗等。

✦ 不透明度: 100%：用于设置图层的不透明度。

✦ 锁定：用于锁定当前图层的属性。按下“锁定透明像素”按钮后，图层的透明像素区域不能再进行操作；按下“锁定图像像素”按钮后，可防止绘画工具修改图层的像素；按下“锁定位置”按钮后，图层位置将被固定；按下“防止在画板内外自动嵌套”按钮后，可防止图层或组移出画板边缘时在组层视图中移除画板；按下“锁定全部”按钮后，当前图层的透明像素、图像像素和位置将全被锁定。

✦ 填充: 100%：用于设置填充的不透明度。

✦ ：隐藏当前图层。

✦ ：显示当前图层。

✦ ：链接选中的多个图层。

✦ fx：给当前图层添加图层样式，在其下拉列表中可选择混合选项中的 10 种效果，包括斜面与浮雕、描边等。

✦ ：为当前图层添加蒙版。

✦ ：创建新的填充图层或调整图层。

✦ ：创建图层组。

✦ ：创建新图层。

✦ ：删除图层或图层组。

4.2　投影——海中小船

添加投影可为图层内容增加立体感。

01 启动 Photoshop CC 2017，执行“文件” |“新建”命令，新建一个宽为 3000 像素、高为 2000 像素、分辨率为 300 的 RGB 文档。

02 选择工具箱中的“渐变”工具，设置为渐变起点颜色为 #4768ae、终点颜色为 #22458f 的径向渐变，从画面中心向外水平拖曳填充渐变，如图 4-11 所示。

03 选择“波浪 1”素材，并拖入文档中，按 Enter 键确认置入，如图 4-12 所示。

图 4-11

图 4-12

04 单击“图层”面板中的“添加图层样式”按钮，在弹出的列表中选择“投影”选项。在弹出的“图层样式”对话框中，设置投影的“不透明度”为 50%，颜色为黑色，“角度”为 -60°，“距离”为 20 像素，“扩展”为 20%，“大小”为 30 像素，如图 4-13 所示。

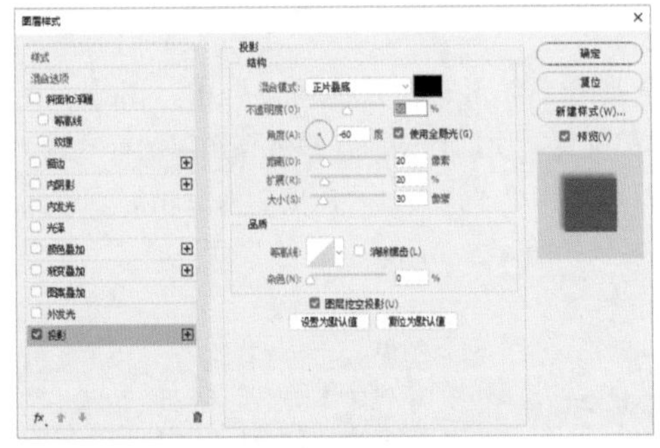

图 4-13

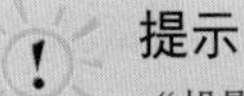

提示

“投影”的属性详解如下：

- 混合模式：用来设置投影与下面图层的混合方式，默认为“正片叠底”模式。
- 投影颜色：默认为黑色，单击该色块可在“拾色器”对话框中选择其他颜色。
- 不透明度：用来设置投影的不透明度，默认值为 75%。不透明度数值越大，投影越明显。
- 角度：可通过拖动圆形内的光标或在文本框内输入数值来设置投影的角度，光标的指示方向即光源方向，投影在光源的相反方向。
- 使用全局光：选中后所有图层的投影角度保持一致。取消选中则可单独为图层设置不同的投影角度。
- 距离：可通过拖动滑块或在文本框内输入数值来设置投影与图层的偏移距离，距离值越大，则投影与图层的距离越远。
- 扩展：可通过拖动滑块或在文本框内输入数值来设置阴影的大小。扩展的百分比越大，阴影面积越广，具体效果与“大小”的值相关。当“大小”值为 0 时，调整扩展值无效。
- 大小：可通过拖动滑块或在文本框内输入数值来设置投影的模糊范围，其值越大，模糊的范围越广。
- 等高线：用来对阴影部分进行进一步设置，从而控制阴影的形状。
- 消除锯齿：选中后可使投影更平滑。
- 杂色：为投影添加随机透明点。杂色值较大时阴影呈点状。
- 图层挖空投影：此项默认为选中，此时若图层的“填充不透明度”小于 100%，半透明区域投影不可见；反之，若取消选中此项，半透明区域投影将可见。

05 单击“确定”按钮，即给“波浪 1”图层添加了投影，如图 4-14 所示。

06 用同样的方法，分别将“小船”“波浪 2”“波浪 3”和“天空”素材拖入文档中，并添加同样参数的“投影”效果，图像制作完成，如图 4-15 所示。

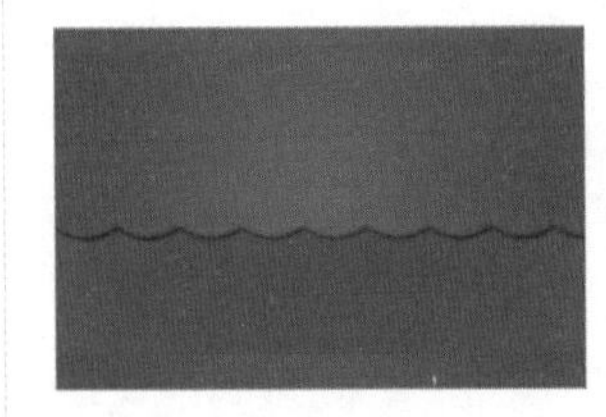

图 4-14

图 4-15

4.3　斜面和浮雕——威武城楼

“斜面和浮雕”效果主要是通过对图层添加阴影和高光等，使图层立体感增强。

01 启动 Photoshop CC 2017，执行“文件” |“打开”命令，打开“背景”素材，如图 4-16 所示。

02 选择工具箱中的“矩形选框”工具，并拖出矩形选区，如图 4-17 所示，按快捷键 Ctrl+J 将选区内容复制到新图层。

图 4-16

图 4-17

03 单击“图层”面板中的“添加图层样式”按钮，

在弹出的列表中选择“斜面和浮雕”选项。在弹出的“图层样式”对话框中，设置样式为“枕状浮雕”，“大小”为 20 像素，如图 4-18 所示。

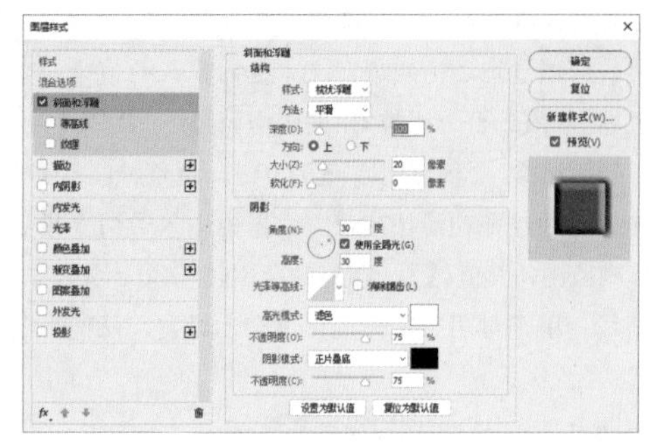

图 4-18

04 单击“确定”按钮，图层边缘出现“枕状浮雕”效果，如图 4-19 所示。

提示

“斜面与浮雕”的效果包括外斜面、内斜面、浮雕效果、枕状浮雕和描边浮雕。

- 外斜面：可在图层的边缘外侧呈现雕刻效果。
- 内斜面：可在图层的边缘内侧呈现雕刻效果。
- 浮雕效果：可在图层的边缘内部和外部均呈现浮雕效果。
- 枕状浮雕：可在图层的边缘内部呈现浮雕效果，边缘外部产生压入下层图层的效果。
- 描边浮雕：针对描边效果且只在描边区域才有效果。

05 选择“龙”素材，并拖入文档中，调整大小后按 Enter 键确定，如图 4-20 所示。

图 4-19　　图 4-20

06 单击“图层”面板中的“添加图层样式”按钮 fx，在弹出的列表中选择“斜面和浮雕”选项。在弹出的“图层样式”对话框中，设置“斜面与浮雕”的样式为“内斜面”，方法为“雕刻清晰”，“深度”为 400%，“大小”为 20 像素，如图 4-21 所示。

提示

在“方法”的下拉列表中有平滑、雕刻清晰和雕刻柔和三种。

- 平滑：浮雕效果比较平滑，雕刻边缘处柔和。
- 雕刻清晰：雕刻面转折处硬，雕刻面对比较强。
- 雕刻柔和：雕刻面转折处相对柔和，雕刻面对比较弱。

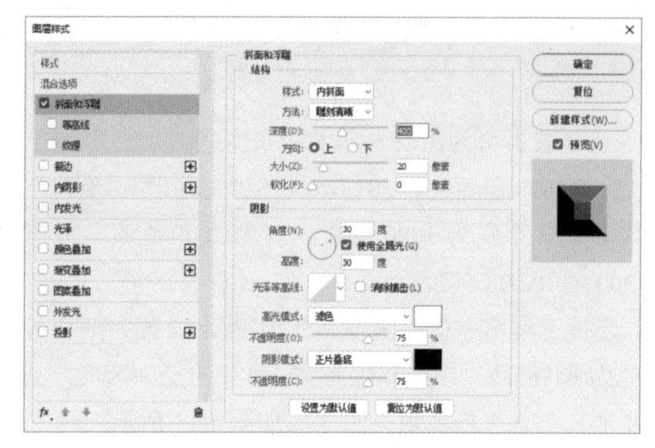

图 4-21

07 单击“确定”按钮，图层边缘出现“内斜面”效果，如图 4-22 所示。

图 4-22

08 选择“字”素材，并拖入文档中，调整大小后按 Enter 键确定。用同样的方法设置该图层的样式为“外斜面”，方法为“平滑”，“深度”为 200%，“大小”为 20 像素，如图 4-23 所示。

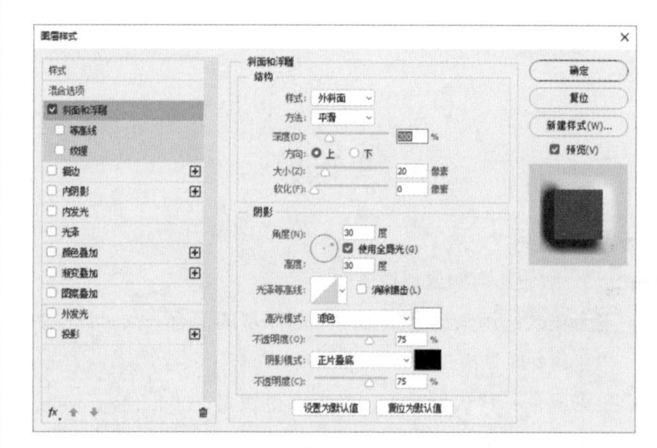

图 4-23

09 单击“确定”按钮，图层边缘出现“外斜面”效果，如图 4-24 所示。

10 选择“城楼”素材，并拖入文档中，调整大小后按 Enter 键确定，完成图像的制作，如图 4-25 所示。

图 4-24

图 4-25

4.4　渐变叠加——阳光下的舞蹈

“渐变叠加”主要是指通过渐变叠加图层样式，使图层产生渐变叠加的效果，渐变的位置和区域为当前图层。

01 启动 Photoshop CC 2017，执行“文件”|“打开”命令，打开“桥”素材，如图 4-26 所示。

图 4-26

02 双击“背景”图层，弹出“新建图层”对话框，单击“确定”按钮，将背景图层转换为普通图层。

03 单击“图层”面板中的“添加图层样式”按钮 fx，在弹出的列表中选择“渐变叠加”选项。在弹出的“图层样式”对话框中，出现“渐变叠加”属性设置，如图 4-27 所示。

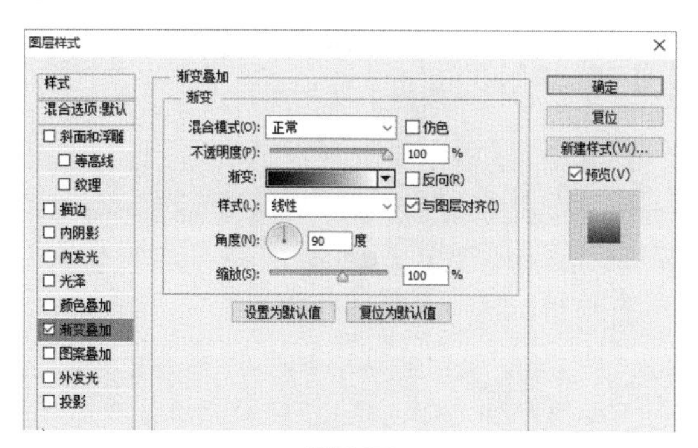

图 4-27

04 单击渐变条，设置渐变位置为 0% 时的颜色为 #251816、位置为 35% 时的颜色为 #dc8867、位置为 48% 时的颜色为 #fadd9f、位置为 64% 时的 #e0e2de 和位置为 100% 时的颜色为 #031c34，如图 4-28 所示，单击“确定”按钮。

05 设置渐变的混合模式为“滤色”，“不透明度”为 85%，样式为“线性”，“角度”为 90°，如图 4-29 所示。

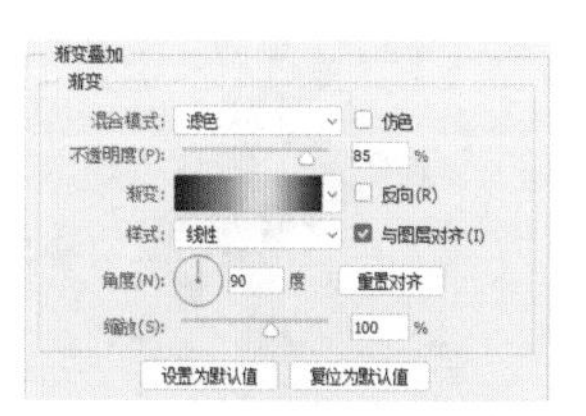

图 4-28　　图 4-29

06 单击“确定”按钮，图层便添加好了渐变，如图 4-30 所示。

图 4-30

07 选择“舞蹈”素材，并拖入文档中，用同样的方法设置渐变的混合模式为“正常”，“不透明度”为 100%，样式为“线性”，“角度”为 -90°。单击渐变条，设置该渐变位置为 0% 时的颜色为 #150916、位置为 50% 时

的颜色为 #301158、位置为 100% 时的颜色为 #7a4942，单击“确定”按钮，如图 4-31 所示。

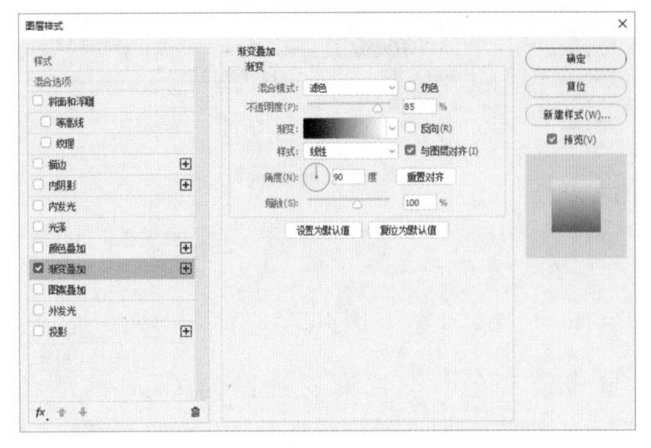

图 4-31

08 单击“确定”按钮后，阳光下的舞女图像便做好了，如图 4-32 所示。

09 用同样的方法，选择“阳光”和“影子”素材，分别添加合适的渐变并设置各项属性参数，图像即制作完成，如图 4-33 所示。

图 4-32

图 4-33

提示

图层样式里的渐变叠加与“渐变”工具相比，前者更方便调整，且不损失图层原本的颜色，并可通过打开或关闭叠加效果前的“眼睛”图标 渐变叠加，查看原图层和添加渐变效果后的情况。

4.5 外发光——炫彩霓虹灯

Photoshop CC 2017 中的“发光”效果，有外发光和内发光两种。“外发光”是指在图像边缘的外部制作发光效果；内发光效果和外发光效果类似，只是产生发光处为图像边缘内部。本节主要学习外发光效果的制作方法。

01 启动 Photoshop CC 2017，执行“文件”|“打开”命令，打开“背景”素材，如图 4-34 所示。

图 4-34

02 选择“舞女”素材，并拖入文档中，调整大小和位置后，按 Enter 键确定置入，如图 4-35 所示。

03 选择“图层”面板中的“舞女”图层，右击，在弹出的快捷菜单中选择“栅格化图层”命令，将智能矢量图层转换为栅格化的图层。

04 选择工具箱中的“套索”工具，将需要添加外发光的区域选出，如图 4-36 所示，按快捷键 Ctrl+J 将选区内容复制为新图层。

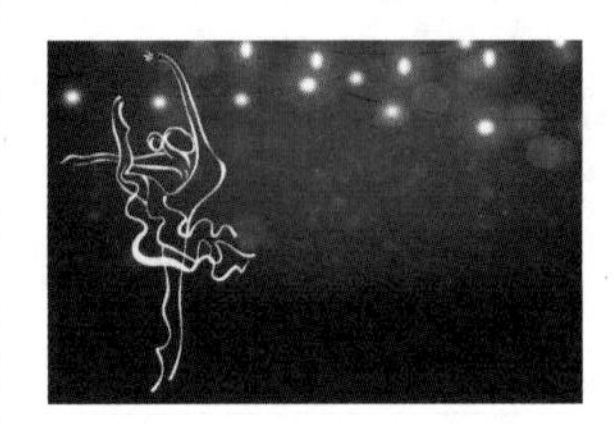

图 4-35

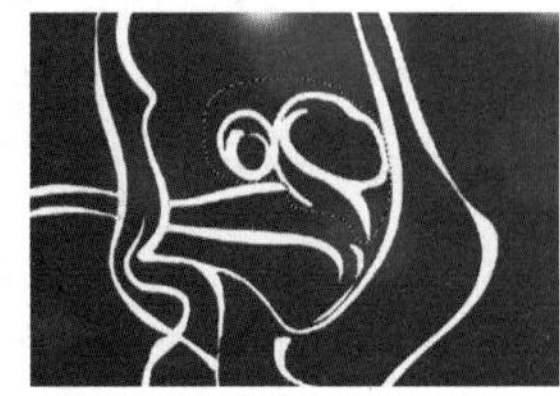

图 4-36

05 单击“图层”面板中的“添加图层样式”按钮，在弹出的列表中选择“外发光”选项。在弹出的“图层样式”对话框中出现外发光属性设置，选择外发光形式为纯色填充，并设置颜色为 #01a9d4，“扩展”为 18%，“大小”为 38 像素，“范围”为 50%，“抖动”为 0%，如图 4-37 所示。

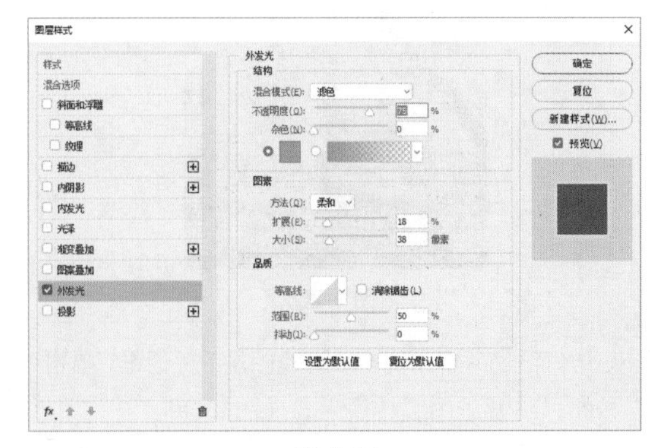

图 4-37

提示

外发光的混合模式默认为“滤色”。

06 单击“确定”按钮后，图层便出现了蓝色的外发光效果，如图 4-38 所示。

07 用同样的方法为“舞女”的其他部分添加不同颜色的外发光效果，如图 4-39 所示。

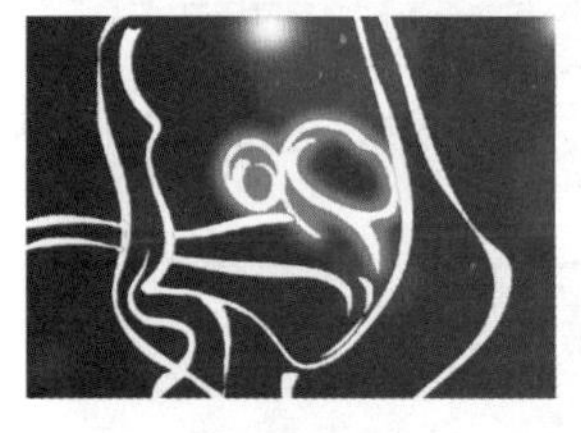

图 4-38

图 4-39

08 选择“圆角矩形”素材，并拖入文档中，添加颜色为 #b41ff9、“不透明度”为 84%，“扩展”为 0，“大小”为 27 像素，“范围”为 29%，“抖动”为 0% 的外发光，如图 4-40 所示。

图 4-40

09 按快捷键 Ctrl+J 复制“圆角矩形”图层并移动到合适的位置，双击图层右侧的“图层样式”图标 fx，更改外发光的颜色。用同样的方法制作其他外发光的矩形效果，完成图像的制作，如图 4-41 所示。

图 4-41

4.6　描边——可爱卡通

Photoshop 中有 3 种描边方式，在 2.17 节中学习了“编辑”菜单中的“描边”命令，除此之外，还有图层样式描边和形状工具描边，本节主要学习图层样式中的描边。

01 启动 Photoshop CC 2017，执行“文件” | “打开”命令，打开“背景”素材，如图 4-42 所示。

02 选择“卡通”素材，并拖入文档中，调整大小和位置后，按 Enter 键确定置入，如图 4-43 所示。

图 4-42

图 4-43

03 单击“图层”面板中的“添加图层样式”按钮 fx，在弹出的列表中选择“描边”选项。在弹出的“图层样式”对话框中，出现描边属性设置。设置描边“大小”为 18 像素，位置为“外部”，混合模式为“正常”，填充类型为“颜色”，颜色为黑色，如图 4-44 所示。

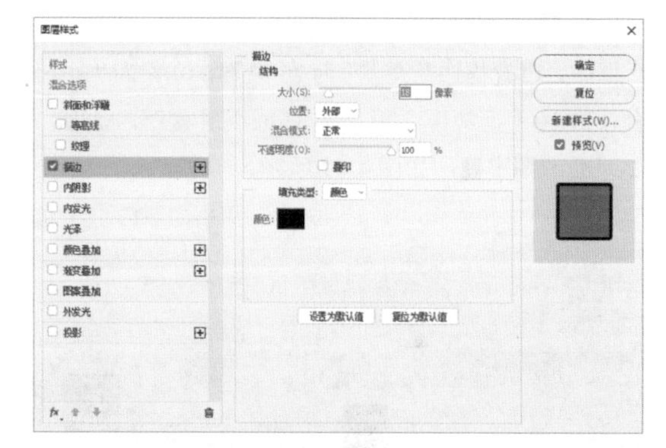

图 4-44

> **提示**
>
> 利用图层样式进行描边和执行“编辑” | “描边”命令不同。“编辑”菜单下的“描边”命令只能针对位图，“图层样式”中的描边可以针对文字、形状、智能矢量图层和位图等。

04 单击“确定”按钮，卡通人物边缘外侧出现了纯色的黑色描边，如图 4-45 所示。

图 4-45

> **提示**
> 图层样式下，可使用颜色、渐变或图案对图像的轮廓进行描边。

05 选择“对话框”素材，并拖入文档中，调整大小和位置后，按 Enter 键确定置入，如图 4-46 所示。

图 4-46

06 单击“图层”面板中的“添加图层样式”按钮 fx，在弹出的列表中选择“描边”选项。在弹出的“图层样式”对话框中，设置描边“大小”为 20 像素，位置为“外部”，混合模式为“正常”，填充类型为“图案”，选择“红色纹理纸”图案■，如图 4-47 所示。

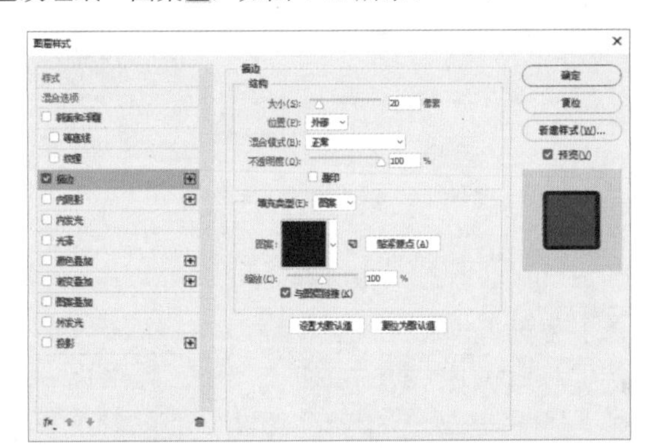

图 4-47

07 单击“确定”按钮，“对话框”边缘外侧出现了图案描边，如图 4-48 所示。

图 4-48

08 用同样的方法，将“文字”素材拖入文档中，并设置填充类型为“渐变”，为文字添加渐变描边，完成图像的制作，如图 4-49 所示。

图 4-49

4.7 图层混合模式 1——林中仙女

图层混合模式主要用于设置图层与图层的混合方式，创建各种特殊的混合效果。本节主要运用“正片叠底”图层混合模式来制作图像效果。

01 启动 Photoshop CC 2017 软件，执行“文件” | “打开”命令，打开“背景”素材，如图 4-50 所示。

图 4-50

02 选择“树林”素材，并拖入文档中，按 Enter 键确认，如图 4-51 所示。

图 4-51

03 将图层模式更改为“正片叠底”，此时的“图层”面板如图 4-52 所示。

提示

图层混合模式分为 6 组，分别是正常模式组、变暗模式组、变亮模式组、叠加模式组、差值模式组和色相模式组。

- 正常模式组包括：正常、溶解。
- 变暗模式组包括：变暗、正片叠底、颜色加深、线性加深和深色。
- 变亮模式组包括：变亮、滤色、颜色减淡、线性减淡（添加）和浅色。
- 叠加模式组包括：叠加、柔光、强光、亮光、线性光、点光和实色混合。
- 差值模式组包括：差值、排除、减去和划分。
- 色相组包括：色相、饱和度、颜色和明度。

04 此时，图像呈现“正片叠底”效果，如图 4-53 所示。

图 4-52

图 4-53

05 单击“图层”面板中的“新建图层”按钮，新建一个图层。选择工具箱中的“渐变”工具，在工具属性栏中设置渐变类型为“线性渐变”，模式为“正常”、“不透明度”为 100%。编辑渐变位置为 0% 时的颜色为 #23b1de，位置为 50% 时的颜色为 #f09a4c，位置为 100% 时的颜色为 #ead84b，如图 4-54 所示。

06 在新图层中从上至下单击并拖曳出渐变效果，如图 4-55 所示。

图 4-54

图 4-55

07 同样将图层模式设置为“正片叠底”，如图 4-56 所示。

08 选择“仙女”素材，并拖入文档中，调整位置和大小后，完成图像的制作，如图 4-57 所示。

图 4-56

图 4-57

提示

正片叠底模式：查看对应像素的颜色信息，并将基色（图像中的原稿颜色）与混合色（通过绘画或编辑工具添加的颜色）混合，结果色（混合后得到的颜色）总是较暗的颜色。任何颜色与黑色混合产生黑色，任何颜色与白色混合保持不变。

4.8　图层混合模式 2——多重曝光

本节主要运用图层混合模式中的“滤色”来制作图像效果。

01 启动 Photoshop CC 2017 软件，执行“文件”|“打开”命令，打开“背影”素材，如图 4-58 所示。

图 4-58

02 选择工具箱中的“渐变”工具，在工具属性栏中单击“线性渐变”按钮，单击渐变色条，弹出“渐变编辑器”对话框，在起点位置定义颜色 #2fa3f3，在终点位置定义颜色为 #c30de9，如图 4-59 所示。

03 单击“图层”面板中的“新建图层”按钮，新建一个图层，从上至下单击并拖曳出渐变色，如图 4-60 所示。

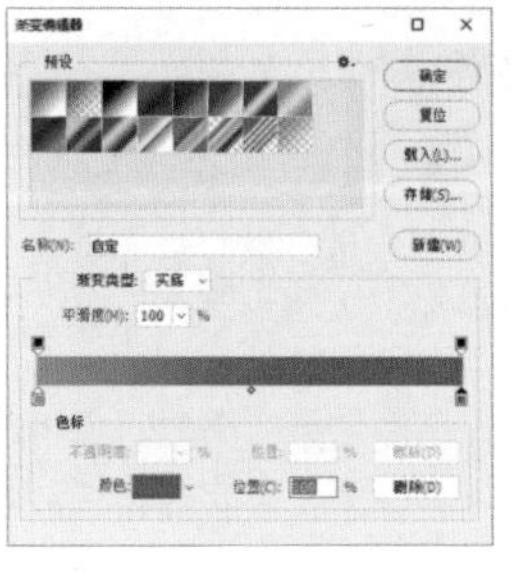
图 4-59

图 4-60

04 在“图层”面板中设置图层混合模式为“滤色”，并设置“不透明度”为 50%，如图 4-61 所示。

> **提示**
>
> 滤色模式：查看每个通道中的颜色信息，并将混合色的互补色与基色混合，结果色总是较亮的颜色。任何颜色与白色混合产生白色，任何颜色与黑色混合保持不变。

05 此时，设置为“滤色”图层混合模式后的图像效果如图 4-62 所示。

图 4-61

图 4-62

06 选择“城市”素材，并拖入文档调整大小后按 Enter 键确认，如图 4-63 所示。

07 在“图层”面板中，设置“城市”图层的混合模式为“滤色”，如图 4-64 所示。

图 4-63

图 4-64

08 此时，多重曝光效果制作完毕，如图 4-65 所示。

图 4-65

4.9 图层混合模式 3——老照片

本节主要学习利用图层混合模式中的“柔光”来制作老照片效果的方法。

01 启动 Photoshop CC 2017 软件，执行“文件”|“打开”命令，打开“马车”素材，如图 4-66 所示。

02 单击“图层”面板中的“新建图层”按钮，新建一个图层，给新图层填充颜色 #91753a，如图 4-67 所示。

图 4-66

图 4-67

03 在“图层”面板中，设置图层混合模式为“柔光”，并设置“不透明度”为 60%，如图 4-68 所示。

> **提示**
>
> 柔光：使颜色变亮或者变暗，具体取决于混合色。

04 此时，图像出现复古效果，如图 4-69 所示。

图 4-68

图 4-69

05 选择“裂痕”素材，并拖入文档中，调整大小后按 Enter 键确认，如图 4-70 所示。

06 将“裂痕”图层的图层混合模式设置为“柔光”，并设置“不透明度”为 80%，如图 4-71 所示。

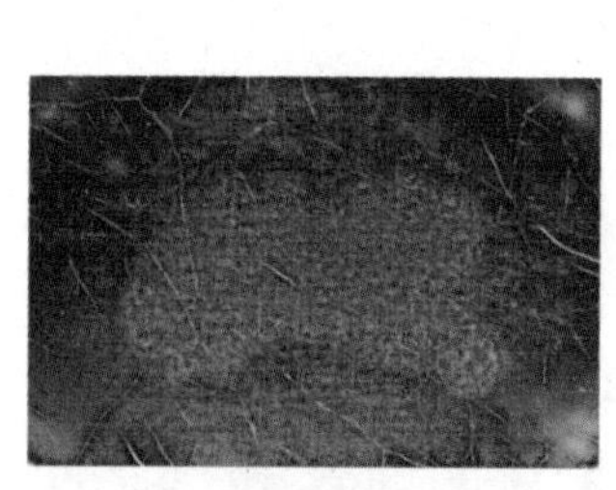

图 4-70

图 4-71

07 此时，裂痕效果出现在图像中，如图 4-72 所示，一张老照片制作完毕。

图 4-72

4.10　图层混合模式 4——豪车换装

本节主要利用图层混合模式中的“明度”和“饱和度”，将一辆银色的车换成金色。

01 启动 Photoshop CC 2017 软件，执行“文件”|“打开”命令，打开“背景”素材，如图 4-73 所示。

图 4-73

02 选择“豪车”素材，并拖入文档中，调整大小后按 Enter 键确认置入，如图 4-74 所示。

03 选择“图层”面板中的“豪车”图层，在图层混合模式中选择“明度”，如图 4-75 所示。

图 4-74

图 4-75

> **提示**
>
> “明度”图层混合模式是指利用混合色（这里即豪车本身）的明度以及基色（这里即背景图层）的色相与饱和度创建结果色。

04 此时，车的原来颜色被去除，如图 4-76 所示。

05 选择“豪车”图层，在按住 Ctrl 键的同时，单击“图层”面板中该图层的缩略图，为整辆车载入选区。选择工具箱中的“快速选择”工具，并单击工具属性栏中的“从选区减去”图标，将车的车灯、车轮、挡风窗和门把手处的选区减去，如图 4-77 所示。

图 4-76

图 4-77

06 单击“图层”面板中的“新建图层”按钮，新建一个图层，在新图层中为选区填充颜色#cc8620，如图 4-78 所示。

07 设置“图层 1”的图层混合模式为“饱和度”，如图 4-79 所示。

图 4-78

图 4-79

> **提示**
>
> “饱和度”图层混合模式是指，用混合色（这里即豪车本身）的饱和度以及基色（这里即背景图层）的色相和明度创建结果色。

08 此时，图像制作完成，如图 4-80 所示。

图 4-80

4.11　调整图层 1——多彩风景

调整图层主要用于调整图像的颜色和色调，但不会改变原图像的像素。本节主要利用“调整”面板中的“亮度 / 对比度”“自然饱和度”和“曲线”调整图层来丰富风景图像的色彩。

01 启动 Photoshop CC 2017 软件，执行“文件”|“打开”命令，打开“风景”素材，如图 4-81 所示。

02 在浮动面板中找到“调整”面板，单击该面板中的“亮度 / 对比度”按钮新建一个调整图层，设置“亮度”为 43，“对比度”为 49，如图 4-82 所示。

图 4-81

图 4-82

提示

亮度：指图像的明亮程度。

对比度：图像中最亮区域和最暗区域中，不同亮度层级的测量，差异范围越大代表对比度越大，差异范围越小代表对比越小。

03 调整亮度 / 对比度的效果，如图 4-83 所示。

04 单击“调整”面板中的“自然饱和度”按钮，创建一个调整图层，设置“自然饱和度”为 +100，“饱和度”为 +41，如图 4-84 所示。

图 4-83

图 4-84

提示

自然饱和度与饱和度效果相同，均用来增加图像的饱和度。自然饱和度主要调整饱和度过低的像素，不容易出现失真现象；而饱和度数值较高时，图像色彩可能产生过饱和现象。

05 调整“自然饱和度”参数后，效果如图 4-85 所示。

06 此时，海水部分有些偏绿，可利用“曲线”工具调整海水部分使之变得更蓝。单击“调整”面板中的“曲线”按钮，创建一个调整图层，在 RGB 下拉列表中选择“蓝”选项，调整蓝色曲线，如图 4-86 所示。

图 4-85

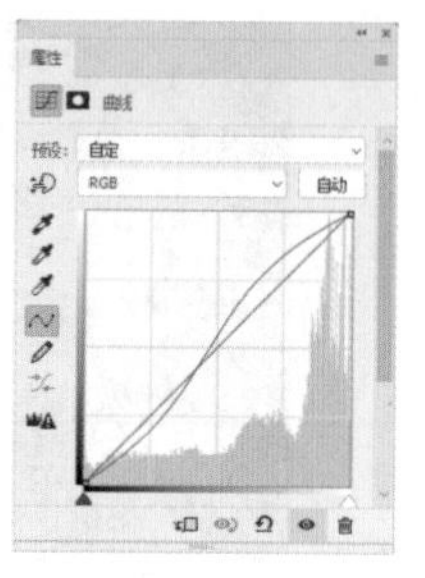

图 4-86

提示

曲线线段左下角的端点代表暗调，右上角的端点代表高光，中间的过渡代表中间调。在 RGB 图像中，利用曲线可以单独调整图像的 RGB、红、绿和蓝通道的暗调、中间调和高光；在 CMYK 图像，利用曲线可以单独调整图像的 CMYK、青色、洋红、黄色和黑色通道的暗调、中间调和高光。

07 调整后的效果如图 4-87 所示。

图 4-87

4.12 调整图层 2——梦幻蓝调

本节主要利用“调整”面板中的“可选颜色”和“曲线”，将图像调出梦幻色调。

01 启动 Photoshop CC 2017 软件，执行“文件”|“打开”命令，打开“捧花”素材，如图 4-88 所示。

图 4-88

02 在调整颜色前，先认识一下六色轮盘，如图 4-89 所示。

了解基本的调色原理后，才能更好地利用“可选颜色”对图像进行调整。

图 4-89

提示

“可选颜色”中，白色、中性色和黑色分别调整图像中的高光、中间色和阴影。而红色、黄色、绿色、青色、蓝色、洋红的调整需要了解调色原理。我们通过六色轮盘来了解调色原理，将便于更好地理解“可选颜色”和“曲线”的原理。

a．相反关系：红色和青色、绿色和洋红色、蓝色和黄色是相反色。一种颜色的增多将引起其相反色的减少；反之，一种颜色减少，其相反色将增加。例如，一幅偏绿色的图像，我们可以添加洋红色，从而减少绿色。

b．相邻关系：红色 = 洋红色 + 黄色，绿色 = 青色 + 黄色，蓝色 = 青色 + 洋红色，以此类推。若要增加一种颜色，可通过增加本身颜色或增加其相邻颜色，也可减少相反色或减少相反色的相邻色。例如，要增加红色，既可以直接增加红色或增加洋红色和黄色，也可以减少青色或减少绿色和蓝色。

03 单击“调整”面板中的“可选颜色”按钮，创建一个调整图层。

提示

“可选颜色”可单独调整每种颜色，而不影响其他的颜色，调整的主色分为三组：

光的三原色 RGB：红色、绿色和蓝色。

色的三原色 CMY：青色、洋红和黄色。

黑白灰明度：白色、中性色和黑色。

04 此时，“属性”面板将显示“可选颜色”的相关参数。在“颜色”的下拉列表中选择“红色”选项，设置“青色”为 +100%，选择“相对”选项，如图 4-90 所示。

提示

相对和绝对选项：同样的条件下通常“相对”对颜色的改变幅度小于“绝对”。选择“相对”时，调整图像中没有的颜色，图像的颜色不会发生改变；选择“绝对”时，可以在图像中某一种原色内添加图像中原本没有的颜色。油墨的最高值是 100%，最低值是 0%，相对于绝对的计算值只能在这个范围内变化。

05 在“颜色”的下拉列表中选择“黄色”选项，设置“青色”和“洋红”均为 +100%，“黄色”为 -100%，黑色为 +60%，如图 4-91 所示。

图 4-90

图 4-91

06 在“颜色”的下拉列表中选择“绿色”选项，设置“青色”和“洋红”均为 +100%，“黄色”为 -100%，黑色为 +50%，如图 4-92 所示。

07 在“颜色”的下拉列表中选择“白色”选项，设置“青色”为 -20%，“黄色”为 +40%，如图 4-93 所示。

图 4-92

图 4-93

08 在“颜色”的下拉列表中选择“黑色”选项，设置“黑色”为 +30%，如图 4-94 所示。

图 4-94

图 4-95

09 完成“可选颜色”调整后，图像整体呈现蓝色，但蓝色有些灰暗，如图 4-95 所示。

10 单击“调整”面板中的“曲线”按钮，创建一个调整图层，在 RGB 下拉列表中选择“蓝”选项，调整蓝色曲线，如图 4-96 所示。

11 在 RGB 下拉列表中选择 RGB 选项，调整 RGB 曲线，如图 4-97 所示。

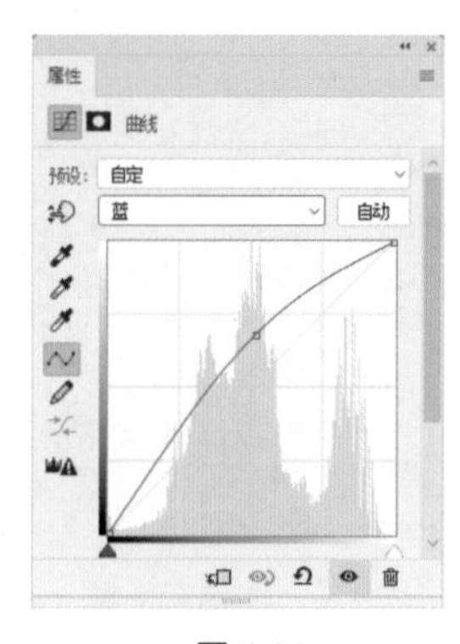

图 4-96

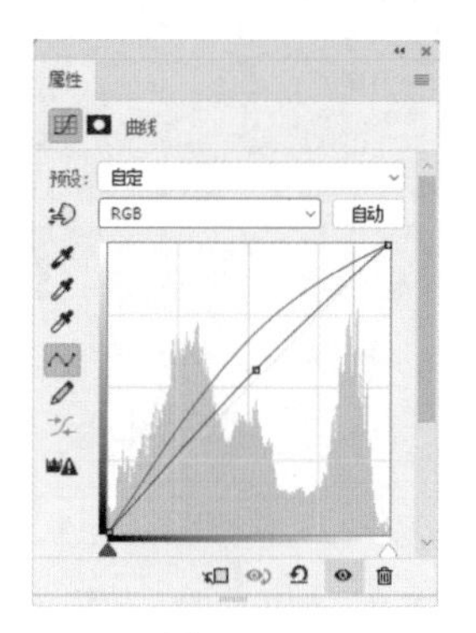

图 4-97

12 调整后的效果，如图 4-98 所示。

图 4-98

4.13 调整图层 3——逆光新娘

本节主要通过“亮度 / 对比度”“照片滤镜”和“色彩平衡”3 种图层调整方法来制作逆光效果。

01 启动 Photoshop CC 2017 软件，执行“文件”|“打开”命令，打开“新娘”素材，如图 4-99 所示。

图 4-99

02 单击“调整”面板中的“亮度 / 对比度”按钮，新建一个调整图层，设置“亮度”为 30，如图 4-100 所示。

03 亮度增加后的效果，如图 4-101 所示。

图 4-100

图 4-101

04 单击“调整”面板中的“照片滤镜”按钮，在“滤镜”下拉列表中选择“深褐”滤镜，调整“浓度”为 71%，如图 4-102 所示。

> **提示**
>
> 在使用“照片滤镜”时，我们需要了解冷暖色。色彩学上根据心理感受，把颜色分为暖色调、冷色调和中性色调。暖色调包括红、黄、橙，以及由它们构成的色系；冷色调包括青、蓝，以及由它们构成的色系；中性色调包括紫、绿、黑、灰、白。

05 此时，图像效果变成暖色，如图 4-103 所示。

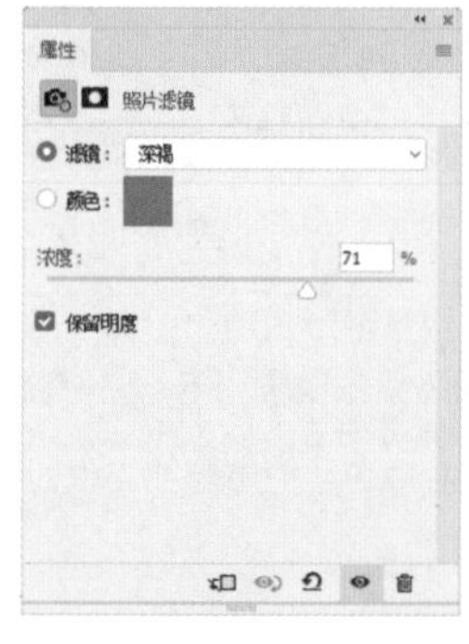

图 4-102

图 4-103

06 单击“调整”面板中的“色彩平衡”按钮，新建一个“色彩平衡”调整图层。在“色调”中选择“阴影”，并输入“洋红—绿色”的数值为 -60，如图 4-104 所示。

07 继续选择色调中的“高光”，并输入“青色—红色”的数值为 +10，如图 4-105 所示。

> **提示**
>
> “色彩平衡”可以用来调整图像的阴影、中间调和高光的颜色分布，使图像达到色彩平衡的效果。颜色控制由“青色—红色”“洋红—绿色”和“黄色—蓝色”3 组互补色渐变条组成，要减少某个颜色，就增加这种颜色的补色，反之，要增加某个颜色，就减少这种颜色的补色。

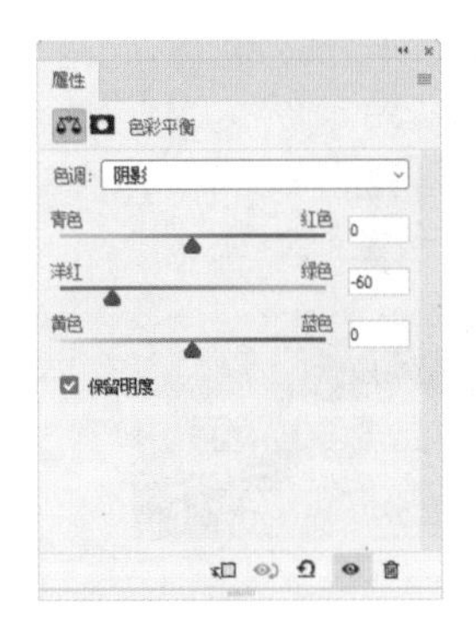

图 4-104　　　　图 4-105

08 调整“色彩平衡”后的效果如图 4-106 所示。

09 选择工具箱中的“渐变”工具，设置渐变：位置为 0% 时的颜色为 #fcff84、位置为 50% 时的颜色为 #fb5a29 和位置为 100% 时的颜色为 #823424，如图 4-107 所示。

图 4-106

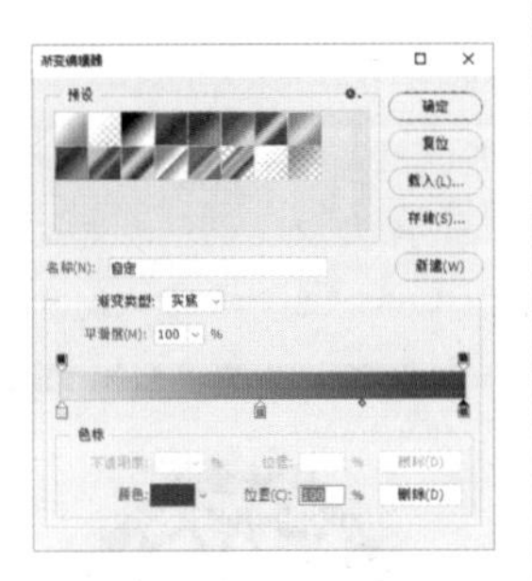

图 4-107

10 在工具选项栏中单击“径向渐变”按钮，从右上角顶点处向左下方单击并拖曳填充渐变，如图 4-108 所示。

11 在“图层”面板中，设置该图层的混合模式为“滤色”，“不透明度”为 40%，如图 4-109 所示。

图 4-108

图 4-109

12 添加“滤色”图层后，阳光效果更明显了，完成后的图像效果如图 4-110 所示。

提示

调整图层只能针对整个图层进行调整，此处添加“径向渐变”滤色图层，为图像进行局部调整，以模拟自然光源，使光线更自然。

图 4-110

4.14　图层蒙版——海上帆船

蒙版可对图像进行非破坏性编辑。图层蒙版通过蒙版中的黑色、白色及灰色来控制图像的显示与隐藏，起到遮盖图像的作用。

01 启动 Photoshop CC 2017 软件，执行“文件”|“打开”命令，打开“大海”素材，如图 4-111 所示。

图 4-111

02 选择“帆船”素材，并拖入文档中，调整大小后按 Enter 键确定置入，如图 4-112 所示。

图 4-112

03 单击“图层”面板中的“添加图层蒙版”按钮或执行“图层”|“图层蒙版”|“显示全部”命令，为图层添加蒙版。此时蒙版颜色为白色，如图 4-113 所示。

> **提示**
> 按住 Alt 键单击“添加图层蒙版”按钮或执行“图层”|“图层蒙版”|“隐藏全部”命令，添加的蒙版将为黑色。

图 4-113

04 将前景色设置为黑色，选择蒙版，按快捷键 Alt+Delete 将蒙版填充为黑色。此时帆船被完全隐藏，图像窗口显示的内容为“大海”，如图 4-114 所示。

图 4-114

> **提示**
> 图层蒙版只能用黑色、白色及其中间的过渡色—灰色来填充。在蒙版中，填充黑色即蒙住当前图层，显示当前图层以下的可见图层；填充白色则是显示当前层的内容；填充灰色则当前图层呈半透明状，且黑色值越大，图层越透明。

05 选择工具箱中的“渐变”工具，在工具属性栏中编辑渐变为黑白渐变，选择渐变模式为“线性渐变”，“不透明度”为 100%，如图 4-115 所示。

图 4-115

06 在蒙版处，在垂直方向由下至上单击并拖曳填充黑白渐变，大海中的帆船便出现了，如图 4-116 所示。

图 4-116

4.15 剪贴蒙版——苏州园林

剪贴蒙版是利用图层中的一个像素区域来控制该图层上方的图层的显示范围。与图层蒙版不同，剪贴蒙版可以控制多个图层的可见内容。

01 启动 Photoshop CC 2017 软件，执行“文件”|“打开”命令，打开“苏州园林”素材，如图 4-117 所示。

02 选择“八边形”素材，并拖入文档，调整大小和位置后，按 Enter 键确认，如图 4-118 所示。

图 4-117　　图 4-118

03 选择“天空”素材，并拖入文档，调整大小和位置后，按 Enter 键确认置入。

04 执行“图层”|“创建剪贴蒙版”命令，或按住 Alt 键，当光标移到“天空”和“八边形”两个图层之间，图标变成时，单击即可为“天空”图层创建剪贴蒙版。此时该图层前有剪贴蒙版标识，如图 4-119 所示。

> **提示**
> 在剪贴蒙版的编辑中，带有下画线的图层叫作“基底图层”，即用来控制其上方图层的显示区域；位于该图层上方的图层叫作“内容图层”。基底图层的透明区域可将内容图层中同一区域的图像隐藏，移动基底图层即改变内容图层的显示区域。

图 4-119

05 选择“凉亭”素材，并拖入文档，调整大小和位置后，按 Enter 键确认置入。

06 执行“图层”|“创建剪贴蒙版”命令，为“凉亭”图层创建剪贴蒙版，如图 4-120 所示。

图 4-120

提示

剪贴蒙版应用于多个图层的前提是，内容图层必须上下相邻。若取消某一图层的剪贴蒙版，按住 Alt 键，鼠标光标移动到两剪贴蒙版图层之间时，光标变成“取消剪贴蒙版”图标时，单击即可取消该图层的剪贴蒙版。同时，该图层上方的剪贴蒙版也将被取消。

07 用同样的方法，将“竹子”素材拖入文档中，并创建剪贴蒙版，图像制作完成，如图 4-121 所示。

图 4-121

4.16　矢量蒙版——浪漫七夕

图层蒙版和剪贴蒙版都是基于像素区域的蒙版，而矢量蒙版则是由“钢笔”或“形状”工具等矢量工具创建的蒙版，无论图层是缩小还是放大，均能保持蒙版边缘光滑、无锯齿。

01 启动 Photoshop CC 2017 软件，执行“文件”|“打开”命令，打开“背景”素材，如图 4-122 所示。

图 4-122

02 选择工具箱中的“文字”工具T，当光标移动到图像窗口变成文字图标时，单击并输入文字 2017。在工具属性栏中选择 Lot 字体，设置字号大小为 828，并填充黑色，如图 4-123 所示。

图 4-123

03 选择“图层”面板中的文字图层，右击，在弹出的快捷菜单中选择“创建工作路径”命令，文字转换成为形状，如图 4-124 所示。

图 4-124

04 选择“花瓣”素材，并拖入文档，调整大小后按Enter键确认置入，如图4-125所示。

图 4-125

05 执行“图层”|“矢量蒙版”|“当前路径”命令，或按住Ctrl键并单击“图层”面板中的“添加图层蒙版”按钮，为“花瓣”图层创建矢量蒙版，如图4-126所示。

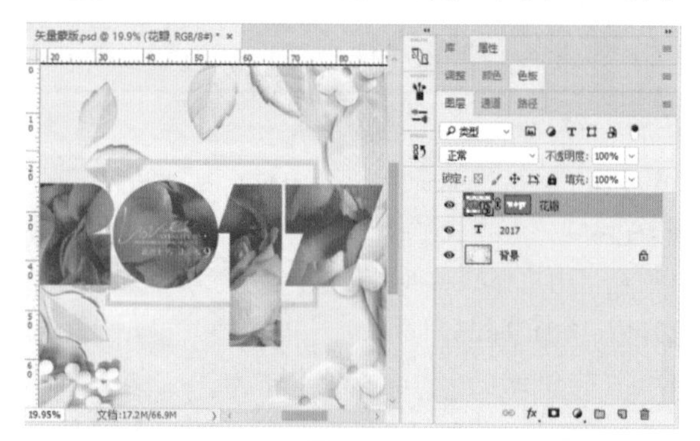

图 4-126

提示

矢量蒙版的灰色区域表示被遮住的区域，白色区域表示显示的区域。

06 双击添加了矢量蒙版的图层空白处，打开“图层样式”对话框，选中“内阴影”效果，设置“阴影”距离为30像素，“大小”为10像素，如图4-127所示，单击“确定”按钮为矢量蒙版添加内阴影效果。

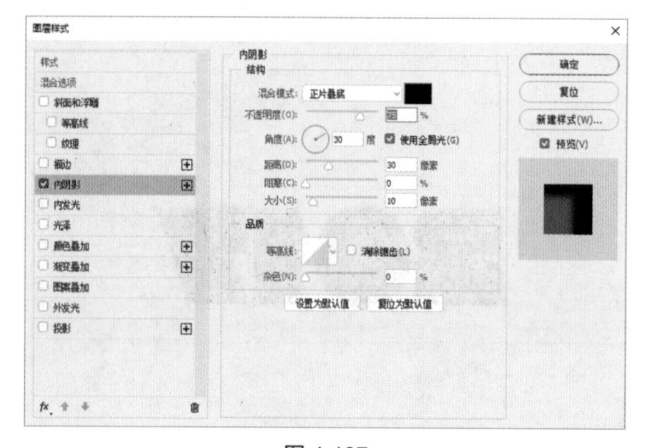

图 4-127

07 选择工具箱中的“直接选择”工具，单击或框选路径上的点。当点为实心点时，可对路径进行拖移、删除或其他编辑。将“2”和“1”形状调整到如图4-128所示的状态。

图 4-128

提示

形状中被选中的点为实心点，未被选中的点为空心点。按住Shift键可水平、垂直或45°倍数拖移实心点。

08 选择“美女”素材，并拖入文档，调整大小后移动到合适位置，按Enter键确认置入，完成图像的制作，如图4-129所示。

图 4-129

第 5 章

路径和形状的应用

路径是以矢量形式存在、不受分辨率影响，且能够被调整和编辑的的线条。路径是形状的轮廓，独立于所在图层，而形状是一个具体图层。本章主要学习运用“钢笔工具”和“形状”工具创建路径或形状的方法。

5.1 钢笔工具——映日荷花

“钢笔”工具是最基本的路径绘制工具，可以用来绘制矢量图形和抠图。“钢笔”工具组中包括“钢笔”工具、“自由钢笔”工具、“添加锚点”工具、“删除锚点”工具和“转换点”工具。

01 启动 Photoshop CC 2017，执行“文件” | “打开”命令，打开“荷花”素材，如图 5-1 所示。

02 选择工具箱中的“钢笔”工具，在工具属性栏中选择“路径”选项，再将光标移到画面上，当光标变成时，单击即可创建一个锚点，如图 5-2 所示。

图 5-1

图 5-2

提示

锚点是连接路径的点，锚点两端有用于调整路径形状的方向线。锚点分为平滑点和角点两种，平滑点的连接可形成平滑的曲线，而角点的连接可成为直线或转角曲线。

03 将光标移动到下一处并单击，创建另一个锚点，两个锚点将连接成一条直线，即创建好了一条直线路径，如图 5-3 所示。

04 将光标移动到下一处，单击并拖动，在拖动过程中观察方向线的方向和长度，当路径与边缘重合时放开鼠标，直线和平滑的曲线形成了一条转角曲线路径，如图 5-4 所示。

图 5-3

图 5-4

05 将光标移动到下一处，单击并拖动，在拖动过程中观察方向线的方向和长度，当路径与边缘重合时放开鼠标，则该锚点与上一个锚点形成了一个平滑的曲线路径，如图 5-5 所示。

06 按住 Alt 键并单击该锚点，将该平滑锚点转换为角点，如图 5-6 所示。

第 5 章 视频

第 5 章 素材

图 5-5　　图 5-6

07 用同样的方法，沿整个荷花和荷叶边缘创建路径，当起始锚点和结束锚点重合时，路径将闭合，如图 5-7 所示。

提示

在路径的绘制过程中或结束后，可以利用“添加锚点”工具添加锚点，“删除锚点”工具删除锚点，“转换点”工具调整方向线。

08 在路径上右击，在弹出的快捷菜单中选择“建立选区”选项，在弹出的“建立选区”对话框中，设置羽化半径为 0，如图 5-8 所示，单击“确定”按钮即可将路径转换为选区。

图 5-7

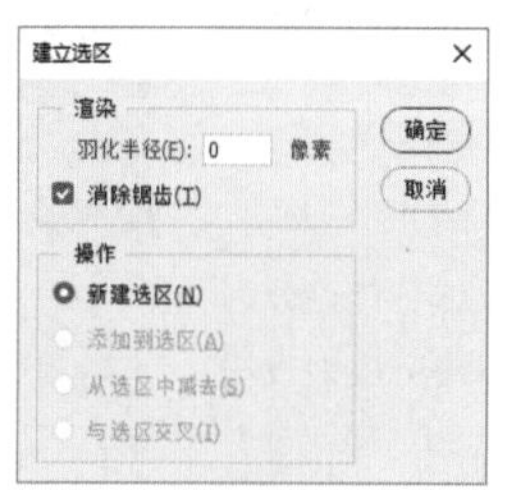

图 5-8

提示

按快捷键 Ctrl+Enter，可直接将路径转换为选区。

09 打开“背景”素材，如图 5-9 所示。

10 切换到“荷花”文档，选择工具箱中的“移动”工具，将荷花选区内容拖入“背景”文档中，调整大小后，按 Enter 键确认，完成图像的制作，如图 5-10 所示。

图 5-9

图 5-10

5.2　自由钢笔工具——雪山雄鹰

“自由钢笔”工具和“套索”工具类似，都可以用来绘制比较随意的图形。不同的是，“自由钢笔”工具绘制的起始点和结束点重合后，产生的是封闭的路径，而“套索”工具产生的是选区。

01 启动 Photoshop CC 2017，执行“文件”|“打开”命令，打开“背景”素材，如图 5-11 所示。

02 选择工具箱中的“自由钢笔”工具，在工具属性栏中选择“路径”选项，在画面单击并拖动，绘制较随意的山峰路径，如图 5-12 所示。

图 5-11

图 5-12

提示

单击即可添加一个锚点，双击可结束编辑。

03 单击“图层”面板中的“创建新图层”按钮，新建一个空图层。按快捷键 Ctrl+Enter，将路径转换为选区，如图 5-13 所示。

04 设置前景色为 #f2efed，按快捷键 Alt+Delete，为选区填充颜色，按快捷键 Ctrl+D 取消选区，如图 5-14 所示。

图 5-13

图 5-14

05 重复第 2 步和第 3 步，绘制山峰阴影并填充颜色 #060606，如图 5-15 所示。

06 打开“雄鹰”素材，如图 5-16 所示。

图 5-15

图 5-16

07 选择工具箱中的“自由钢笔”工具，在工具属性栏中选择“路径”选项，选中“磁性的”选项，并单击设置小图标，在下拉列表中设置“曲线拟合”为 2 像素，“宽度”为 10 像素，“对比”为 10%，“频率”为 57，如图 5-17 所示。

图 5-17

提示

曲线拟合：该值越高，生成的锚点越少，路径越简单。

磁性的：选中“磁性的”选项后出现宽度、对比和频率设置。“宽度”用于定义磁性钢笔的检测范围，宽度值越大，磁性钢笔寻找的范围越大，但边缘准确性可能降低；“对比”用来控制对图像边缘识别的灵敏度，图像边缘与背景色对比越接近，对比值需要越高；“频率”用来确定锚点的密度，频率值越高，锚点越多。

钢笔压力：需要与数位板等工具配合使用。

08 此时移动光标到画面中，光标形状变成。单击创建第一个锚点，如图 5-18 所示。

09 沿雄鹰的边缘拖动，锚点将自动吸附在边缘处。此时每次单击，将在单击处创建一个新的锚点，移动光标直到与起始锚点重合处单击，路径闭合，如图 5-19 所示。

图 5-18　　图 5-19

10 按快捷键 Ctrl+Enter 将路径转换为选区，并选择工具箱中的“选择”工具，将雄鹰选区内容拖入“背景”文档中，调整大小后，按 Enter 键确认，图像制作完成，如图 5-20 所示。

图 5-20

5.3　矩形工具——多彩字体

“矩形”工具主要用来绘制矩形形状，也可以为“矩形”工具绘制的矩形设置圆角。

01 启动 Photoshop CC 2017，执行“文件”|“打开”命令，打开“背景”素材，如图 5-21 所示。

图 5-21

02 选择工具箱中的“文字”工具，在工具属性栏中设置字体为 MStiffHei PRC，字号为 200 点，文字颜色为白色，在画面中单击，输入文字“设计”，如图 5-22 所示。

03 选择工具箱中的“矩形”工具，在工具属性栏中选择形状选项。单击填充色条，在弹出的“设置形状填充类型”对话框中单击彩色图标，设置填充为纯色填充，颜色为 #d50c14；描边颜色为无颜色，单击并拖动，依照“设”字的点的边长和高创建矩形，如图 5-23 所示。

图 5-22　　图 5-23

提示

选择“矩形”工具后，按住 Shift 键单击并拖动可以创建正方形；按住 Alt+Shift 键单击并拖动可以创建以单击点为中心的正方形。

04 选择工具箱中的“直接选择”工具，将矩形的左下和右下两个锚点框选。选中的锚点变为实心点，未被选中的点为空心点，如图 5-24 所示。

05 按键盘上的右箭头键→，此时弹出对话框提示“此操作会将实时形状转变为常规路径。是否继续？”，单击“确定”按钮确认。

> **提示**
>
> 用“矩形”工具、“圆角矩形”工具或“椭圆”工具绘制的形状或路径为实时形状，用“钢笔”工具和其他形状工具绘制的形状或路径为常规路径。移动实时形状的锚点可将实时形状转换为常规路径。实时形状可在属性面板中设置其描边的对齐类型、描边的线段端点、描边的线段合并类型，以及形状的圆角半径。

06 继续按键盘上的右箭头键→，移动锚点至矩形与“设”字的点重合，并设置图层的“不透明度”为75%，如图 5-25 所示。

图 5-24

图 5-25

07 用同样的方法，利用“矩形”工具绘制其他矩形覆盖白色字，并用“直接选择”工具结合键盘的↑↓←→键调整锚点位置，设置每个矩形形状图层的“不透明度”均为 75%，分别填充颜色 #ec5830、#7fb134、#3fabab 和 #004288。删除文字图层后，如图 5-26 所示。

08 选择工具箱中的“文字”工具，在工具属性栏中设置字体为“锐字锐线怒放黑简”，字号为 64 点，文字颜色为白色，在画面中单击，输入文字 FONT DESIGN，如图 5-27 所示。

图 5-26

图 5-27

09 用同样的方法，利用“矩形”工具绘制其他颜色且半透明的矩形后，调整锚点覆盖文字。删除英文文字图层，图像制作完成，如图 5-28 所示。

图 5-28

5.4 圆角矩形工具——涂鸦笔记本

“圆角矩形”工具主要用来绘制圆角矩形，使用方法和“矩形”工具类似，工具属性栏与“矩形”工具相比，多了一个“半径”选项。

01 启动 Photoshop CC 2017，将背景色设置为 #7eaeb6，执行“文件”|“新建”命令，新建一个宽为 3000 像素、高为 2000 像素、分辨率为 300 像素 / 英寸和背景内容为背景色的 RGB 文档，如图 5-29 所示。

图 5-29

02 选择工具箱中的“圆角矩形”工具，在工具属性栏中选择“形状”选项。单击填充色条“填充：”，在弹出的“设置形状填充类型”对话框中单击彩色图标，设置填充为纯色填充，颜色为 #2c7682；描边颜色为无颜色，“半径”数值为 80，单击并拖动，创建一个圆角矩形，如图 5-30 所示。

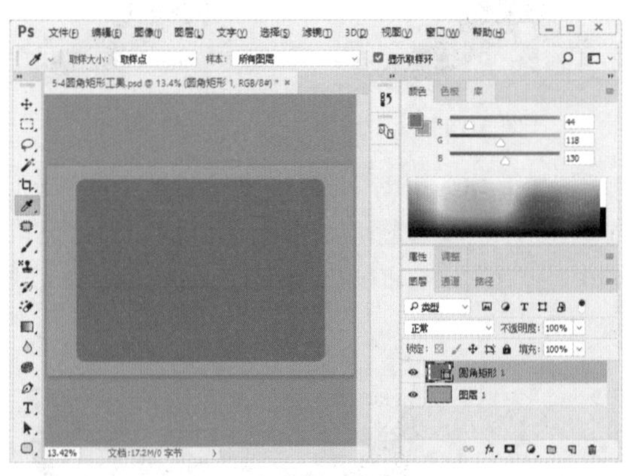

图 5-30

> **提示**
>
> “圆角半径”值越大，圆角越明显。

03 单击并拖动，创建一个略小的圆角矩形，在弹出的“属性”面板中更改填充颜色为无颜色，描边颜色为“纯色填充”，颜色选择白色，描边大小为 3 点，描边样式为“虚线”，如图 5-31 所示。

04 将“半径”设置为 50 像素，单击并拖动，创建新的圆角矩形，更改填充颜色为“纯色填充”，颜色设为 #e5dfc4，更改描边颜色为无颜色，如图 5-32 所示。

图 5-31

图 5-32

05 单击“图层”面板中的“添加图层样式”按钮，在弹出的快捷菜单中选择“投影”选项，设置投影“角度”为 120°，投影“距离”为 5 像素、“扩展”为 0% 和“大小”为 20 像素，单击“确定”按钮，为圆角矩形添加投影，如图 5-33 所示。

06 复制该圆角矩形并移动到合适位置，并用同样的方法绘制两个填充色为纯色、颜色为 #f4f3ee 的圆角矩形并移动到合适位置，如图 5-34 所示。

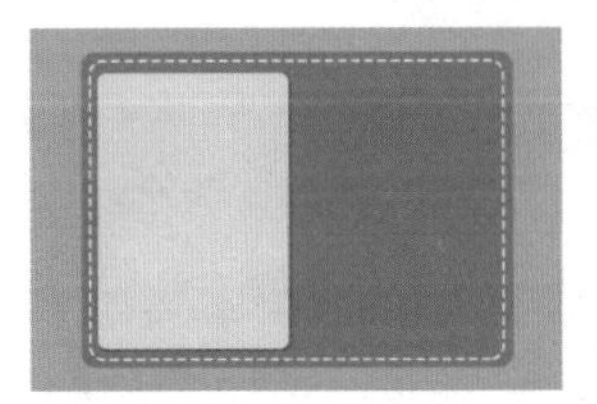

图 5-33

图 5-34

07 在“半径”文本框中输入 100，单击并拖动，绘制两个小圆角矩形，设置填充为纯色填充，颜色为黑色，描边颜色为无颜色，如图 5-35 所示。

08 在“半径”文本框中输入为 100，单击并拖动，创建圆角矩形，设置填充为渐变填充，分别双击渐变条下端前、后两个色块，设置渐变起点颜色为 #c6c6c4、终点颜色为 #ffffff，渐变角度为 90°，并设置描边颜色为无颜色，如图 5-36 所示。

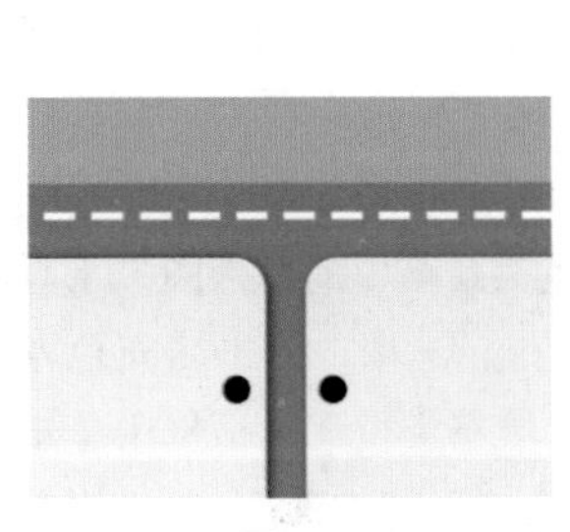

图 5-35

图 5-36

09 填充好渐变的圆角矩形，如图 5-37 所示。

10 复制多组第 7 步和第 8 步制作的圆角矩形，整体效果制作完成，如图 5-38 所示。

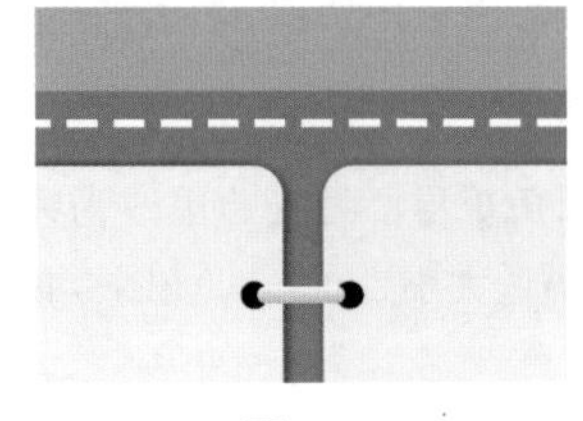

图 5-37

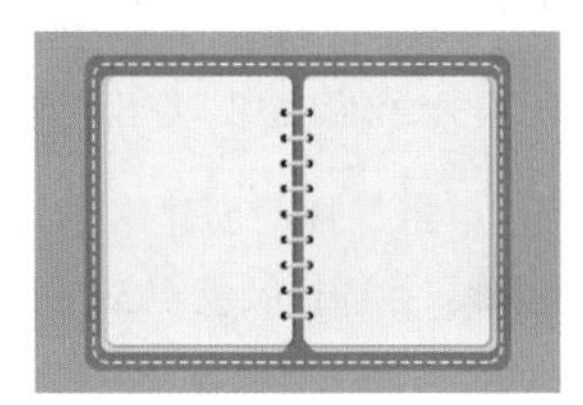

图 5-38

11 找到“涂鸦”素材、“文字”素材和“笔”素材，并拖入文档，调整大小后按 Enter 键确认，图像制作完成，如图 5-39 所示。

图 5-39

提示

未经变形的圆角矩形为实时形状，在“属性”面板中可对圆角矩形的填充颜色、描边类型和圆角半径等参数进行调整。

5.5　圆角矩形工具 2——笔记本电脑

本节主要利用“圆角矩形”工具结合叠加渐变，绘制逼真的笔记本电脑。

01 启动 Photoshop CC 2017，执行“文件”|“打开”命令，打开“背景”素材，如图 5-40 所示。

02 选择工具箱中的“圆角矩形”工具，在工具属性栏中选择 形状 选项，“半径”为 30，单击并拖动，创建圆角矩形。在弹出的属性面板中设置填充为渐变填充，分别双击渐变条下端前、后两个色块，设置渐变起点颜色为 #e8e9e9、终点颜色为 #fefefe、渐变角度为 125°，并设置描边颜色为无颜色，如图 5-41 所示。

图 5-40

图 5-41

> **提示**
> 利用形状工具绘制的形状，在工具属性栏中均可对填充和描边设置透明、纯色、渐变和图案填充类型。

03 单击并拖动创建略小的圆角矩形，将描边更改为纯色，并选择颜色 #959595，描边大小为0.5 点，如图 5-42 所示。

04 用同样的方法绘制一个带描边的渐变圆角矩形和颜色为 #d1d1d1 的纯色圆角矩形，如图 5-43 所示。

图 5-42

图 5-43

05 在“图层”面板中选择带描边的渐变圆角矩形图层，右击，在弹出的快捷菜单中选择“创建剪贴蒙版”选项，将纯色圆角矩形拖到合适的位置，如图 5-44 所示。

06 在工具属性栏中设置“半径”为 10，单击并拖动，创建圆角矩形，设置填充为纯色填充，并设置颜色为 #3c3c3b，设置描边颜色为无颜色，创建多个圆角矩形，如图 5-45 所示。

图 5-44

图 5-45

07 单击并拖动，创建新的圆角矩形，并更改颜色为 #706f6f，如图 5-46 所示。

08 设置“半径”为 50，单击并拖动，创建圆角矩形，设置填充颜色为纯色填充，并设置颜色为 #575756。按快捷键 Ctrl+T 并右击，在弹出的快捷菜单中选择“透视”选项，按住 Shift 键往左水平移动右下角的锚点，将圆角矩形变形，如图 5-47 所示。

图 5-46

图 5-47

09 复制该圆角矩形，并往下移动，更改填充颜色为渐变填充，渐变起点颜色为 #c6c6c6、终点颜色为 #f1efef、渐变角度为 125°，并设置描边颜色为无颜色，如图 5-48 所示。

10 设置“半径”为 10，单击并拖动，创建圆角矩形，设置填充颜色为纯色填充，并设置颜色为白色，描边颜色为纯色填充，颜色为黑色，描边大小为 1 点。按快捷键 Ctrl+T 并右击，在弹出的快捷菜单中选择透视选项，按住 Shift 键向左水平移动右下角的锚点，将圆角矩形变形，如图 5-49 所示。

图 5-48

图 5-49

11 选择“屏幕”素材，并拖入文件，调整大小并进行透视变形后，按 Enter 键确认。按住 Alt 键，在屏幕圆角矩形图层和屏幕素材的图层中间单击，创建剪贴蒙版，图像制作完毕，如图 5-50 所示。

图 5-50

5.6 椭圆工具——一树繁花

“椭圆”工具主要用来绘制椭圆和圆形形状或路径。

01 启动 Photoshop CC 2017 软件，执行“文件”|“打开”命令，打开“背景”素材，如图 5-51 所示。

02 先来绘制一只小鸟，选择工具箱中的“椭圆”工具，在工具属性栏中选择 形状 选项。单击填充色条 填充：，在弹出的“设置形状填充类型”对话框中单击彩色图标，设置填充颜色为纯色填充，并设置颜色为 #f8366a，设置描边颜色为无颜色。单击并拖动，绘制椭圆作为小鸟的身子，如图 5-52 所示。

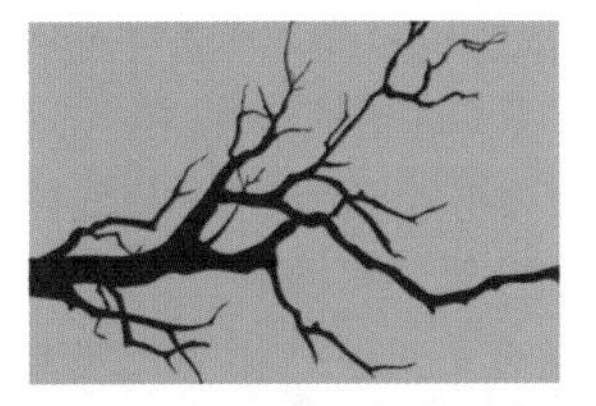

图 5-51

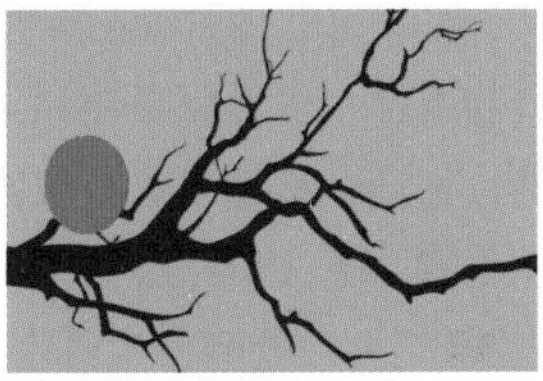

图 5-52

提示

“椭圆”工具和“矩形”工具基本相同，可以在工具属性栏的“设置”中更改设置，创建不受约束的椭圆；按住 Shift 键单击并拖动，可以创建不受约束的圆形；也可以创建固定大小或比例的椭圆或圆形。

03 单击并拖动绘制其他椭圆，按快捷键 Ctrl+T 旋转椭圆角度，按 Enter 键确认，并分别将颜色更改为 #ba2751、#e3c00e 和 #eb7b09 作为小鸟的翅膀、头顶羽毛和爪，如图 5-53 所示。

04 选择工具箱中的“移动”工具，将椭圆移到合适位置，并在“图层”面板中，将翅膀和爪的椭圆图层拖移到小鸟身子图层的下方，如图 5-54 所示。

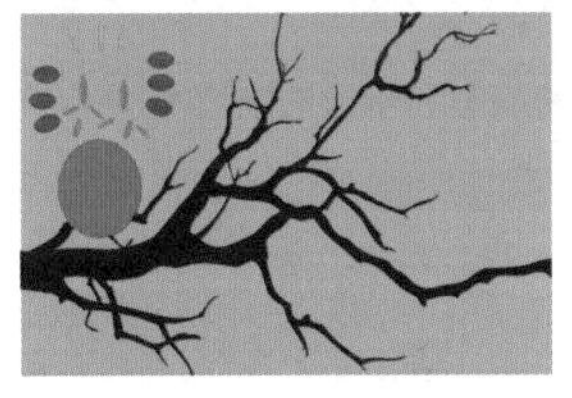

图 5-53

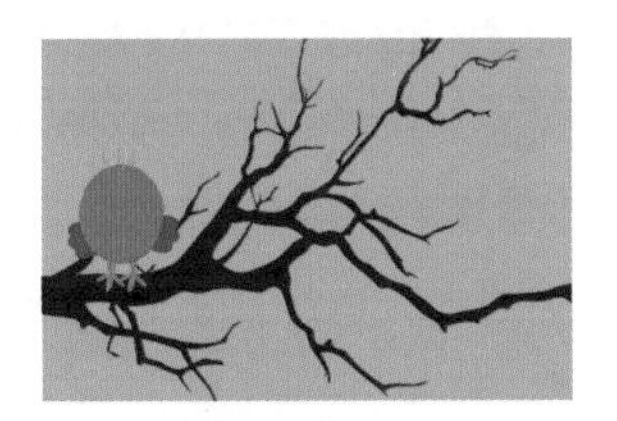

图 5-54

05 选择工具箱中的“椭圆”工具，设置填充颜色为纯色填充，并设置颜色为白色，描边颜色为无颜色。按住 Shift 键，单击并拖动，绘制白色圆形作为小鸟的眼睛。在未放开 Shift 键和鼠标左键的同时按住空格键，拖动鼠标可以移动该圆到合适位置，如图 5-55 所示。

06 用同样的方法，绘制一个白色的圆形作为另一只眼睛，绘制两个略小的黑色圆形作为瞳孔，如图 5-56 所示。

图 5-55

图 5-56

07 单击并拖动，分别绘制颜色为 #f6d322 和 #e3c00e 的两个椭圆，作为小鸟的上喙和下喙。按住 Alt 键，在“图层”面板中单击上喙和下喙的图层中间位置，创建剪贴蒙版，小鸟图像制作完成，如图 5-57 所示。

08 接下来绘制花朵。按住 Shift 键，单击并拖动绘制白色圆形，并调整图层的“不透明度”为 50%，如图 5-58 所示。

图 5-57

图 5-58

09 按快捷键 Ctrl+T，调出自由变换框，将光标移动到中心点，光标将变成。单击并拖动中心点到下边的中心位置，如图 5-59 所示。

10 在工具属性栏的“旋转”文本框中输入旋转角度为 72° 72 度，按两次 Enter 键确认旋转。按快捷键 Ctrl+Alt+Shift+T 重复上一步操作，并执行 4 次，如图 5-60 所示。

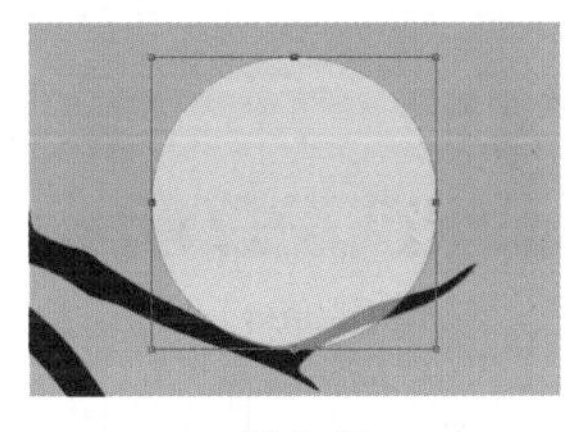

图 5-59

图 5-60

提示

快捷键 Ctrl+Alt+Shift+T 用来重复上一次的操作并可对操作进行积累，同时重复结果将复制在新图层上；Ctrl+Shift+T，用来重复上一次的操作，但只重复，不复制。

11 选择工具箱中的“椭圆矩形”工具，设置填充颜色为纯色填充，并设置颜色为 #e60012，描边颜色为无颜色。按住 Shift 键，单击并拖动，绘制红色圆形作为花心，并将花心图形移动到花瓣图层的下面，花朵图像便制作完成，如图 5-61 所示。

图 5-61

12 将花朵编组，复制多个花朵并调整大小和位置，图像制作完成，如图 5-62 所示。

图 5-62

5.7 直线工具——城市建筑

“直线”工具主要用来绘制直线和斜线。

01 启动 Photoshop CC 2017 软件，执行“文件”|“打开”命令，打开“背影”素材，如图 5-63 所示。

图 5-63

图 5-64

02 选择工具箱中的“直线”工具，在工具属性栏中选择形状选项。单击填充色条，在弹出的“设置形状填充类型”对话框中单击彩色图标，设置填充颜色为纯色填充，并设置颜色为 #454c53，描边颜色为无颜色，粗细为 350 像素。按住 Shift 键，绘制一条直线，如图 5-64 所示。

03 同样，分别将“粗细”设置为 280 像素、160 像素和 120 像素，按住 Shift 键，绘制 3 条颜色分别为 #5e5a60、#8d8b81 和 #454c53 的直线，并叠加到一起。

04 选中“图层”面板中第 3 步绘制的 3 条直线的图层，选择工具箱中的“移动”工具，在工具属性栏中单击“垂直居中对齐”按钮，将直线居中对齐，如图 5-65 所示。

图 5-65

05 将粗细设置为 800 像素，按住 Shift 键，单击并拖动绘制直线。在未放开 Shift 键和鼠标左键的同时按住空格键，拖动鼠标调整该直线的上边线与此前绘制的直线居中对齐，更改填充颜色为无颜色，描边颜色为纯色填充，并设置颜色为白色，描边大小为 3 点，描边类型为虚线，描边的对齐类型为居中，如图 5-66 所示。

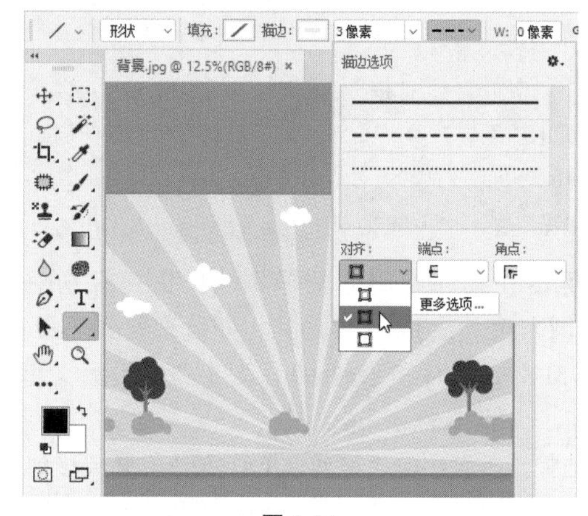

图 5-66

> **提示**
>
> 直线有粗细，针对直线的描边和矩形的描边类似，都是在边缘处进行描边。

06 此时，道路图像制作完成，如图 5-67 所示。

07 设置填充颜色为纯色填充，并设置颜色为 #5f52a0，描边颜色为无颜色。将粗细设置为 360 像素，在工具属性栏中单击“设置”图标，在下拉列表中选中“起点”选项，并设置“宽度”为 10%、“长度”为 10%，“凹度”为 50%，如图 5-68 所示。

图 5-67

图 5-68

> **提示**
>
> 选中起点：选中该选项，可在直线的起点处添加箭头。
>
> 选中终点：选中该选项，可在直线的终点处添加箭头。
>
> 宽度：用来设置箭头宽度与直线宽度的百分比，范围为 10% ～ 1000%。范围值越大，箭头越宽（箭头由窄变宽：）。

长度：用来设置箭头长度与直线宽度的百分比，范围为 10% ～ 5000%。范围值越大，箭头越长（箭头由短变长：➡ ——➡）。

凹度：用来设置箭头的凹陷程度，范围为 -50% ～ 50%。当凹度值为 0 时，箭头尾部平齐⬅；范围值大于 0% 时，向内凹陷⬅；范围值小于 0% 时，向外凸起⬅。

08 按住 Shift 键，单击并从上至下拖动，绘制城市图像，如图 5-69 所示。

09 用同样的方法，设置不同的粗细和颜色，绘制多条直线，绘制城市的其他建筑，图像制作完成，如图 5-70 所示。

图 5-69

图 5-70

5.8　多边形工具——制作奖牌

“多边形”工具主要用来绘制多边形。

01 启动 Photoshop CC 2017 软件，执行“文件”|“打开”命令，打开“背景”素材，如图 5-71 所示。

02 选择工具箱中的“多边形”工具，设置填充颜色为纯色填充，并设置颜色为白色，描边颜色为无颜色，并设置“边”为 9，单击并拖动，绘制一个九边形。

图 5-71

图 5-72

03 单击“添加图层样式”按钮，给九边形添加“描边”图层样式，并设置描边大小为 16 像素，位置为“外部”；填充类型为“渐变”，并设置渐变起点颜色为 #cf9d4d、57% 位置的颜色为 #eaeec0 和终点位置颜色为 #8a502f，样式为“线性渐变”，“角度”为 -90°。

04 选中“图层样式”对话框左侧的“渐变叠加”选项，设置渐变叠加起点颜色为 #d4c182、49% 位置的颜色为 #f4f2c4、52% 位置的颜色为 #5e3923 和终点位置颜色为 #e4d08b，样式为“线性渐变”，“角度”为 -90°，单击“确定”按钮后，效果如图 5-73 所示。

05 单击并拖动，绘制一个略小的九边形，添加“描边”和“渐变叠加”图层样式。设置填充类型为纯色，大小为 10 像素；渐变叠加的样式为“角度”，设置渐变叠加起点颜色为 #e1d678、25% 位置的颜色为 #b58c4c、45% 位置的颜色为 #d9cc74、75% 位置的颜色为 #b58c4c、88% 位置的颜色为 #d2c06d 和终点位置的颜色为 #e4d08b，如图 5-74 所示。

图 5-73

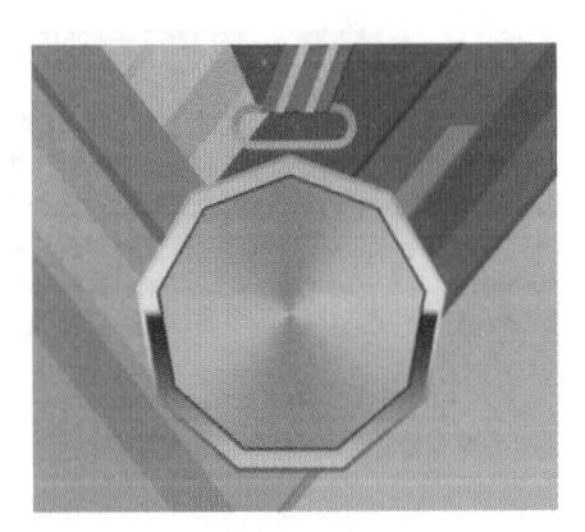

图 5-74

06 在工具属性栏中设置“边”为 5，单击小图标，选中“星形”选项，设置“缩进边依据”为 50%，如图 5-75 所示。

提示

选中“星形”选项后，可以创建星形。在“缩进边依据”文本框中可设置星形边缘向中心缩进的程度。缩进值越大，星形越“瘦”。若选中“星形”选项的同时，选中“平滑缩进”选项，可使星形的边平滑地向中心缩进，星形的直线将变成弧线。

07 单击并拖动，绘制一个五边形星形，更改填充颜色为纯色填充，并设置颜色为 #5c3821，描边颜色为无颜色，绘制完成后按快捷键 Ctrl+T 进行旋转，如图 5-76 所示。

图 5-75

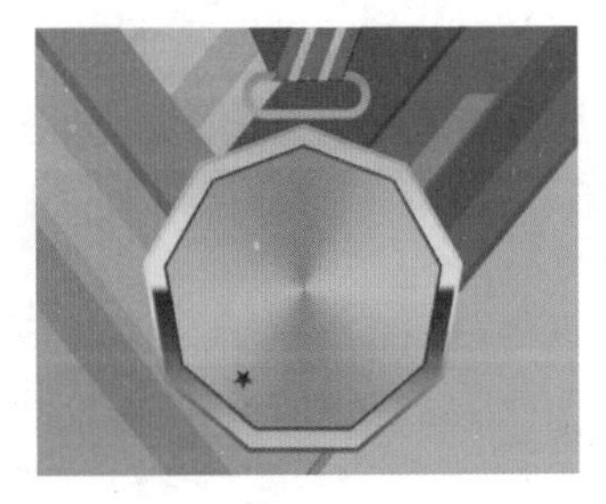

图 5-76

08 用同样的方法，绘制其他五角星，并将“文字”素材拖入文档，调整大小后按 Enter 键确认，如图 5-77 所示。

09 设置“边”为 4，在工具属性栏中单击“设置”图标，在下拉列表中选中“平滑拐角”和“星形”选项，设置“缩进边依据”为 5%。按住 Shift 键，单击并拖动，绘制平滑拐角的四边形。

> **提示**
> 选中“平滑拐角”选项后，可以创建有平滑拐角的多边形和星形，即多边形和星形的角为圆角。

10 在工具属性栏中更改填充为渐变填充，设置渐变起点颜色为 #ede5ad、终点颜色为 #b8914f、渐变角度为 -90° 的线性渐变，并设置描边颜色为无颜色，如图 5-78 所示。

图 5-77

图 5-78

11 按快捷键 Ctrl+J 复制该图层，将前景色设置为黑色，按快捷键 Alt+Delete 填充颜色，设置图层的“不透明度”为 60%，并将图层下移一层作为阴影，如图 5-79 所示。

图 5-79

图 5-80

12 将奖牌的部分移动到图层的上方，如图 5-80 所示。

13 在工具属性栏中设置“边”为 5，单击小图标，选中“星形”选项，设置“缩进边依据”为 50%，颜色设置为白色，绘制五角星，并按快捷键 Ctrl+T 进行旋转，如图 5-81 所示。

14 用同样的方法制作其他星星以及颜色为 #6cbee4 的星星，完成图像制作，如图 5-82 所示。

> **提示**
> 若要创建指定半径的多边形或星形，可以在工具属性栏中“半径”的文本框输入数值，即可创建指定半径的多边形或星形。

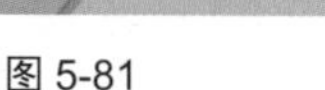
图 5-81

图 5-82

5.9 自定形状工具——魔术扑克牌

“自定形状”工具主要使用 Photoshop CC 2017 中自带的形状绘制形状。

01 启动 Photoshop CC 2017 软件，执行“文件”|“打开”命令，打开“背景”素材，如图 5-83 所示。

02 选择工具箱中的“圆角矩形”工具，在工具属性栏中选择“形状”选项。单击填充色条，在弹出的“设置形状填充类型”对话框中单击彩色图标，设置填充颜色为纯色填充，并设置填充颜色为白色，描边颜色为无颜色，“半径”为 60 像素。

03 单击并拖动，绘制圆角矩形，按快捷键 Ctrl+T 将圆角矩形旋转后按 Enter 键确认，如图 5-84 所示。

图 5-83

图 5-84

04 单击“图层”面板中的“添加图层样式”按钮，在菜单中选择“投影”，并设置投影“角度”为 45°，“距离”为 3 像素、“扩展”为 0%、“大小”为 40 像素。添加“投影”效果后，如图 5-85 所示。

05 选择工具箱中的“自定义形状”工具，在工具属性栏中的“形状”右侧，单击小图标，在弹出的菜单中选择“形状”选项，将“形状”组添加到“自定形状”拾色器中，在弹出的对话框中单击“追加”按钮确认追加，如图 5-86 所示。

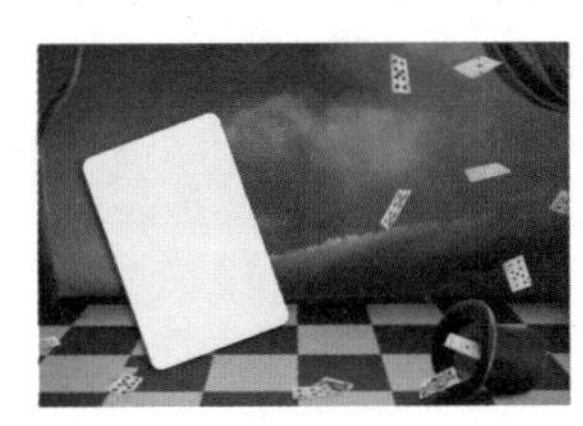

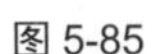

图 5-85

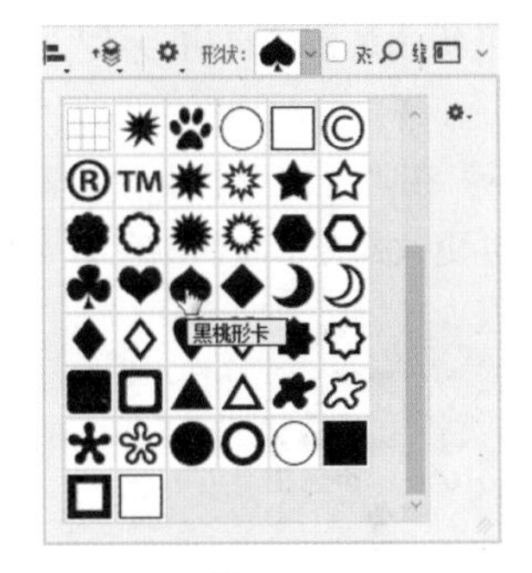

图 5-86

提示

Photoshop CC 2017 中提供了多种预设形状，添加形状后单击“确定”按钮，则选择的形状将替换当前的形状；若单击“追加”按钮，可以在原来的形状基础上追加而不替换当前“自定形状”拾色器的形状。

06 选择“黑桃形卡”形状♠，在工具属性栏中选择“形状”选项[形状]，单击并拖动，绘制黑桃形状。

提示

在 Photoshop CC 2017 中，新增加了支持 emoji 表情包在内的 SVG 字体的功能，此处的桃心等图标可以在字形中选择。执行“窗口”|“字形”命令，调出“字形”面板。在该面板中选择 EmojiOne 字体，在“完整字体”选项中选择♠♥♦♣即可。

07 设置填充颜色为纯色填充■，并设置填充颜色为黑色，描边颜色为无颜色▱，按快捷键 Ctrl+T 对形状进行旋转，如图 5-87 所示。

08 选择“黑桃”图层，并拖到“图层”面板中的“创建新图层”按钮▣上，复制该图层。按快捷键 Ctrl+T 后缩小，按 Enter 键确认。采用同样的方法，复制小黑桃，按快捷键 Ctrl+T，右击，在弹出的快捷菜单中选择“旋转 180° ”选项，如图 5-88 所示。

图 5-87

图 5-88

09 选择工具箱中的“文字”工具T，在画面中单击，输入文字 A，并设置字体为黑体，大小为 22 点。

10 选择工具箱中的“移动”工具✥，移动 A 到合适的位置，按快捷键 Ctrl+T 对文字进行旋转。复制该图层并旋转 180° ，一张“黑桃 A”扑克牌便做好了，如图 5-89 所示。

11 复制圆角矩形图层并在“图层”面板中将该图层移到顶部，在“自定形状”拾色器中选择“方块形卡”并填充红色，如图 5-90 所示。

图 5-89

图 5-90

12 添加文字并填充红色后旋转，一张“方块 A”扑克牌也完成了。用同样的方法制作另两张扑克牌，完成图像的制作，如图 5-91 所示。

图 5-91

5.10　自定形状工具 2——丘比特之箭

除了软件自带的形状，还可以绘制新形状并添加到自定义形状中。

01 启动 Photoshop CC 2017 软件，执行“文件”|“打开”命令，打开“丘比特”素材，如图 5-92 所示。

02 选择工具箱中的“魔棒”工具🪄，将“丘比特”载入选区，如图 5-93 所示。

图 5-92

图 5-93

03 在选区边缘右击，在弹出的快捷菜单中选择“建立工具路径”选项，弹出“建立工作路径”对话框，如图 5-94 所示。

04 设置“容差”为 2 像素，单击“确定”按钮，选区即转换为路径，如图 5-95 所示。

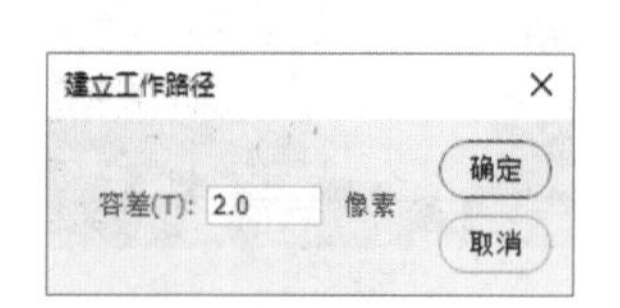

图 5-94

图 5-95

05 选择工具箱中的“路径选择”工具，光标移到路径边缘。右击，在弹出的快捷菜单中选择“定义自定形状”选项，弹出“形状名称”对话框。

06 设置形状名称为“丘比特”，按 Enter 键确定，便自定义好了一个形状。

07 执行“文件”|“打开”命令，打开“背景”素材，如图 5-96 所示。

08 选择工具箱中的“自定义形状”工具，在工具属性栏中选择“形状”选项。单击填充色条，在弹出的“设置形状填充类型”对话框中单击彩色图标，设置填充颜色为纯色填充，并设置颜色为 #eb505e，描边颜色为无颜色。在“自定形状”拾色器快捷菜单中，选择刚刚定义的形状，如图 5-97 所示。

图 5-96

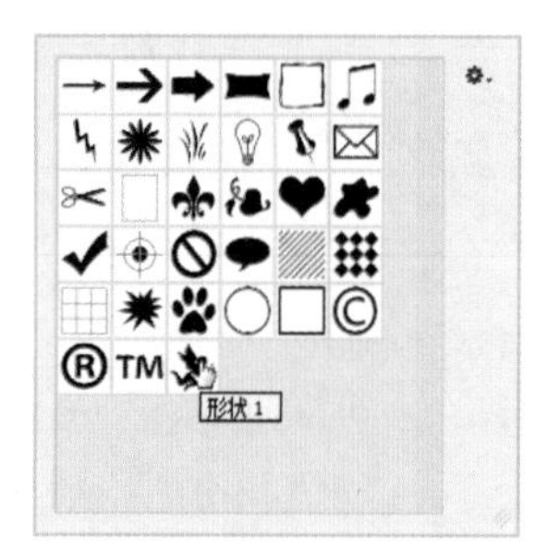

图 5-97

09 按 Shift 键，单击并拖动绘制图形，然后同时按住空格键，拖动鼠标移动形状的位置，调整后的效果如图 5-98 所示。

10 按 Alt 键拖动鼠标，复制该形状。按快捷键 Ctrl+T 调出自由变换框，右击，在弹出的快捷菜单中选择“水平翻转”选项，按 Enter 键确认，如图 5-99 所示。

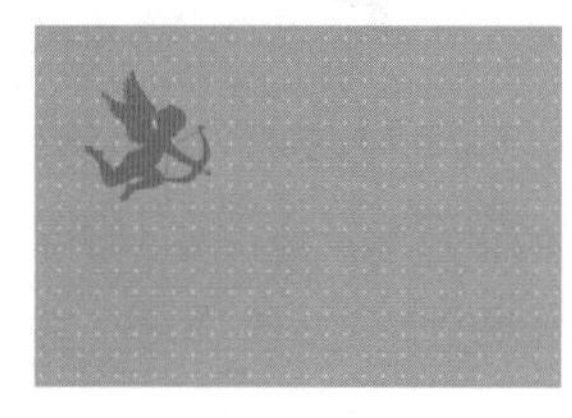

图 5-98

图 5-99

11 在“形状”菜单右侧，单击小图标，将“全部”形状添加到“自定形状”拾色器中，如图 5-100 所示，并在弹出的对话框中单击“追加”按钮确认追加。

12 在“自定形状”拾色器中选择其他形状进行绘制，并更改部分形状的颜色为 #ef8591，如图 5-101 所示。

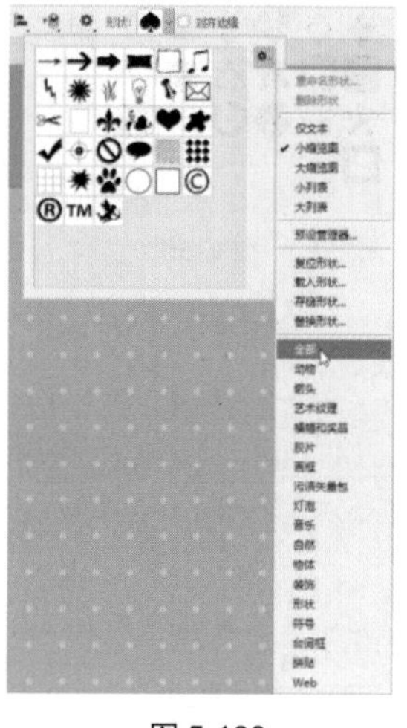

图 5-100

图 5-101

13 在工具箱中选择“椭圆”工具，在工具属性栏中选择“形状”选项，设置填充颜色为纯色填充，并设置颜色为 #f3e9d3，描边颜色为无颜色。单击并拖动绘制椭圆，并将椭圆图层移动到其他形状图层下面，如图 5-102 所示。

14 将所有形状图层拖到“图层”面板中的“创建新组”按钮上，所有形状图层编组。

15 单击“添加图层样式”按钮，给形状组增加“描边”和“投影”图层样式，并设置描边“大小”为 35 像素，位置为“外部”，颜色为 #f3e9d3；设置“不透明度”为 45%，“角度”为 120°，“距离”为 73 像素，“扩展”为 0%，“大小”为 1 像素。

16 选择“文字”素材，并拖入文档，调整大小后按 Enter 键确认，图像制作完成，如图 5-103 所示。

图 5-102

图 5-103

提示

在绘制矩形、圆形、多边形、直线和自定义形状时，创建形状的过程中均可按下空格键并拖动鼠标来移动该形状。

5.11　路径的运算——一只大公鸡

路径运算是指将两条路径组合在一起，包括合并形状、减去顶层形状、与形状区域相交和排除重叠形状，操作完成后还能选择合并形状组件，将经过运算的路径合并为形状组件。

01 启动 Photoshop CC 2017 软件，执行“文件”|“打开”命令，打开“背景”素材，如图 5-104 所示。

02 选择工具箱中的“椭圆”工具，在工具属性栏中选择“形状”选项，在画面中单击，弹出“创建椭圆”对话框，在“宽度”和“高度”文本框中均输入 258 像素，如图 5-105 所示。

图 5-104

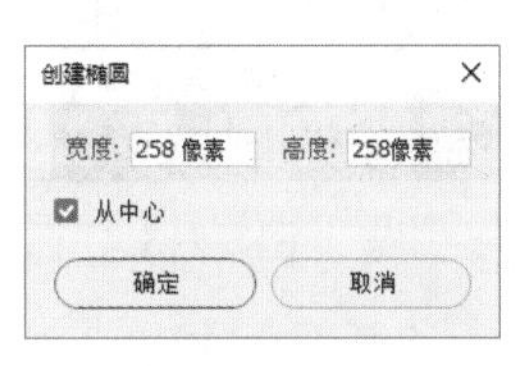

图 5-105

03 单击“确定”按钮，便绘制好了一个固定大小的圆。设置填充颜色为纯色填充，并设置颜色为 #ed6941，描边颜色为无颜色，并在圆心处拉出参考线，如图 5-106所示。

04 在工具属性栏中单击“路径操作”按钮，在弹出的快捷菜单中选择“合并形状”选项，如图 5-107 所示。

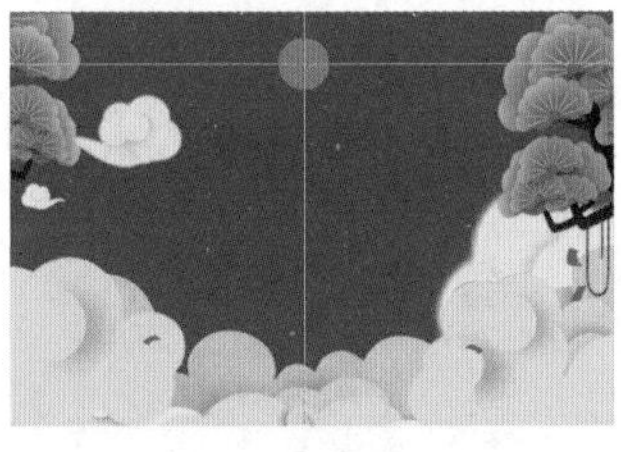

图 5-106

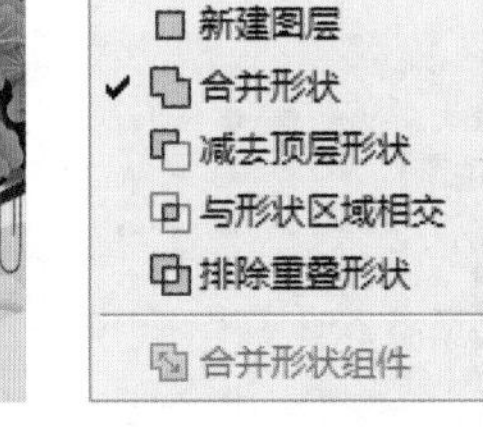

图 5-107

05 选择工具箱中的“矩形”工具，在工具属性栏中选择“形状”选项，按住 Shift 键，从圆心处单击并拖动，绘制一个正方形。正圆和正方形合并成一个形状，如图 5-108 所示。

> **提示**
> 合并形状：选择该项后，新绘制的形状或路径将与原来形状或路径合并。

06 清除参考线。新建一个图层，选择“椭圆”工具，在画面中单击，弹出“创建椭圆”对话框，在“宽度”和“高度”文本框中均输入 1064 像素，绘制一个圆形，并设置填充颜色为 #fac33e，描边颜色为无颜色，并在圆心处拉出参考线，如图 5-109 所示。

07 在工具属性栏中单击“路径操作”按钮，在弹出的快捷菜单中选择“减去顶层形状”选项。

08 选择工具箱中的“矩形”工具，单击并拖动鼠标，沿参考线处圆的直径向左绘制一个正方形，正圆减去矩形后成为半圆，如图 5-110 所示。

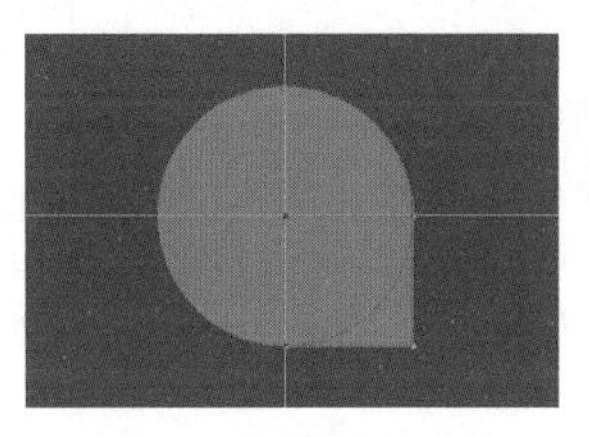

图 5-108

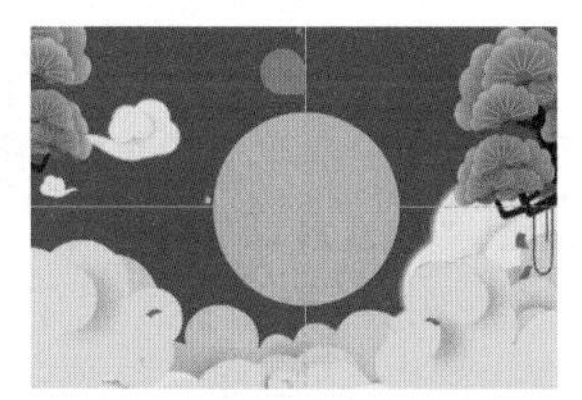

图 5-109

> **提示**
> 减去顶层形状：选择该选项后，从现有形状中减去新绘制的形状或路径。

09 新建一个图层，选择工具箱中的“矩形”工具，按住 Shift 键，从圆心处单击并向左拖动鼠标，绘制一个正方形。设置填充颜色为纯色填充，并设置颜色为 #f5ae25，描边颜色为无颜色，如图 5-111所示。

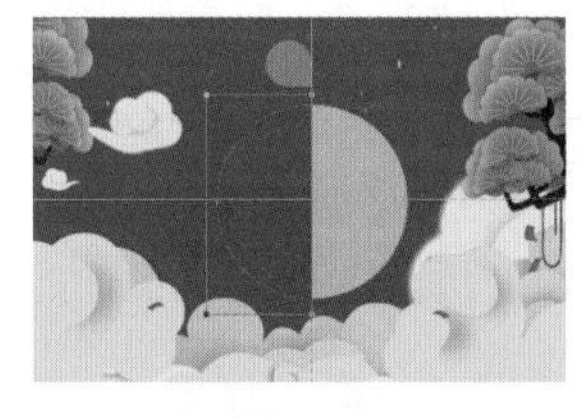

图 5-110

图 5-111

10 在工具属性栏中单击“路径操作”按钮，在弹出的快捷菜单中选择“与形状区域相交”选项。

11 选择工具箱中的“椭圆”工具，在画面中单击，弹出“创建椭圆”对话框，在“宽度”和“高度”文本框中均输入 1064 像素，绘制一个圆形。正圆与正方形相交后的效果，如图 5-112 所示。

> **提示**
> 与形状区域相交：选择该选项后，新绘制的形状或路径与原来的形状或路径相交的区域为新形状或路径。

12 新建一个图层，选择工具箱中的“椭圆”工具，在画面中单击，弹出“创建椭圆”对话框，在“宽度”和“高度”文本框中均输入 230 像素，绘制一个圆形，设置填充颜色为 #fac33e，描边颜色为无颜色，如图 5-113 所示。

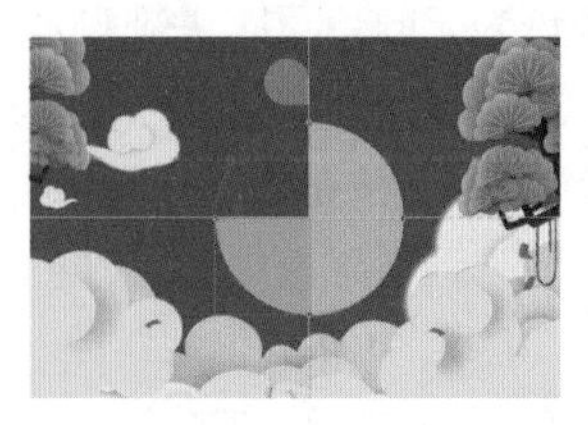

图 5-112

图 5-113

13 在工具属性栏中单击“路径操作”按钮，在弹出的快捷菜单中选择“排除重叠形状”选项。

14 选择工具箱中的“椭圆”工具，在画面中单击，弹出“创建椭圆”对话框，在“宽度”和“高度”文本框中均输入 47 像素，绘制一个圆形。正圆与小正圆排除重叠形状后的效果，如图 5-114所示。

图 5-114

> **提示**
>
> 排除重叠形状：选择该选项后，新绘制的形状或路径与原来的形状或路径排除重叠的区域为新形状或路径。

15 用同样的方法，绘制公鸡的其他部分，完成图像的制作，如图 5-115 所示。

图 5-115

> **提示**
>
> 合并形状组件可以合并并重叠形状或路径，使形状或路径可整体移动或复制。

5.12 描边路径——光斑圣诞树

在 4.6 节中，我们学习了图层样式“描边”的使用方法。用图层样式进行的描边是封闭的。而采用路径描边，则支持开放或间断路径描边。

01 启动 Photoshop CC 2017 软件，执行“文件”|“打开”命令，打开“背景”素材，如图 5-116 所示。

02 选择工具箱中的“自由钢笔”工具，在工具属性栏中选择“路径”选项，并在图像中绘制路径，如图 5-117 所示。

图 5-116

图 5-117

03 选择工具箱中的“画笔”工具，单击“切换画笔面板”按钮，打开“画笔”面板，如图 5-118 所示。

> **提示**
>
> 执行“窗口”|“画笔”命令或按 F5 键，也可打开“画笔”面板。

04 选择一个硬边圆，设置“画笔笔尖形状”的属性，其“大小”为 30 像素，“硬度”为 100%，选中“间距”选项并设置“间距”为 50%，如图 5-119 所示。

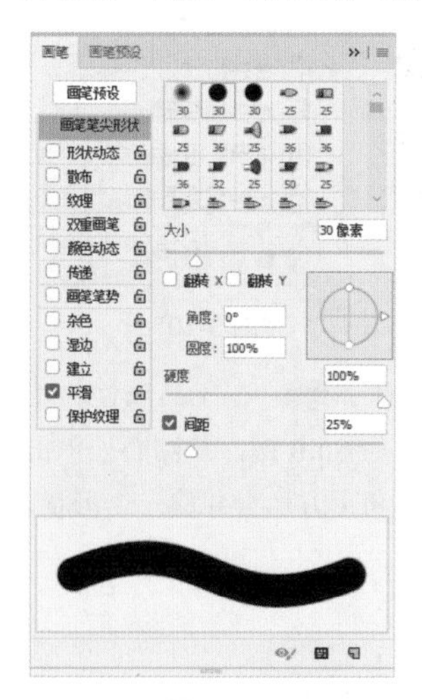

图 5-118

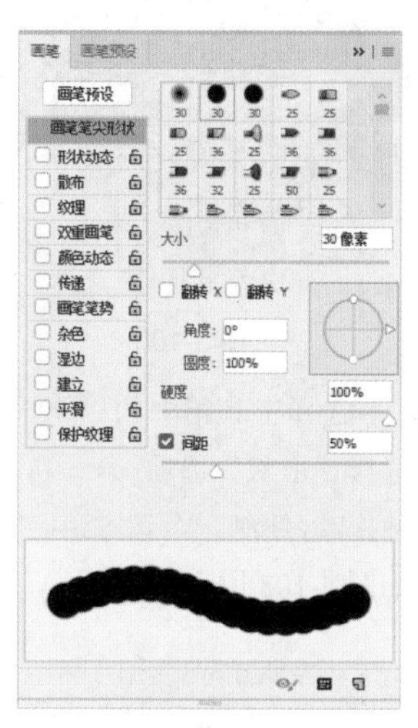

图 5-119

05 双击“画笔”面板左侧的“形状动态”，设置“大小抖动”为 100%，在“控制”下拉列表中选择“钢笔压力”选项，如图 5-120 所示。

> **提示**
> 选择“钢笔压力”选项后，即使没有使用数位板等有压感的绘图工具，也能模拟压力效果。

06 双击“画笔”面板左侧的“散布”，设置“散布”为 400%，并选中“两轴”选项，在“数量”文本框中输入 2，“数量抖动”为 0%，如图 5-121 所示。

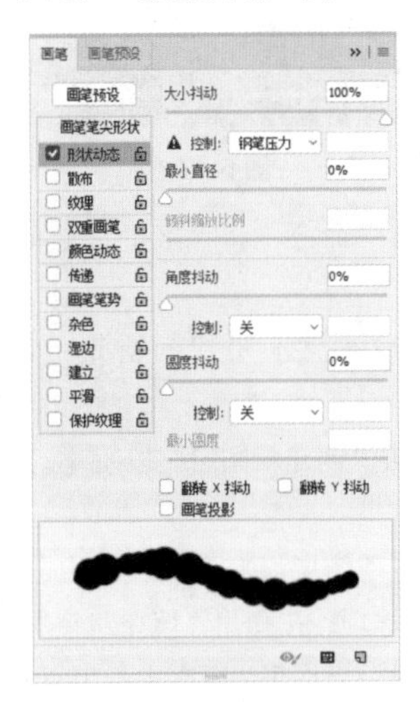

图 5-120

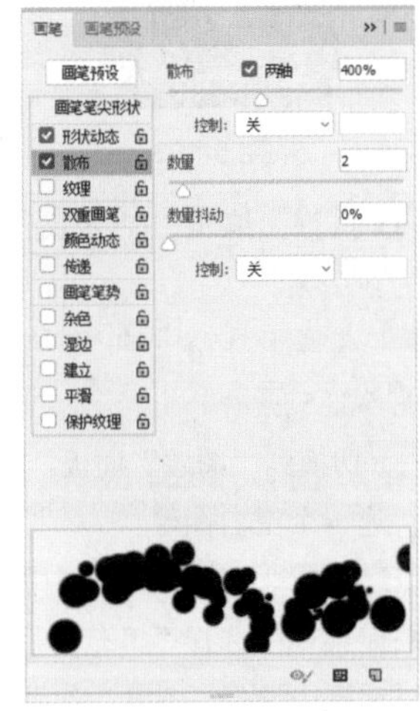

图 5-121

07 双击“画笔”面板左侧的“传递”，设置“不透明度抖动”为 0%，“流量抖动”为 100%，如图 5-122 所示。

08 单击“图层”面板中的“创建新图层”按钮，新建一个空白图层，并设置前景色为白色。

09 在“路径”面板中，右击，在弹出的快捷菜单中选择“描边路径”选项，如图 5-123 所示。

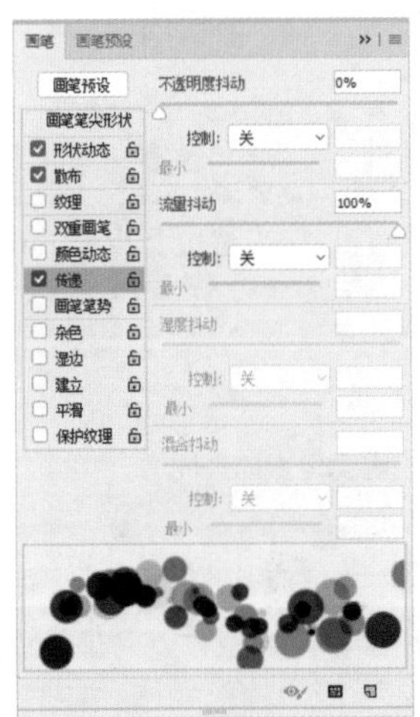

图 5-122

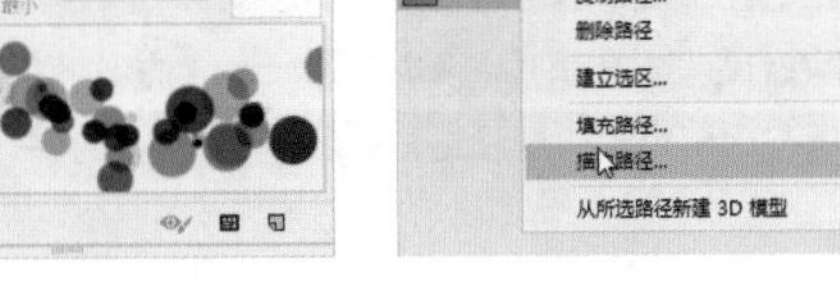

图 5-123

10 在弹出的“描边路径”对话框中选中“模拟压力”选项，并在“工具”下拉列表中选择“画笔”选项，如图 5-124 所示。

图 5-124

> **提示**
> 模拟压力可以使描边产生粗细变化。

11 单击“确定”按钮后，路径将按画笔预设值进行描边。在“路径”面板中单击，隐藏路径，效果如图 5-125 所示。

12 用同样的方法，利用“自由钢笔”工具绘制其他路径，并对画笔进行预设后进行路径描边，完成图像的制作，如图 5-126 所示。

图 5-125

图 5-126

> **提示**
> 描边路径需要预设好工具的参数，可以选择画笔、铅笔、橡皮擦、背景橡皮擦、仿制图章、历史记录画笔、加深和减淡等工具进行描边。

5.13 填充路径——经典时尚

填充路径即为绘制的路径填充上不同的颜色或图案。

01 启动 Photoshop CC 2017 软件，执行“文件”|“打开”命令，打开“背景”素材，如图 5-127 所示。

02 选择工具箱中的“钢笔”工具，并绘制路径，如图 5-128 所示。

图 5-127

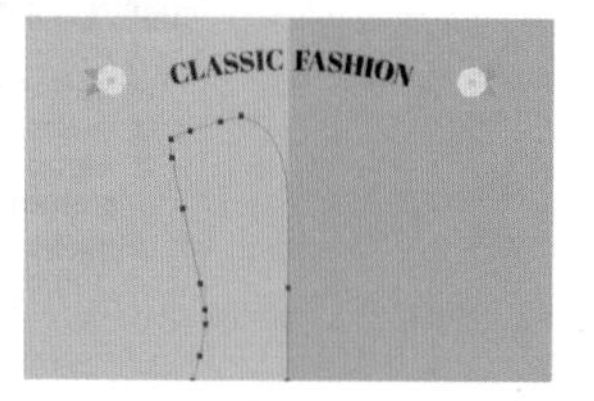

图 5-128

03 单击“图层”面板中的“创建新图层”按钮，新建一个空白图层，并设置前景色为 #414143，背景色为白色。

04 单击“路径”面板中的路径图层，右击，在弹出的快捷菜单中选择“填充路径”选项，弹出“填充路径”对话框，如图 5-129 所示。

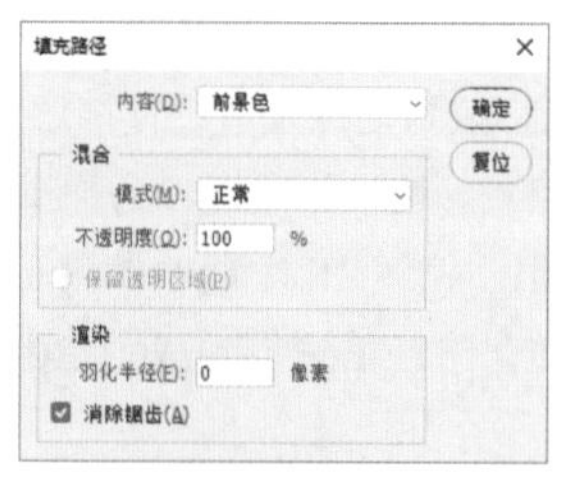

图 5-129

图 5-130

05 在“内容”下拉列表中选择“前景色”选项，单击“确定”按钮后，路径将被填充前景色，如图 5-130 所示。

06 单击“路径”面板中的“创建新路径”按钮，利用“钢笔”工具绘制新路径，如图 5-131 所示。

07 切换到“图层”面板，单击“创建新图层”按钮，新建一个空白图层。

08 单击“路径”面板中的路径图层，右击，在弹出的快捷菜单中选择“填充路径”选项，在弹出“填充路径”对话框中选择“背景色”选项，如图 5-132 所示。

图 5-131

图 5-132

09 用同样的方法，绘制其他路径，并对路径进行填充。在“填充路径”对话框中选择“颜色”选项，在“拾色器（颜色）”对话框中为衣领、口袋、扣子分别填充黑色，为左侧衣袖填充颜色为 #414143，为右侧衣身和衣袖填充颜色为 #282828，为右侧衬衣填充颜色为 #dedede，如图 5-133 所示。

10 执行“文件”|“打开”命令，打开“格子”素材，如图 5-134 所示。

图 5-133

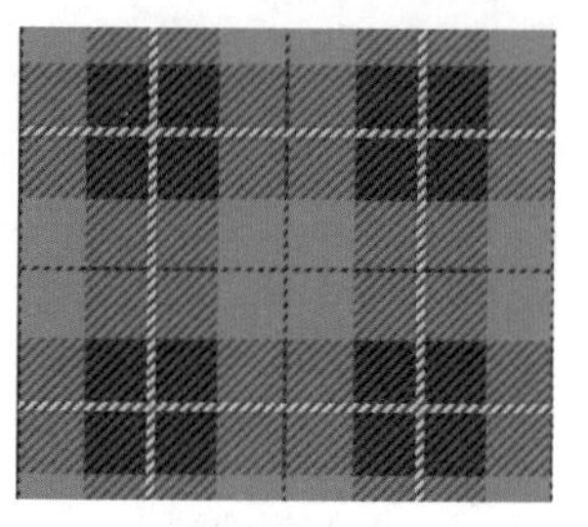

图 5-134

11 执行“编辑”|“定义图案”命令，将“格子”定义为新图案。

12 选择工具箱中的“钢笔”工具，并绘制领带，如图 5-135 所示。

13 切换到“图层”面板，单击“创建新图层”按钮，新建一个空白图层。

14 单击“路径”面板中的路径图层，右击，在弹出的快捷菜单中选择“填充路径”选项，在弹出“填充路径”对话框中选择“图案”选项，选择“格子”图案进行填充。

15 在“图层”面板中，将“领带”图层移动到衬衣与领子图层之间，西装图像制作完成，如图 5-136 所示。

图 5-135

图 5-136

提示

“填充路径”对话框中的参数详解如下：

使用：可以选择前景色、背景色、颜色、图案、黑色、50% 灰色和白色来填充路径。

模式：设置填充效果的图层模式。

不透明度：设置填充效果的不透明度。

保留透明区域：选中后仅能填充包含像素的区域。

羽化半径：设置填充路径的羽化值。

消除锯尺：选中后可减少填充区域边缘的锯尺状像素，使填充区域与周围像素的过渡更平滑。

5.14 调整形状图层——过马路的小蘑菇

在曲线路径中，每个锚点都有一条或两条方向线。通过对方向线和锚点的调整，可以改变曲线的形状。

01 启动 Photoshop CC 2017 软件，执行“文件”|“打开”命令，打开“背景”素材，如图 5-137 所示。

02 选择工具箱中的“椭圆”工具，在工具属性栏中选择“形状”选项。单击填充色条，在弹出的“设置形状填充类型”对话框中单击彩色图标，设置填充颜色为纯色填充，并设置颜色为 #730000，描边颜色为无颜色。单击并拖动绘制椭圆，并按快捷键 Ctrl+T 将椭圆旋转，如图 5-138 所示。

图 5-137

图 5-138

提示

“椭圆”工具绘制的椭圆进行旋转操作时，会将实时形状转变为常规路径。

03 选择工具箱中的“直接选择”工具，框选一个锚点，选中的锚点为实心点，如图 5-139 所示。

图 5-139

图 5-140

04 单击并拖动锚点，如图 5-140 所示。

提示

使用“直接选择”工具拖动平滑点上的方向线时，方向线始终保持为一条直线。

05 选择工具箱中的“转换点”工具，选择一侧方向线并拖移，从而调整形状，如图 5-141 所示。

提示

使用“转换点”工具拖动方向线时，可以单独调整平滑点一侧的方向线，而不影响另一侧的方向线；若使用“直接选择”工具拖动方向线，按住 Alt 键并拖动，也可单独调整平滑点一侧的方向线，而不影响另一侧方向线。

06 选择工具箱中的“添加锚点”工具，在形状边缘单击，可给形状添加一个锚点，如图 5-142 所示。

图 5-141

图 5-142

07 选择工具箱中的“删除锚点”工具，在锚点上单击，如图 5-143 所示，单击后的锚点将被删除。

08 利用工具箱中的“直接选择”工具和“转换点”工具，结合“添加锚点”工具和“减少锚点”工具，将图形调整成合适的形状，如图 5-144 所示。

图 5-143

图 5-144

09 选择“路径选择”工具，形状图层路径的所有锚点将变成实心点，如图 5-145 所示。

10 按快捷键 Ctrl+J 复制该形状图层，并将前景色设置为 #f5b18a，按快捷键 Alt+Delete 为形状填充新的颜色，并按快捷键 Ctrl+T 将形状缩小，如图 5-146 所示。

图 5-145

图 5-146

11 利用“直接选择”工具和“转换点”工具，结合“添加锚点”工具和“减少锚点”工具，对图层形状进行调整，使两图层叠放后露出的边缘宽度大小不一。

12 利用同样的方法，结合“形状”工具，绘制其他形状并调整，填充合适的颜色后，图像制作完成，如图 5-147 所示。

图 5-147

第6章

通道与滤镜的运用

Photoshop 文档通常使用 RGB 或 CMYK 模式。通道包含图像的颜色信息，通过编辑颜色通道，可以对图像进行调色、抠图等操作；滤镜主要用来实现图像的各种特殊效果。它在 Photoshop 中具有非常神奇的作用。本章通过 22 个案例讲解通道和滤镜在具体操作中的使用方法。

第 6 章 视频

第 6 章 素材

6.1 通道调色——唯美蓝色

在第 4 章我们学习了运用曲线、可选颜色、色彩平衡和照片滤镜等调整工具对图像进行调色的方法，本节主要学习利用通道进行调色的方法。

01 启动 Photoshop CC 2017，执行“文件” | “打开”命令，打开“人像”素材，如图 6-1 所示。

02 执行“图像” | “模式” | “Lab 颜色”命令，将图像由 RGB 模式转为 Lab 模式，在“通道”面板中，通道变为 Lab、明度、a 和 b，如图 6-2 所示。

图 6-1

图 6-2

提示

Lab 模式与 RGB 模式和 CMYK 模式不同，Lab 模式将明度信息与颜色信息分开，能在不改变颜色明度的情况下调整色相。

03 选择 a 通道，按快捷键 Ctrl+A，将 a 通道的灰度信息全选，如图 6-3 所示。

提示

Lab 模式中通道的意义如下：

明度通道：表示图像的明暗程度，范围是 0 ～ 100，0 代表纯黑、100 代表纯白。

a 通道：代表从绿色到洋红的光谱变化。通道越亮颜色越暖，即增加洋红色；反之，通道越暗，颜色越冷，即增加绿色。

b 通道：代表从蓝色到黄色的光谱变化。通道越亮颜色越暖，即增加黄色；反之，通道越暗，颜色越冷，即增加蓝色。

04 按快捷键 Ctrl+C 复制选中的颜色信息，选择 b 通道，再按快捷键 Ctrl+V 将复制的颜色信息粘贴到 b 通道中，如图 6-4 所示。

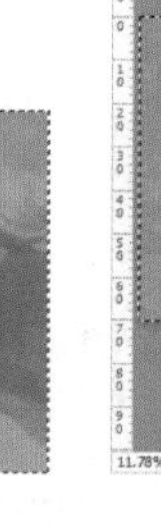

图 6-3

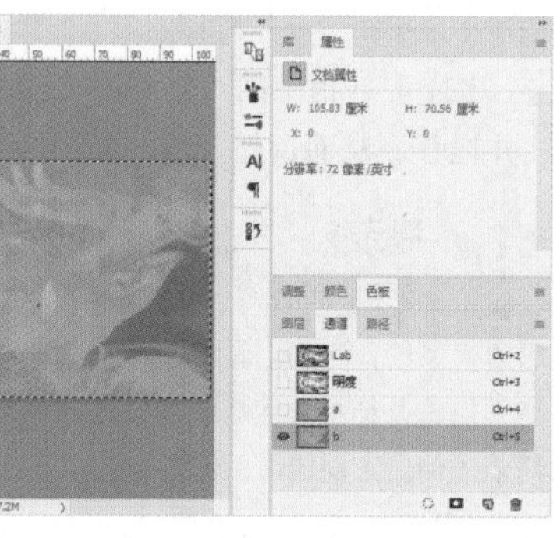

图 6-4

05 按快捷键 Ctrl+D 取消选区，单击“通道”面板中 Lab 通道，可以看到图像变成蓝色调，如图 6-5 所示。

图 6-5

> **提示**
>
> 此处将 a 通道明暗信息复制到 b 通道，即改变了 b 通道的明暗信息，图像将根据 a、b 通道新的明暗信息呈现相应的变化；同样的原理，要调整相应通道的明暗信息，可以根据情况用曲线、色阶、画笔工具等方法改变通道的明暗信息，从而实现不同的调色效果。

06 选择 b 通道，按快捷键 Ctrl+M 打开“曲线”对话框，调整曲线弧度略往右下，如图 6-6 所示，此时 b 通道将变暗。

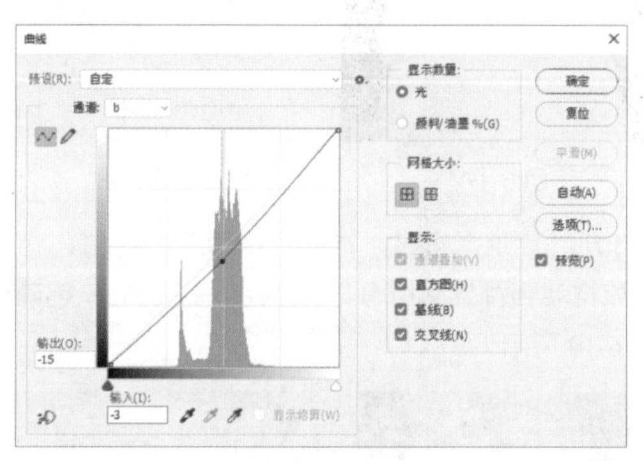

图 6-6

07 单击“曲线”对话框中的“确定”按钮，选择 Lab 通道并返回图层面板，可以看到图像中的蓝色增加了，如图 6-7 所示。

图 6-7

6.2　通道美白——美白肌肤

通道美白是利用通道给皮肤区域快速建立选区，并进行调整。

01 启动 Photoshop CC 2017，执行“文件”|“打开”命令，打开“背景”素材，如图 6-8 所示。

02 选择“通道”面板中的红通道，并拖到“创建新通道”按钮上，复制该通道，如图 6-9 所示。

> **提示**
>
> 人物皮肤偏红色，一般选取人物肤色时，可复制红色通道。

图 6-8

图 6-9

03 按住 Ctrl 键并单击，将图像部分内容载入选区，如图 6-10 所示。

04 选择“通道”面板中的 RGB 通道，回到“图层”面板，单击“创建新图层”按钮，将前景色设置成白色，按快捷键 Alt+Delete 将选区填充白色，如图 6-11 所示。

图 6-10

图 6-11

05 将填充的白色图层的“不透明度”设置为 80%，完成图像的制作，如图 6-12 所示。

图 6-12

> **提示**
>
> 适当降低填充图像的不透明度可以保留人物的更多细节，使肤色更自然。

6.3 通道抠图——完美新娘

通道抠图能在背景复杂的图片中抠出想要的图像，如半透明颜色、透明颜色和人物头发等。本节主要利用通道抠出半透明的婚纱。

01 启动 Photoshop CC 2017，执行“文件”|“打开”命令，打开“新娘”素材，如图 6-13 所示。

02 选择“通道”面板中的绿通道，并拖到“创建新通道”按钮上，复制该通道，如图 6-14 所示。

图 6-13

图 6-14

提示

平常操作时，复制的通道根据具体图像不同而不同，选择想要保留的部分和背景有鲜明的颜色对比的通道即可。

03 按快捷键 Ctrl+L 调出“色阶”对话框，设置从左到右的数值分别为 89、0.67 和 255，如图 6-15 所示。

提示

色阶可以增加背景与想保留部分的对比度。

04 单击“确定”按钮，复制的绿通道对比度改变明显，如图 6-16 所示。

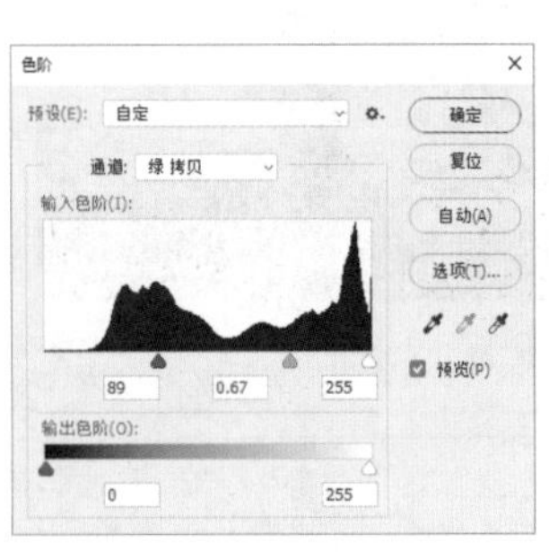

图 6-15

图 6-16

05 选择工具箱中的“画笔”工具，将人物用白色涂抹，背景处用“魔棒”工具选中并填充黑色，如图 6-17 所示。

提示

填充颜色时，人物填充成白色，背景填充黑色。而需要保留透明色部分无须涂抹，维持原来的渐变灰度即可。

06 按住 Ctrl 键并单击该通道，创建选区。单击 RGB 通道并回到“图层”面板，选择“新娘”图层，按快捷键 Ctrl+J 将选区内容复制，并单击新娘图层前的“小眼睛”图标将背景隐藏，如图 6-18 所示。

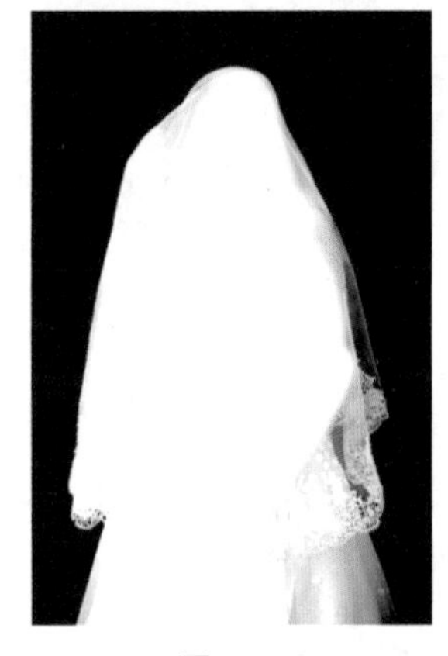

图 6-17

图 6-18

07 打开“背景”素材，选择“移动”工具，将抠出的新娘拖动到背景文档中，调整大小后按 Enter 键确认，如图 6-19 所示。

图 6-19

图 6-20

08 单击“图层”面板“创建新的填充或调整图层”按钮，在弹出的菜单中选择“曲线”选项，建立“曲线调整”图层。按住 Alt 键，在新娘图层与曲线图层中间单击，建立剪贴蒙版。单击曲线图层，调整曲线弧度，使新娘与背景融合得更好，如图 6-20 和图 6-21 所示。

图 6-21

> **提示**
>
> 用通道抠图的过程中，若有明显的边，可执行“图层”|“修边”|“去边”命令去边；若边缘有明显锯齿，可根据图像使用羽化、高斯模糊等方法使边缘更柔和。

6.4　通道抠图——玫瑰花香水

本节主要利用通道抠出透明且边缘规则的物体。

01 启动 Photoshop CC 2017，执行“文件”|“打开”命令，打开“瓶子”素材，如图 6-22 所示。

02 在“通道”面板中选择红通道，并拖到“创建新通道”按钮上，复制一个红通道。选择工具箱中的“钢笔”工具，沿瓶子边缘建立路径，如图 6-23 所示。

图 6-22

图 6-23

03 在“路径”面板中双击创建的路径，将路径保存。

> **提示**
>
> 存储的路径可多次使用，从而避免重复工作。

04 按 Ctrl+Enter 键将路径变成选区，按快捷键 Ctrl+Shift+I 反选选区。将前景色设置为黑色，按快捷键 Alt+Delete 为选区填充黑色，如图 6-24 所示。

05 按快捷键 Ctrl+L，弹出“色阶”对话框，设置输入色阶从左往右的值分别为 171、0.43 和 241，如图 6-25 所示。

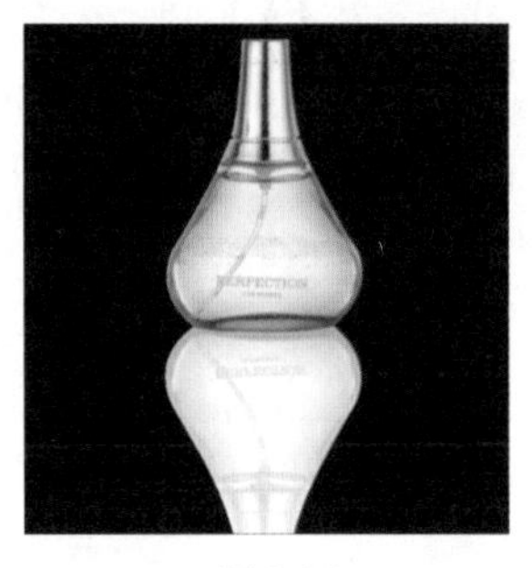

图 6-24

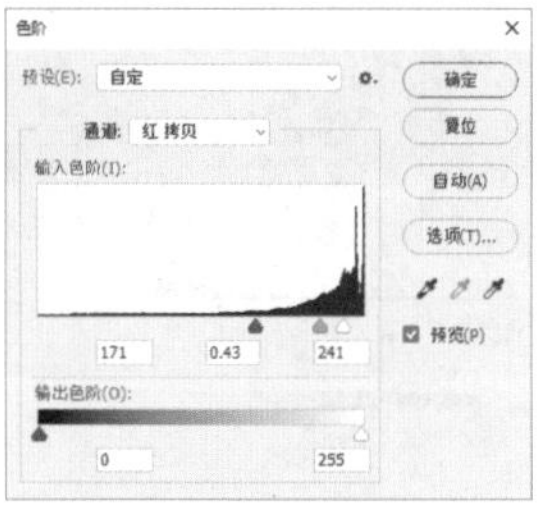

图 6-25

06 单击“确定”按钮，瓶子的红通道对比度增加，如图 6-26 所示。

07 按住 Ctrl 键，单击红通道缩略图，将瓶子高光载入选区。回到“图层”面板，选择瓶子图层，按快捷键 Ctrl+J 从瓶子图层中复制高光，单击瓶子图层前的“小眼睛”图标，隐藏瓶子图层，如图 6-27 所示。

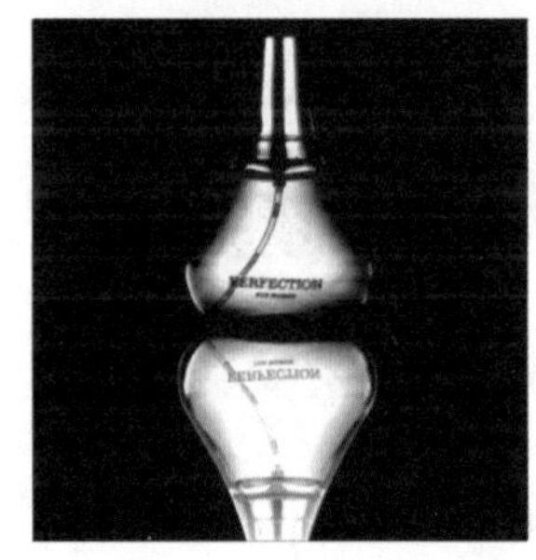

图 6-26

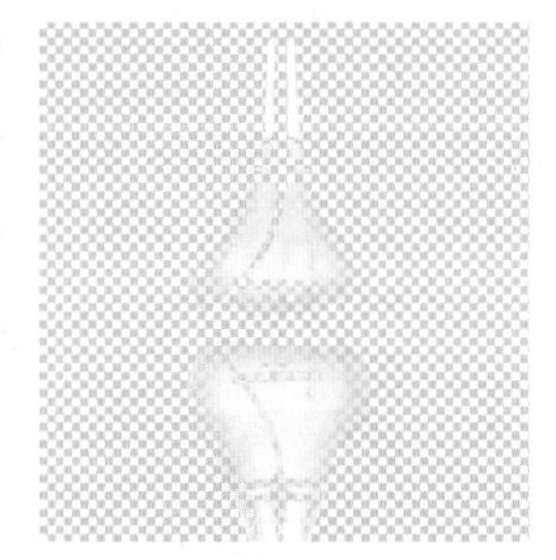

图 6-27

08 在“通道”面板中选择蓝通道，并拖到“创建新通道”按钮上，复制一个蓝通道，如图 6-28 所示。

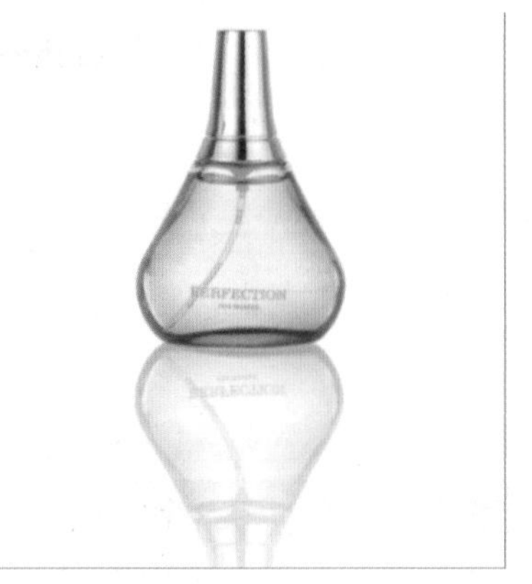

图 6-28

09 按快捷键 Ctrl+L，弹出“色阶”对话框，设置输入色阶从左往右的值分别为 106、1.97 和 202，如图 6-29 所示。

10 单击“确定”按钮，瓶子复制的蓝通道对比度增加，如图 6-30 所示。

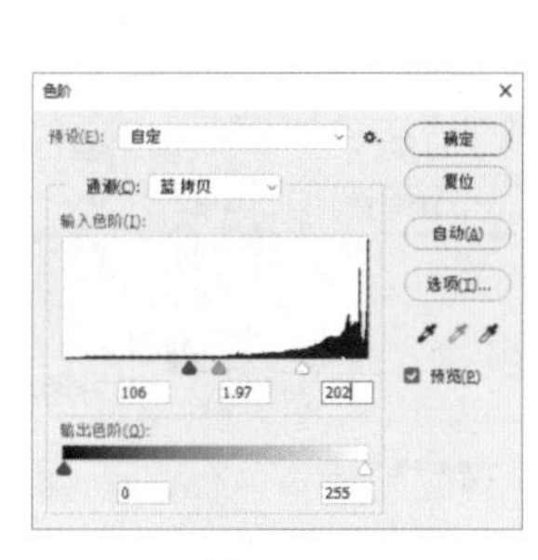

图 6-29

图 6-30

11 按住 Ctrl 键，单击调整后的蓝通道缩略图，将瓶子阴影载入选区。单击 RGB 通道并回到“图层”面板，选择瓶子图层，按快捷键 Ctrl+J 从瓶子图层中复制阴影，瓶子便抠好了，如图 6-31 所示。

12 打开“背景”素材，将抠出的瓶子拖到背景文档中，按快捷键 Ctrl+T 调整大小后，按 Enter 键确认，图像制作完成，如图 6-32所示。

图 6-31

图 6-32

提示

抠形状规则的透明物体，可以结合“钢笔”工具将高光和阴影分别抠出。

6.5 通道抠图——春意盎然

本节主要利用通道抠出人物发丝。

01 启动 Photoshop CC 2017，执行“文件”|“打开”命令，打开“人物”素材，如图 6-33 所示。

02 在“通道”面板中选择蓝通道，并拖到“创建新通道”按钮上，复制一个蓝通道，如图 6-34 所示。

图 6-33

图 6-34

03 按快捷键 Ctrl+L，弹出“色阶”对话框，设置输入色阶从左往右的值分别为 44、0.58 和 113，如图 6-35 所示。

提示

色阶的具体设置根据图像不同而不同，标准为发丝与背景出现清晰的对比即可。

04 单击“确定”按钮，人物的蓝通道对比度增加，如图 6-36 所示。

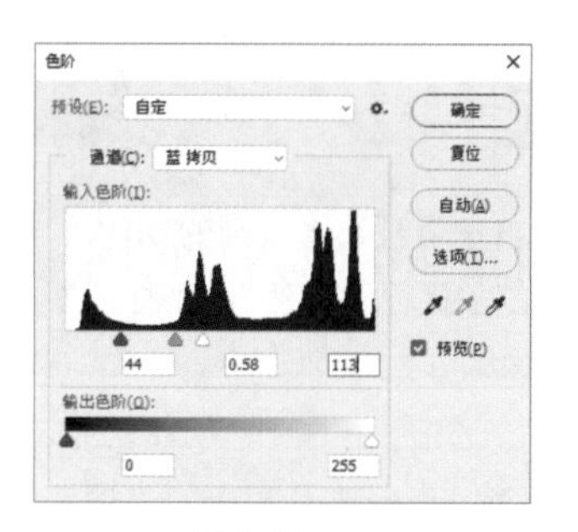

图 6-35

图 6-36

05 单击 RGB 通道并回到“图层”面板，选择工具箱中的“钢笔”工具，沿人物边缘除头发外建立路径，如图 6-37 所示。

06 按 Ctrl+Enter 键将路径变成选区，单击“通道”面板回到复制的蓝色通道。将前景色设置为黑色，按快捷键 Alt+Delete 为选区填充黑色，如图 6-38 所示。

图 6-37

图 6-38

07 按住 Ctrl 键，单击复制的蓝通道缩略图，将人物载入选区。回到“图层”面板，选择人物图层，按快捷键 Ctrl+J 从人物图层复制人像，人物便抠好了。单击人物图层前的“小眼睛”图标，隐藏人物图层，如图 6-39 所示。

图 6-39

图 6-40

08 打开“背景”素材，如图 6-40 所示。

09 将抠出的人物拖到“背景”文档中，按快捷键 Ctrl+T 调整大小后，按 Enter 键确认，图像制作完成，如图 6-41 所示。

图 6-41

6.6　智能滤镜——木刻复古美人

使用智能滤镜的优势是可无损地编辑图片，还能修改和调整滤镜效果。

01 启动 Photoshop CC 2017 软件，执行“文件”|“打开”命令，打开“背景”素材，如图 6-42 所示。

02 选择“背景”图层，按快捷键 Ctrl+J 复制一个图层。执行“滤镜”|“转换为智能滤镜”命令，将图层转换为智能对象，如图 6-43 所示。

> **提示**
>
> 右击图层，在弹出的快捷菜单中选择“转换为智能对象”命令，也能将图层转换为智能对象。

图 6-42

图 6-43

03 执行“滤镜”|“滤镜库”命令，弹出“滤镜库”对话框。单击“艺术效果”组前的小三角图标，展开该组，选择“木刻”滤镜，并设置“色阶”数为 6、“边缘简化度”为 0、“边缘逼真度”为 1，如图 6-44 所示。

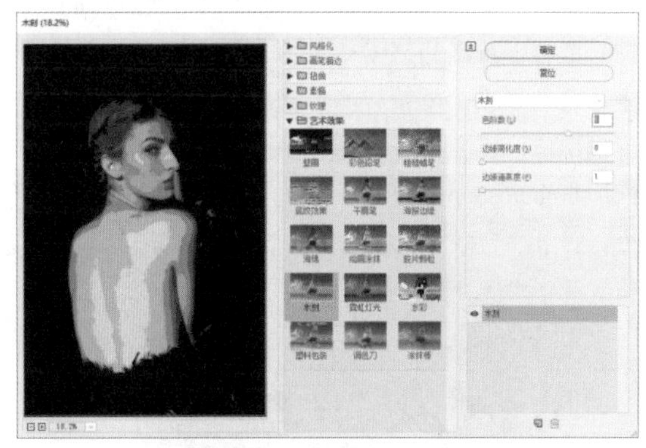

图 6-44

04 单击“确定”按钮，图像便呈现木刻效果，如图 6-45 所示。

图 6-45

05 执行“滤镜”|“滤镜库”命令，可对设置的木刻效果进行修改，如将“色阶数”改为5，如图6-46所示。

06 单击“确定”按钮，图像便呈现修改后的木刻效果，如图6-47所示。

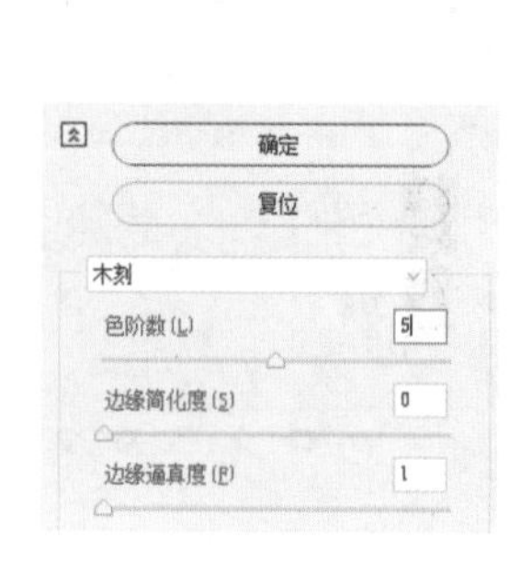

图 6-46

图 6-47

6.7 滤镜库——威尼斯小镇

滤镜库像一个大工具箱，整合了风格化、画笔描边、扭曲、素描、纹理和艺术效果等多个滤镜组，而且滤镜组中还包含了多个滤镜。多个滤镜效果可以同时应用于同一幅图像，也能对同一幅图像多次运用同一个滤镜。

01 启动Photoshop CC 2017软件，执行“文件”|“打开”命令，打开“背景”素材，如图6-48所示。

图 6-48

02 执行“滤镜”|“滤镜库”命令，弹出“滤镜库”对话框，如图6-49所示。

图 6-49

03 单击“艺术效果”组前的小三角图标▶，展开该组，选择“调色刀”滤镜，如图6-50所示。

04 将调色刀“描边大小”设置为10、“描边细节”为3、“软化度”为5，如图6-51所示。

图 6-50

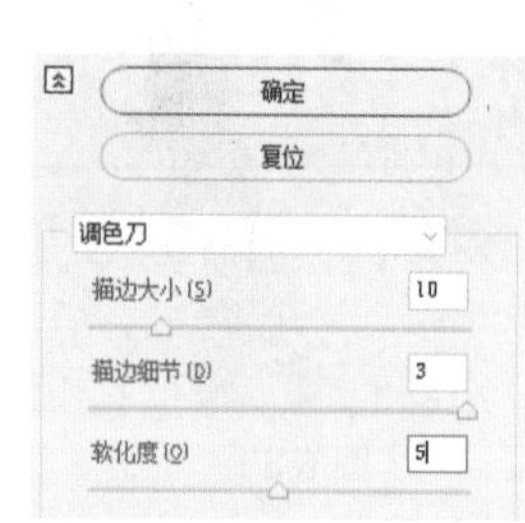

图 6-51

05 单击“滤镜库”对话框右下角的“新建效果图层”按钮，新建效果图层。单击“艺术效果”组前的小三角图标▶，展开该组，选择“绘画涂抹”滤镜，使用默认设置，“滤镜库”对话框的右下角出现两种滤镜效果，如图6-52所示。

图 6-52

06 单击“确定”按钮，图像便呈现调色刀和绘画涂抹的双重效果，如图6-53所示。

图 6-53

6.8　自适应广角——“掰直”的大楼

用广角镜头拍摄照片会有镜头畸变的情况出现，即照片图像出现弯曲变形，“自适应广角”滤镜可对镜头产生的变形进行处理，纠正变形的照片。

01 启动 Photoshop CC 2017 软件，执行“文件”|“打开”命令，打开“背景”素材，如图 6-54 所示。

图 6-54

02 按快捷键 Ctrl+J 复制一个图层，执行“滤镜”|“自适应广角”命令，弹出“自适应广角”对话框，如图 6-55 所示。

图 6-55

03 选择该对话框中的“约束工具”，在楼顶处单击，光标移动时，出现一条自动与大楼弧度契合的蓝色弧线，如图 6-56 所示。

> **提示**
>
> - 约束工具：单击图像或拖动端点可添加或编辑约束。按住 Shift 键单击可添加水平 / 垂直约束。按住 Alt 键可删除约束。
> - 多边形约束工具：单击图像或拖动端点可添加或编辑多边形约束。单击初始起点可结束约束。按住 Alt 键可删除约束。
> - 移动工具：拖移以在画面中移动内容。
> - 抓手工具：拖移以在窗口中移动图像。
> - 缩放工具：单击或拖动要放大的区域，或按 Alt 键缩小。

04 在楼底地面处单击，弧线变为直线，此时弯曲的大楼一侧被拉直，如图 6-57 所示。

图 6-56

图 6-57

05 用同样的方法，在大楼的另一侧单击，如图 6-58 所示。

06 单击后另一侧也被拉直，且没有影响之前拉直的一侧，如图 6-59 所示。

图 6-58

图 6-59

07 在“自适应广角”对话框右侧，将“缩放”设置为 134%，如图 6-60 所示。

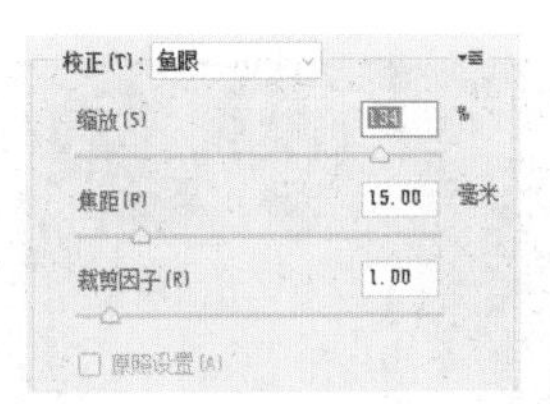

图 6-60

> **提示**
>
> - 鱼眼：校正由鱼眼镜头所引起的极度弯曲。
> - 透视：校正由视角和相机倾斜角所引起的会聚线。
> - 自动：默认情况下为自动模式。
> - 完整球面：校正 360° 全景图。全景图的长宽比必须为 2 ：1。
> - 缩放：对图像进行缩放，范围为 50% ～ 150%，低于 100% 时，图像缩小；高于 100%，图像放大。
> - 焦距：指定镜头的焦距。如果在照片中检测到镜头信息，则会自动填写此值。
> - 裁剪因子：指定值以确定如何裁剪最终图像。将此值与“缩放”配合使用，以补偿应用滤镜时引入的任何空白区域。

08 选择“移动”工具将大楼向下拖移，露出完整的大楼。单击“确定”按钮后，扭曲的大楼变“直”了，如图 6-61 所示。

图 6-61

6.9　Camera Raw 滤镜 1——完美女孩

Camera Raw 滤镜中的“污点去除”工具效果类似“污点修复画笔”工具，不同的是，“污点去除”工具是在原始图像上直接处理原始图像数据，对相机原始图像所做的任何编辑和修改都存储在 sidecar 文件中，因此这个过程不具有破坏性，而“污点修复画笔”工具直接在原图像上进行修改，对原图有破坏性。本节主要运用 Camera Raw 滤镜中的“污点去除”来去除斑点。

01 启动 Photoshop CC 2017 软件，执行“文件”|“打开”命令，打开“女孩”素材，如图 6-62 所示。

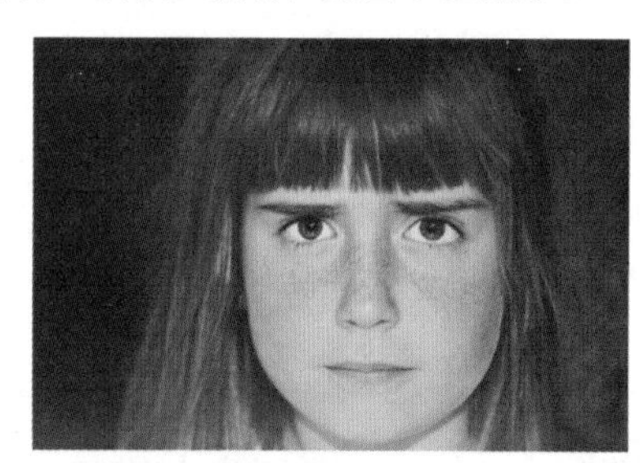

图 6-62

02 执行“滤镜”|“Camara Raw 滤镜”命令，弹出“Camara Raw 滤镜”对话框，如图 6-63 所示。

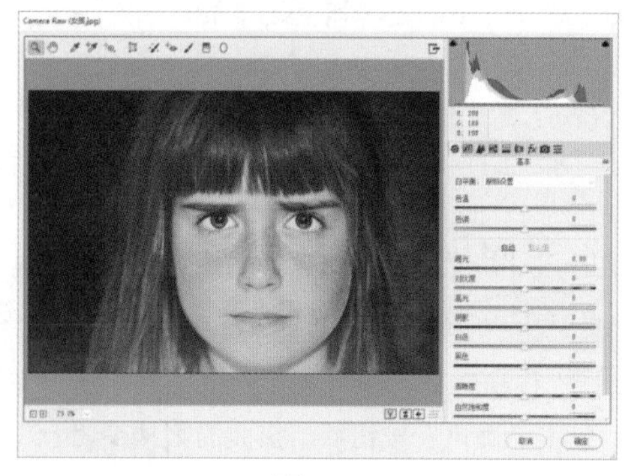

图 6-63

03 单击“污点去除”按钮，设置类型为“修复”，“大小”为 5，“羽化”为 100，“不透明度”为 100，如图 6-64 所示。

提示

- 修复：将取样区域的纹理、光线、阴影匹配到选定区域。
- 仿制：将图像的取样区域应用到选定区域。
- 大小：用来设置修复画笔的大小。
- 羽化：用来设置画笔边缘的羽化值。
- 不透明度：用来设置画笔的不透明度。
- 使位置可见：选中后图像会变成黑白，图像元素的轮廓将清晰可见，以便进一步清理图像，可通过调整滑块来调整阈值。
- 显示叠加：选中后修复步骤显示的手柄，将与图像本身叠加在一起。
- 清除全部：删除所有使用“污点去除”工具所做的调整。

04 在雀斑处单击并拖动，雀斑消失了，如图 6-65 所示。

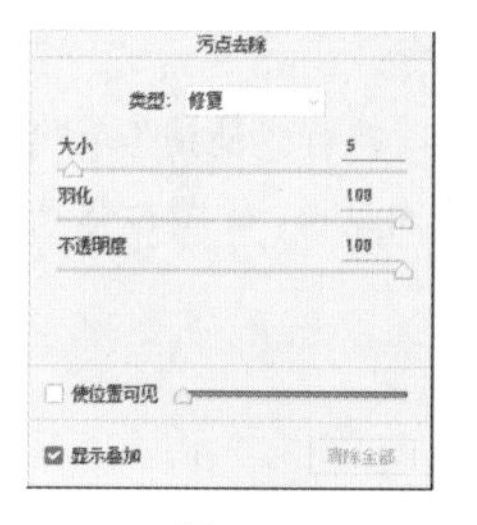

图 6-64

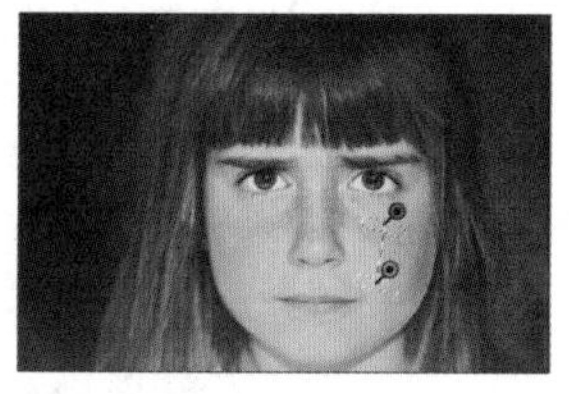

图 6-65

05 重复第 4 步，在所有的雀斑处单击并拖动，如图 6-66 所示。

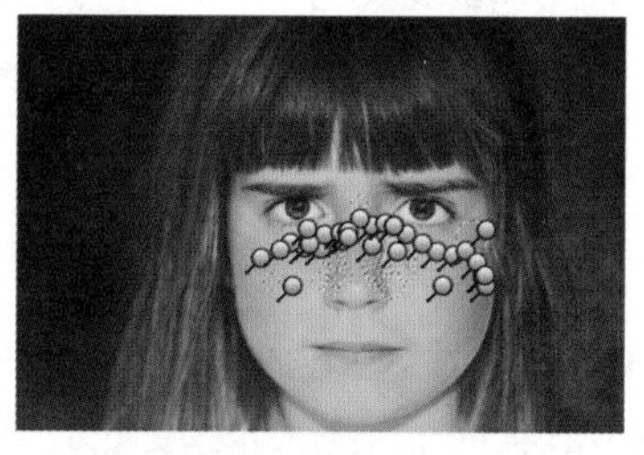

图 6-66

提示

红白色的选框区域（红色手柄）表示选定的区域；绿白色的选框区域（绿色手柄）表示取样区域。

若要更改默认选定的取样区域，有手动或自动两种方式。自动方式即单击所选区域的手柄，然后按下键盘上正斜线键“/”，当使用连续涂抹的笔画选择图像的更大部分时，并不能立即找到与之匹配的合适取样区域，因此可多次按正斜线键“/”，以便取样更多的区域；手动方式即拖动绿色手柄，来重新定位取样区域。

06 单击“确定”按钮，污点修复完成，如图 6-67 所示。

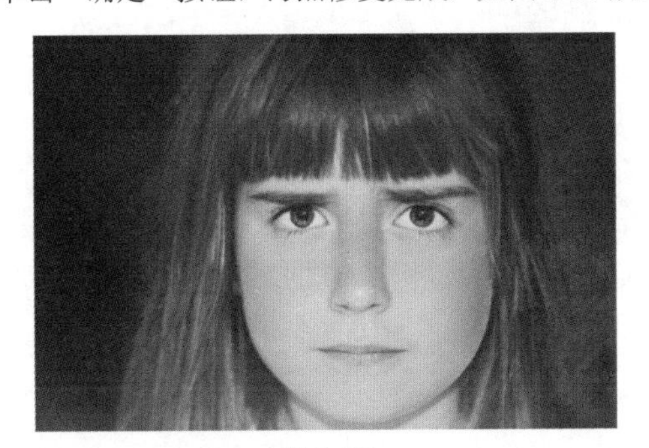

图 6-67

提示

键盘快捷键和编辑器：

圆形点：按住 Ctrl 键并单击创建圆形点，当光标在圆形边缘处变成⟷时，拖动可设置圆形点大小。

同时按住 Ctrl 和 Alt 键并单击创建圆形点，拖动可设置圆形点的大小。

删除调整：选定红色的或绿色的手柄，按 Delete 键以删除选定的调整，或按住 Alt 键并单击一个手柄将其删除。

6.10　Camera Raw 滤镜 2——晨曦中的湖

本节主要运用 Camera Raw 中的“渐变滤镜”和“径向渐变”滤镜来调整照片。

01 启动 Photoshop CC 2017 软件，执行“文件” | “打开”命令，打开“风景”素材，如图 6-68 所示。

02 执行“滤镜” | “Camara Raw 滤镜”命令，单击“渐变滤镜”按钮，在预览区单击并拖动，拉出渐变滤镜，如图 6-69 所示。

图 6-68

图 6-69

提示

红白色的线条一侧表示无渐变区域；绿白色的线条一侧表示渐变区域；红白色的线条与绿白色的线条中间为渐变过渡到无渐变的区域。

03 设置“色温”为 +88、“色调”为 +100，如图 6-70 所示。

04 此时，画面色温和色调发生变化，如图 6-71 所示。

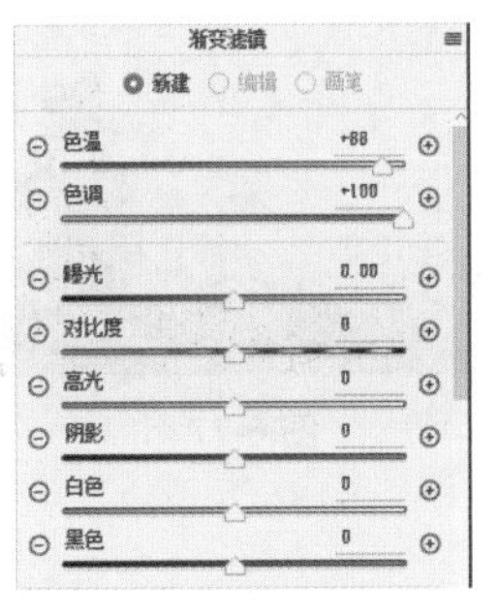

图 6-70

图 6-71

05 单击并拖动红点，可调整渐变区域，如图 6-72 所示。

提示

选择渐变滤镜后，若要对渐变滤镜进行更细微的调整，可单选 画笔，结合工具使用画笔添加到选定调整或工具使用画笔擦除选定调整。

06 在预览区单击并拖动，创建新的渐变，如图 6-73 所示。

图 6-72

图 6-73

07 设置“色温”为 +88、“色调”为 -41，如图 6-74 所示。

08 单击“径向滤镜”按钮，在预览区单击并拖动，在效果处选择 内部 选项，拉出径向滤镜，如图 6-75 所示。

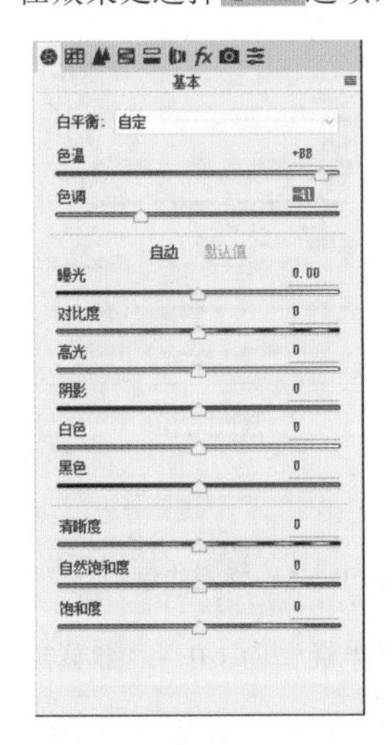

图 6-74

图 6-75

09 用同样的方法，单击并拖动，创建多个径向渐变，如图 6-76 所示。

10 单击“确定”按钮，图像制作完成，如图 6-77 所示。

图 6-76

图 6-77

6.11 Camera Raw 滤镜 3——漫画里的学校

本节主要运用 Camera Raw 滤镜中的基础调整来打造动漫画风的学校照片。

01 启动 Photoshop CC 2017 软件，执行“文件”|“打开”命令，打开“房屋”素材，如图 6-78 所示。

02 在“基本”选项中，设置“色调”为 -21、“曝光”为 +0.55、“对比度”为 +44、“高光”为 100、“阴影”为 +60、“白色”为 -11、“黑色”为 -21、“清晰度”为 +10、“自然饱和度”为 +55，“饱和度”为 +32，如图 6-79 所示。

图 6-78

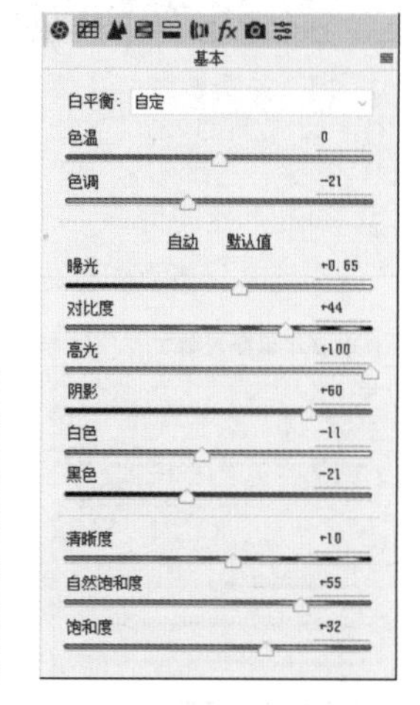

图 6-79

提示

调整画面颜色，使之呈现更加明亮、鲜艳的色彩。

03 在“细节”选项中，设置“半径”为 1.0，“细节”为 25，如图 6-80 所示。

提示

此参数一般为默认参数。

04 在“HSL/ 灰度”选项中，设置“绿色”为 +28，如图 6-81 所示。

提示

增加图像的绿色，更符合动漫场景。

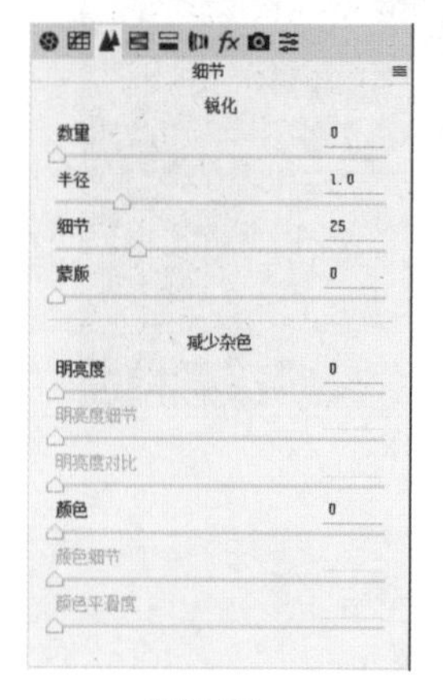

图 6-80

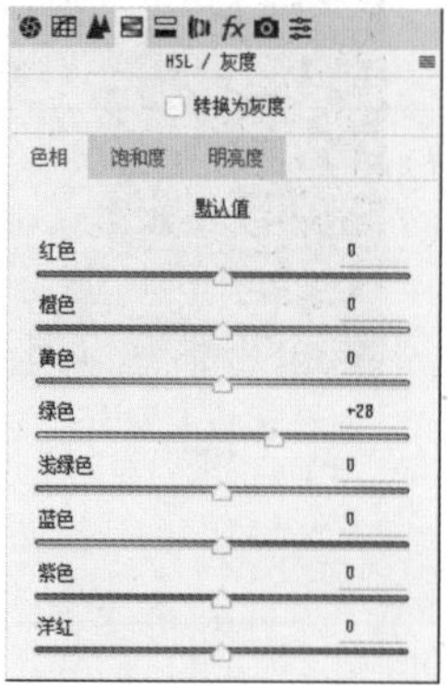

图 6-81

05 单击“确定”按钮后，图像呈现漫画风格，如图 6-82 所示。

06 选择工具箱中的“魔棒”工具，为天空创建选区，如图 6-83 所示。

图 6-82

图 6-83

07 将选区内的图像删除，并按快捷键 Ctrl+D 取消选区，如图 6-84 所示。

08 打开“天空”素材，如图 6-85 所示。

图 6-84

图 6-85

09 将处理好的图像拖入“天空”素材中，如图 6-86 所示。

10 将前景色设置为黑色，选择工具箱中的“矩形”工具，创建两个黑色的矩形，图像制作完成，如图 6-87 所示。

图 6-86

图 6-87

> **提示**
> Camera Raw 滤镜能对 RAW 文件进行编辑调整，也可作为插件单独安装。RAW 是一种专业摄影师常用的格式，即原始图像存储格式，能原始地保存信息，让用户大幅度对照片进行后期调整，如调整色温、色调、曝光、颜色对比等。无论后期如何调整，图像均能无损地恢复到最初的状态。

6.12　液化——夸张表情

“液化”滤镜可以对图像进行收缩、推拉、扭曲、旋转等变形处理。

01 启动 Photoshop CC 2017 软件，执行“文件”|“打开”命令，打开“背景”素材，如图 6-88 所示。

图 6-88

02 按快捷键 Ctrl+J 复制一个图层，右击该图层，在弹出的快捷菜单中选择“转换为智能对象”命令，将复制的图层转换为智能对象。

03 执行“滤镜”|“液化”命令，弹出“液化”对话框，如图 6-89 所示。

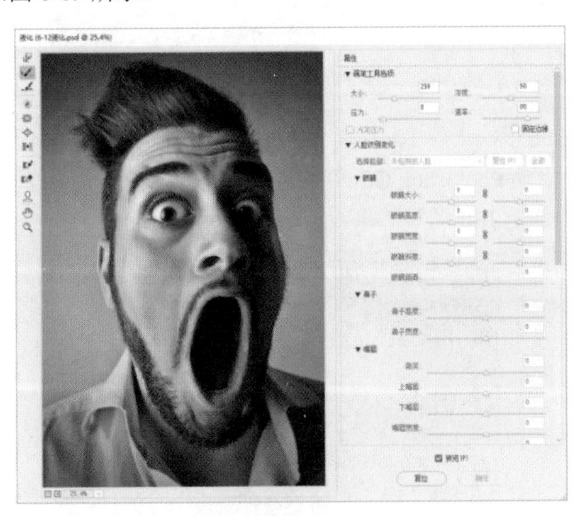

图 6-89

04 选择“液化”对话框中的“向前变形”工具，设置画笔“大小”为 300、“压力”为 100。在图像人物的鼻尖处单击并拖动，鼻尖产生液化效果，如图 6-90 所示。

> **提示**
> - 向前变形工具：移动图像中的像素，得到变形的效果。
> - 重建工具：在变形的区域单击或拖动进行涂抹，可以使变形区域的图像恢复到原始状态。
> - 平滑工具：对变形区域进行平滑处理。
> - 顺时针旋转扭曲工具：在图像中单击或移动时，图像会被顺时针旋转扭曲；当按住 Alt 键单击时，图像则会被逆时针旋转扭曲。
> - 褶皱工具：在图像中单击或拖动时，可以使像素向画笔中间区域的中心移动，使图像产生收缩的效果。
> - 膨胀工具：在图像中单击或拖动时，可以使像素向画笔中心区域以外的方向移动，使图像产生膨胀的效果。
> - 左推工具：可以使图像产生挤压变形的效果。垂直向上拖动时，像素向左移动；向下拖动时，像素向右移动。当按住 Alt 键垂直向上拖动时，像素向右移动；向下拖动时，像素向左移动。若使用该工具围绕对象顺时针拖动，可增加其大小；若逆时针拖动，则减小其大小。
> - 冻结蒙版工具：可在预览窗口绘制出冻结区域，调整时冻结区域内的图像不会受到变形工具的影响。
> - 解冻蒙版工具：涂抹冻结区域能够解除该区域的冻结。
> - 脸部工具：自动检测人脸，以便单独针对脸部进行调整。
> - 抓手工具：用来平移图像，从而方便观察。
> - 缩放工具：对预览区图像进行放大或缩小。

05 利用“向前变形”工具，重复涂抹，将鼻子变长、耳朵变尖，如图 6-91 所示。

图 6-90

图 6-91

06 选择“膨胀工具”，在人物眼睛处重复单击，眼睛出现膨胀效果，如图 6-92 所示。

图 6-92

07 单击“确定”按钮，完成图像制作，如图 6-93 所示。

图 6-93

6.13 油画滤镜——湖边小船

“油画”滤镜可以快速为图像添加油画效果。

01 启动 Photoshop CC 2017 软件，执行“文件”|“打开”命令，打开“小船”素材，如图 6-94 所示。

02 执行“滤镜”|“风格化”|“油画”命令，弹出“油画”对话框，如图 6-95 所示。

图 6-94

图 6-95

03 设置油画滤镜的各项参数，其中“描边样式”为10、“描边清洁度”为10、“缩放”为5.69、“硬毛刷细节”为3.45，“角度”为 151，“闪亮”为 4.85，如图 6-96 所示。

提示

“油画”滤镜的参数详解如下：

- 描边样式：用来设置笔触样式，范围值从 0.1 到 10，值越大，褶皱越少，也越平滑。
- 描边清洁度：用来设置纹理的柔化程度，范围值从 0 到 10，值越大，清洁度越好，即纹理和细节越少，柔化效果越好。
- 缩放：用来控制纹理大小，范围值从 0.1 到 10，值较小时，笔刷纹理小而浅；值越大，纹理越大越厚。
- 硬笔刷细节：用来控制画笔笔毛的软硬程度。范围值从 0 到 10。值越小，笔触越轻软；值越大，笔触越重硬。
- 角度：用来控制光源的角度。
- 闪亮：用来控制油画效果的光照强度，范围值从 0 到 10，值越大，纹理越清晰，对比度越强，锐化效果越明显。

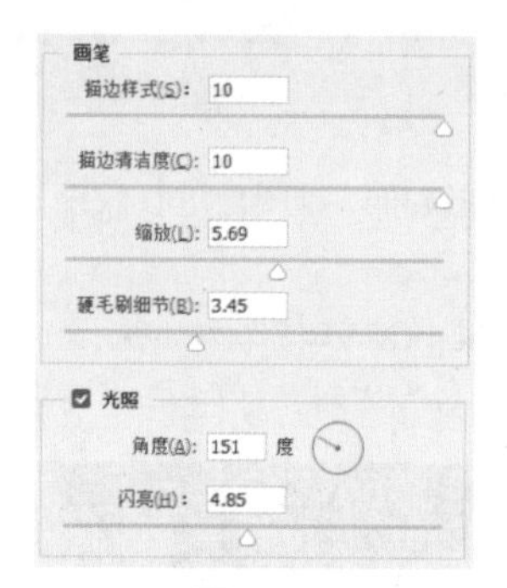

图 6-96

04 单击“确定”按钮后，图像呈现油画效果，如图 6-97 所示。

图 6-97

6.14 消失点——礼盒包装

“消失点”滤镜主要用于透视平面，可以对图像的透视进行校正。

01 启动 Photoshop CC 2017 软件，执行“文件”|“打开”命令，打开“背景”素材，如图 6-98 所示。

图 6-98

02 按快捷键 Ctrl+J 复制该图层，执行“滤镜”|“消失点”命令，打开“消失点”对话框，如图 6-99 所示。

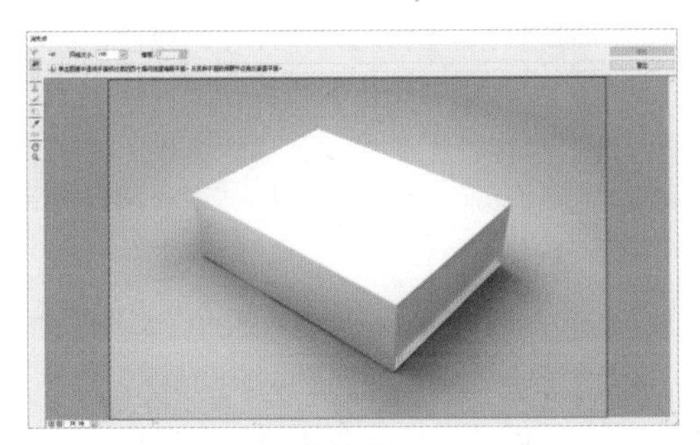

图 6-99

03 选中对话框中的“创建平面”工具，当视图区光标变成时，在盒子的 4 个角点单击，即可创建一个透视平面，透视面将自动铺满蓝色格子，如图 6-100 所示。

提示

在未创建透视平面时，只有“创建平面”工具可用。创建好平面后，若为蓝色格子，代表透视角度正确，若出现红色，则代表透视角度错误。

若要删除创建的透视平面或点，按 Backspace 键即可。

04 继续创建其他的透视平面。重新单击“创建平面”工具，将光标移到已创建的透视平面与需要创建透视平面的重合边的中点处，此时光标变成，单击并拖动，即可创建另一个透视平面，如图 6-101 所示，按 Enter 键确认。

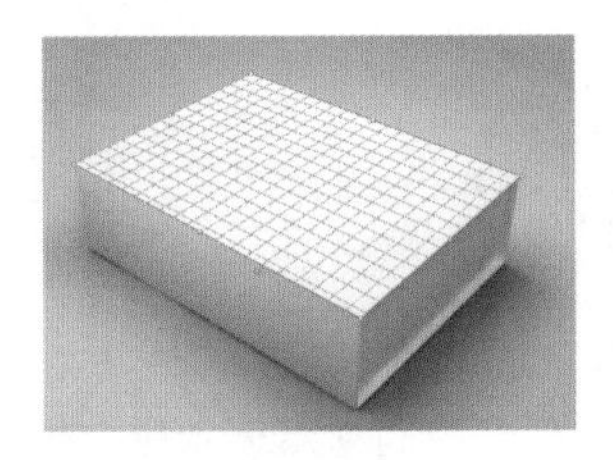

图 6-100

图 6-101

05 执行“文件”|“打开”命令，打开“包装”素材，如图 6-102 所示。

06 按快捷键 Ctrl+A 全选，并按快捷键 Ctrl+C 进行复制。回到“背景”文档，执行“滤镜”|“消失点”命令，打开“消失点”对话框，按快捷键 Ctrl+V 将复制的内容粘贴，如图 6-103 所示。此时，粘贴的内容为选中状态。

图 6-102

图 6-103

07 选择“变换”工具，按住 Shift 键，沿图像的角点等比例缩小包装图像，如图 6-104 所示。

08 鼠标移动到包装画面上，光标变成，单击并拖动包装画到构建的透视平面上，包装画将自动沿透视平面进行视觉变换，如图 6-105 所示。

图 6-104

图 6-105

09 光标移到包装画的角点变成，按住 Shift 键，将包装旋转 90° 并拖移画面至铺满透视平面的状态，按 Enter 键，如图 6-106 所示。

10 在“图层”面板中将图层模式改为正片叠底，完成图像的制作，如图 6-107 所示。

图 6-106

图 6-107

6.15　风格化滤镜组——画里人家

“风格化”滤镜组通过置换像素，并且通过查找增加图像的对比度，在选区中生成绘画或印象派的效果，完全模拟真实艺术手法进行创作，其中包含 9 种滤镜，分别是查找边缘、等高线、风、浮雕效果、扩散、拼贴、曝光过度、凸出和油画。

01 启动 Photoshop CC 2017 软件，执行“文件”|“打开”命令，打开“背景”素材，如图 6-108 所示。

02 按快捷键 Ctrl+J 复制一个图层，执行“滤镜”|“风格化”|“查找边缘”命令，图像自动生成一个清晰的轮廓，如图 6-109 所示。

图 6-108

图 6-109

提示

“查找边缘”滤镜能自动搜索图像像素对比明显的边缘，用相对于白色背景的深色线条来勾画图像的边缘，从而得到图像清晰的轮廓。

03 执行“图像”|“调整”|“去色”命令或按快捷键Shift+Ctrl+U，该图像变成黑白色，如图 6-110 所示。

04 选择“纸纹”素材，并拖入文档，按 Enter 键确认，如图 6-111 所示。

图 6-110

图 6-111

05 将“纸纹”图层的图层模式改为“正片叠底”，完成图像的制作，如图 6-112 所示。

图 6-112

提示

• 除“查找边缘”滤镜外，“风格化”滤镜组中其他滤镜的用途如下：

- 等高线：类似于“查找边缘”滤镜的效果，为每个颜色的通道勾画图像的色阶范围。
- 风：在图像中增加细小的水平短细线来模拟风吹效果。
- 浮雕效果：生成凸出的浮雕效果，对比度越大的图像，浮雕的效果越明显。
- 扩散：使图像扩散，产生类似透过磨砂玻璃观看图像的效果。
- 拼贴：将图像分为块状，并随机偏离原来的位置，产生类似不同形状的瓷砖拼贴的图像效果。
- 曝光过度：产生原图像与原图像的反相进行混合后的效果，该滤镜不能应用在 Lab 模式下。
- 凸出：将图像分割为指定的三维立方体或棱锥体，产生特殊的 3D 效果，该滤镜不能应用在 Lab 模式下。

6.16 模糊滤镜——背景虚化

“模糊”滤镜组主要用来降低图像的对比度，使图像产生模糊的效果。该滤镜组分为“模糊”和“模糊画廊”两部分，“模糊”部分分别是：表面模糊、动感模糊、方框模糊、高斯模糊、进一步模糊、径向模糊、镜头模糊、模糊、平均、特殊模糊和形状模糊；“模糊画廊”部分分别是：场景模糊、光圈模糊、移轴模糊、路径模糊和旋转模糊。本节主要利用“高斯模糊”滤镜使图像背景虚化。

01 启动 Photoshop CC 2017 软件，执行“文件”|“打开”命令，打开“背景”素材，如图 6-113 所示。

02 按快捷键 Ctrl+J 复制一个图层，右击该图层，在弹出的快捷菜单中选择“转换为智能对象”命令，将复制的图层转换为智能对象。

03 执行“滤镜”|“模糊”|“高斯模糊”命令，弹出“高斯模糊”对话框，设置“半径”为 22.3 像素，如图 6-114 所示。

图 6-113

图 6-114

提示

“半径”值可以设置模糊的程度，以“像素”为单位，范围值是 0.1 ～ 1000。数值越高，模糊越强烈。

04 单击“确定”按钮，图像便呈现高斯模糊效果，如图 6-115 所示。

05 在“图层”面板中选择复制的图层，单击“添加图层蒙版”按钮，为该图层创建图层蒙版，如图 6-116 所示。

图 6-115

图 6-116

06 将前景色设置为黑色，选择工具箱中的“画笔”工具，选择柔边角笔触，按“[”键和“]”键调整画笔大小，在图像中的人物处涂抹，将人物涂抹出来，完成图像的制作，如图 6-117 所示。

图 6-117

> **提示**
>
> 各模糊滤镜详解如下：
>
> - 表面模糊：保留图像边缘的同时模糊图像，用来创建特殊效果或消除杂色及颗粒。
> - 动感模糊：沿指定方向模糊，产生类似于对移动物体拍照时的模糊效果。
> - 方框模糊：基于相邻像素的平均颜色值来模糊图像，产生类似于方块状的特殊模糊效果。
> - 高斯模糊：使图像产生一种朦胧的效果，如需要模糊效果强烈可以设置较大的数值。
> - 进一步模糊：进一步模糊效果比相对比模糊效果强烈几倍。
> - 径向模糊：模拟缩放或旋转的相机所产生的模糊效果。
> - 镜头模糊：模拟大光圈镜头拍摄的景深效果。
> - 模糊：对边缘过于清晰、对比度过于强烈的区域进行光滑处理，产生轻微的模糊效果。
> - 平均：通过查找图像的平均颜色，以该颜色填充图像，创建平滑的外观。
> - 特殊模糊：提供了半径、阈值和模糊品质等设置选项，可以精确地模糊图像。
> - 形状模糊：可以使用指定形状创建特殊的模糊效果。
> - 场景模糊：可以对一幅图片的全局或多个局部进行模糊处理，效果类似于相机对焦距的调整。
> - 光圈模糊：通过控制点选择模糊位置，调整范围框控制模糊作用的范围，通过设置模糊的强度控制模拟景深的程度。
> - 移轴模糊：模拟移轴镜头拍摄的模糊效果。
> - 路径模糊：沿着路径创建运动模糊效果。
> - 旋转模糊：用来创建圆形或椭圆形的模糊特效。

6.17 扭曲滤镜—水中涟漪

“扭曲”滤镜组中包含 9 种滤镜，分别是波浪、波纹、极坐标、挤压、切变、球面化、水波、旋转扭曲和置换。该组滤镜用来对图像创建扭曲效果。本节主要利用“水波”滤镜来制作水中的涟漪。

01 启动 Photoshop CC 2017 软件，执行“文件”|“打开”命令，打开“背景”素材，如图 6-118 所示。

图 6-118

02 按快捷键 Ctrl+J 复制一个图层，右击该图层，在弹出的快捷菜单中选择“转换为智能对象”命令，将复制的图层转换为智能对象。

03 执行“滤镜”|“扭曲”|“水波”命令，弹出“水波”对话框，设置“数量”为 74，“起伏”为 20，样式“选择水池波纹”，如图 6-119 所示。

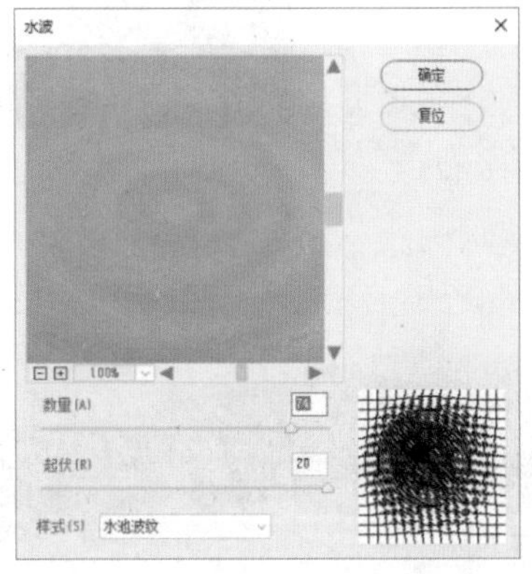

图 6-119

> **提示**
>
> “水波”滤镜的参数，详解如下：
>
> - 数量：用来设置波纹的密度，范围从 -100 到 100，负值产生凹波纹，正值产生凸波纹，其绝对值越大，波纹越明显。
> - 起伏：用来设置波纹的波长。范围从 0 到 20，数值越大，波长越短，波纹则越多。
> - 样式：用来设置水波的形成方式，包括围绕中心、从中心向外和水波波纹，可以从右侧的网格波纹预览处观察到不同波纹的形成方式。

04 单击“确定”按钮，图像便呈现水波效果，如图 6-120 所示。

图 6-120

05 在“图层”面板中选择水波图层，单击“添加图层蒙版”按钮，为该图层创建图层蒙版，如图 6-121 所示。

06 将前景色设置为黑色，选择工具箱中的“画笔”工具，选择柔边角笔触，按“[”键和“]”键调整画笔大小，在图像中的湖面周围涂抹，将湖面周围的涟漪隐去，如图 6-122 所示。

图 6-121

图 6-122

07 选择“天鹅”素材，并拖入文档，调整大小和位置后，按 Enter 键确认，完成图像的制作，如图 6-123 所示。

图 6-123

6.18 锐化滤镜——神秘美女

“锐化”滤镜组中的滤镜可以增加相邻像素之间的对比度，使模糊的图像变得清晰，“锐化”滤镜组中包括 6 种滤镜，分别是 USM 锐化、防抖、进一步锐化、锐化、锐化边缘和智能锐化。

01 启动 Photoshop CC 2017 软件，执行“文件”|“打开”命令，打开“背景”素材，如图 6-124 所示。

图 6-124

02 执行“滤镜”|“锐化”|“智能锐化”命令，打开“智能锐化”对话框，设置相关参数，如图 6-125 所示。

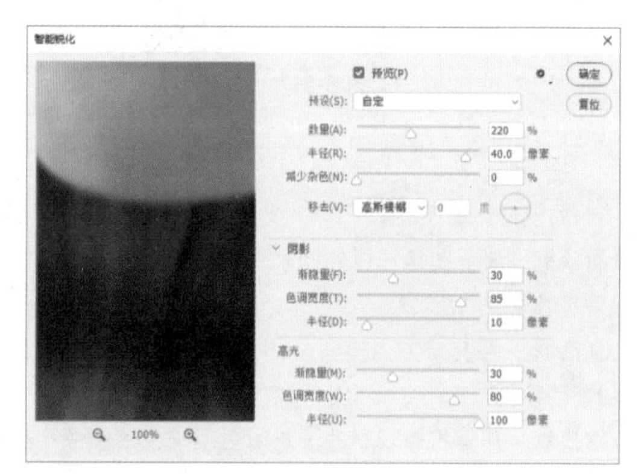

图 6-125

提示

“智能锐化”滤镜可以设置锐化算法，控制在阴影和高光区域中的锐化量，避免色晕等问题。

- 数量：用来设置锐化量，值越大，像素边缘的对比度越强烈，锐化效果越明显。
- 半径：决定边缘像素周围受锐化影响的锐化数量，值越大，受影响的边缘就越宽，锐化的效果也就越明显。
- 减少杂色：减少杂色，降低图像的噪点。值越大，杂色越柔和，图像越模糊。
- 移去：用来设置图像的锐化算法，“高斯模糊”是“USM 锐化”滤镜使用的方法；“镜头模糊”将检测图像中的边缘和细节；“动感模糊”尝试减少由于相机或主体移动而导致的模糊效果。
- 渐隐量：调整高光或阴影的锐化量。
- 色调宽度：控制阴影或高光中间色调的修改范围，其值越大，控制的修改范围越大。
- 半径：用来控制每个像素周围的区域大小。其值越大，控制的区域越大。

03 单击“确定”按钮后，图像明显变清楚了，如图 6-126 所示。

图 6-126

6.19　防抖滤镜——海边狂欢

“防抖”滤镜是 Photoshop CC 2017 中新加入的滤镜，通过锐化边缘达到去模糊的目的。

01 启动 Photoshop CC 2017 软件，执行“文件”|“打开”命令，打开“背景”素材，如图 6-127 所示。

图 6-127

02 执行“滤镜”|“锐化”|“防抖”命令，弹出“防抖”对话框。设置“模糊描摹边界”为 10 像素，“平滑”和“伪像抑制”均为 50%，如图 6-128 所示。

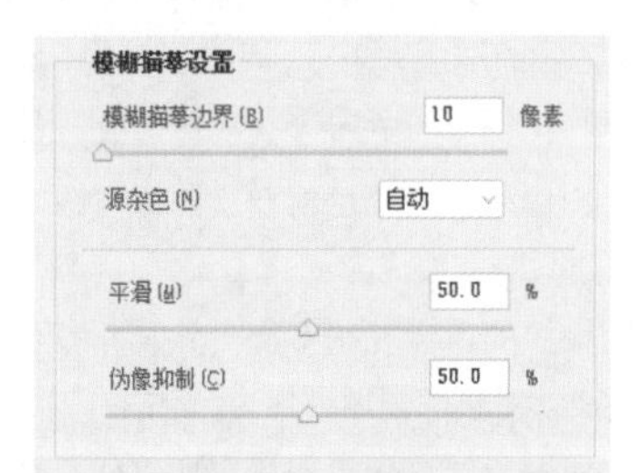

图 6-128

提示

“防抖”滤镜的参数详解如下：

- 模糊描摹边界：防抖处理最基础的锐化，数值越大锐化效果越明显。当该参数较大时，图像边缘的对比会明显加深，并会产生一定的晕影。
- 源杂色：对图像质量的界定，即图像杂色的值，分为自动、低、中、高。一般选中“自动”选项即可。
- 平滑：对锐化效果进行平滑处理，即通过柔化杂色来去除噪点。其取值范围在 0%~100%，值越大去杂色的效果越好，但细节损失也越大。
- 伪像抑制：用来处理锐化过度的问题，其取值范围在 0% ～ 100%，值越大，对锐化的抑制效果越明显。

03 单击“确定”按钮后，模糊的图像变清晰了，如图 6-129 所示。

图 6-129

提示

对于更多细节的调节，可选中“高级”选项。未选中时，防抖取样是针对整体照片情况的取样，选中后可手动指定特定的取样范围。

6.20　像素化滤镜——车窗风景

“像素化”滤镜组中的滤镜可以使单元格内相似的颜色集结成块，形成彩块、点状、晶格和马赛克等效果。“像素化”滤镜组包括 7 种滤镜，分别是彩块化、彩色半调、点状化、晶格化、马赛克、碎片和铜版雕刻。

01 启动 Photoshop CC 2017 软件，执行“文件”|“打开”命令，打开“背景”素材，如图 6-130 所示。

02 按快捷键 Ctrl+J 复制背景图层，执行“图像”|“调整”|“去色”命令或按快捷键 Shift+Ctrl+U，将图像去色，如图 6-131 所示。

图 6-130

图 6-131

03 选择“通道”面板中的绿通道，按住 Ctrl 键并单击绿通道缩略图，将图像高光载入选区，如图 6-132 所示。

04 回到“图层”面板，将去色后的高光部分删除，并单击背景图层上的小眼睛图标，隐藏该图层，按快捷键 Ctrl+D 取消选区，如图 6-133 所示。

图 6-132

图 6-133

05 按快捷键 Ctrl+L，弹出“色阶”对话框，设置输入色阶从左往右的值分别为 0、0.45 和 144，如图 6-134 所示。

06 单击“确定”按钮，图层的对比度增加，如图 6-135 所示。

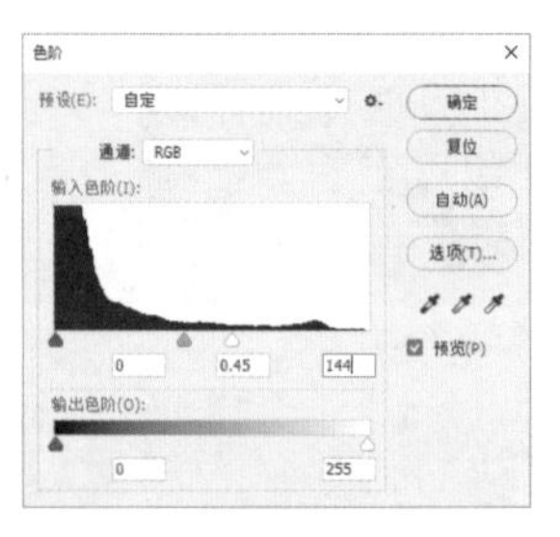

图 6-134

图 6-135

07 执行“滤镜”|“像素化”|“彩色半调”命令，输入“最大半径”值为 35 像素，如图 6-136 所示。

> **提示**
>
> “彩色半调”滤镜可使图像变成网点状效果。其参数的意义分别为：
>
> - 最大半径：用来设置生成的最大网点的半径。
> - 网角：用来设置各个通道的网点角度，当各个通道设置为相同数值时，生成的网点将重叠显示。当图像模式为灰度模式时，只能设置通道 1；当图像模式为 RGB 时，可使用 3 个通道的数值；当图像模式为 CMYK 时，可设置 4 个通道的数值。

08 单击“确定”按钮后，图像出现彩色半调效果，如图 6-137 所示。

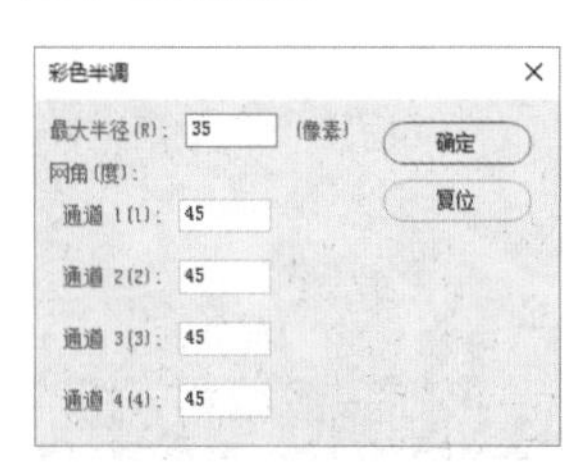

图 6-136

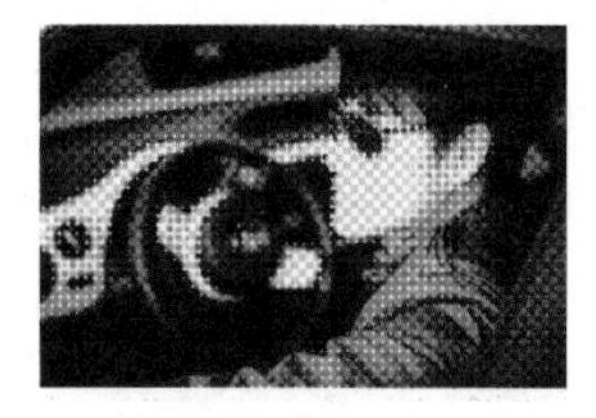

图 6-137

09 将前景色设置为白色，单击“图层”面板中的“创建新图层”按钮，创建一个空白图层，按快捷键 Alt+Delete 将图层填充为前景色，并置于彩色半调图层下方，如图 6-138 所示。

图 6-138

10 将前景色设置为 #0068b7，单击“图层”面板中的“创建新图层”按钮，创建一个空白图层，按快捷键 Alt+Delete，将图层填充为前景色，并设置图层混合模式为“颜色”，完成图像的制作，如图 6-139 所示。

图 6-139

> **提示**
>
> “像素化”滤镜组中各滤镜的作用如下：
>
> - 彩块化：使相近颜色的像素生成彩块，产生类似于油画的效果。
> - 彩色半调：使图像呈现网点状效果。
> - 点状化：使图像中的颜色分散为随机分布的点状，背景色将作为点之间画布的颜色出现。
> - 晶格化：使图像中相近颜色的像素形成类似结晶块状的效果。
> - 马赛克：使图像中相近颜色的像素形成方形色块，并平均其颜色，创建马赛克效果。
> - 碎片：将图像中的像素复制多次后将其相互偏移，产生类似于相机没成功对焦的模糊效果。
> - 铜版雕刻：使图像随机生成不规则的直线、曲线和点，颜色类似于金属版雕刻的效果。

6.21 渲染滤镜——浪漫爱情

“渲染”滤镜组是非常重要的特效制作滤镜，渲染滤镜组中包括 8 种滤镜，分别是火焰、图片框、树、分层云彩、光照效果、镜头光晕、纤维和云彩。

01 启动 Photoshop CC 2017 软件，执行“文件”|“打开”命令，打开“背景”素材，如图 6-140 所示。

02 单击“图层”面板中的“创建新图层”按钮，新建一个空白图层。

03 将前景色和背景色分别设置为 #40bbfc 和 #0254fc，执行“滤镜”|“渲染”|“云彩”命令，图层随机生成云彩图案，如图 6-141 所示。

图 6-140

图 6-141

> **提示**
>
> “云彩”滤镜使用前景色和背景色随机生成柔和的云彩图案。

04 将云彩图层的混合模式改为“柔光”。按住 Alt 键，单击“图层”面板中的“添加矢量蒙版”按钮，为云彩图层创建蒙版。

05 将前景色设置为白色，选择工具箱中的“画笔”工具，选择一个柔边圆笔触，在云彩图层的蒙版上涂抹，将人物周围的云彩显现出来，如图 6-142 所示。

图 6-142

06 单击“图层”面板中的“创建新图层”按钮，创建一个新图层。将前景色设置为黑色，按快捷键 Alt+Delete 将图层填充为黑色。

07 执行“滤镜”|“渲染”|“镜头光晕”命令，弹出“镜头光晕”对话框。设置“亮度”为 169，“镜头类型”选择“50-300 毫米变焦”，单击并拖动光晕的位置，如图 6-143 所示。

> **提示**
>
> “镜头光晕”滤镜用来模拟亮光照射到相机镜头时，产生折射的光晕效果。其中“亮度”用来控制光晕的强度；“镜头类型”用来模拟不同镜头产生的光晕效果。

08 将光晕图层的图层混合模式改为“滤色”，如图 6-144 所示。

图 6-143

图 6-144

09 选择“文字”素材，并拖入文档，调整大小后按 Enter 键确认，完成图像的制作，如图 6-145 所示。

图 6-145

6.22　杂色滤镜——繁星满天

“杂色”滤镜组中的滤镜可以添加或减少杂色等，“杂色”滤镜组包括 5 种滤镜，分别是减少杂色、蒙尘与划痕、去斑、添加杂色和中间值。

01 启动 Photoshop CC 2017 软件，执行“文件”|“打开”

命令，打开“灯塔”素材，如图 6-146 所示。

图 6-146

02 单击“图层”面板中的“创建新图层”按钮，创建一个新图层。将前景色设置为黑色，按快捷键 Alt+Delete 将图层填充为黑色，如图 6-147 所示。

图 6-147

03 执行“滤镜”|“杂色”|“添加杂色”命令，弹出“添加杂色”命令，将“数量”设置为 5，并选择“高斯分布”选项，选中“单色”复选框，如图 6-148 所示。

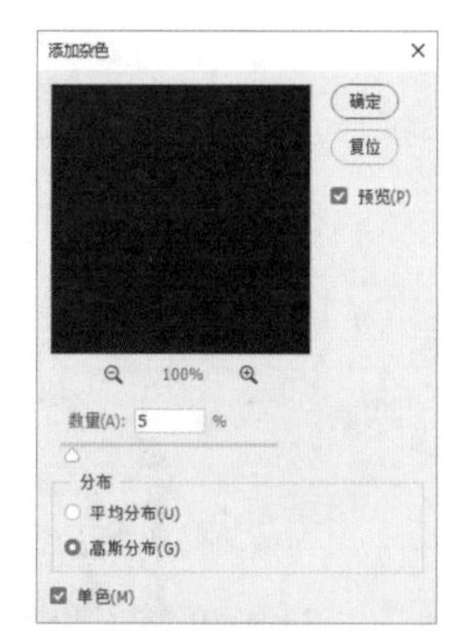

图 6-148

提示

“添加杂色”滤镜的参数设置详解如下：

- 数量：用来设置杂色的数量。
- 平均分布：杂点随机分布，杂点比较平均、柔和。
- 高斯分布：高斯分布即正态分布，杂点分布对比较强烈，原图的像素信息保留得更少。
- 单色：选中后杂点只影响原图像素的亮度，而不改变其颜色。

04 单击“确定”按钮，放大图像，可以看到黑色的背景上出现随机分布的单色杂色，如图 6-149 所示。

图 6-149

05 按快捷键 Ctrl+L，弹出“色阶”对话框，选择 RGB 通道，“输入色阶”从左往右的值分别为 29、1.89 和 57，如图 6-150 所示。

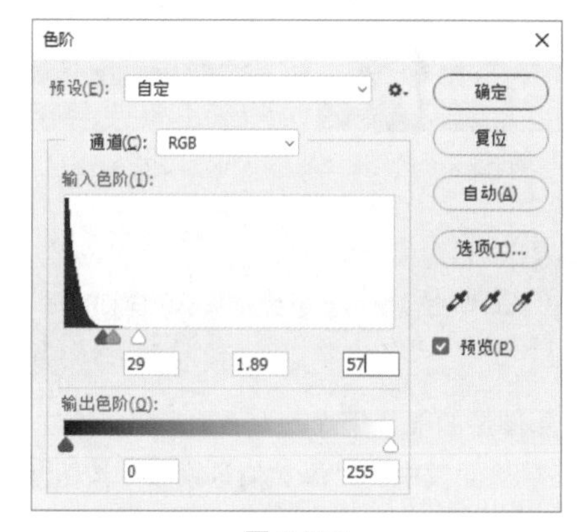

图 6-150

06 单击“确定”按钮，放大图像，可以看到原来的杂色变得清晰了，如图 6-151 所示。

图 6-151

07 选择工具箱中的“矩形选框”工具，框选出部分杂色，如图 6-152 所示。

图 6-152

08 按快捷键 Ctrl+J 将框选出的杂色部分复制为新的图层——“星空”图层，并删除下面的杂色图层，如图 6-153 所示。

图 6-153

09 按快捷键 Ctrl+T，拉大星空图层，铺满整个画面，按 Enter 键确认，并将图层混合模式设置为“排除”，如图 6-154 所示。

图 6-154

10 按住 Alt 键，单击“图层”面板中的“添加矢量蒙版”按钮，为星空图层创建蒙版。

11 将前景色设置为白色，选择工具箱中的“画笔”工具，选择一个柔边圆笔触，并将“不透明度”设置成 80%，在星空图层的蒙版上涂抹，将灯塔外的星空显现出来，图像完成制作，如图 6-155 所示。

图 6-155

提示

“杂色”滤镜组中各滤镜的作用如下：

- 减少杂色：减少杂色，降低图像的噪点。
- 蒙尘与划痕：通过更改差异大的像素来减少杂色，适合对图像中蒙尘、杂点、划痕和折痕等进行处理，得到除尘和涂抹的效果。
- 去斑：检测图像边缘颜色变化显著的区域，模糊除边缘外的其他选区来消除图像中的斑点，同时保留图像的细节。
- 添加杂色：添加随机的杂色应用于图像。
- 中间值：选取杂点和其周围像素的折中颜色来作为两者之间的颜色，缩小相邻像素之间的差异，如减少图像的动感效果等。

第7章

数码照片处理

本章通过22个案例，对数码照片进行校正、修复和润饰等优化处理，调整图像色彩，制作写真相册，为数码艺术爱好者提供良好的示范和广阔的创作空间。

第7章 视频

第7章 素材

7.1　赶走可恶瑕疵——去除面部瑕疵

在第5章中我们学习过用Camara Raw滤镜去除人物面部的斑点方法，本节主要利用高反差保留计算磨皮的方法去除面部瑕疵，此方法的优势是能较好地保留人物面部的质感。

01 启动Photoshop CC 2017，执行“文件”|“打开”命令，打开“去斑”素材，如图7-1所示。

02 按快捷键Ctrl+J复制一个图层。进入“通道”面板，选择斑点对比较明显的绿通道，并拖到“创建新通道”按钮上，复制一个绿通道，如图7-2所示。

03 执行“滤镜”|“其他”|“高反差保留”命令，弹出“高反差保留”对话框，设置“半径”为10像素，如图7-3所示，单击“确定”按钮。

图7-1

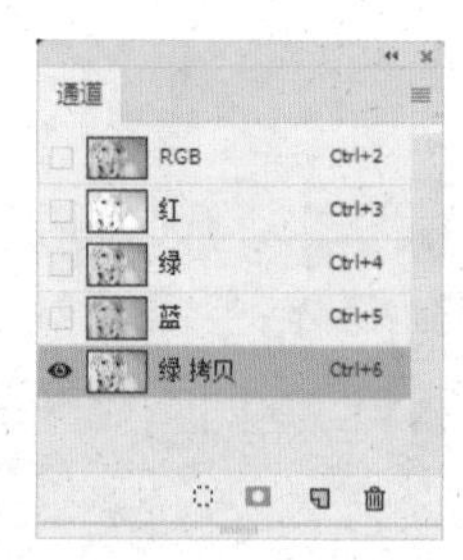

图7-2

提示

“高反差保留”滤镜主要是将图像中颜色、明暗反差较大的两部分的交界处保留下来，反差大的地方提取出来的图案效果明显，反差小的地方则生成中灰色，可以用来移去图像中的低频细节。

04 单击“确定”按钮后的图像效果，如图7-4所示。

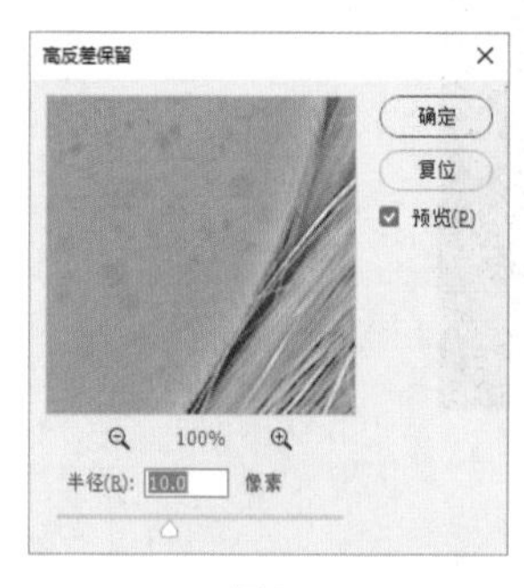

图7-3

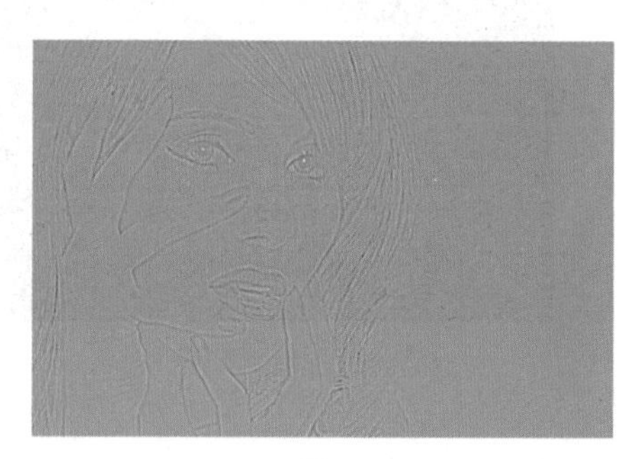

图7-4

05 执行“图像”|“计算”命令，弹出“计算”对话框，通道选择复制的绿通道，设置混合模式为“亮光”，如图7-5所示。

提示

“计算”命令用于混合两个来自一个或多个源图像的单个通道，并将结果应用到新图像或新通道，或编辑的图像选区。不能对复合通道如RGB通道应用“计算”命令。

图 7-5

06 单击“确定”按钮后，通道的对比度增加，如图 7-6 所示。

07 用同样的参数重复执行“计算”命令 3 次，每次计算将生成一个新通道，第 3 次计算后通道的对比度明显增加，如图 7-7 所示。

图 7-6　　图 7-7

08 按住 Ctrl 键，单击计算后的通道缩略图，此时白色区域载入选区。按快捷键 Ctrl+Shift+I 反选选区，将包含斑点的黑色区域载入选区，如图 7-8 所示。

09 RGB 通道单击，回到“图层”面板，按快捷键 Ctrl+J 将选区复制为新图层。

10 单击“图层”面板中的“创建新的填充或调整图层”按钮，在菜单中选择“曲线”命令，并按住 Alt 键，在斑点图层与曲线图层中间单击，创建剪贴蒙版，如图 7-9 所示。

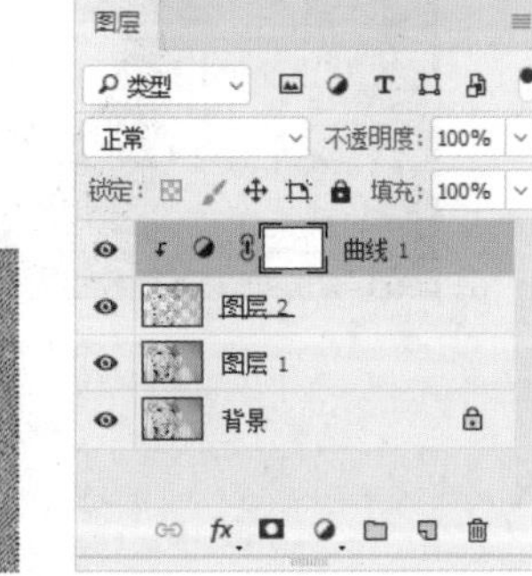

图 7-8　　图 7-9

11 调整曲线值，如图 7-10 所示，使斑点部分变亮。

12 将前景色设置成黑色，选择工具箱中的“画笔”工具，并选择一个柔边画笔，选择曲线的蒙版缩略图，在斑点区域之外涂抹，使斑点区域之外的部分保持原来的细节，如图 7-11 所示。

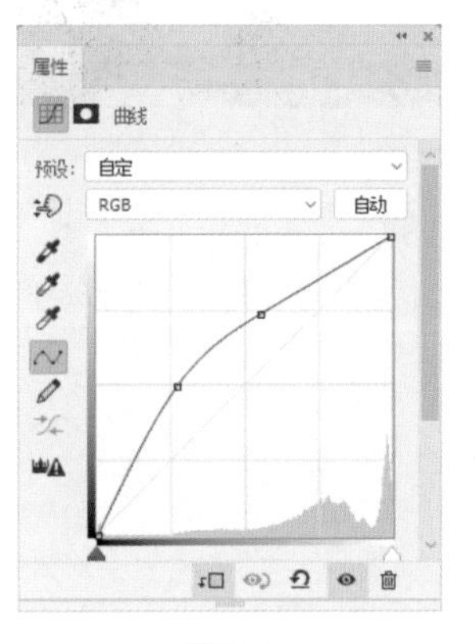

图 7-10　　图 7-11

13 按 Ctrl+Alt+Shift+E 盖印图层，所有效果合成为一个新图层。

14 选择“污点修复画笔”工具，进行细节的修饰，人物去斑完成，如图 7-12 所示。

图 7-12

提示

“盖印图层”与“合并可见图层”的区别是：“合并可见图层”是把所有可见图层合并到了一起变成新的图层，原图层被直接合并；“盖印图层”的效果与“合并可见图层”后的效果一样，但会新建图层而不影响原来的图层。

7.2　美白大法——美白肌肤

本节主要学习利用“通道”和“曲线”美白肌肤。

01 启动 Photoshop CC 2017，执行“文件”|“打开”命令，打开“美白”素材，如图 7-13 所示。

02 选择“通道”面板中的红通道，并拖到“创建新通道”按钮上，复制该通道，如图 7-14 所示。

图 7-13

图 7-14

03 按快捷键 Ctrl+M 调出“曲线”对话框并调整曲线，如图 7-15 所示，单击“确定”按钮，此时红通道的对比度增加。

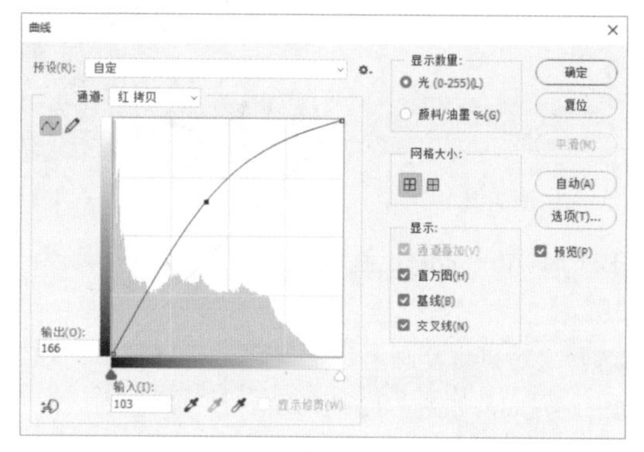

图 7-15

04 选择工具箱中的“画笔”工具，将前景色设置为黑色，选择一个柔边画笔，并涂抹皮肤之外的区域，如图 7-16 所示。

图 7-16

05 按住 Ctrl 键，单击该通道缩略图，将白色皮肤区域载入选区，如图 7-17 所示。

06 RGB 通道单击，回到“图层”面板。单击“创建新图层”按钮，创建一个新的图层。

07 将前景色设置为白色，按快捷键 Alt+Delete 将选区填充白色，如图 7-18 所示。

图 7-17

图 7-18

08 按住 Ctrl 键，单击“图层”面板中的“添加矢量蒙版”按钮，为填充的图层创建蒙版。将前景色设置为黑色，选择一个柔边画笔，在眼睛、眉毛和嘴唇上涂抹，将涂抹处原本的颜色显露出来，如图 7-19 所示。

> **提示**
>
> 采用添加蒙版，而不是直接使用“橡皮擦”等工具擦除要删除的像素，是为了保留图层的可编辑性。

09 单击“图层”面板中的“创建新的填充或调整图层”按钮，在菜单中选择“曲线”命令，并在曲线图层与下方图层中间单击，创建剪贴蒙版。

10 调整红通道的曲线，如图 7-20 所示，调整后画面中的红色增加。

图 7-19

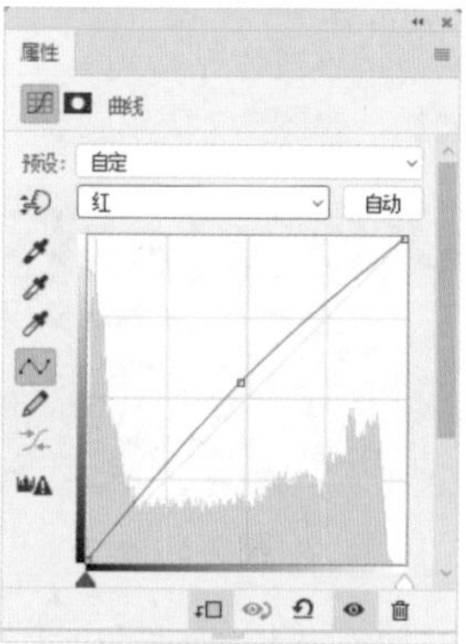

图 7-20

11 选择工具箱中的“画笔”工具，将前景色设置为黑色，选择一个柔边画笔，单击曲线图层的蒙版缩略图，涂抹面部之外的区域，使脸部区域之外的部分保持原来色调，人物美白完成，如图 7-21 所示。

图 7-21

7.3 貌美牙为先，齿白七分俏——美白光洁牙齿

美白牙齿的思路是利用“可选颜色”命令对牙齿的颜色进行调整。

01 启动 Photoshop CC 2017，执行“文件”|“打开”命令，打开“美牙”素材，如图 7-22 所示。

02 按快捷键 Ctrl+J 复制背景图层，按住 Alt 键，单击“图层”面板中的“添加图层蒙版”按钮，为复制的图层创建蒙版。

提示

按住 Alt 键的同时添加图层蒙版可以添加黑色蒙版，即画面被全部隐藏；按住 Ctrl 键的同时添加图层蒙版可以添加白色蒙版，即画面被全部显现。

03 选择工具箱中的“画笔”工具，将前景色设置为白色，选择一个柔边画笔，涂抹牙齿区域，单击背景图层前的“小眼睛”图标，将背景图层隐藏，如图 7-23 所示。

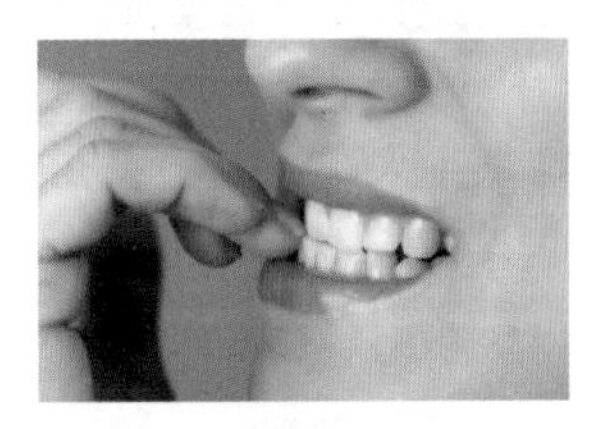

图 7-22

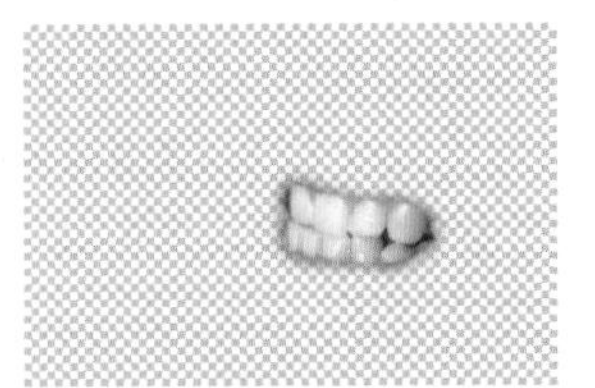

图 7-23

提示

将图层隐藏是为了观察牙齿区域是否完整地被涂抹出来。

04 单击背景图层前的“指示图层可见性”（小眼睛处）图标，背景图层重新显现。单击“图层”面板中的“创建新的填充或调整图层”按钮，在菜单中选择“可选颜色”命令，并按住 Alt 键在牙齿图层与调整图层中间单击，创建剪贴蒙版，如图 7-24 所示。

05 在“属性”面板中选择“红色”，设置“黑色”为 -50，如图 7-25 所示。

图 7-24

图 7-25

提示

利用可选颜色修改牙齿颜色的思路是：从红色（牙龈阴影处）、黄色（牙齿本身的颜色）、白色（高光的黄色）3 个可选颜色入手，降低其黄色值。

06 选择“黄色”，设置“洋红”为 +50、“黄色”为 -100，如图 7-26 所示。

07 选择“白色”，设置“黄色”为 -100，如图 7-27 所示。

图 7-26

图 7-27

08 调整可选颜色后，牙齿变白了，如图 7-28 所示。

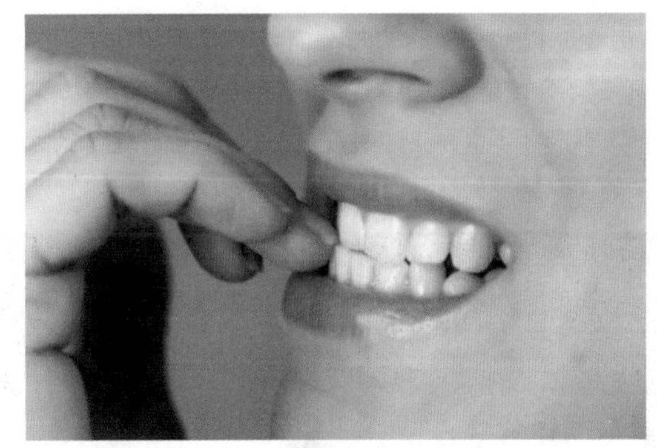

图 7-28

7.4　不要衰老——去除面部皱纹

本节主要利用“蒙尘与划痕”滤镜结合蒙版去除面部皱纹。

01 启动 Photoshop CC 2017，执行“文件”|“打开”命令，打开“去皱”素材，如图 7-29 所示。

02 按快捷键 Ctrl+J 复制背景图层，右击该图层，在弹出的快捷菜单中选择“转换为智能对象”命令，将复制的图层转换为智能对象。

提示

复制背景图层和将复制的图层转换为智能矢量对象均是为了不破坏原图像。

03 执行“滤镜”|“杂色”|“蒙尘与划痕”命令，弹出“蒙尘与划痕”对话框，设置“半径”为 26 像素，如图 7-30 所示。

图 7-29

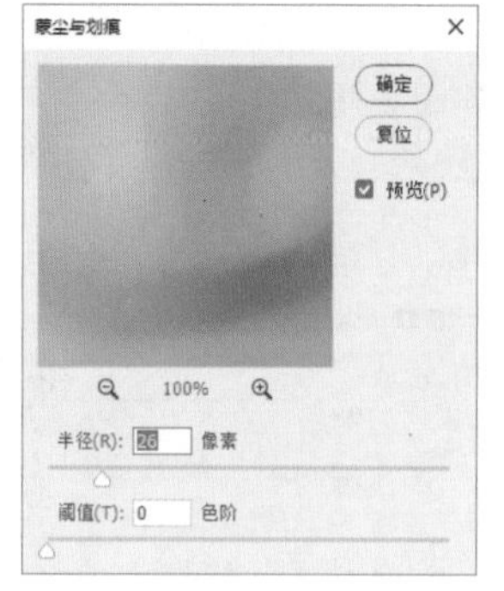

图 7-30

提示

“蒙尘与划痕”滤镜通过更改图像中相异的像素来减少杂色，能在一定程度上保留图像的层次性。

04 单击“确定”按钮后，图层出现蒙尘与划痕的效果，如图 7-31 所示。

05 按住 Alt 键，单击“图层”面板中的“添加图层蒙版”按钮，为使用滤镜后的图层创建蒙版。选择工具箱中的“画笔”工具，将前景色设置为白色，选择一个柔边画笔，在皱纹处涂抹，人物去皱完成，如图 7-32 所示。

图 7-31

图 7-32

7.5 让头发色彩飞扬——染出时尚发色

修改头发颜色的方法有很多，在第 5 章中我们学习了如何利用通道抠出头发，结合该方法，本节将学习将抠出的头发改变颜色的方法。

01 启动 Photoshop CC 2017，执行“文件”|“打开”命令，打开“染发”素材，如图 7-33 所示。

02 选择“通道”面板中的蓝通道，并拖到“创建新通道”按钮上，复制该通道，如图 7-34 所示。

图 7-33

图 7-34

03 按快捷键 Ctrl+L，弹出“色阶”对话框，设置“输入色阶”从左往右的值分别为 0、0.31 和 178，如图 7-35 所示。

04 单击“确定”按钮，人物的蓝通道对比度增加，如图 7-36 所示。

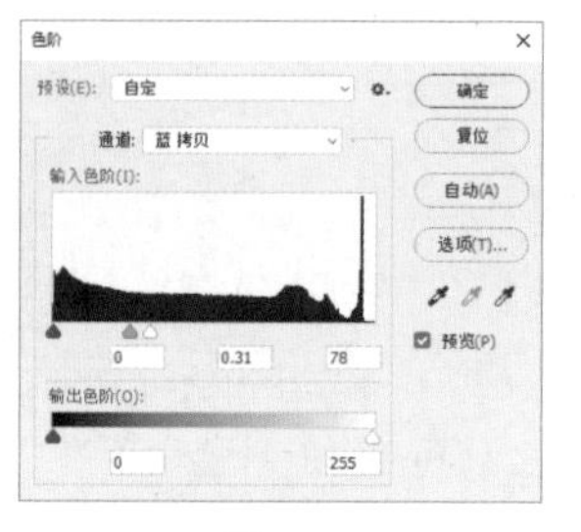

图 7-35

图 7-36

05 选择工具箱中的“画笔”工具，将前景色和背景色分别设置为黑色和白色，选择一个柔边画笔，将头发区域涂抹成黑色，其他部分涂抹成白色，如图 7-37 所示。

06 按住 Ctrl 键，单击涂抹后的蒙版缩略图，白色区域将载入选区，按快捷键 Ctrl+Shift+I 将选区反选，如图 7-38 所示。

图 7-37

图 7-38

07 单击 RGB 通道并回到“图层”面板，将前景色设置为 #8957a1，单击“图层”面板中的“创建新图层”按钮，创建新的空白图层，按快捷键 Alt+Delete 将选区在空白图层上填充前景色，如图 7-39 所示。

提示

此处实例前面步骤也可省略，直接新建空白图层然后用画笔涂抹头发也可，但考虑到大多数情况下发丝分散且细小，而前面的步骤适应大部分情况。

08 将填充图层的混合模式更改为“颜色”，人物头发染色完成，如图 7-40 所示。

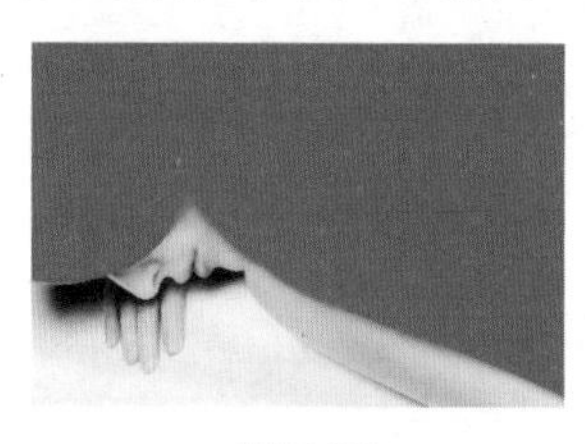

图 7-39

图 7-40

> **提示**
> 为头发换颜色的思路是：先选择头发区域，可以利用钢笔、魔棒、通道抠图等方法；然后利用图层混合模式，如颜色、正片叠底等方法，使上色效果更自然。

7.6　妆点你的眼色秘诀——给人物的眼睛变色

有时为了使数码照片中人物的眼睛与道具、服饰或者妆容颜色更匹配，需要改变眼睛的颜色。本节来学习利用图层混合模式和调整工具对人物的眼睛进行调色。

01 启动 Photoshop CC 2017 软件，执行“文件”|“打开”命令，打开“变色”素材，如图 7-41 所示。

02 将前景色设置为 #00a0e9，单击“图层”面板中的“创建新图层”按钮，创建新的空白图层。选择工具箱中的“画笔”工具，选择一个柔边画笔，并涂抹人物的眼球，如图 7-42 所示。

图 7-41

图 7-42

03 将涂抹的图层混合模式设置为“颜色”，并将“不透明度”调整为 70%，如图 7-43 所示。

04 此时，人物眼睛变色处理完成，如图 7-44 所示。

图 7-43

图 7-44

05 单击“图层”面板中的“创建新的填充或调整图层”按钮，在菜单中选择“色阶”命令，并按住 Alt 键在眼睛图层与调整图层中间单击，创建剪贴蒙版。随后对眼睛颜色的效果进行修改，如将色阶值分别设置为 0、1.16 和 139，如图 7-45 所示。

06 此时，人物眼睛颜色发生变化，如图 7-46 所示。

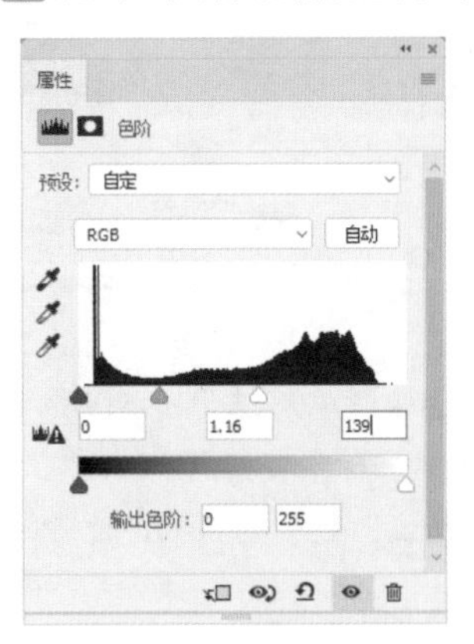

图 7-45

图 7-46

> **提示**
> 给眼睛变颜色的操作思路是：先用“画笔”工具为眼睛上色并调整图层混合模式，再利用调整工具如色阶、可选颜色和色相 / 饱和度等，调整明暗和颜色。

7.7　对眼袋说不——去除人物眼袋

本节主要利用“仿制图章”工具和“修补”工具的一些小技巧，轻松去除这些讨厌且“深”的黑眼袋。

01 启动 Photoshop CC 2017 软件，执行“文件”|“打开”命令，打开“眼袋”素材，如图 7-47 所示。

02 按快捷键 Ctrl+J 复制一个新图层，选择工具箱中的“修补”工具，将眼袋部分选出，如图 7-48 所示。

图 7-47

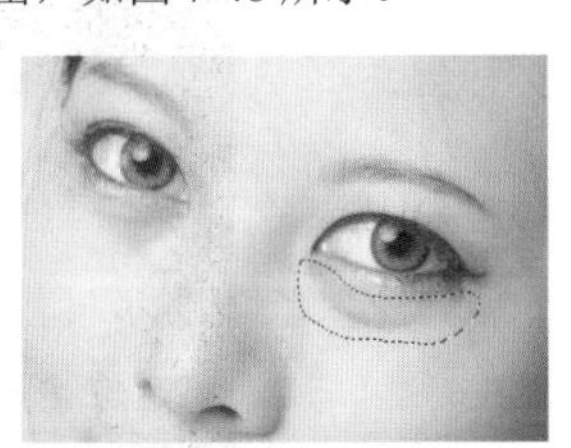

图 7-48

> **提示**
> “修补”工具是直接对画面的像素进行调整的，为了不破坏原图像，所以需要复制“背景”图层。

03 当光标移到选区内时变成，此时单击并向皮肤光洁处拖动，如图 7-49 所示。

04 松开鼠标后，眼袋便消失了，按快捷键 Ctrl+D 取消选区，如图 7-50 所示，此时人物还有一些黑眼圈。

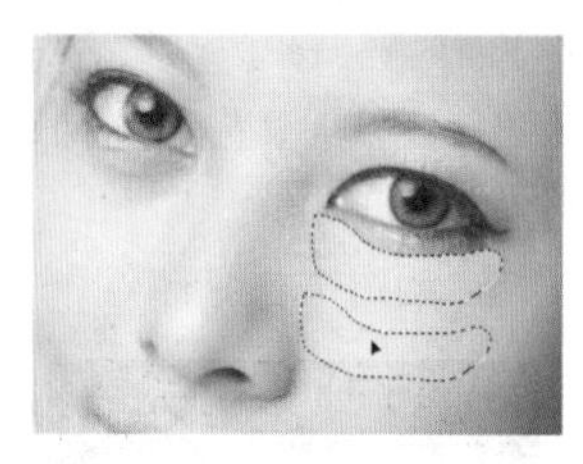

图 7-49

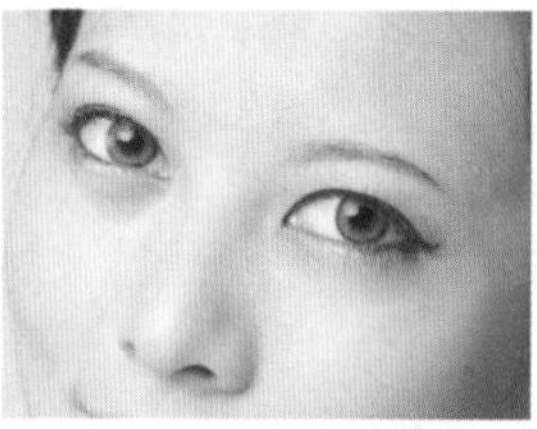

图 7-50

05 选择工具箱中的“仿制图章”工具，按住 Alt 键，此时光标变成取样点⊕，在皮肤白皙处单击，即可确定取样点。

06 取样后在黑眼圈处涂抹，黑眼圈消失，如图 7-51 所示。

07 用同样的方法为另一只眼睛去除眼袋和黑眼圈。

08 将去皱后的图层“不透明度”更改为 80%，使效果更自然，如图 7-52 所示。

图 7-51

图 7-52

7.8 扫净油光烦恼——去除面部油光

本节主要利用“减少杂色”滤镜和“画笔”工具来去除人物面部的油光。

01 启动 Photoshop CC 2017 软件，执行“文件”|“打开”命令，打开“背景”素材，如图 7-53 所示。

图 7-53

02 按快捷键 Ctrl+J 复制“背景”图层，右击该图层，在弹出的快捷菜单中选择“转换为智能对象”命令，将复制的图层转换为智能对象。

03 执行“滤镜”|“杂色”|“减少杂色”命令，弹出“减少杂色”对话框，设置“强度”为 10、“减少杂色”为 100%，“锐化细节”为 50%，如图 7-54 所示。

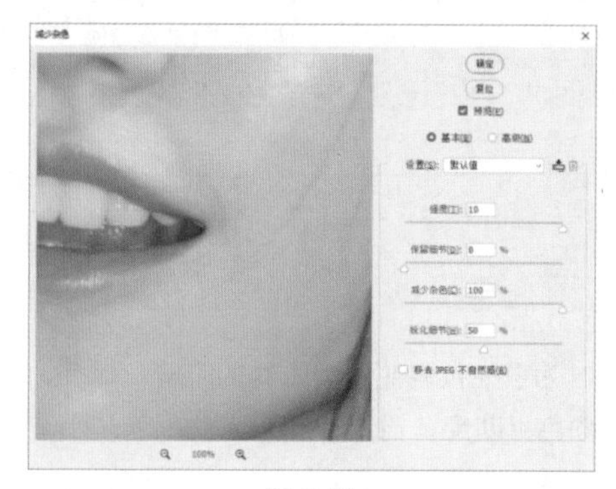

图 7-54

提示

减少杂色滤镜可在保留整个图像边缘的同时减少杂色，但是效果有限。

04 单击“确定”按钮后，人物面部的油光细节减弱，如图 7-55 所示。

05 单击“图层”面板中的“创建新图层”按钮，创建新的空白图层，选择工具箱中的“画笔”工具，选择一个柔边画笔，结合“吸管”工具，吸取高光附近的皮肤颜色。在空白图层上涂抹，直到人物面部的油光全被覆盖，如图 7-56 所示。

图 7-55

图 7-56

06 将图层混合模式设置为“变暗”，“不透明度”为 65%，使涂抹区域的肤色过渡更加自然，如图 7-57 所示。

07 此时，人物面部的油光不见了，如图 7-58 所示。

图 7-57

图 7-58

7.9　人人都可以拥有美丽的大眼——打造明亮大眼

“液化”滤镜的人脸识别功能，可自动识别眼睛、鼻子、嘴唇和其他面部特征，还能轻松对其进行调整。

01 启动 Photoshop CC 2017 软件，执行“文件”|“打开”命令，打开“女孩”素材，如图 7-59 所示。

图 7-59

02 按快捷键 Ctrl+J 复制“背景”图层，右击该图层，在弹出的快捷菜单中选择“转换为智能对象”命令，将复制的图层转换为智能对象。

03 执行“滤镜”|“液化”命令，弹出“液化”对话框，如图 7-60 所示。

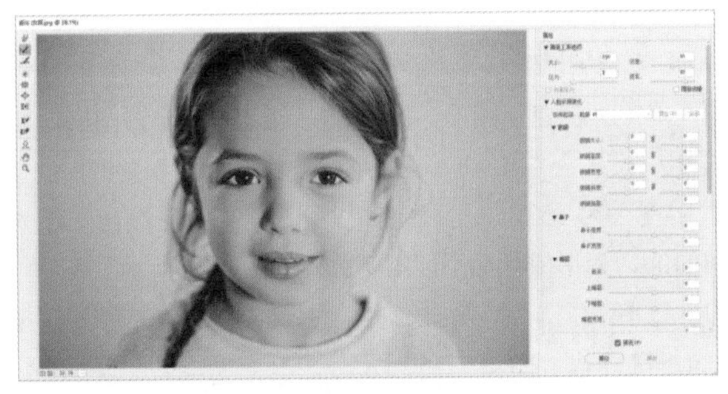

图 7-60

04 单击“脸部”按钮，识别脸部，此时脸部旁边出现两条弧线，如图 7-61 所示。

图 7-61

05 展开“眼睛”组设置“眼睛大小”为 50 和 50，“眼睛高度”为 20 和 20，“眼睛斜度”为 20 和 20，“眼睛距离”为 -8，如图 7-62 所示。

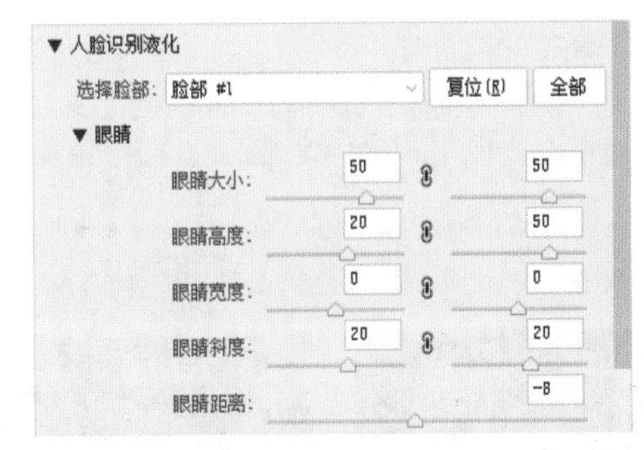

图 7-62

06 单击“确定”按钮，女孩的眼睛变大了，如图 7-63 所示。

图 7-63

提示

使用“人脸识别液化”前，要确保已启用图形处理器。若未启动，执行“编辑”|“首选项”|“性能”命令，在“图形处理器设置”区域中，选中“使用图形处理器”复选项。如果不能选中，则可能是计算机显卡配置过低。

7.10　对短腿说不——打造修长的美腿

本节主要运用“液化”工具和“内容识别变形”功能来打造修长美腿。

01 启动 Photoshop CC 2017 软件，执行“文件”|“打开”命令，打开“模特”素材，如图 7-64 所示。

02 按快捷键 Ctrl+J 复制“背景”图层，选择工具箱中的“矩形选框”工具，框选模特的腿，如图 7-65 所示。

图 7-64

图 7-65

03 执行“编辑”|“内容识别缩放”命令，调出内容识别缩放框，如图 7-66 所示。

> **提示**
> “内容识别缩放”功能可以在一定限度上变动、调整画面的结构或比例时，最大限度地保护画面主体元素。

04 将鼠标移动到缩放框左边，当光标变成←→时，单击并向左侧拖曳，此时，脚被拉长了，如图 7-67 所示。

图 7-66

图 7-67

05 按 Enter 键确认变形，按快捷键 Ctrl+D 取消选区，并右击该图层，在弹出的快捷菜单中选择“转换为智能对象”命令，将复制的图层转换为智能对象。

06 执行“滤镜”|“液化”命令，弹出“液化”对话框，单击“向前变形”按钮，设置画笔工具大小为 240，在腿部较粗部位进行推拉，同时将变形的脚掌推拉成正常大小，如图 7-68 所示。

07 选择工具箱中的“平滑”工具，在液化推拉处涂抹，使边缘平滑，一双修长美腿便制作完成了，如图 7-69 所示。

图 7-68

图 7-69

7.11 更完美的彩妆——增添魅力妆容

本节主要运用“画笔”工具，同时结合图层混合模式来打造彩妆效果。

01 启动 Photoshop CC 2017 软件，执行“文件”|“打开”命令，打开“素颜”素材，如图 7-70 所示。

02 单击“创建新图层”按钮，创建一个新的空白图层，设置图层混合模式为“正片叠底”。

> **提示**
> 图层混合模式的选择依据的是图像的底色及添加的颜色，在操作过程中可进行不同的尝试。

03 选择工具箱中的“画笔”工具，在工具属性栏中设置“不透明度”为 10%，将前景色设置为 #e4007f，选择一个柔边画笔，在眼影处涂抹。将前景色设置为 #4c0216，透明度增加到 60%，在眼线处涂抹，如图 7-71 所示。

图 7-70

图 7-71

04 单击“创建新图层”按钮，创建新的空白图层，设置图层模式为叠加。将前景色更改为 #e4007f，“不透明度”为 60%，继续用柔边画笔在嘴唇上涂抹，如图 7-72 所示。

05 单击“创建新图层”按钮，创建新的空白图层，设置图层模式为颜色，将前景色更改为 #a3002e，“不透明度”为 5%，在腮红处涂抹。将前景色更改为 #fff100，“不透明度”为 50%，用柔边画笔在眼角处涂抹，如图 7-73 所示。

图 7-72

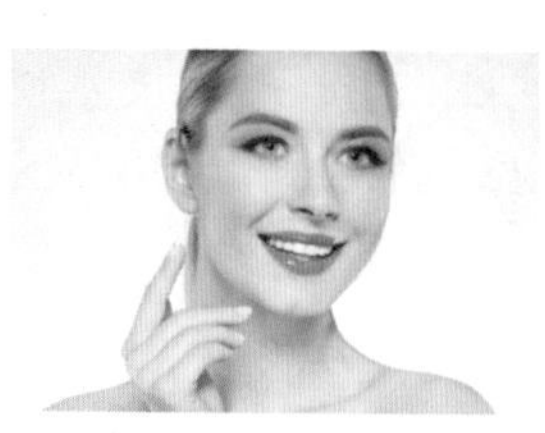
图 7-73

06 单击“创建新图层”按钮，创建新的空白图层，设置图层模式为“颜色加深”，将前景色更改为 #e4007f，“不透明度”为 100%，用画笔在指甲处涂抹。更改前景色为 #fff100，为指甲涂上不同的颜色，如图 7-74 所示。

07 选择“耳环”素材，并拖入文档，调整大小后按 Enter 键确认，如图 7-75 所示。

图 7-74

图 7-75

08 单击“图层”面板中的“添加图层蒙版”按钮，为耳环创建蒙版。

09 利用工具箱中的“魔棒”工具，按住 Shift 键，单击耳环的白色区域，将耳环的白色区域全部选中。将前景色设置为黑色，按快捷键 Alt+Delete 为蒙版选区填充黑色，如图 7-76 所示。

10 选择工具箱中的“画笔”工具，在手指上涂抹，将手指从蒙版中露出来，人物化妆效果完成，如图 7-77 所示。

图 7-76　　　　图 7-77

7.12　调色技巧 1——制作淡淡的紫色调

本节主要利用“曲线”和“可选颜色”工具来制作淡淡的紫色调。

01 启动 Photoshop CC 2017 软件，执行“文件”|“打开”命令，打开“背景”素材，如图 7-78 所示。

02 单击“图层”面板中的“创建新的填充或调整图层”按钮，在菜单中选择“曲线”命令，并调整曲线的红、绿和蓝通道，如图 7-79 所示。

图 7-78

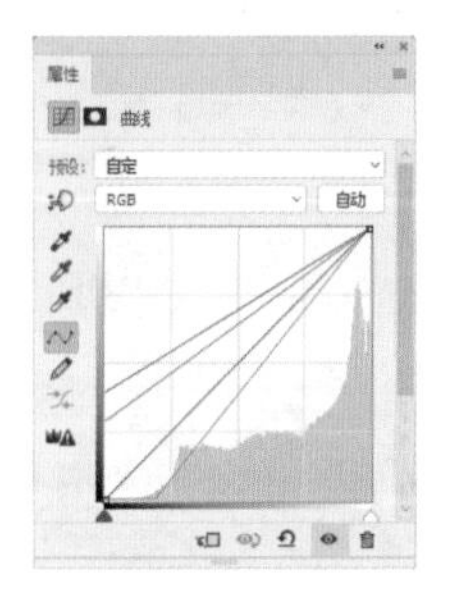

图 7-79

> **提示**
> 拉出直线的方法是选择曲线两端的点，沿水平或竖直方向拖动，或通过键盘的方向键来调整点的位置。

03 此时，画面呈现淡紫色，如图 7-79 所示。

04 单击“图层”面板中的“创建新的填充或调整图层”按钮，在菜单中选择“可选颜色”命令，选择黄色，设置“洋红”为 +100、“黄色”为 -100、“黑色”为 +100，如图 7-81 所示。

图 7-80

图 7-81

05 同理，选择白色，设置“黄色”为 -40，如图 7-82 所示。

> **提示**
> 调整曲线后，图像的草地和高光处颜色偏黄，因此，利用“可选颜色”减少草地和高光处的黄色。

06 淡淡的紫色调调色完成，如图 7-83 所示。

图 7-82

图 7-83

7.13　调色技巧 2——制作甜美日系效果

本节主要利用 Camare Raw 滤镜制作甜美的日系效果。

01 启动 Photoshop CC 2017 软件，执行“文件”|“打开”命令，打开“街头”素材，如图 7-84 所示。

图 7-84

02 按快捷键 Ctrl+J 复制背景图层，右击该图层，在弹出的快捷菜单中选择“转换为智能对象”命令，将复制的图层转换为智能对象。

03 执行“滤镜”|“Camera Raw 滤镜”命令，弹出“Camera Raw”对话框，如图 7-85 所示。

图 7-85

04 在“基本”选项卡下，设置“色温”为 -21、“色调”为 +4、“曝光”为 +0.65、“对比度”为 -35、“白色”为 +50、“清晰度”为 -33，“饱和度”为 -13，如图 7-86 所示。

提示

此处的处理是为了调整画面的整体色调，并降低图像的饱和度和清晰度。

05 在“色调曲线”选项卡下，设置“暗调”为 28，如图 7-87 所示。

提示

提亮暗调可使图像呈现日系照片中特有的暗部发灰的效果。

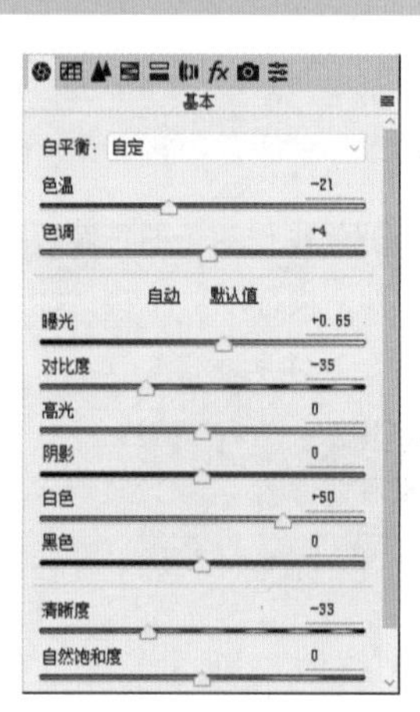

图 7-86

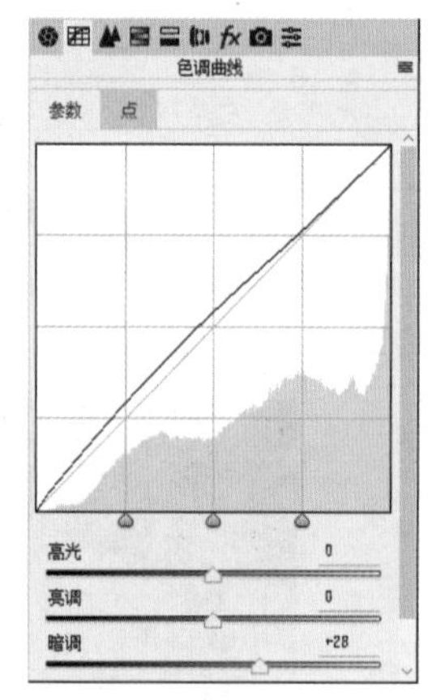

图 7-87

06 在“相机校准”选项卡下，设置蓝原色的“色调”为 -37，“饱和度”为 -40，如图 7-88 所示。

提示

此处是为了使照片呈现青灰色调。

07 甜美日系效果调色完成，如图 7-89 所示。

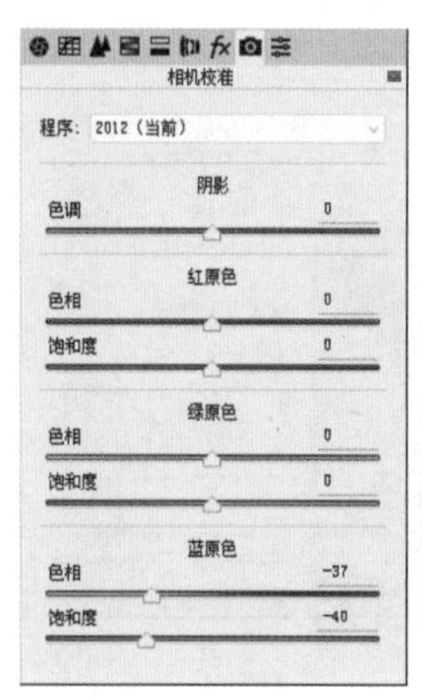

图 7-88

图 7-89

7.14 调色技巧 3——制作水嫩色彩

本节主要利用“曲线”和“可选颜色”来制作水嫩色彩效果。

01 启动 Photoshop CC 2017 软件，执行“文件”|“打开”命令，打开“桃林”素材，如图 7-90 所示。

02 单击“图层”面板中的“创建新的填充或调整图层”按钮，在菜单中选择“曲线”命令，并调整曲线中的绿通道，如图 7-91 所示。

图 7-90

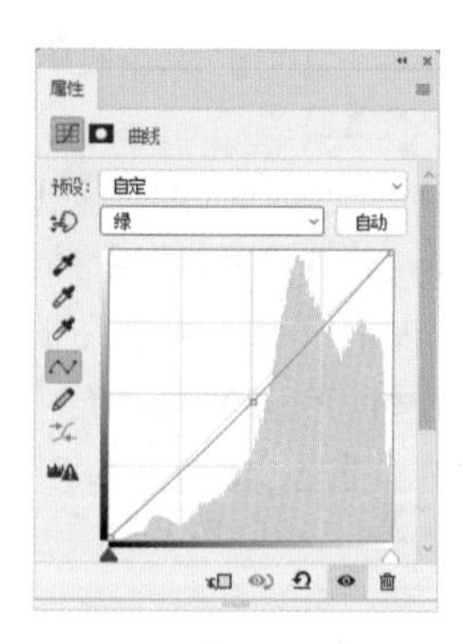

图 7-91

03 选择曲线 RGB 通道并进行调整，如图 7-92 所示。

提示

曲线调整是为了减少画面中的绿色，并将整体提亮，从而降低画面的对比度。

04 单击“图层”面板中的“创建新的填充或调整图层”按钮，在菜单中选择“可选颜色”命令，并选择“红色”，设置“青色”为 -100，“黄色”为 -93，如图 7-93 所示。

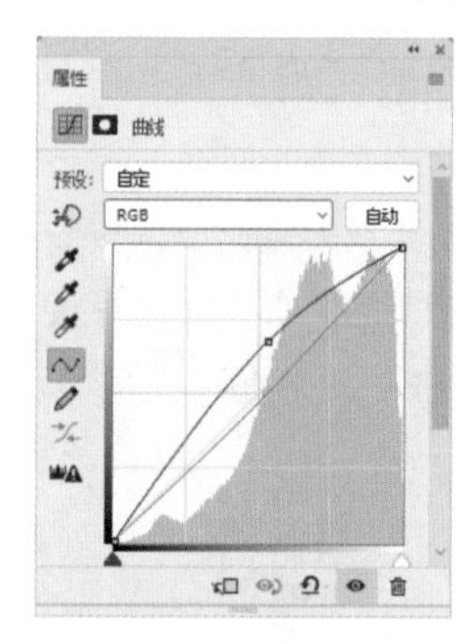

图 7-92

图 7-93

提示

利用“可选颜色”增加暖色，并将画面中的黄色部分向粉嫩红色方向调，使画面整体呈现粉嫩色彩。

05 选择“黄色”，设置“洋红”为 +20，“黄色”为 -100，如图 7-94 所示。

06 选择“黑色”，设置“洋红”为 +100，如图 7-95 所示。

图 7-94

图 7-95

07 照片色彩变水嫩了，调色完成，如图 7-96 所示。

图 7-96

7.15　调色技巧 4——制作安静的夜景

本节主要利用 Camare Raw 滤镜制作蓝色静谧的夜景效果。

01 启动 Photoshop CC 2017 软件，执行“文件”|“打开”命令，打开“烟火”素材，如图 7-97 所示。

02 按快捷键 Ctrl+J 复制背景图层，右击该图层，在弹出的快捷菜单中选择“转换为智能对象”命令，将复制的图层转换为智能对象。

03 执行“滤镜”|“杂色”|“添加杂色”命令，在弹出的“添加杂色”对话框中设置“数量”为 5，如图 7-98 所示。

图 7-97

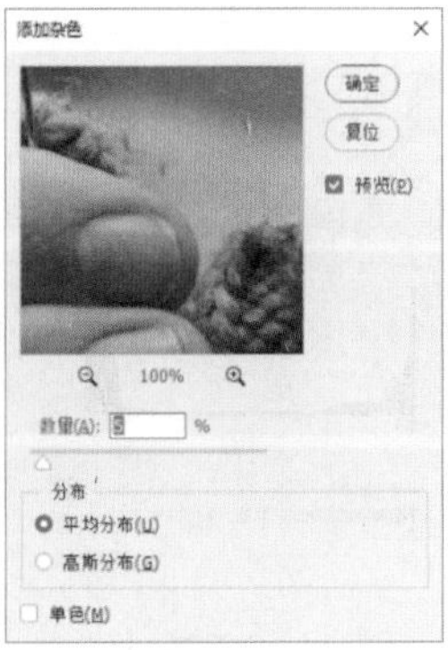

图 7-98

> **提示**
> 拍摄夜景时，由于夜晚光线不足，经常出现噪点较多的情况。此处添加杂色，即模拟照片的噪点。

04 执行“滤镜”|“Camera Raw 滤镜”命令，在“基本”选项卡下，设置“色温”为 -30、“色调”为 +4、“曝光”为 +0.40、“对比度”为 +27、“清晰度”为 +23，如图 7-99 所示。

05 在“相机校准”选项卡下，设置“色调”为 +5，如图 7-100 所示。

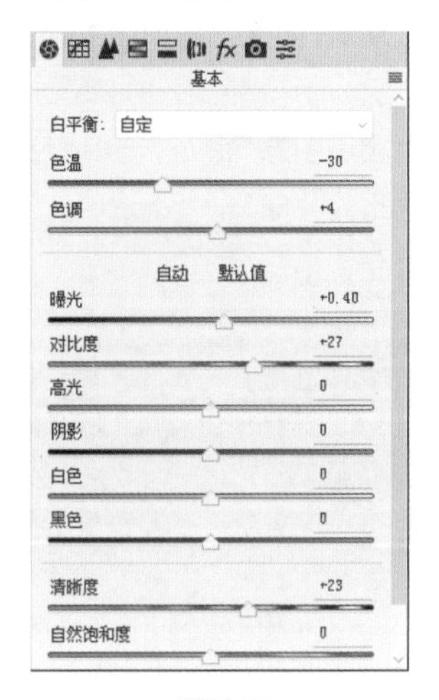

图 7-99

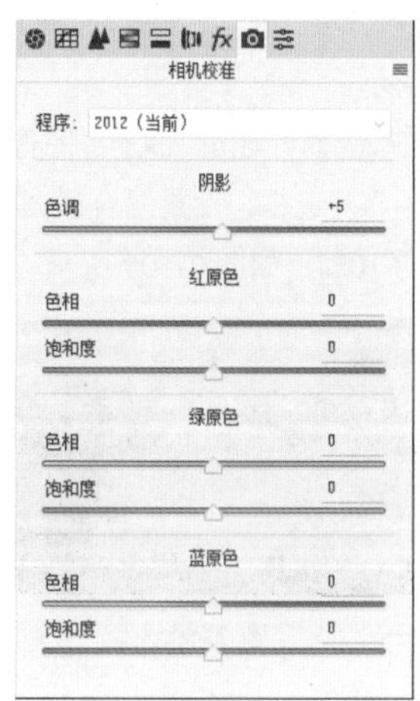

图 7-100

> **提示**
> 调低色温可使画面呈现蓝色的冷色调。

06 静谧的蓝色夜晚效果制作完成，如图 7-101 所示。

图 7-101

7.16　复古怀旧——制作反转负冲效果

反转负冲是在胶片拍摄中比较特殊的一种手法，也是指正片使用了负片的冲洗工艺得到的照片效果。本节主要学习利用通道模拟这种效果的方法。

01 启动 Photoshop CC 2017 软件，执行“文件”|“打开”命令，打开“气球”素材，如图 7-102 所示。

02 选择蓝通道，执行“图像”|“应用图像”命令，选中“反相”复选项，设置混合模式为“正片叠底”，“不透明度”为 50%，如图 7-103 所示。

图 7-102

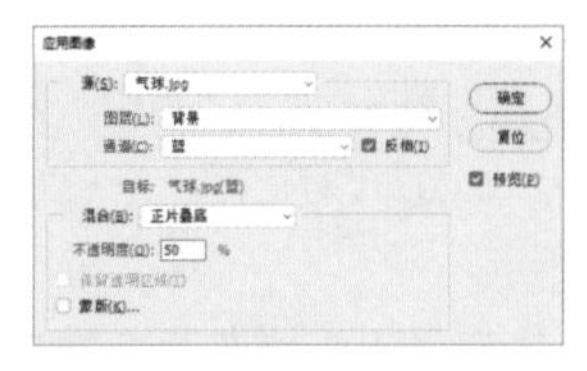
图 7-103

03 单击“确定”按钮，选择 RGB 通道，图像色彩如图 7-104 所示。

04 选择绿通道，执行“图像”|“应用图像”命令，选中“反相”复选框，设置混合模式为“正片叠底”，“不透明度”为 10%，如图 7-105 所示。

图 7-104

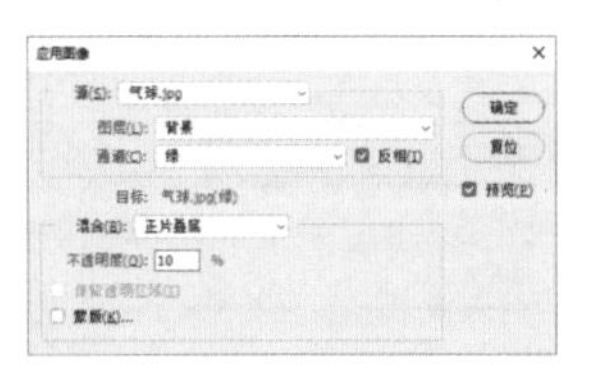
图 7-105

05 单击“确定”按钮，选择 RGB 通道，图像色彩如图 7-106 所示。

06 选择红通道，执行“图像”|“应用图像”命令，设置混合模式为“颜色加深”，“不透明度”为 60%，如图 7-107 所示。

图 7-106

图 7-107

07 单击“确定”按钮，选择 RGB 通道，图像色彩如图 7-108 所示，效果制作完成。

图 7-108

提示

反转负冲效果主要是在 RGB 模式下，通过改变红、绿、蓝 3 个通道的不同色阶、图层混合模式等属性，来改变整个图片的色彩。

7.17 昨日重现——制作照片的水彩效果

本节主要学习利用通道和色阶简化人物，并叠加水彩图像制作照片的水彩效果的方法。

01 启动 Photoshop CC 2017 软件，执行“文件”|“打开”命令，打开“背景”素材，如图 7-109 所示。

02 选择“通道”面板中的红通道，并拖入“创建新通道”图标，复制通道，如图 7-110 所示。

图 7-109

图 7-110

03 按快捷键 Ctrl+L 调出“色阶”对话框，“输入色阶”值分别为 0、0.80 和 124，如图 7-111 所示。

提示

利用色阶简化通道像素。

04 单击“确定”按钮后，红通道对比度变明显了，如图 7-112 所示。

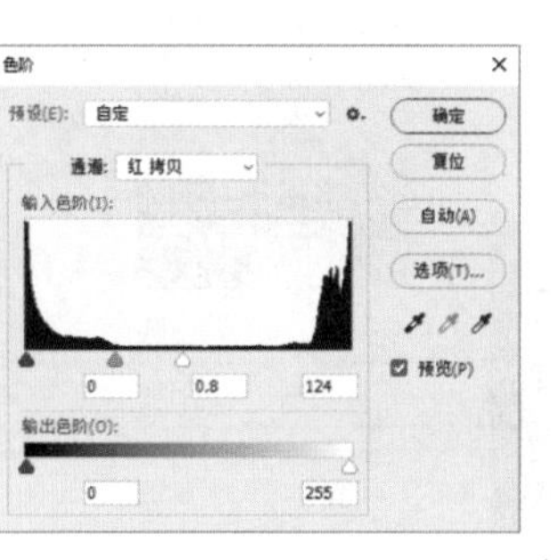

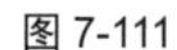
图 7-111

图 7-112

05 按 Ctrl 键单击该通道，白色区域将载入选区，按快捷键 Ctrl+Shift+I 反选选区。

06 回到“图层”面板，按快捷键 Ctrl+J 复制选区为新的图层，并单击“背景”图层前的“小眼睛”图标将背景图层隐藏，如图 7-113 所示。

07 选择“水彩”素材，并拖入文档，调整大小和位置后，按 Enter 键确认，如图 7-114 所示。

图 7-113

图 7-114

08 按住 Alt 键，在“图层”面板中复制的图层和水彩图层之间单击，创建剪贴蒙版，如图 7-115 所示。

09 选择工具箱中的“画笔”工具，设置“大小”为 500 像素。单击小图标，在菜单中选择“特殊画笔效果”选项，将特殊画笔效果组的画笔追加到画笔预设中，选择“缤纷玫瑰”画笔，如图 7-116 所示。

图 7-115

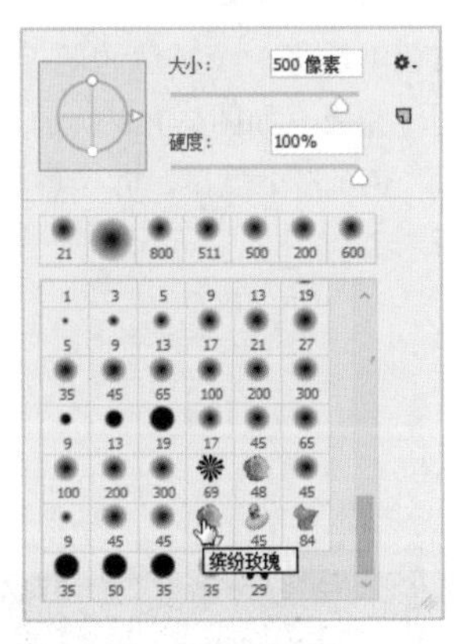

图 7-116

10 选择复制的人像图层，在画面中单击或拖动，创建特殊的纹理，如图 7-117 所示。

11 单击“图层”面板中的“创建新图层”按钮，创建一个新的空白图层，按快捷键 Ctrl+Shift+[，将该图层置于底层。

12 单击“图层”面板中的“添加图层样式”按钮，在菜单中选择“图案叠加”命令，并选择一个“灰色花岗岩花纹纸”，如图 7-118 所示。

图 7-117

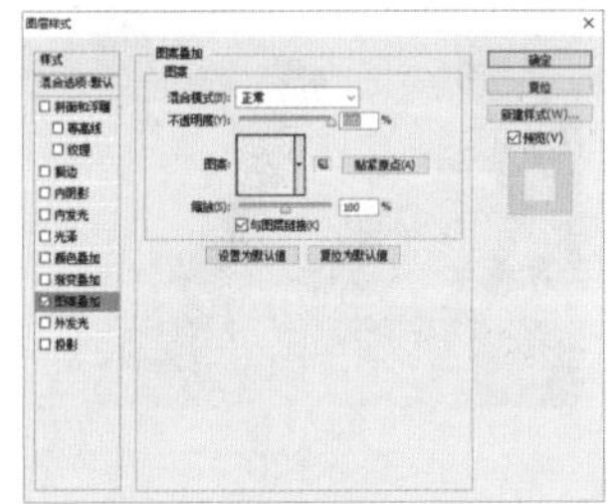
图 7-118

13 单击“确认”按钮后，图像效果制作完成，如图 7-119 所示。

图 7-119

7.18　展现自我风采——制作非主流照片

本节主要利用“曲线”和“图层叠加”来制作非主流照片效果。

01 启动 Photoshop CC 2017 软件，执行“文件”|“打开”命令，打开“非主流”素材，如图 7-120 所示。

02 单击“图层”面板中的“创建新的填充或调整图层”按钮，在菜单中选择“曲线”命令，并调整曲线 RGB 通道，如图 7-121 所示。

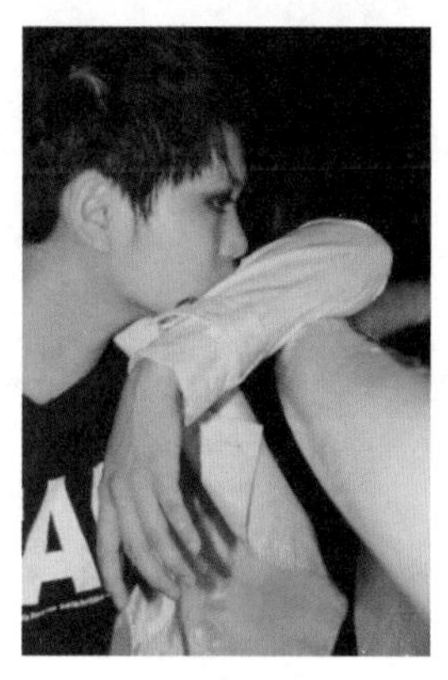

图 7-120

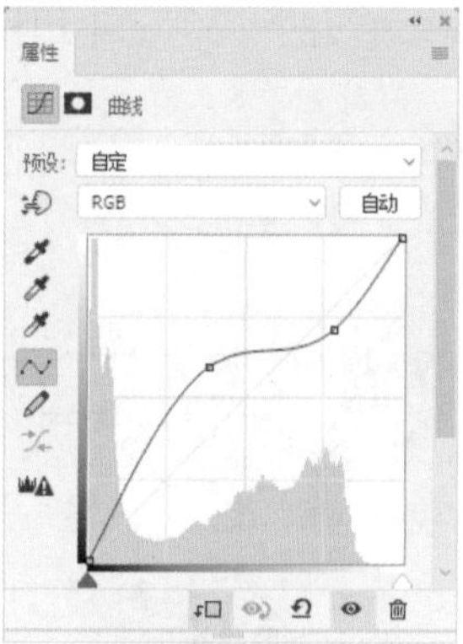

图 7-121

03 此时的图像效果如图 7-122 所示。

04 选择“光晕”素材，并拖入文档，调整大小后按 Enter 键确认，如图 7-123 所示。

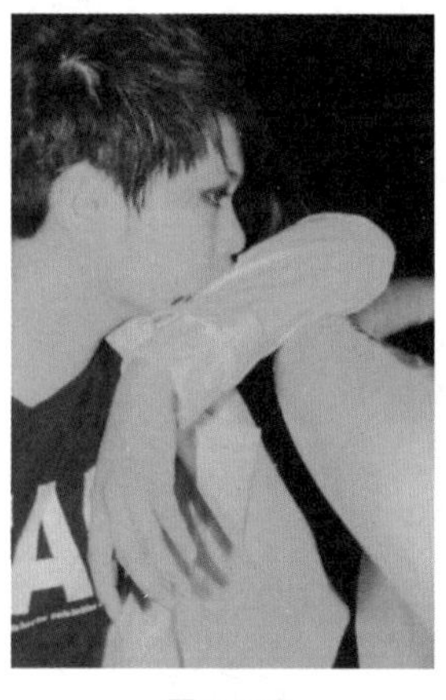

图 7-122

图 7-123

05 将图层混合模式变为“滤色”，如图 7-124 所示。

06 按 Ctrl+Alt+Shift+E 盖印图层，合成一个新图层。

07 执行“滤镜”|“像素化”|“彩色半调”命令，设置“最大半径”为 8 像素，通道 1、2、3 和 4 的值分别为 0、0、90 和 45，如图 7-125 所示，单击“确定”按钮。

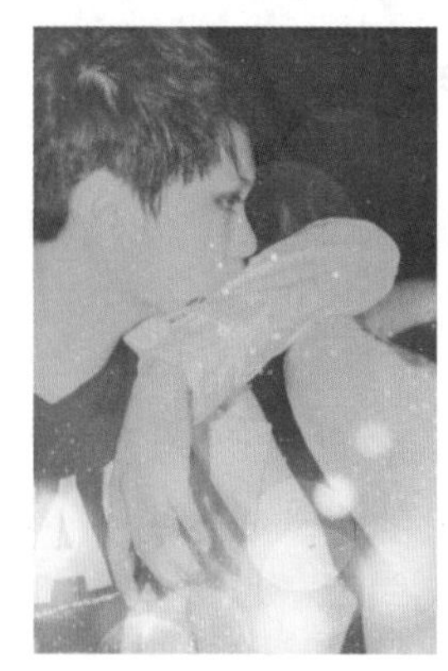

图 7-124

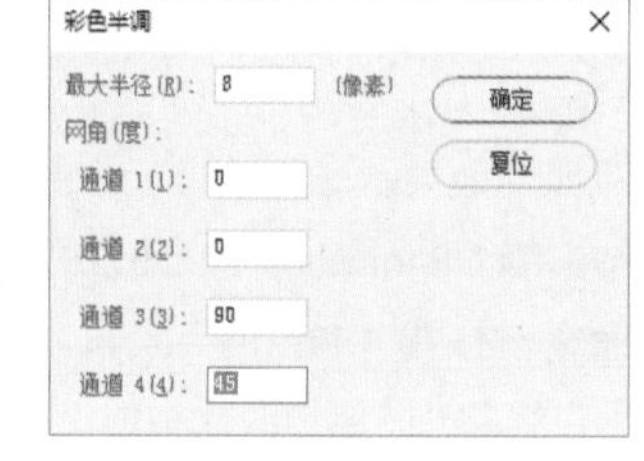

图 7-125

提示

“彩色半调”用作于位图，在每个通道上产生通道颜色圆点来模拟半调网屏的效果。若图像为 CMYK 模式，则通道 1、2、3 和 4 分别代表 C、M、Y 和 K 通道；若图像为 RGB 模式，则通道 1、2 和 3 分别代表 R、G、B 通道，通道 4 无效。

08 将图层混合模式改为“叠加”，“不透明度”为 40%，效果如图 7-126 所示。

09 选择工具箱中的“多边形”工具，在工具属性栏中将填充颜色设置纯色，且颜色为白色，描边颜色为无填充，单击“设置”图标，选中“星形”复选框，“缩进边依据”设置为 90%，绘制一个星形，如图 7-127 所示。

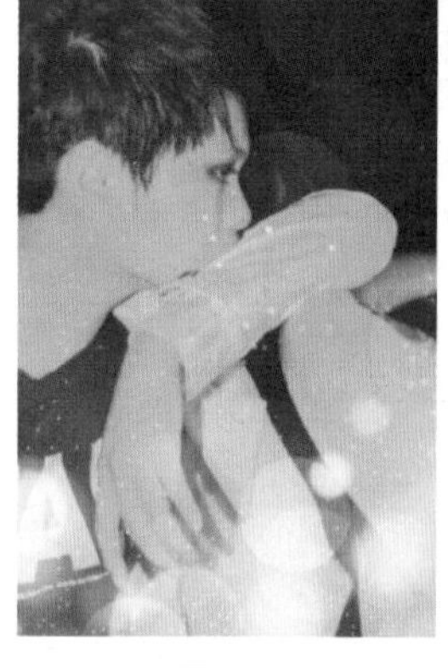

图 7-126

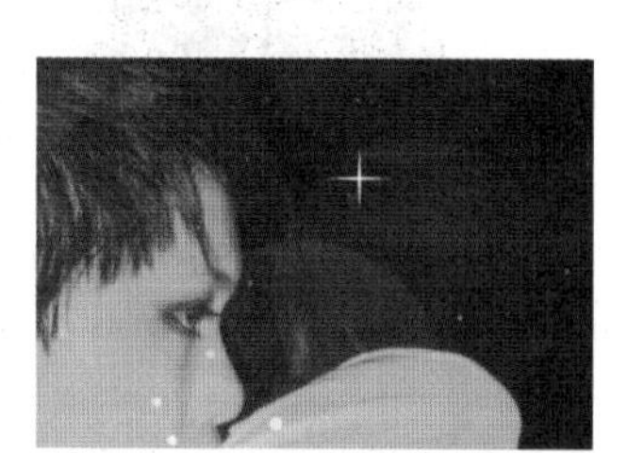

图 7-127

10 选择星形图层，右击，在弹出的快捷菜单中选择“栅格化图层”命令。

11 选择工具箱中的“画笔”工具，将前景色设置为白色，选择一个柔边画笔，在星形中间单击，星星效果制作完成，如图 7-128 所示。

12 复制多个星星，并调整大小和不透明度，如图 7-129 所示。

图 7-128

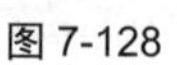

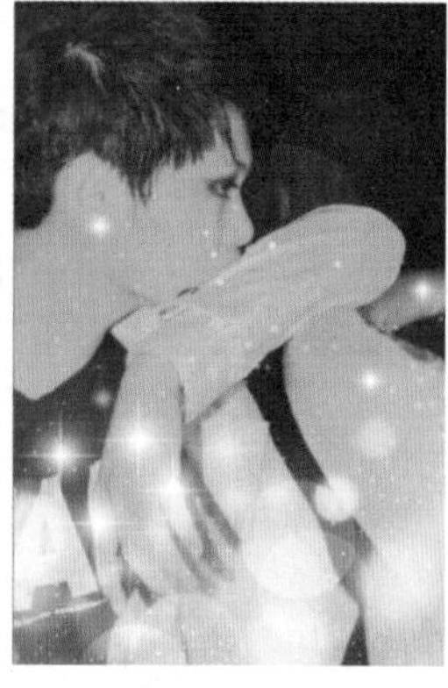

图 7-129

13 选择工具箱中的“文字”工具，输入文字“迷失”，在工具属性栏中设置字体为“方正大标宋简体”，字号为 50.89 点，并选择白色填充文字。用同样的方法，输入文字“自己 ...”并填充黑色，图像制作完成，如图 7-130 所示。

图 7-130

7.19　精美相册 1——可爱儿童日历

本节主要学习利用形状创建剪贴蒙版和滤镜来制作可爱儿童日历的方法。

01 启动 Photoshop CC 2017，将背景色设置白色，执行“文件”|“新建”命令，新建一个宽为 3000 像素、高为 2000 像素、分辨率为 300、背景内容为背景色的 RGB 文档。

02 从标尺处拉出一条垂直居中的参考线。

> **提示**
>
> 创建参考线时，在水平或垂直居中位置以及边缘位置，参考线会出现明显停顿，此时松开鼠标左键即可自动吸附在居中位置或边缘位置；也可执行“视图”|“新建参考线”命令，在弹出的对话框中精确设置参考线的位置。

03 选择工具箱中的“矩形”工具，将填充颜色设置纯色填充，且颜色为 #8ed8ca，描边颜色为无填充。在参考线的左侧绘制一个大小为图像 1/2 的白色矩形，如图 7-131 所示。

04 选择“小孩 1”素材，并拖入到文档中，调整大小后按 Enter 键确认，如图 7-132 所示。

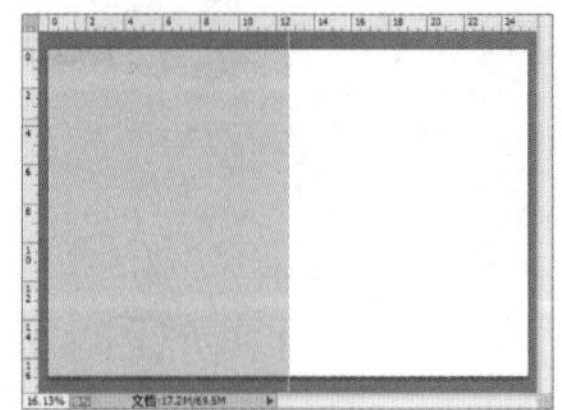

图 7-131

图 7-132

05 单击“图层”面板中的“创建新的填充或调整图层”按钮，在菜单中选择“曲线”命令，调整 RGB 曲线，如图 7-133 所示。

06 此时，小孩的肤色变得白皙了，如图 7-134 所示。

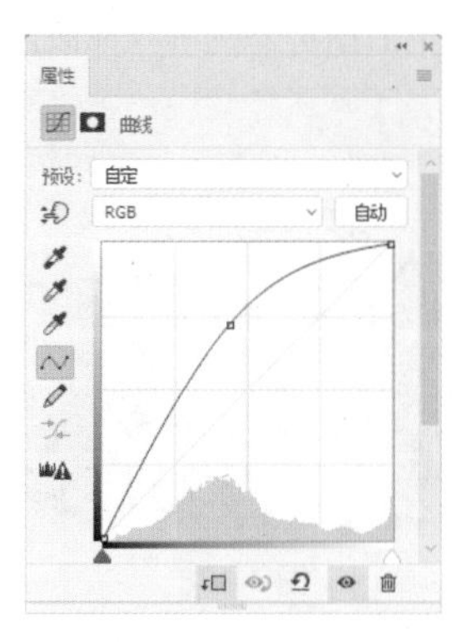

图 7-133

图 7-134

07 选择工具箱中的“矩形”工具，将填充颜色设置纯色填充，且颜色为白色，描边颜色为无填充，绘制一个矩形，如图 7-135 所示。

08 选择白色矩形图层，右击，在弹出的快捷菜单中选择“栅格化图层”命令，将该图层栅格化。

09 执行“滤镜”|“扭曲”|“波浪”命令，在弹出的对话框中设置“生成器数”为 20，波长“最小”为 109，“最大”为 110，波幅“最小”为 1，“最大”为 6，如图 7-136 所示。

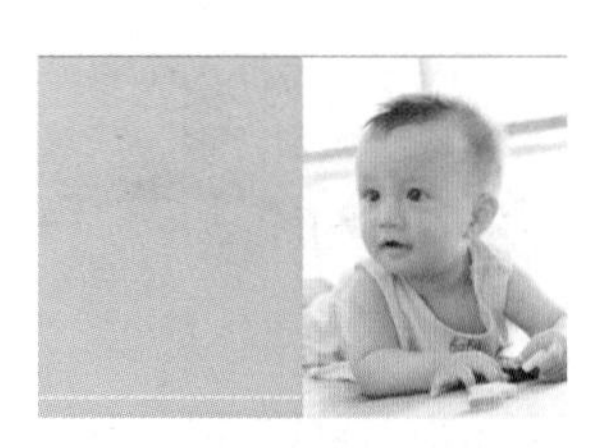

图 7-135

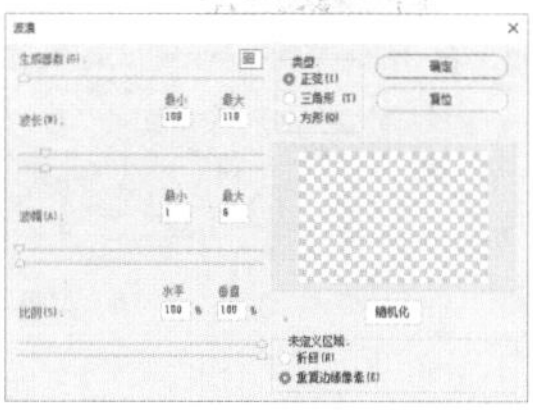

图 7-136

> **提示**
>
> “波浪”滤镜参数详解如下：
>
> - 生成器数：设置波纹生成的数量，取值范围为 1~999。值越大，波纹的数量越多。
> - 波长：设置相邻两个波峰之间的距离，设置的最小波长不可以超过最大波长。
> - 波幅：设置波浪的高度，同样最小的波幅不能超过最大的波幅。
> - 比例：设置波纹在水平和垂直方向上的缩放比例。
> - 类型：设置生成波纹的类型，包括正弦、三角形和方形。
> - 随机化：单击此按钮，可以在不改变参数的情况下，改变波浪的效果。多次单击可以生成更多的波浪效果。

10 单击“确定”按钮，白色矩形变成波浪状，如图 7-137 所示。

11 按住 Alt+Shift 键，选择“移动”工具，垂直拖移并复制多个左右对齐的波浪图形。

12 在“图层”面板中，按住 Shift 键，分别单击图层面板中顶部和底部的两个白色矩形的图层，选中全部波浪图层。选择“移动”工具，在工具属性栏中单击“垂直居中分布”按钮，将波浪等距排列，如图 7-138 所示。

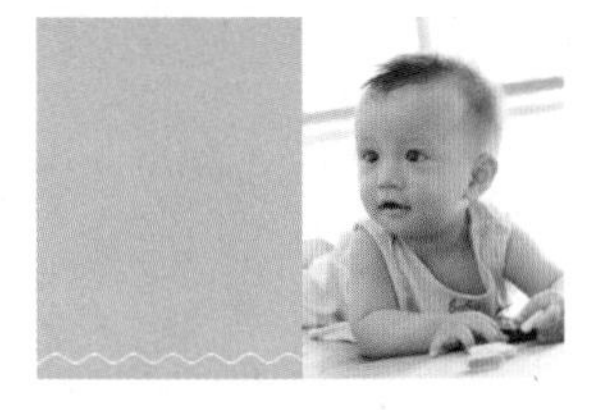

图 7-137

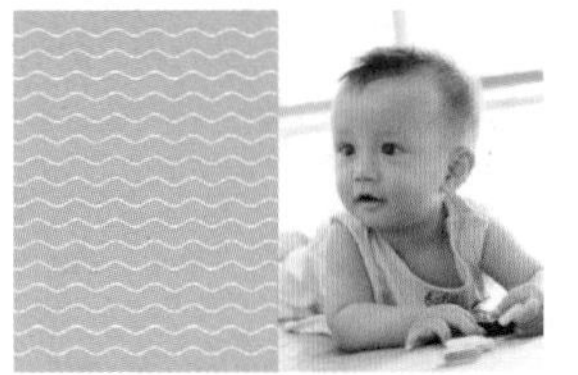

图 7-138

13 选择工具箱中的“矩形”工具，将填充颜色设置纯色填充，且颜色为黑色，描边颜色为纯色填充，且颜色为白色，设置描边大小为 5 点，绘制一个矩形，如图 7-139 所示。

图 7-139

14 单击“图层”面板中的“添加图层样式”按钮，在菜单中选择“内阴影”，设置“角度”为 120°，“距离”为 17 像素，“阻塞”为 27%，“大小”为 43 像素，单击“确定”按钮，如图 7-140 所示。

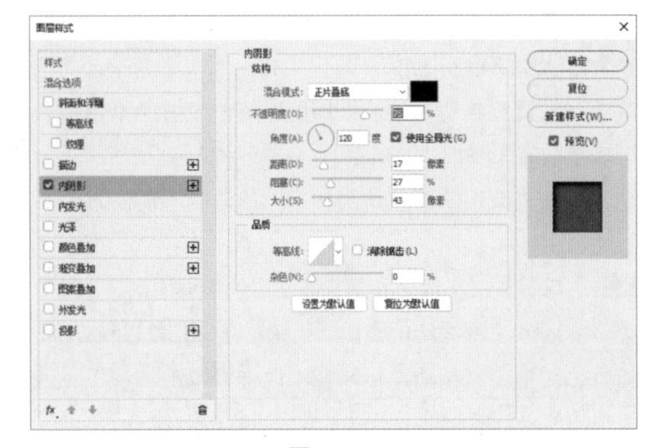

图 7-140

15 选择“小孩 2”素材，并拖入文档，调整大小后按 Enter 键确认，如图 7-141 所示。

16 按住 Alt 键，在“图层”面板中的“小孩 2”图层和矩形图层之间单击，创建剪贴蒙版，如图 7-142 所示。

图 7-141

图 7-142

17 单击“图层”面板中的“创建新的填充或调整图层”按钮，在菜单中选择“曲线”命令，在“小孩 2”图层和曲线图层之间单击，创建剪贴蒙版，并调整 RGB 曲线，如图 7-143 所示。

18 此时，小孩的肤色变得白皙，并与背景融合得更好，如图 7-144 所示。

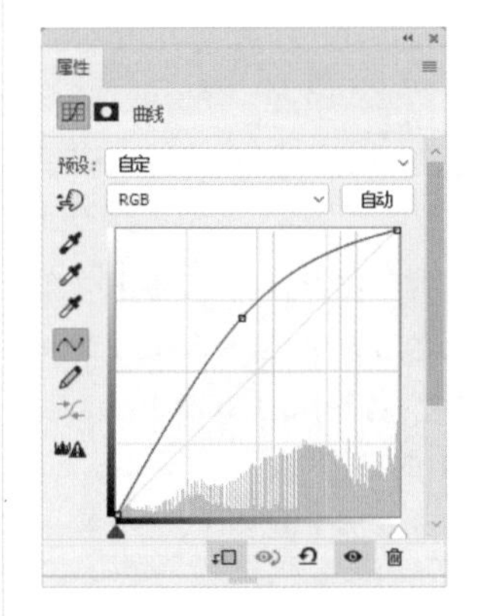

图 7-143

图 7-144

19 选择工具箱中的“矩形”工具，将填充颜色设置纯色填充，且颜色为白色，描边颜色为无填充，绘制一个矩形，如图 7-145 所示。

20 选择“日历”素材，并拖入文档，调整大小后按 Enter 键确认，如图 7-146 所示。

图 7-145

图 7-146

21 选择工具箱中的“椭圆”工具，将填充颜色设置纯色填充，且颜色为 #fff100，描边颜色为无填充，绘制一个椭圆形，如图 7-147 所示。

22 用同样的方法，绘制其他椭圆形并填充合适的颜色，一只小鸭子出现了，如图 7-148 所示。

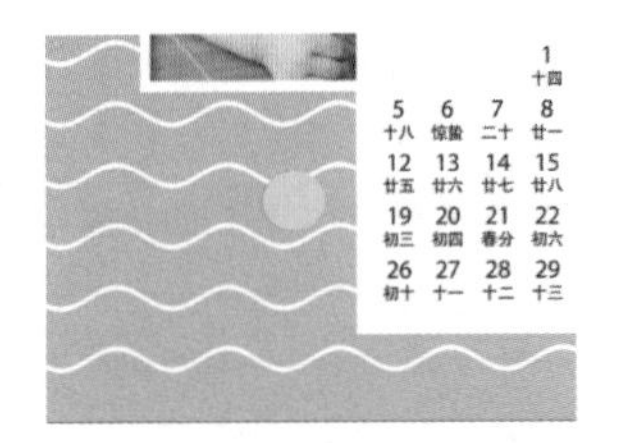

图 7-147

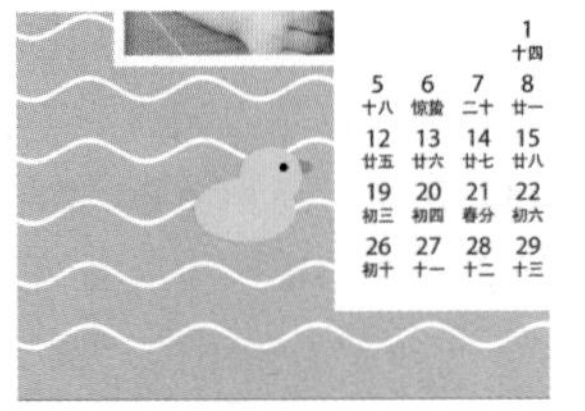

图 7-148

23 选中小鸭子图形的所有图层，并拖入“图层”面板中的“创建新组”按钮。选择该组，按快捷键 Ctrl+J 复制该组。选择工具箱中的“移动”工具，将复制的小鸭子图像移动到合适的位置，如图 7-149 所示。

图 7-149

24 选择工具箱中的“文字”工具，输入文字，在工具属性栏中设置字体为“灵动指书手机字体”，设置字号为 15 点，选择文字并填充合适的颜色，图像完成制作，如图 7-150 所示。

图 7-150

7.20　精美相册 2——风景日历

本节主要利用合并形状及利用形状创建剪贴蒙版来制作风景日历。

01 启动 Photoshop CC 2017，将背景色设置为 #dfd9cd，执行“文件”|“新建”命令，新建一个宽为 3000 像素、高为 2000 像素、分辨率为 300、背景内容为背景色的 RGB 文档，如图 7-151 所示。

02 选择工具箱中的“矩形”工具，将填充颜色设置纯色填充，且颜色为 #8958a1，描边颜色为无填充。按住 Shift 键，绘制一个正方形，如图 7-152 所示。

图 7-151

图 7-152

03 按住 Alt+Shift 键，选择“移动”工具，水平拖移并复制该正方形。设置前景色为 #f8b552，按快捷键 Alt+Delete 进行填充，如图 7-153 所示。

04 选择工具箱中的“删除锚点”工具，在复制的正方形右下角单击该锚点，将其删除，正方形变成三角形，如图 7-154 所示。

图 7-153

图 7-154

05 选择“移动”工具，按住 Alt 键拖动复制三角形，按快捷键 Ctrl+T 调出自由变换框，按住 Shift 键，将复制的三角形旋转 45°，如图 7-155 所示。

06 在“图层”面板中，按住 Ctrl 键，在 3 个形状图层上单击，选中 3 个形状图层。右击，在弹出的快捷菜单中选择“合并形状”命令，如图 7-156 所示。

图 7-155

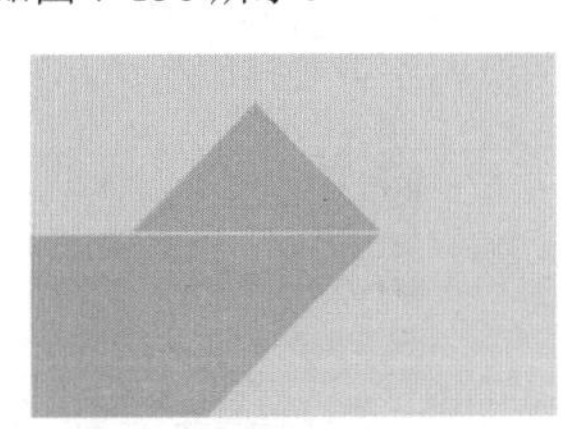

图 7-156

提示

合并形状后，生成的图层依然是可编辑的形状图层，且合并形状后的颜色保留最上层形状图层的颜色。

07 选择“雏菊”素材，并拖入文档，按 Enter 键确认，如图 7-157 所示。

08 按住 Alt 键，在“图层”面板中的雏菊图层和合并形状图层中间单击，创建剪贴蒙版，并按快捷键 Ctrl+T 调整雏菊图层大小和位置，如图 7-158 所示。

图 7-157

图 7-158

09 用同样的方法，创建其他三角形，并填充白色和纯色 #4a5e2d，如图 7-159 所示。

10 选择“餐具”素材，并拖入文档，按 Enter 键确认，如图 7-160 所示。

图 7-159

图 7-160

11 用同样的方法，分别为左上角和白色的三角形创建剪贴蒙版，如图 7-161 所示。

12 选择工具箱中的“文字”工具，输入文字并进行修饰，如图 7-162 所示。

图 7-161

图 7-162

13 选择“日历”素材，并拖入文档，按 Enter 键确认，图像制作完成，如图 7-163 所示。

图 7-163

7.21 婚纱相册——美好爱情

本节主要利用“钢笔”工具绘制形状，并利用形状创建剪贴蒙版来制作婚纱相册。

01 启动 Photoshop CC 2017，将背景色颜色设置为 #b8daef，执行“文件”|“新建”命令，新建一个宽为 3000 像素、高为 2000 像素、分辨率为 300、背景内容为背景色的 RGB 文档，如图 7-164 所示。

02 选择工具箱中的“钢笔”工具，在工具属性栏中设置为“形状”，将填充颜色设置纯色，且颜色为白色，描边颜色为无填充，绘制形状，如图 7-165 所示。

图 7-164

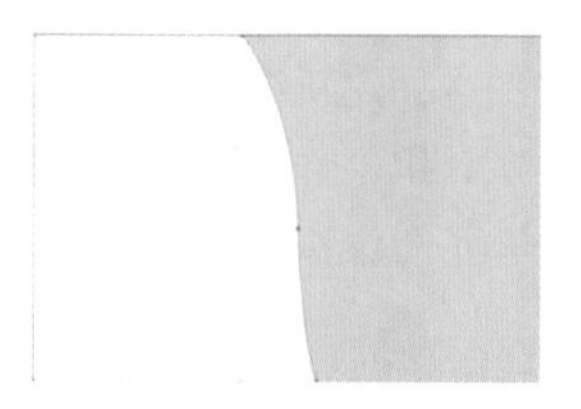

图 7-165

提示

钢笔形状闭合时，颜色将根据设置的颜色自动填充完整。

03 将前景色设置为 #8a868c，按快捷键 Ctrl+J 复制该形状，并按快捷键 Alt+Delete 填充前景色。选择工具箱中的“移动”工具，将复制的形状向左移动，如图 7-166 所示。

04 选择“微笑”素材，并拖入文档，如图 7-167 所示。

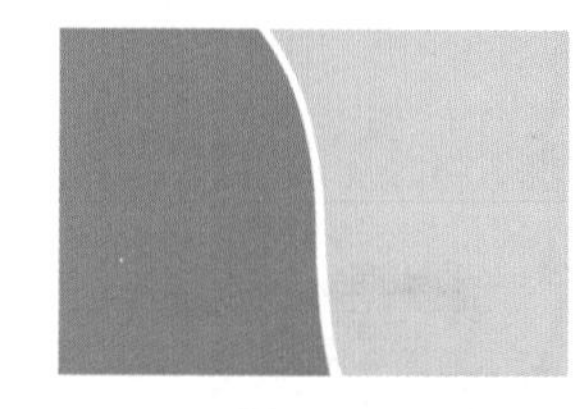

图 7-166

图 7-167

05 按住 Alt 键，在“图层”面板的人物图层和灰色形状图层之间单击，创建剪贴蒙版，如图 7-168 所示。

06 选择工具箱中的“矩形”工具，将填充颜色设置纯色填充，且颜色为 #cbe4f3，描边颜色为纯色填充，填充颜色为白色，描边大小为 1 点，绘制一个矩形，如图 7-169 所示。

图 7-168

图 7-169

07 选择“背景”素材，并拖入文档，调整大小后按 Enter 键确认，如图 7-170 所示。

08 选择工具箱中的“椭圆”工具，将填充颜色设置纯色填充，且颜色为 #8abfe2，描边颜色为纯色填充，填充颜色为白色，描边大小为 4.5 点，按住 Shift 键，绘制一个圆形，如图 7-171 所示。

图 7-170

图 7-171

09 选择“海滩”素材，并拖入文档，如图 7-172 所示。

10 按住 Alt 键，在“图层”面板中海难图层和圆形图层之间单击，创建剪贴蒙版，并调整海难图层的大小，如图 7-173 所示。

图 7-172

图 7-173

11 单击“图层”面板中的“创建新图层”按钮，将前景色设置为黑色，按快捷键 Alt+Delete 键填充黑色。执行“滤镜”|“渲染”|“光晕”命令，选择“50-100 毫米变焦”选项，如图 7-174 所示，单击“确定”按钮。

12 将光晕图层的图层混合模式改为“滤色”，并用“移动”工具调整光晕位置，如图 7-175 所示。

图 7-174

图 7-175

13 选择工具箱中的“文字”工具，输入文字并进行修饰，图像完成制作，如图 7-176 所示。

图 7-176

7.22 个人写真——青青校园

本节主要利用“矩形”工具并改变矩形的圆角创建形状，以及利用形状，以创建剪贴蒙版来制作个人写真。

01 启动 Photoshop CC 2017，将背景色颜色设置为 #eeeeee，执行“文件”|“新建”命令，新建一个宽为 3000 像素、高为 2000 像素、分辨率为 300、背景内容为背景色的 RGB 文档。

02 选择工具箱中的“矩形”工具，将填充颜色设置纯色填充，且颜色为 #cfc971，描边颜色为无填充，绘制一个矩形，如图 7-177 所示。

03 选择工具箱中的“圆角矩形”工具，将填充颜色设置纯色填充，且颜色为 #ad6c00，描边颜色为无填充，半径为 120 像素，绘制一个圆角矩形，如图 7-178 所示。

图 7-177

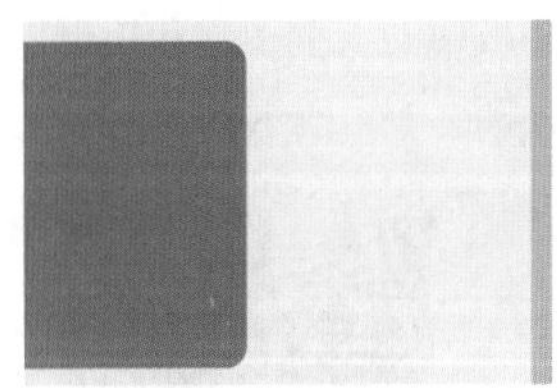

图 7-178

04 选“秋千”素材，并拖入文档，如图 7-179 所示。

05 按住 Alt 键，在“图层”面板中的秋千图层和圆角矩形图层之间单击，创建剪贴蒙版，如图 7-180 所示。

图 7-179

图 7-180

06 单击“图层”面板中的“创建新的填充或调整图层”按钮，在菜单中选择“曲线”命令，调整 RGB 曲线，如图 7-181 所示。

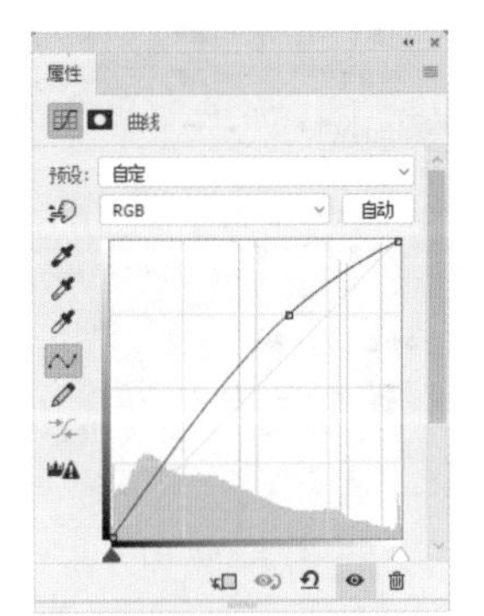

图 7-181

图 7-182

07 此时，嵌入照片的肤色被提亮，如图 7-182 所示。

08 选择工具箱中的“矩形”工具，将填充颜色设置纯色填充，且颜色为 #ad6c00，描边颜色为无填充，绘制一个矩形，如图 7-183 所示。

图 7-183

09 选择“女孩”素材，并拖入文档，按住 Alt 键在“图层”面板中的女孩图层和矩形图层之间单击，创建剪贴蒙版，如图 7-184 所示。

图 7-184

10 选择工具箱中的“矩形”工具，将填充颜色设置纯色填充，且颜色为 #ad6c00，描边颜色为无填充，绘制一个矩形，如图 7-185 所示。

11 在“属性”面板中单击下面的“链接”按钮，解除链接。设置左上角的大小为 200 像素，如图 7-186 所示。

图 7-185

图 7-186

提示

若不解除链接，则矩形的每个角都将出现相同大小的圆角。

12 此时，矩形的左上角变成弧形，如图 7-187 所示。

图 7-187

13 选择“气球”素材，并拖入文档，按住 Alt 键，创建剪贴蒙版，如图 7-186 所示。

图 7-188

14 选择工具箱中的“文字”工具，输入文字并进行修饰，如图 7-189 所示。

图 7-189

15 选择工具箱中的“自定形状”工具，打开“自定形状”拾色器，单击“设置”小图标，在菜单中选择“全部”命令，将全部形状追加到拾色器中，如图 7-190 所示。

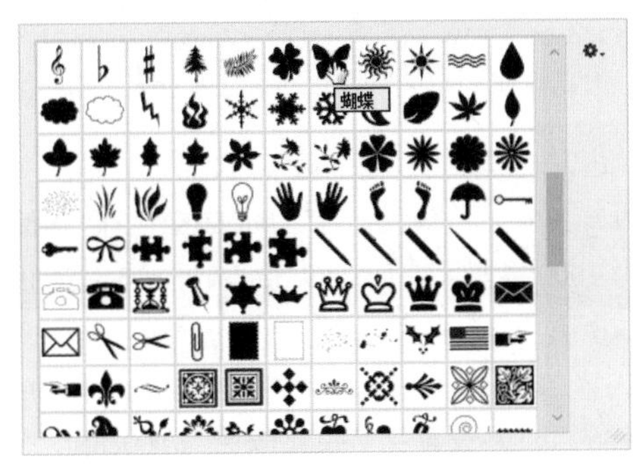

图 7-190

16 找到蝴蝶形状，将填充颜色设置纯色填充，且颜色为 #cfc971，描边颜色为无填充，绘制多个蝴蝶并调整方向和大小，个人写真制作完成，如图 7-191 所示。

图 7-191

第 8 章

文字特效

特效文字的制作非常重要，文字与画面的设计需要相辅相成。本章提供 11 款特效文字制作的实例，主要运用图层样式，通过斜面和浮雕、渐变叠加、图案叠加、光泽和阴影，制作各类或巧妙、或逼真的文字特效。

第 8 章 视频

第 8 章 素材

8.1 描边字——放飞梦想

本节主要利用两种描边方式制作可爱的卡通字效。

01 启动 Photoshop CC 2017，将背景色颜色设置为 #d2f3ff，执行“文件”|“新建”命令，新建一个宽为 3000 像素、高为 2000 像素、分辨率为 300、背景内容为背景色的 RGB 文档，如图 8-1 所示。

02 选择工具箱中的“文字”工具 T，在工具属性栏中设置字体为“华康海报体”，设置字号为 126 点，并设置文字填充颜色为 #00e6f7，输入文字 DREAM，如图 8-2 所示。

图 8-1

图 8-2

03 按住 Ctrl 键，单击文字图层缩略图，将文字载入选区。

04 单击“创建新图层”按钮，创建一个新的空白图层。

05 执行“编辑”|“描边”命令，弹出“描边”对话框，输入“宽度”为 9 像素，颜色为黑色，其他设置为默认，如图 8-3 所示，单击“确定”按钮。

06 选择工具箱中的“移动”工具，拖移描边图层，如图 8-4 所示。

图 8-3

图 8-4

07 选择工具箱中的“文字”工具 T，在工具属性栏中设置字体为“华康海报体”，设置字号为 188 点，并设置文字填充颜色 #00e6f7，输入文字 FLY。

08 选择 FLY 文字图层并单击“图层”面板中的“添加图层样式”按钮 fx，在菜单中选择“描边”命令，设置描边大小为 9 像素，颜色为黑色，如图 8-5 所示。

09 单击“确定”按钮，文字出现描边效果，如图 8-6 所示。

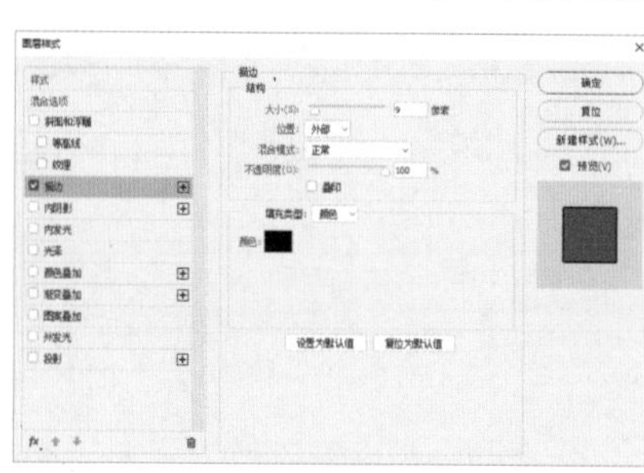

图 8-5

图 8-6

10 按快捷键 Ctrl+J 复制 FLY 图层，填充颜色为 #ffd44b，选择工具箱中的“移动”工具，拖移复制的图层，如图 8-7 所示。

11 选择“时钟”“云朵”“火箭”和“点线”素材并拖入文档，调整大小后按 Enter 键确定，图像制作完成，如图 8-8 所示。

图 8-7

图 8-8

提示

两种描边方式分别在 2.16 节和 4.6 节中有相应的案例介绍。

8.2 图案字——美味水果

本节主要利用自定义图案来制作“美味”的水果字效。

01 启动 Photoshop CC 2017，执行“文件”|“新建”命令，新建一个宽为 3000 像素、高为 2000 像素、分辨率为 300 的 RGB 文档。

02 选择工具箱中的“渐变”工具，设置渐变起点颜色为 #abe5fa、终点颜色为 #84cee7 的径向渐变，从画面中心向外水平拖曳填充渐变，如图 8-9 所示。

03 选择工具箱中的“文字”，在工具属性栏中设置字体为 Sensei，字号为 258 点，并设置文字填充颜色为黑色，输入文字 fruit，如图 8-10 所示。

图 8-9

图 8-10

04 打开无缝拼接素材“水果”，如图 8-11 所示。

提示

无缝拼接是指图案重复排列拼接后没有明显的拼接痕迹，使拼接后整体图案融合得不生硬。

05 执行“编辑”|“定义图案”命令，弹出“图案名称”对话框，输入“名称”为“水果 .jpg”，如图 8-12 所示，单击“确定”按钮添加图案。

图 8-11

图 8-12

06 回到水果文字文档，单击“图层”面板中的“添加图层样式”按钮，在菜单中选择“描边”命令，设置描边“大小”为 18 像素，颜色为白色，如图 8-13 所示。

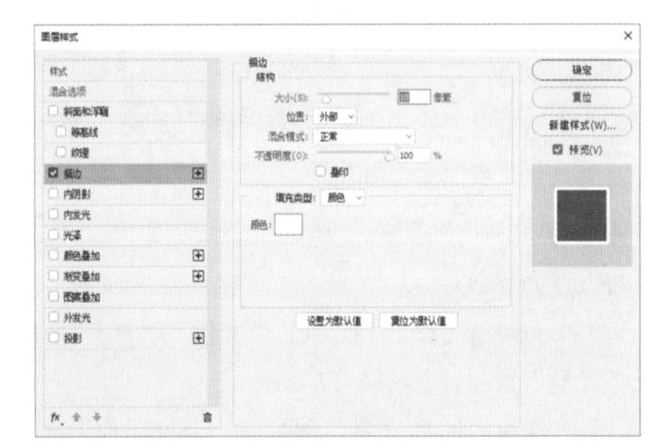
图 8-13

07 选中“图案叠加”复选框，选择定义好的图案，如图 8-14 所示。

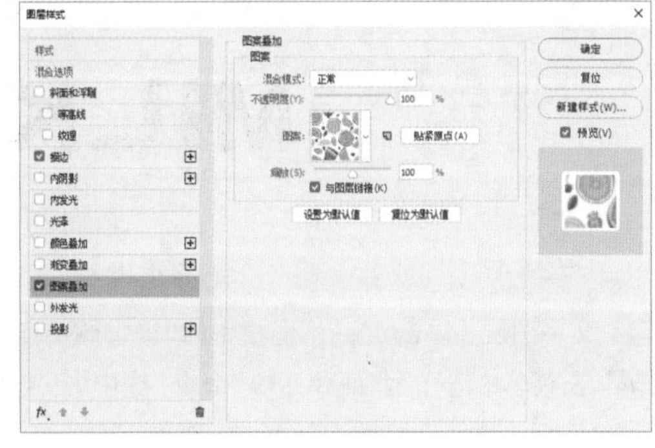
图 8-14

08 选中“投影”复选框，设置“不透明度”为 45%，“距离”为 46 像素，“扩展”为 5%，“大小”为 27 像素，如图 8-15 所示。

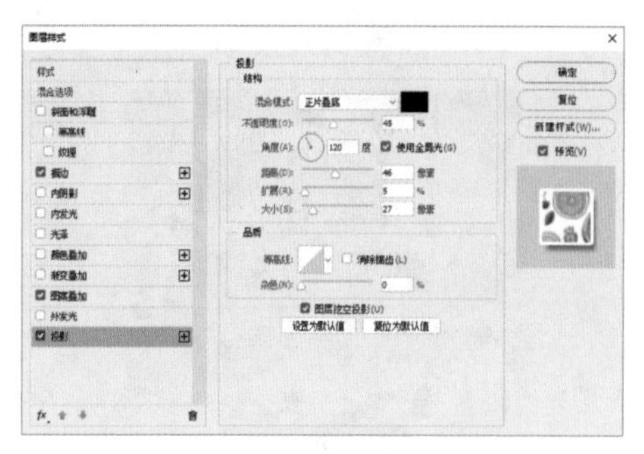

图 8-15

09 单击“确定”按钮后，效果如图 8-16 所示，水果字效制作完成。

图 8-16

8.3 巧克力文字——牛奶巧克力

本节学习利用图层样式和图层蒙版来制作“美味诱人”的巧克力字效。

01 启动 Photoshop CC 2017，执行“文件”|“打开”命令，打开“背景”素材，如图 8-17 所示。

02 选择工具箱中的“文字” T，在工具属性栏中设置字体为“华康勘亭流 W9”，设置字号为 230 点，并设置文字填充颜色为 #4d362d，输入文字 MILK，如图 8-18 所示。

图 8-17

图 8-18

03 选中文字图层并单击“图层”面板中的“添加图层样式”按钮 fx，在菜单中选择“斜面和浮雕”命令，选中“等高线”和“纹理”复选框。设置样式为“内斜面”，方法为“平滑”，“深度”为 500%，“方向”为上，“大小”为 20 像素；设置阴影的“角度”为 120°，“高度”为 50°，高光模式为“滤色”，“不透明度”为 50%，阴影模式为“正片叠底”，“不透明度”为 50%，如图 8-19 所示。

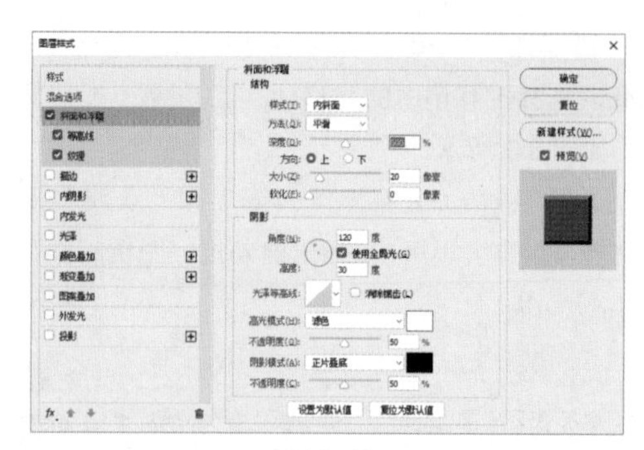

图 8-19

> **提示**
>
> “等高线”选项存在于图层样式的多种效果中。图层效果不同，其等高线控制的内容也不相同，但其共同作用是在给定的范围内创造特殊轮廓外观。它们的使用方法一致，单击“等高线”拾色器的等高线图案，可调出“等高线编辑器”来调整选调线；单击“等高线”拾色器的小三角，出现已载入的等高线类型；单击旁边的“设置”小图标可以调出相关菜单，包括新建、载入和复位等高线等命令。

04 单击选中的“等高线”复选框，单击“等高线”拾色器的小三角形按钮，在菜单中选择“高斯”选项，设置“范围”为 20%，如图 8-20 所示。

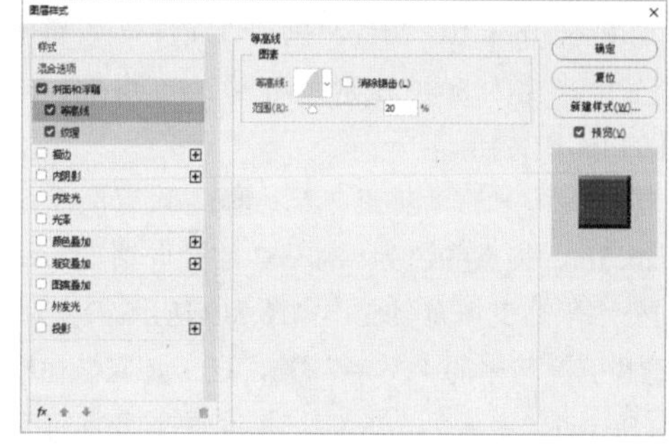

图 8-20

05 单击选中的“纹理”，单击“图案”拾色器的小三角形按钮，单击小图标，在菜单中选择“图案”选项，追加图案。选择“拼贴 - 平滑”图案，设置“缩放”为 100%，“深度”为 +6%，如图 8-21 所示。

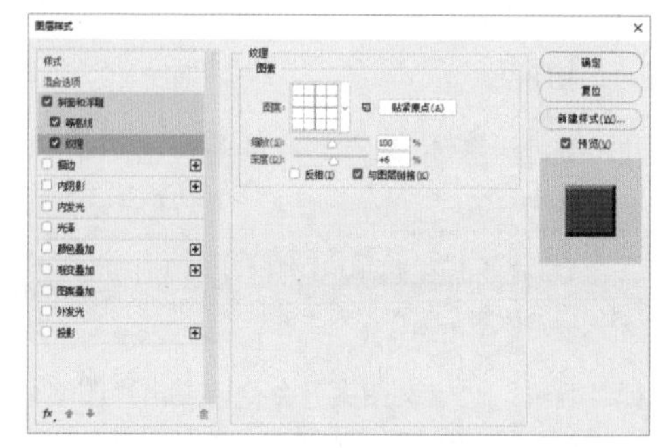

图 8-21

06 选中“投影”复选框，设置“不透明度”为 40%，“角度”为 90°，“距离”为 10 像素，“大小”为 15 像素，如图 8-22 所示。

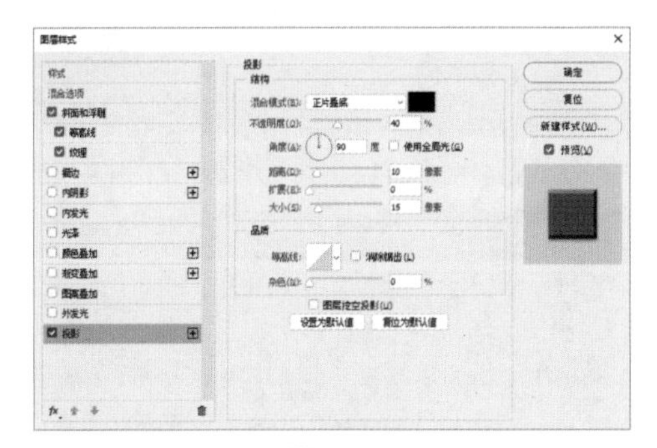

图 8-22

07 单击“确定”按钮后，巧克力效果出现了，如图 8-23 所示。

图 8-23

08 按快捷键 Ctrl+J 复制文字图层，将前景色设置为白色，按快捷键 Alt+Delete 为文字填充白色。

09 双击图层上右侧的 fx 小图标，弹出“图层样式”对话框，取消选中“等高线”和“纹理”复选框。单击“斜面和浮雕”复选框，设置样式为“内斜面”，方法为“平滑”，“深度”为 42%，方向为“上”，“大小”为 70 像素，“软化”为 3 像素；设置阴影的“角度”为 120°，“高度”为 30°，高光模式为“滤色”，“不透明度”为 75%，阴影模式为“正片叠底”，“不透明度”为 75%，如图 8-24 所示。

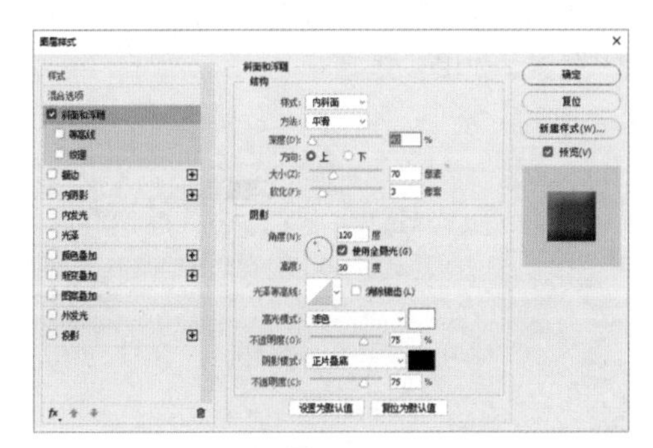

图 8-24

10 单击“投影”复选框，设置“不透明度”为 52%，“角度”为 120°，“距离”为 23 像素，“大小”为 18 像素，如图 8-25 所示。

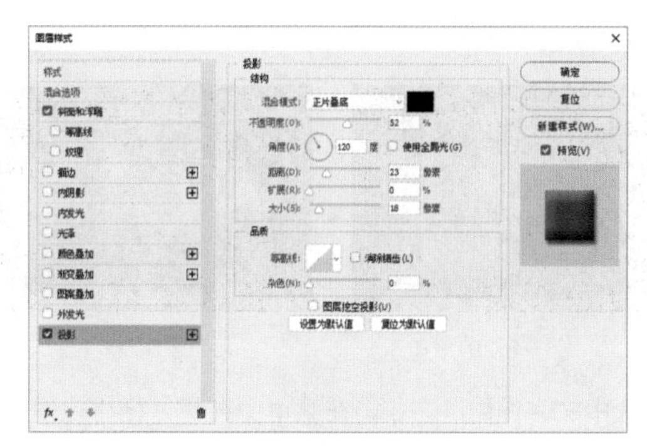

图 8-25

11 单击“确定”按钮后，牛奶效果出现了，如图 8-26 所示。

12 按住 Alt 键，单击“图层”面板中的“添加图层蒙版”按钮，给牛奶图层创建蒙版。选择工具箱中的“画笔”工具，将前景色设置为白色，选择一个硬边画笔，按“[”键和“]”键调整画笔大小，在蒙版上涂抹，制作牛奶滴落的效果，如图 8-27 所示。

图 8-26　　图 8-27

13 选择“奶牛”素材，并拖入文档，调整大小后按 Enter 键确定，图像制作完成，如图 8-28 所示。

图 8-28

8.4　冰冻文字——清爽冰水

本节学习利用图层样式和图层剪贴蒙版来制作“清爽”的字效的方法。

01 启动 Photoshop CC 2017，执行“文件”|“打开”命令，打开“背景”素材，如图 8-29 所示。

02 选择“文字”工具，在工具属性栏中设置字体为 Arciform Sans，设置字号为 232 点，并设置文字填充颜

色为 #7addff，输入文字 Water，如图 8-30 所示。

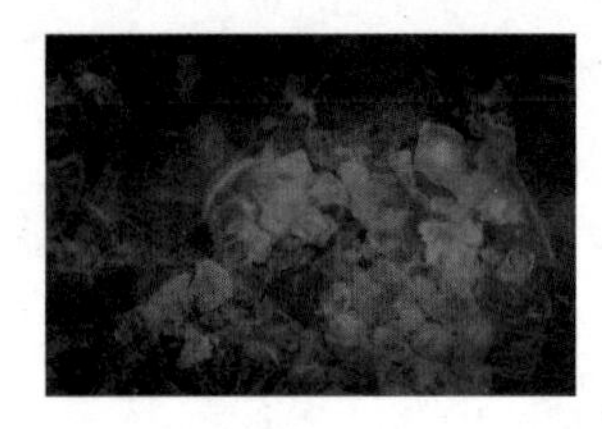

图 8-29

图 8-30

03 选中文字图层，右击，在菜单中选择“栅格化图层”命令。再次右击，在菜单中选择“转换为智能对象”命令。

04 执行“滤镜”|“风格化”|“风”命令，方法选择“大风”，方向为“从左”，如图 8-31 所示。

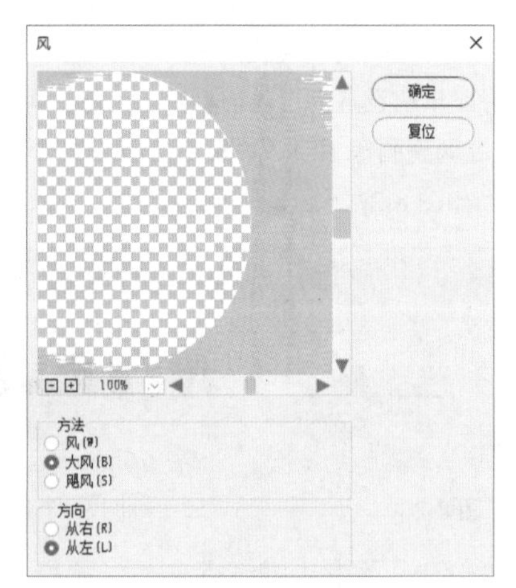

图 8-31

提示

“风”滤镜能够将图像中的像素朝着某个指定的方向进行虚化，产生一种拉丝状的艺术效果，类似于风吹的效果。由于是对图像像素进行处理，所以使用前需将图层转换为普通图层。

05 单击“确定”按钮后，文字出现风吹的效果，如图 8-32 所示。

图 8-32

06 单击“图层”面板中的“添加图层样式”按钮 fx，在菜单中选择“斜面和浮雕”命令，设置样式为“内斜面”，方法为“平滑”，“深度”为 704%，方向为“上”，“大小”为 199 像素，“软化”为 0 像素；设置阴影的“角度”为 90°，“高度”为 67°；在“等高线”拾色器中选择“半圆”，高光模式为“滤色”，“不透明度”为 100%，阴影模式为“正片叠底”，“不透明度”为 0%，如图 8-33 所示。

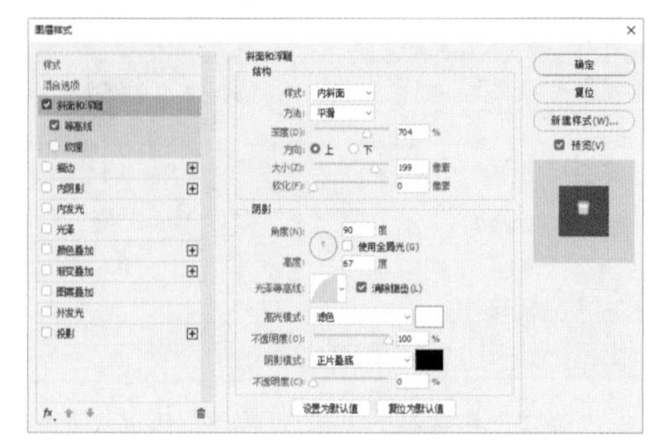

图 8-33

07 选中“光泽”复选框，设置混合模式为“叠加”，叠加颜色为 #60acff，“不透明度”为 100%，“角度”为 90°，“距离”为 15 像素，“大小”为 15 像素；在“等高线”拾色器中选择“高斯”，选中“消除锯齿”和“反相”复选框，如图 8-34 所示。

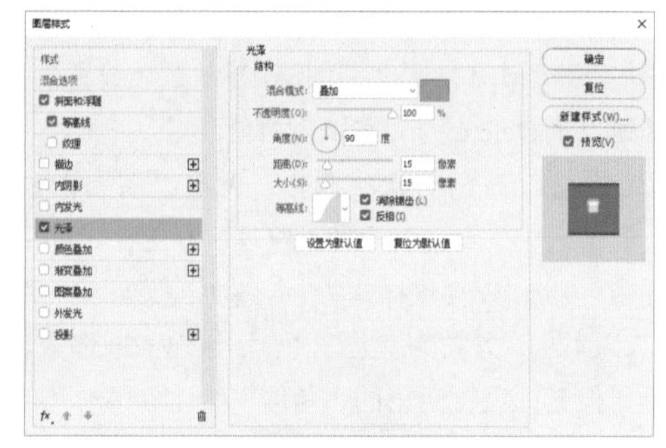

图 8-34

08 选中“投影”复选框，设置“不透明度”为 35%，“角度”为 120°，“距离”为 3 像素，“扩展”为 0%，“大小”为 7 像素，如图 8-35 所示。

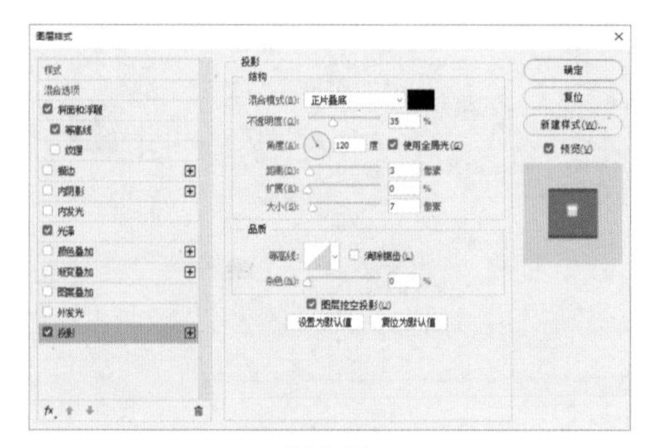

图 8-35

09 单击“确定”按钮后，效果如图 8-36 所示。

10 选择“水底”素材，并拖入文档，调整大小与位置后按 Enter 键确定，如图 8-37 所示。

图 8-36

图 8-37

11 按住 Alt 键，在文字图层与水底图层之间单击，创建剪贴蒙版，图像完成制作，如图 8-38 所示。

图 8-38

8.5　金属文字——拒绝战争

本节学习利用图层样式制作质感比较强的金属字效。

01 启动 Photoshop CC 2017，执行“文件”|“打开”命令，打开“背景”素材，如图 8-39 所示。

02 选择工具箱中的“文字” T，在工具属性栏中设置字体为 CollegiateFLF，设置“字号”为 220 点，并设置文字填充颜色为#353535，输入文字 WAR，如图 8-40 所示。

图 8-39

图 8-40

03 选中文字图层并单击“图层”面板中的“添加图层样式”按钮 fx，在菜单中选择“斜面和浮雕”选项，设置样式为“内斜面”，方法为“平滑”，“深度”为 1000%，方向为“上”，“大小”为 51 像素，“软化”为 0 像素；设置阴影的“角度”为 90°，“高度”为 30°，高光模式为“滤色”，“不透明度”为 100%，阴影模式为“正片叠底”，“不透明度”为 10%，如图 8-41 所示。

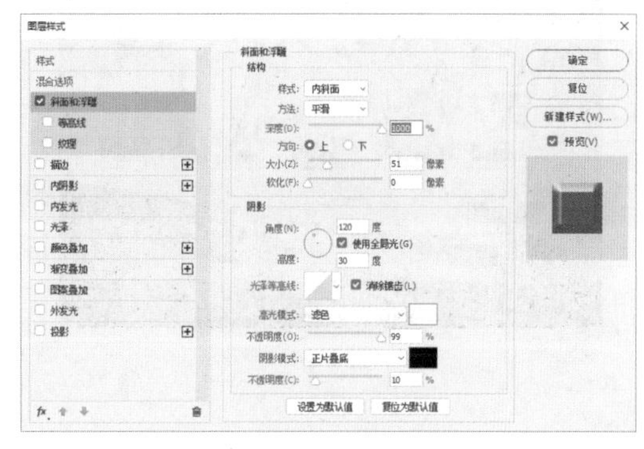

图 8-41

04 选中“光泽”复选框，设置混合模式为“颜色减淡”，叠加颜色为 #ffffff，“不透明度”为 82%，“角度”为 67°，“距离”为 64 像素，“大小”为 65 像素；在“等高线”拾色器中选择“高斯”，选中“反相”复选框，如图 8-42 所示。

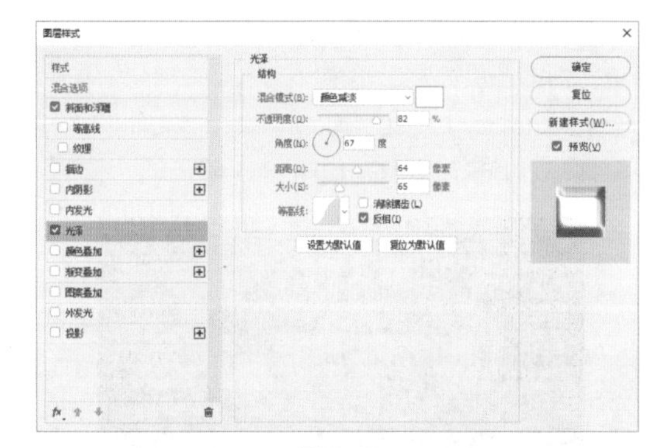

图 8-42

05 选中“投影”复选框，设置混合模式为“正片叠底”，颜色为 #8b8b8b，“不透明度”为 62%，“角度”为 90°，“距离”为 3 像素，“扩展”为 100%，“大小”为 3 像素，如图 8-43 所示。

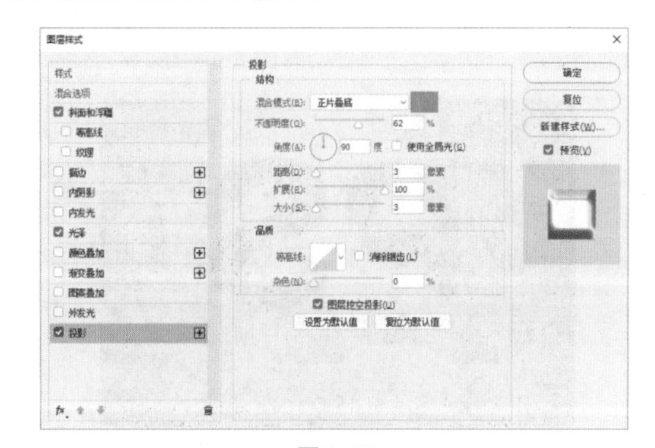

图 8-43

06 单击“确定”按钮后，金属字效制作完成，如图 8-44 所示。

图 8-44

8.6 铁锈文字——生锈的 PS

本节学习利用图层样式制作超逼真的铁锈字效，实例中使用到了“混合颜色带”这种特殊的蒙版，它可以快速隐藏像素。与图层蒙版、剪贴蒙版和矢量蒙版只能隐藏一个图层中的像素不同的是，“混合颜色带”不仅可以隐藏一个图层中的像素，还可以使下面图层中的像素穿透上面的图层并显示出来。

01 启动 Photoshop CC 2017 软件，执行“文件”|“打开”命令，打开“背景”素材，如图 8-45 所示。

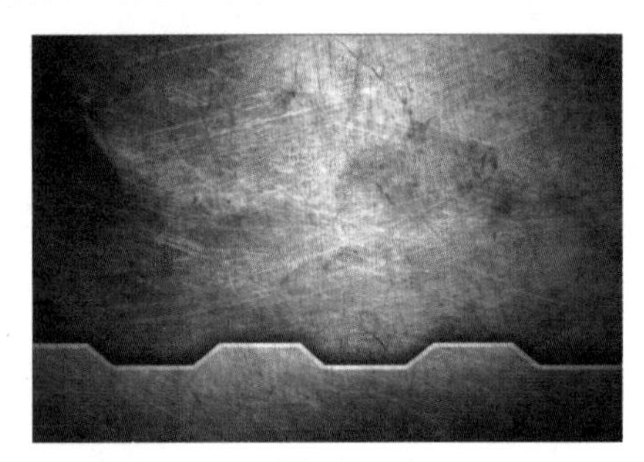

图 8-45

02 选择工具箱中的“文字”工具T，在工具属性栏中设置字体为“方正兰亭特黑”，设置字号为 255 点，填充颜色为黑色，输入文字 PS，如图 8-46 所示。

图 8-46

03 选中文字图层并单击“图层”面板中的“添加图层样式”按钮fx，在菜单中选择“斜面和浮雕”复选框，选中“等高线”复选框。设置样式为“内斜面”，方法为“雕刻清晰”，“深度”为 684%，方向为“上”，“大小”为 117 像素，“软化”为 2 像素；设置阴影的“角度”为 120°，“高度”为 30°，高光模式为“滤色”，“不透明度”为 75%，阴影模式为“正片叠底”，“不透明度”为 75%，如图 8-47 所示。

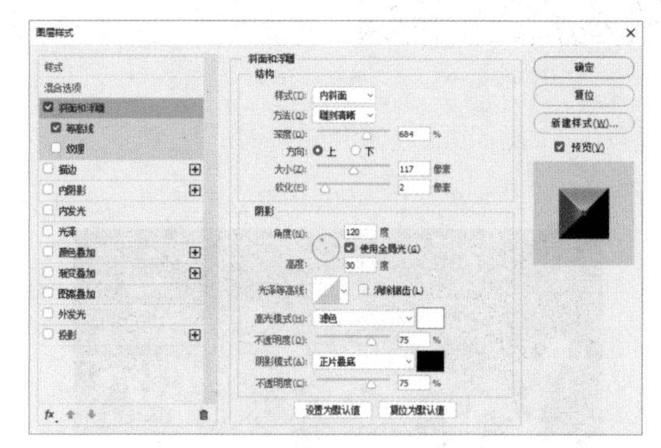

图 8-47

04 选中“等高线”复选框，单击“等高线”拾色器的小三角形按钮，在菜单中选择“高斯”，设置“范围”为 57%，如图 8-48 所示。

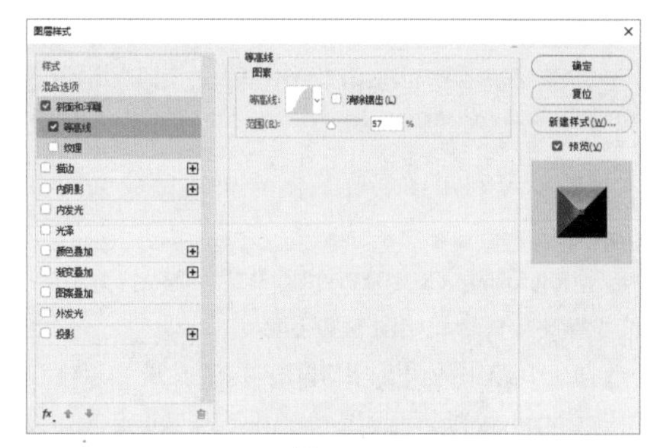

图 8-48

05 选中“投影”，设置“不透明度”为 75%，“角度”为 120°，“距离”为 0 像素，“扩展”为 0%，“大小”为 21 像素，如图 8-49 所示。

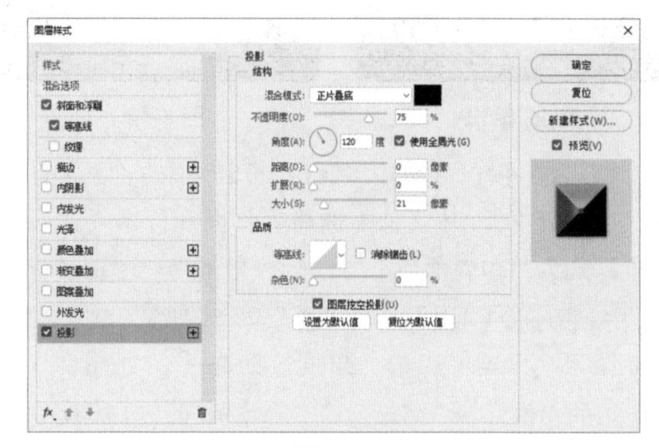

图 8-49

06 单击“混合选项”，在“混合颜色带”的下拉列表中选择“灰色”，将“本图层”的左边滑块向右拖至数值为 77 的位置，右边滑块向左拖至数值为 178 的位置，如图 8-50 所示。

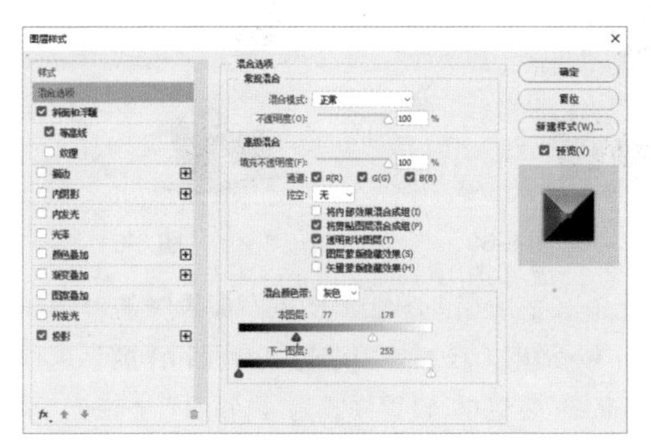

图 8-50

提示

“混合颜色带”是用来混合上下两个图层的内容的，可根据本图层或下一图层像素的明暗度或某通道颜色值，决定本图层或下一图层相应位置的像素是否呈现透明（黑色滑块代表阴影，向右拖动可减弱阴影对图像的影响；灰色滑块代表高光，向左拖动可减弱高光对图像的影响），包含通道选项、本图层色条和下一图层色条。调整“本图层”的滑块，将以当前图层的明暗来设置透明区域；调整“下一图层”的滑块，则以本图层下方的图像来设置透明区域；按下 Alt 键拖动滑块可将滑块拆分。

07 选择“铁锈”素材，并拖入文档，调整大小后按 Enter 键确认，如图 8-51 所示。

08 按住 Alt 键，在铁锈图层与文字图层之间单击，创建剪贴蒙版，图像完成制作，如图 8-52 所示。

图 8-51

图 8-52

8.7　玉雕文字——福

本节学习利用图层样式和滤镜来制作逼真的玉雕字效的方法。

01 启动 Photoshop CC 2017 软件，执行“文件”|“打开”命令，打开“背景”素材，如图 8-53 所示。

02 选择工具箱中的“文字” T，在工具属性栏中设置字体为“叶根友毛笔行书简体”，设置字号为 244 点，并设置文字填充颜色为#26971f，输入文字“福”，如图 8-54 所示。

图 8-53

图 8-54

03 选中文字图层并单击“图层”面板中的“添加图层样式”按钮 fx，在菜单中选择“斜面和浮雕”选项，设置样式为“内斜面”，方法为“平滑”，“深度”为 1000%，方向为“上”，“大小”为 21 像素，“软化”为 0 像素；设置阴影的“角度”为 120°，“高度”为 30°，高光模式为“滤色”，颜色为白色，“不透明度”为 100%，阴影模式为“正片叠底”，“不透明度”为 0%，如图 8-55 所示。

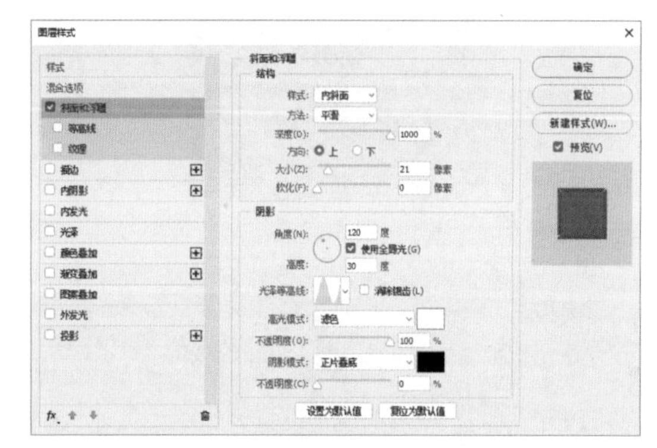

图 8-55

04 选中“光泽”复选框，设置混合模式为“颜色减淡”，叠加颜色为 #2f9321，“不透明度”为 50%，“角度”为 19°，“距离”为 88 像素，“大小”为 88 像素；在“等高线”拾色器中选择“高斯”，选中“消除锯齿”和“反相”复选框，如图 8-56 所示。

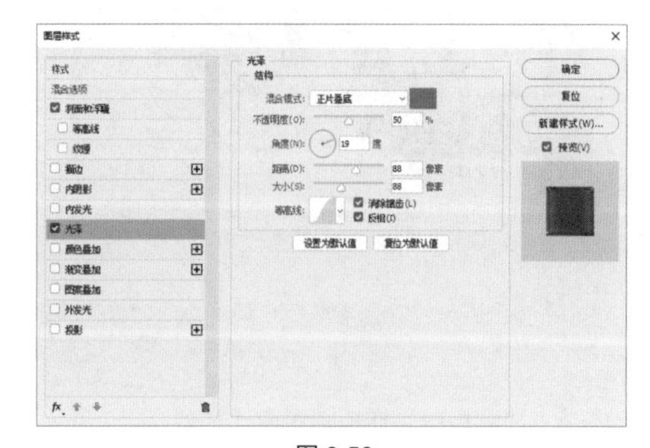

图 8-56

05 选中“投影”复选框，设置“不透明度”为 75%，“角度”为 120°，“距离”为 5 像素，“扩展”为 0%，“大小”为 15 像素，如图 8-57 所示。单击“确定”按钮，完成图层样式的设置。

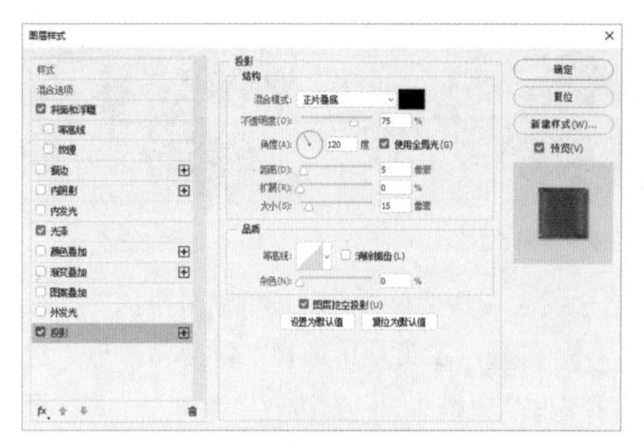

图 8-57

06 单击“创建新图层”按钮，创建一个新的空白图层。将前景色设置为白色，背景色设置为 #26971f，执行“滤镜”|“渲染”|“云彩”命令，如图 8-58 所示。

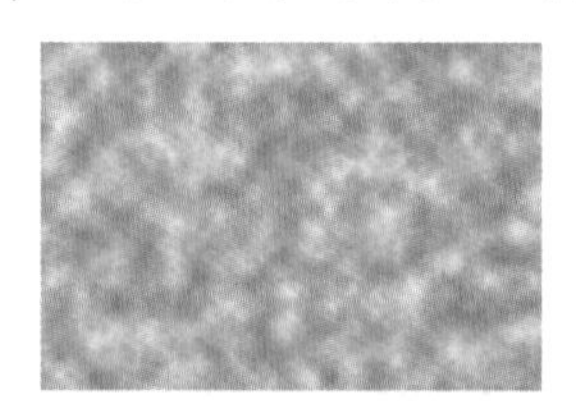

图 8-58

提示

“云彩”滤镜在 6.21 节中有相应案例介绍。

07 将云彩图层的“不透明度”设置为 50%，按住 Alt 键，在云彩图层与文字图层之间单击，创建剪贴蒙版，图像完成制作，如图 8-59 所示。

图 8-59

8.8 蜜汁文字——甜甜的蛋糕

本节主要利用图层样式制作蜜汁字效。

01 启动 Photoshop CC 2017 软件，执行“文件”|“打开”命令，打开“背景”素材，如图 8-60 所示。

02 选择工具箱中的“文字” T，在工具属性栏中设置字体为 Pacifico，设置字号为 160 点，并设置文字填充颜色为 #ffffff，输入文字 Sweet，如图 8-61 所示。

图 8-60

图 8-61

03 选中文字图层并单击“图层”面板中的“添加图层样式”按钮 fx，在菜单中选择“斜面和浮雕”选项，选中“等高线”复选框，设置样式为“内斜面”，方法为“平滑”，“深度”为 297%，方向为“上”，“大小”为 49 像素，“软化”为 10 像素；设置阴影的“角度”为 90°，“高度”为 70°，高光模式为“线性减淡（添加）”，“不透明度”为 100%，阴影模式为“正片叠底”，“不透明度”为 75%，如图 8-62 所示。

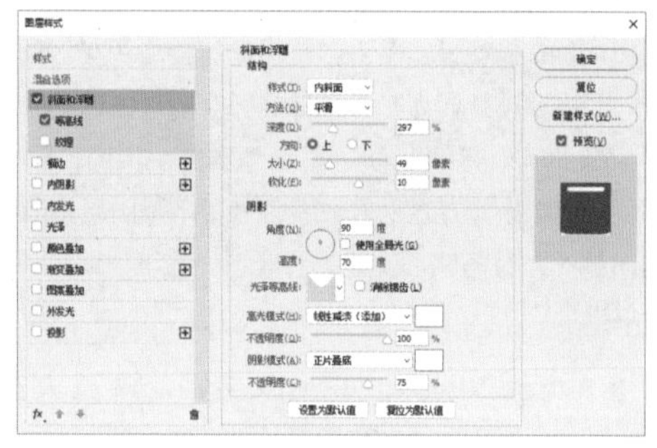

图 8-62

04 选中“等高线”复选框，单击“等高线”拾色器的小三角形按钮，在菜单中选择“高斯”，设置“范围”为 100%，如图 8-63 所示。

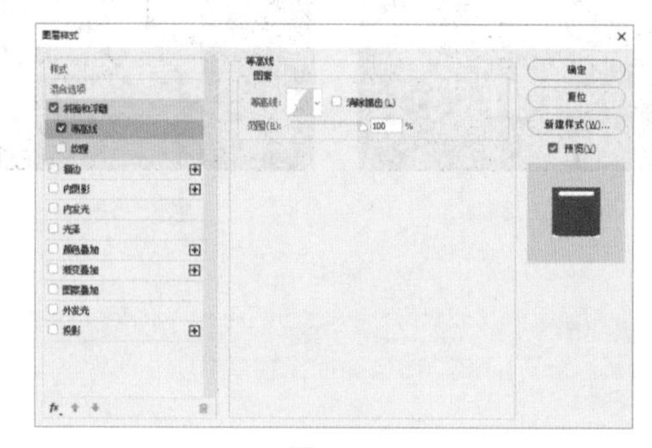

图 8-63

05 选中“内发光”复选框，设置混合模式为“正片叠底”，“不透明度”为 100%，“颜色”为 #720b00，图素的“阻塞”为 3%，“大小”为 16 像素，品质的“范围”为 50%，如图 8-64 所示。

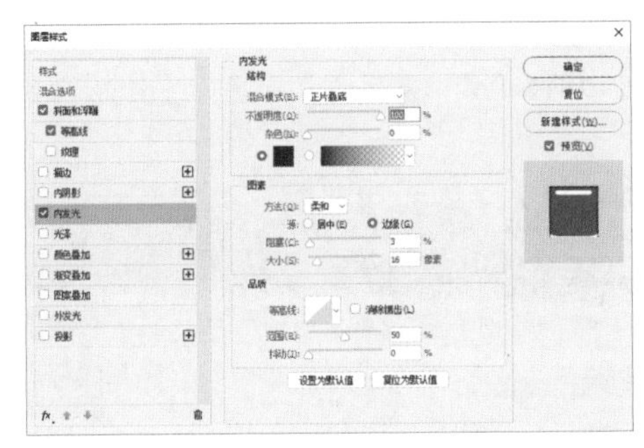

图 8-64

06 选中“渐变叠加”复选框，设置混合模式为“正常”，“不透明度”为 100%，渐变的起点颜色为 #d6782d，结束点颜色为 #ba5a1f，样式为“线性”，“角度”为 90°，如图 8-65 所示。

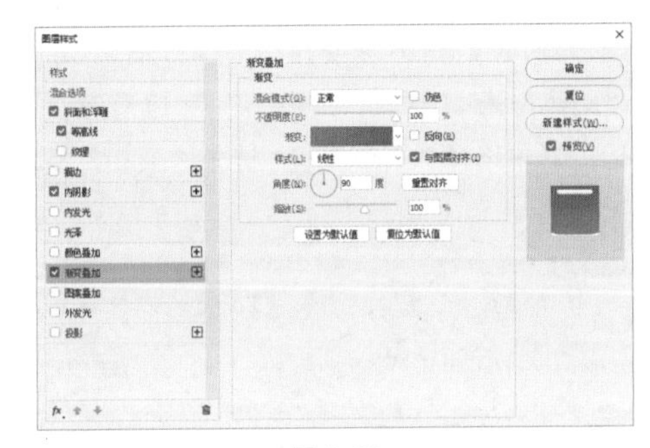

图 8-65

07 选中“投影”复选框，设置混合模式为“正常”，投影颜色为 #471700，“不透明度”为 18%，“距离”为 3 像素，“阻塞”为 21%，“大小”为 5 像素，如图 8-66 所示。

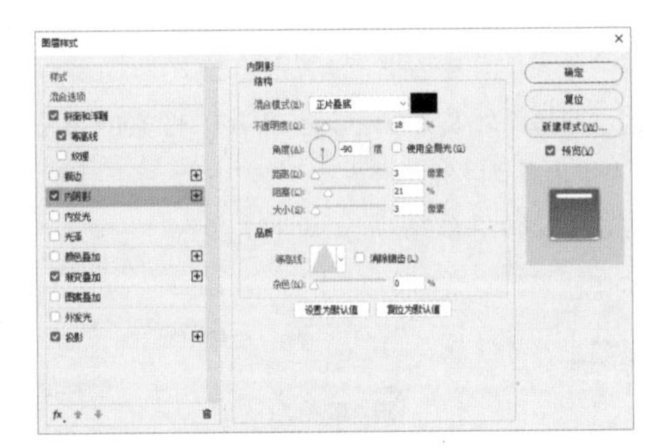

图 8-66

08 单击“确定”按钮后，效果如图 8-67 所示。

09 按快捷键 Ctrl+J 复制文字图层，双击图层上右侧的 fx 小图标，弹出“图层样式”对话框。取消选中“内发光”“渐变叠加”和“投影”复选框，单击“斜面和浮雕”复选框，设置样式为“内斜面”，方法为“平滑”，“深度”为 52%，方向为“上”，“大小”为 38 像素，“软化”为 0 像素；设置阴影的“角度”为 90°，“高度”为 70°，选择高光模式为“滤色”，“不透明度”为 60%，阴影模式为“正片叠底”，“不透明度”为 0%，如图 8-68 所示。

图 8-67

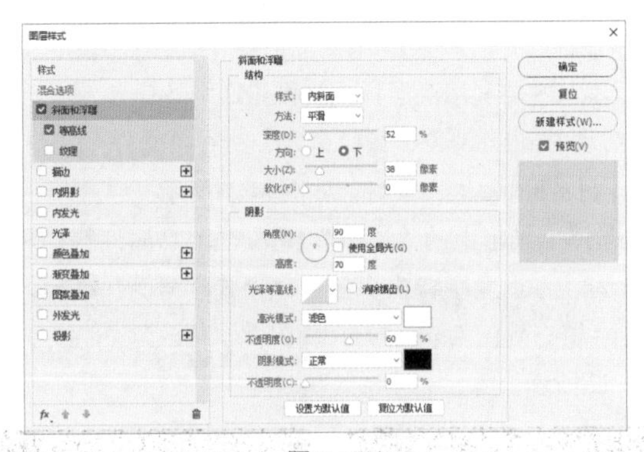

图 8-68

10 单击“确定”按钮，并在“图层”面板中设置该图层的填充为 0%，效果如图 8-69 所示。

图 8-69

提示

图层的“填充”与“不透明度”的区别：填充只对图层上的填充颜色起作用，对图层上添加的一些特效，如描边、投影、斜面浮雕等不起作用；不透明度对整个图层起作用，包括图层特效，如阴影、外发光等。

11 按住 Ctrl 键，选择两个 Sweet 图层，并拖到“图层”面板中的“创建新图层”按钮上，复制这两个图层。

12 将复制图层上的文字更改为 Cake，设置文字大小为 138 点，使文字置于画面中的合适位置，图像完成制作，如图 8-70 所示。

图 8-70

8.9 霓虹字——欢迎光临

本节主要利用图层样式制作霓虹字效。

01 启动 Photoshop CC 2017 软件，执行“文件”|“打开”命令，打开“背景”素材，如图 8-71 所示。

02 选择工具箱中的“文字” T，在工具属性栏中设置字体为“方正兰亭特黑简体”，设置字号为 133 点，并给文字填充颜色为 #ffe793，输入文字“欢迎光临”，如图 8-72 所示。

图 8-71

欢迎光临

图 8-72

03 选中文字图层并单击“图层”面板中的“添加图层样式”按钮 fx，在菜单中选择“斜面和浮雕”选项，设置样式为“内斜面”，方法为“平滑”，“深度”为 409%，方向为“上”，“大小”为 13 像素；设置阴影的“角度”为 45°，“高度”为 58°，光泽等高线为“半圆”，高光模式为“滤色”，“不透明度”为 100%，阴影模式为“正片叠底”，“不透明度”为 0%，如图 8-73 所示。

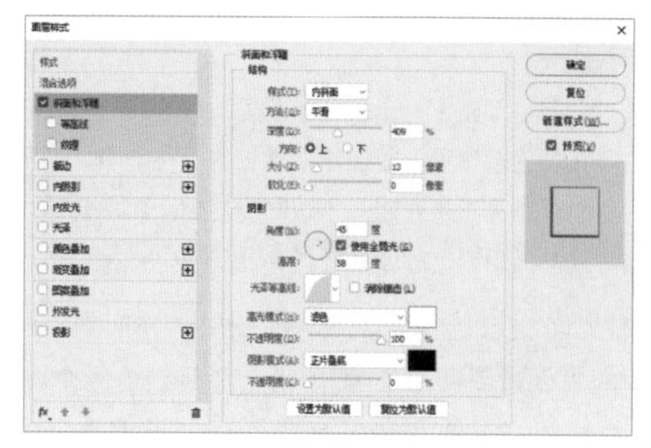

图 8-73

04 选中“内发光”复选框，设置混合模式为“正常”，“不透明度”为 80%，颜色为 #fff000，图素的“阻塞”为 0%，“大小”为 12 像素，品质的“范围”为 61%，如图 8-74 所示。

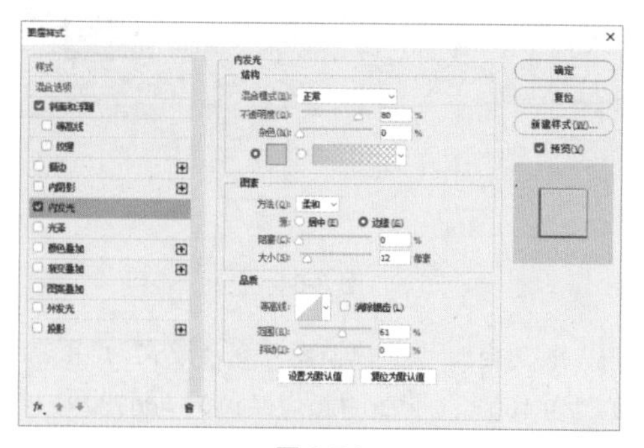

图 8-74

05 选中“光泽”复选框，设置混合模式为“滤色”，叠加颜色为白色，“不透明度”为 42%，“角度”为 19°，“距离”为 11 像素，“大小”为 14 像素；在“等高线”拾色器中选择“高斯”，选中“反相”复选框，如图 8-75 所示。

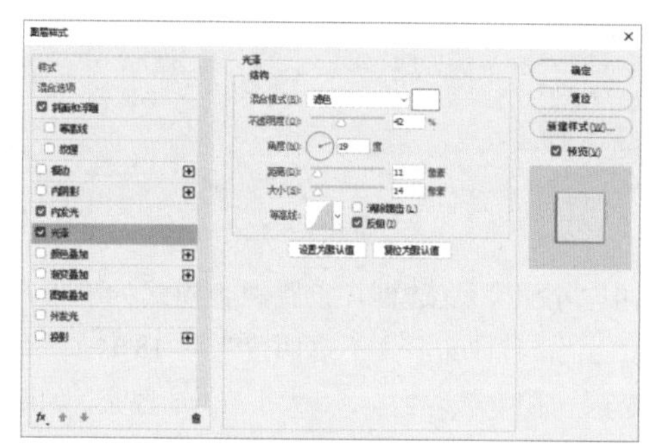

图 8-75

06 选中“外发光”复选框，设置混合模式为“正常”，“不透明度”为 75%，外发光颜色为 #cf9700，图素的方法为“柔和”，“扩展”为 0%，“大小”为 35 像素，品质的“范围”为 32%，如图 8-76 所示。

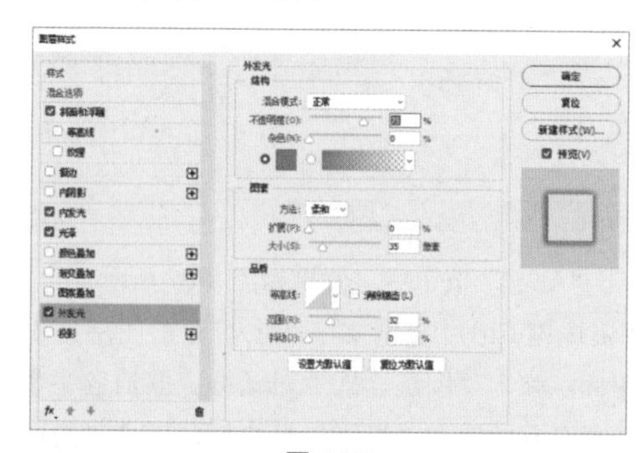

图 8-76

07 选中“投影”复选框，设置混合模式为“正常”，投影颜色为 #904b00，“不透明度”为 75%，“角度”为 120°，“距离”为 27 像素，“大小”为 95 像素，如图

8-77 所示。

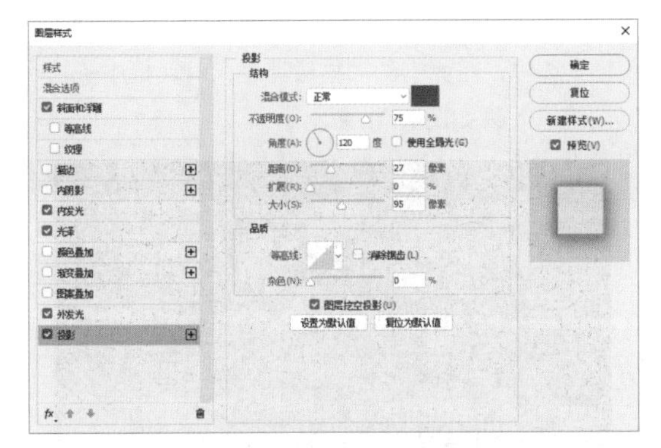

图 8-77

08 单击“确定”按钮后，效果如图 8-78 所示。

09 按快捷键 Ctrl+J 复制“欢迎光临”图层，将文字更改为 Welcome，更改文字大小为 66 点，填充颜色 #ebbbff，如图 8-79 所示。

图 8-78

图 8-79

10 双击图层上右侧的 fx 小图标，在“图层样式”对话框中，分别将“内发光”的颜色更改为 #dd00fe、“外发光”的颜色更改为 #b41ff9、投影的颜色更改为 #c200df，单击“确定”按钮后，效果如图 8-80 所示。

> **提示**
> 依次类推，若要制作其他颜色的霓虹字，可分别将填充颜色、内发光、外发光和投影的颜色更改为同一色系并逐步加深的颜色。

11 选择工具箱中的“自定义形状”工具，在工具属性栏的“自定形状”拾色器中选择“箭头 9”选项，单击并拖动，绘制一个箭头形状，并填充颜色为 #afffb8，如图 8-81 所示。

图 8-80

图 8-81

12 选择 Welcome 图层，按快捷键 Ctrl+J 复制该图层，单击并拖动该图层上的“图层样式”小图标 fx 到箭头图层上。此时，复制的 Welcome 图层样式将应用到箭头图层上。

13 双击图层上右侧的 fx 小图标，在“图层样式”对话框中，分别将“内发光”的颜色更改为 #00ff42、“外发光”的颜色更改为 #00cf05、投影的颜色更改为 #038700，单击“确定”按钮，如图 8-82 所示，图像制作完成。

图 8-82

8.10　星光文字——新年快乐

本节主要利用描边路径结合图层样式制作星光字效。

01 启动 Photoshop CC 2017 软件，执行“文件”|“打开”命令，打开“背景”素材，如图 8-83 所示。

02 选择工具箱中的“文字”T，在工具属性栏中设置字体为“方正吕建德字体”，设置字号为 213 点，并给文字填充白色，输入文字“新年快乐”，如图 8-84 所示。

图 8-83

图 8-84

03 按住 Ctrl 键，单击文字图层缩略图，将文字边缘载入选区。移动光标到文字图层缩略图之后，右击，在弹出的快捷菜单中选择“创建工作路径”命令，如图 8-85 所示。

04 单击文字图层前的“小眼睛”图标，将文字隐藏。

05 将前景色设置为白色，选择“画笔”工具，单击“切换画笔面板”按钮，打开“画笔”面板，如图 8-86 所示。

> **提示**
> 画笔预设描边在 5.11 节有相应案例的介绍。

图 8-85

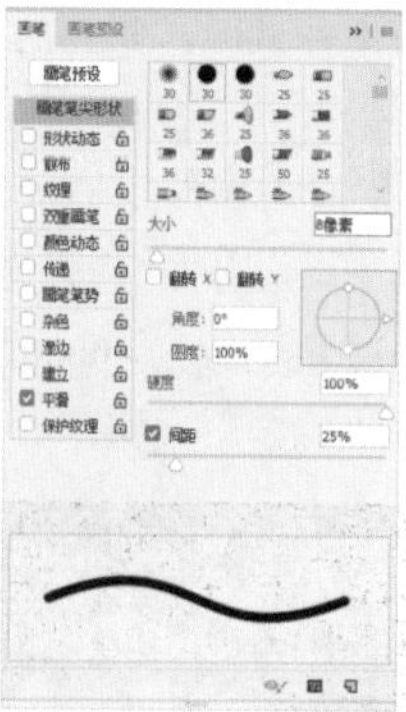

图 8-86

06 选择一个硬边圆，设置“画笔笔尖形状”的属性，其“大小”为 8 像素，“硬度”为 100%，选中“间距”复选框并设置“间距”为 100%，并取消选中“平滑”复选框，如图 8-87 所示。

07 选中“画笔”面板左侧的“形状动态”复选框，设置“大小抖动”为 60%，如图 8-88 所示。

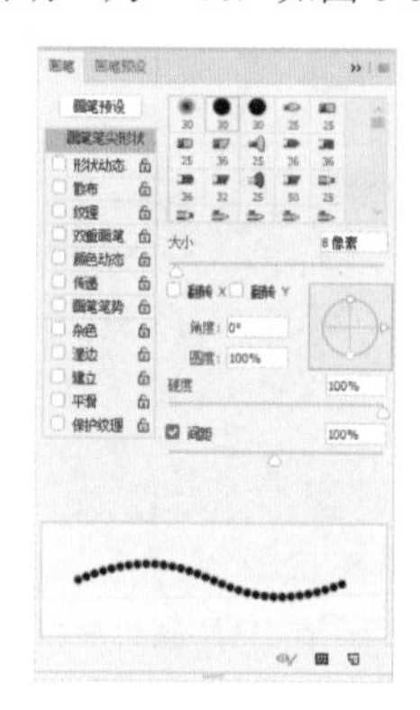

图 8-87

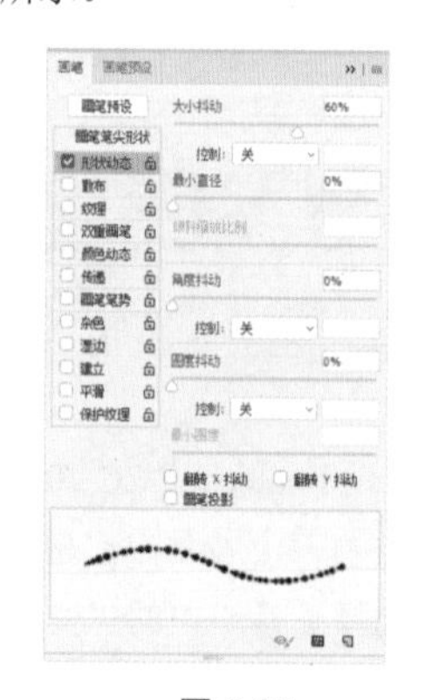

图 8-88

08 选中“画笔”面板左侧的“散布”复选框，设置“散布”值为 695%，并选中“两轴”复选框，在“数值”文本框中输入 2，“数量”抖动为 0%，如图 8-89 所示。

09 选中“画笔”面板左侧的“传递”复选框，设置“不透明度抖动”值为 100%，“流量抖动”值为 0%，如图 8-90 所示。

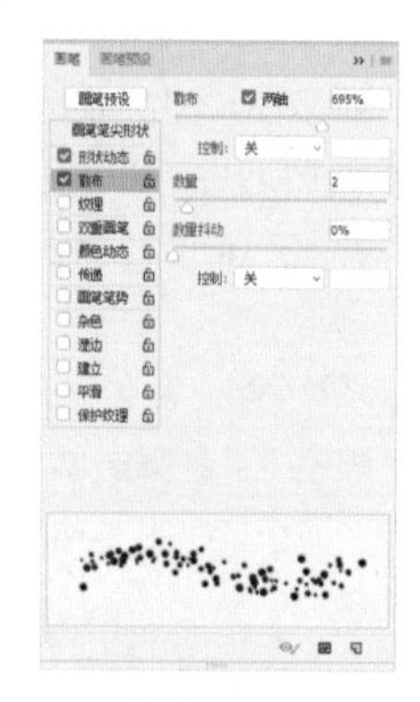

图 8-89

图 8-90

10 单击“创建新图层”按钮，创建一个新的空白图层。

11 在“路径”面板中，右击，在弹出的快捷菜单中选择“描边路径”选项，在弹出的“描边路径”对话框中单击“确定”按钮，效果如图 8-91 所示。

图 8-91

12 回到“图层”面板选择该图层，右击，在弹出的快捷菜单中选择“转换为智能对象”命令。

13 单击“图层”面板中的“添加图层样式”按钮 fx，在菜单中选择“外发光”选项。在弹出的“图层样式”对话框中，选中“外发光”复选框，设置混合模式为“滤色”，“不透明度”为 75%，“杂色”为 11%，外发光颜色为 #150ff6，图素的方法为“柔和”，“扩展”为 100%，“大小”为 0 像素，品质的“范围”为 50%，如图 8-92 所示。

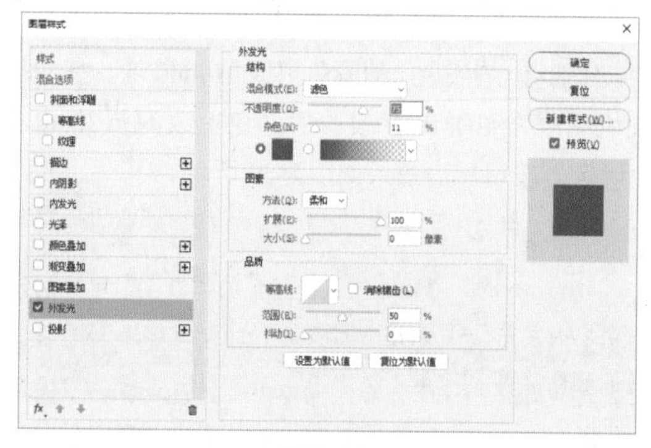

图 8-92

14 单击“确定”按钮后，效果如图 8-93 所示。

15 选择工具箱中的“文字”T，在工具属性栏中设置字体为 BM receipt，设置字号为 25 点，并给文字填充白色，输入文字 HAPPY NEW YEAR，如图 8-94 所示。

图 8-93

图 8-94

16 单击“图层”面板中的“添加图层样式”按钮 fx，在菜单中选择“外发光”选项。在弹出的“图层样式”对话框中，选中“外发光”复选框，设置混合模式为“滤色”，“不透明度”为 75%，“杂色”为 11%，外发光颜色为 #150ff6，图素的方法为“柔和”，“扩展”为 50%，“大小”为 5 像素，品质的“范围”为 50%，如图 8-95 所示。

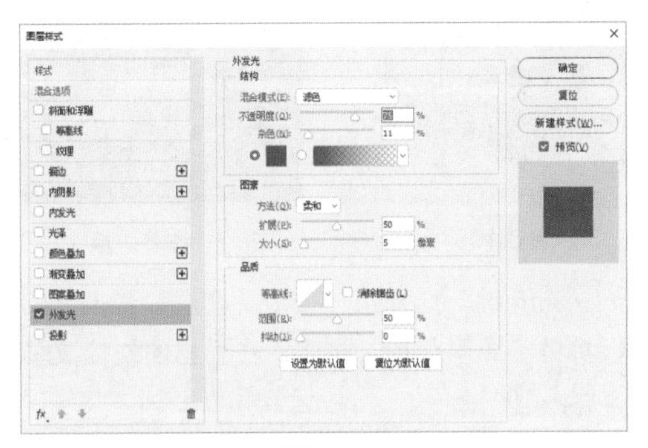

图 8-95

17 单击“确定”按钮后，效果如图 8-96 所示，图像完成制作。

图 8-96

8.11　橙子文字——Orange

本小节主要利用图层样式结合剪贴蒙版制作橙子字效。

01 启动 Photoshop CC 2017 软件，执行“文件”|“打开”命令，打开“背景”素材，如图 8-97 所示。

图 8-97

02 选择工具箱中的“文字”工具 T，在工具属性栏中设置字体为 Corpulent Caps(BRK)，设置字号为 161 点，并给文字填充白色，输入文字 ORANGE，如图 8-98 所示。

图 8-98

03 选中文字图层并单击“图层”面板中的“添加图层样式”按钮 fx，在菜单中选择“描边”选项，设置描边大小为 8 像素，颜色为 #fff100，如图 8-99 所示。

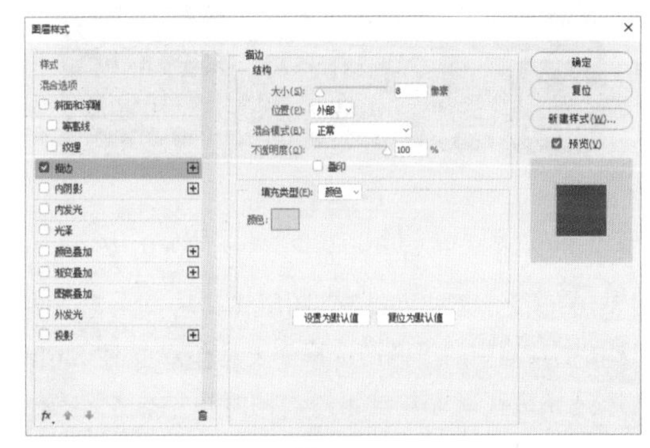

图 8-99

04 选中“内发光”复选框，设置混合模式为“正片叠底”，“不透明度”为 100%，颜色为 #6e1e05，图素的“阻塞”为 9%，“大小”为 13 像素，品质的“范围”为 82，如图 8-100 所示。

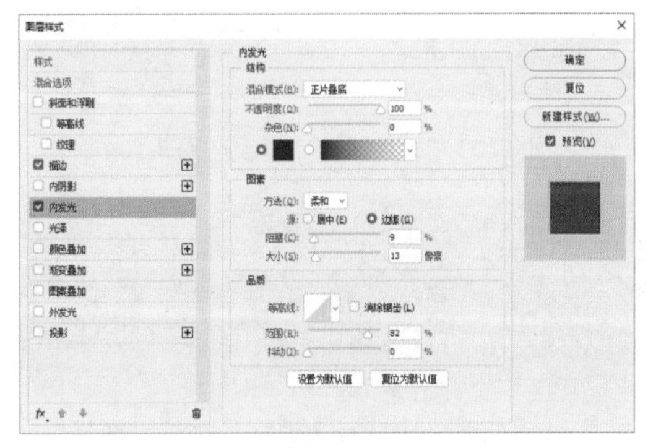

图 8-100

05 选中“投影”复选框，设置“不透明度”为 75%，“角度”为 120°，“距离”为 13 像素，“扩展”为 26%，“大小”为 5 像素，如图 8-101 所示。

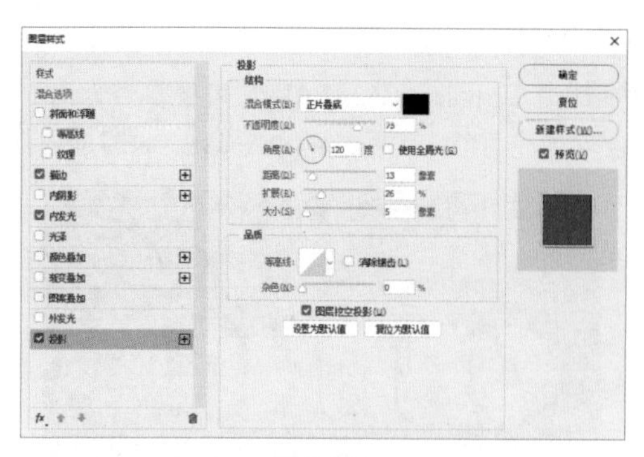

图 8-101

06 单击“确定”按钮后，效果如图 8-102 所示。

图 8-102

07 执行“文件”|“打开”命令，打开“橙子”素材，如图 8-103 所示，双击“背景”图层将其转换为普通图层。

08 选择工具箱中的“椭圆选框”工具，按住 Shift 键，拖出选区并按住鼠标左键不松，同时再按住空格键，将选区拖移到合适位置，如图 8-104 所示。

图 8-103　　图 8-104

> **提示**
>
> 在不松开鼠标左键的情况下，按住空格键，能手动调整选区的位置。松开空格键后拖动鼠标，还可以变化选区的大小。

09 按快捷键 Ctrl+Shift+I 反选选区，执行“选择”|“修改”|“羽化”命令，在弹出的“羽化选区”对话框中输入“羽化半径”为 5 像素，按 Delete 键删除选区内的像素，如图 8-105 所示。

10 选择工具箱中的“移动”工具，拖移橙子图像到文字的文档中，调整大小后按 Enter 键确认。

11 按住 Alt 键，拖移并复制多个橙子直到覆盖文字，如图 8-106 所示。

图 8-105

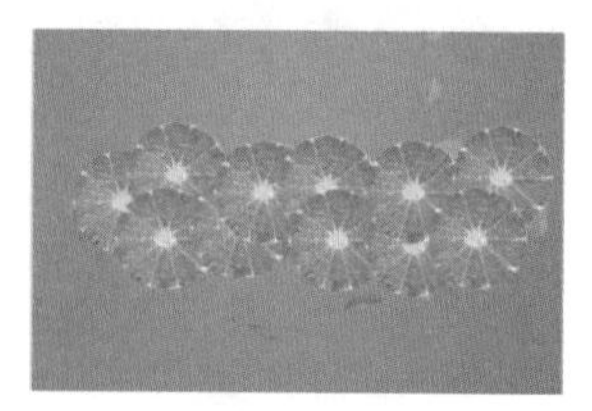

图 8-106

12 按住 Shift 键，选择第一个橙子图层和最上方的橙子图层，将橙子图层全选，右击，在弹出的快捷菜单中选择“合并图层”命令。

> **提示**
>
> 组和组之间或组在图层上方，则不能创建剪贴蒙版，因为此处没有将所有图层创建组，而是直接合并图层。

13 按住 Alt 键，在“图层”面板中合并的橙子图层和文字图层之间单击，创建剪贴蒙版，如图 8-107 所示。

图 8-107

14 选择“叶子”素材，并拖入文档，调整大小后按 Enter 键确认，图像制作完成，如图 8-108 所示。

图 8-108

Photoshop 作为一款功能极其强大的图像处理软件，可以轻松地对图像进行“移花接木”，对图像进行创造性的合成，创造现实世界不可能实现的图像。本章通过 12 个充满想象力的合成作品，让读者了解影像合成的基本方法。

第 9 章 视频

第 9 章 素材

9.1 超现实影像合成——被诅咒的公主

本节通过抠图、“动感模糊”滤镜和可选颜色图层效果合成一张具有魔幻色彩的图像。

01 启动 Photoshop CC 2017，执行“文件”|“打开”命令，打开“背景”素材，如图 9-1 所示。

02 选择“公主”素材，并拖入文档，调整大小后按 Enter 键确认，如图 9-2 所示。

图 9-1

图 9-2

03 将人物抠出，如图 9-3 所示。

提示

人物发丝及婚纱半透明抠图参考 6.3 节的案例介绍。

04 选择“书本”素材，并拖入文档，调整大小后按 Enter 键确认，如图 9-4 所示。

图 9-3

图 9-4

05 将书本图层的“不透明度”调整为 60%，执行“滤镜”|“模糊”|“动感模糊”命令，设置“角度”为 -45°，“距离”为 16 像素，如图 9-5 所示。

提示

“动感模糊”滤镜可以模拟物体运动的效果。“角度”设置运动的方向，范围从 -360 到 360；“距离”设置像素的移动距离，“距离”越大图像越模糊。其他模糊效果参考 6.16 节的案例介绍。

06 单击“确认”按钮，书本出现动感模糊效果，如图 9-6 所示。

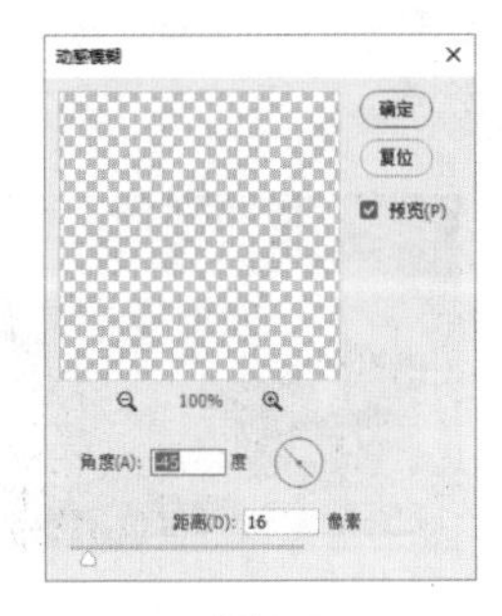

图 9-5

图 9-6

07 选择“大象”“皇冠”和“翅膀”素材，并拖入文档，调整大小后按 Enter 键确认，如图 9-7 所示。

图 9-7

08 单击“图层”面板中的“创建新的填充或调整图层”按钮，在菜单中选择“可选颜色”命令，在“属性”面板中，颜色选择“红色”，设置青色为+100，洋红为-100，黄色和黑色均为 +100，如图 9-8 所示。

09 在“属性”面板中，颜色选择“黄色”，设置青色为 +100，洋红为 0，黄色为 -100，黑色为 +100，如图 9-9 所示。

图 9-8

图 9-9

10 按住 Alt 键，在可选颜色图层与皇冠图层之间单击，创建剪贴蒙版，此时，皇冠的颜色发生改变，如图 9-10 所示。

11 单击“图层”面板中的“创建新图层”按钮，创建一个新的空白图层。将前景色设置为 #b38850，按快捷键 Alt+Delete 填充颜色，并将图层的“不透明度”更改为 55%，如图 9-11 所示。

图 9-10

图 9-11

12 将填充的颜色图层的图层模式更改为“正片叠底”，图像制作完成，如图 9-12 所示。

图 9-12

9.2 超现实影像合成——笔记本电脑中的秘密

本节主要利用蒙版和图层混合模式来合成从笔记本电脑中冲出来汽车的图像效果。

01 启动 Photoshop CC 2017，执行“文件”|“打开”命令，打开“背景”素材，如图 9-13 所示。

图 9-13

02 选择“汽车”素材，并拖入文档，调整大小和方向后，按 Enter 键确认。

03 单击“图层”面板中的“添加图层蒙版”按钮，为汽车图层创建蒙版。

04 选择工具箱中的“多边形套索”工具，沿笔记本电脑屏幕边缘及汽车尾部创建选区，如图 9-14 所示。

05 将前景色设置为黑色，按快捷键 Alt+Delete 为蒙版上的选区填充黑色，如图 9-15 所示。

图 9-14

图 9-15

> **提示**
>
> 按住 Alt 键再添加图层蒙版，蒙版为黑色，图像为不可见；直接添加图层蒙版，蒙版为白色，图像可见。

06 选择“碎玻璃”素材，并拖入文档，调整大小和方向后，按 Enter 键确认，如图 9-16 所示。

07 将碎玻璃图层的混合模式更改为“滤色”，如图 9-17 所示。

图 9-16

图 9-17

> **提示**
>
> “滤色”混合模式参考 4.8 节的案例介绍。

08 按快捷键 Ctrl+J 复制碎玻璃图层，并按快捷键 Ctrl+T 旋转并移动图层，按 Enter 键确认，如图 9-18 所示。

09 执行“滤镜”|“模糊”|“动感模糊”命令，设置“角度”为 0°，“距离”为 30 像素，如图 9-19 所示。

图 9-18

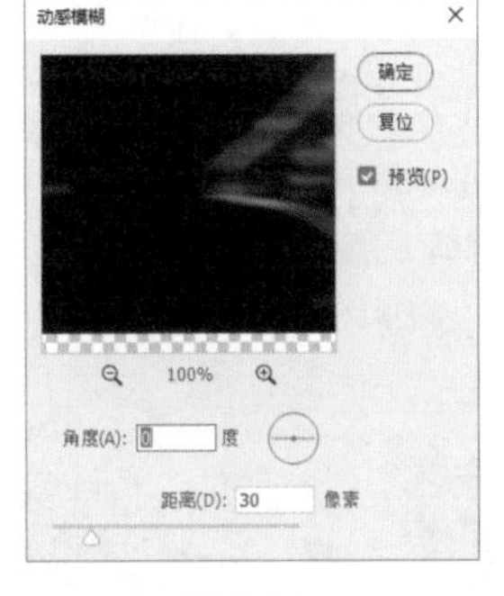

图 9-19

10 单击“确定”按钮后，碎玻璃出现动感模糊效果，如图 9-20 所示。

11 单击“图层”面板中的“添加图层蒙版”按钮，为模糊的碎玻璃图层创建蒙版。

12 选择工具箱中的“画笔”工具，将前景色设置为黑色，选择一种柔边画笔，按“[”键和“]”键调整画笔大小，在蒙版上涂抹，隐藏多余的玻璃，如图 9-21 所示。

图 9-20

图 9-21

13 用同样的方法，制作其他位置的碎玻璃飞溅的效果，图像完成制作，如图 9-22 所示。

图 9-22

9.3　梦幻影像合成——雪中的城堡

本节以不同色调的图层，通过色彩平衡和曲线来统一调色，合成“雪中的城堡”图像效果。

01 启动 Photoshop CC 2017，执行“文件”|“打开”命令，打开“背景”素材，如图 9-23 所示。

02 单击“图层”面板中的“创建新图层”按钮，创建一个新的空白图层。

03 选择工具箱中的“画笔”工具，将前景色设置为白色，选择一种柔边画笔，按“[”键和“]”键调整画笔大小，在图层上的不同区域单击，制作雪花飘落的效果，如图 9-24 所示。

图 9-23

图 9-24

04 选择“城堡”素材，并拖入文档，调整大小和方向后，按 Enter 键确认，如图 9-25 所示。

05 单击“图层”面板中的“添加图层蒙版”按钮，为城堡图层创建蒙版。

06 选择工具箱中的“画笔”工具，将前景色设置为黑色，选择一种柔边画笔，按“[”键和“]”键调整画笔大小，在城堡边缘涂抹，使城堡与背景融合得更好，如图 9-26 所示。

图 9-25

图 9-26

07 单击“图层”面板中的“创建新的填充或调整图层”按钮，在菜单中选择“曲线”选项，调整曲线的弧度，如图 9-27 所示。

08 单击“图层”面板中的“创建新的填充或调整图层”按钮，在菜单中选择“色彩平衡”选项，选择“中间调”，设置“青色—红色”的值为 -29，“洋红—绿色”的值为 -4，“黄色—蓝色”的值为 +36，如图 9-28 所示。

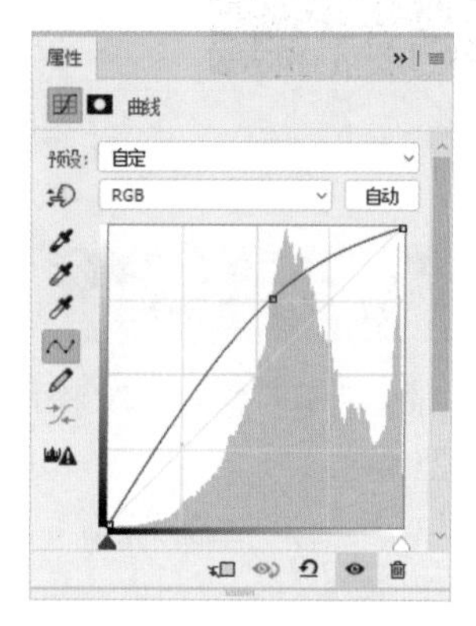

图 9-27

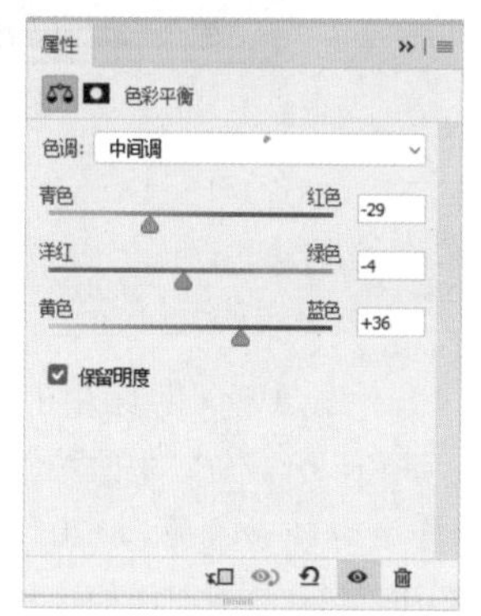

图 9-28

提示

“色彩平衡”的使用方法参考 4.13 节的案例介绍。

09 此时，图像色调发生变化，如图 9-29 所示。

10 选择“树木”素材，并拖入文档，调整大小和方向后，按 Enter 键确认，如图 9-30 所示。

图 9-29

图 9-30

11 单击“图层”面板中的“添加图层蒙版”按钮，为树木图层创建蒙版。

12 选择工具箱中的“画笔”工具，将前景色设置为黑色，选择一种柔边画笔，按“[”键和“]”键调整画笔大小，在树木区域涂抹，使树木与背景融合，如图 9-31 所示。

13 单击“图层”面板中的“创建新的填充或调整图层”按钮，在菜单中选择“色彩平衡”选项，选择“中间调”，设置“青色—红色”的值为 -51，“洋红—绿色”的值为 0，“黄色—蓝色”的值为 +19，如图 9-32 所示。

14 此时，树木的色调与背景一致，如图 9-33 所示。

15 选择“女王”素材，并拖入文档，调整大小后按 Enter 键确认，如图 9-34 所示。

图 9-31

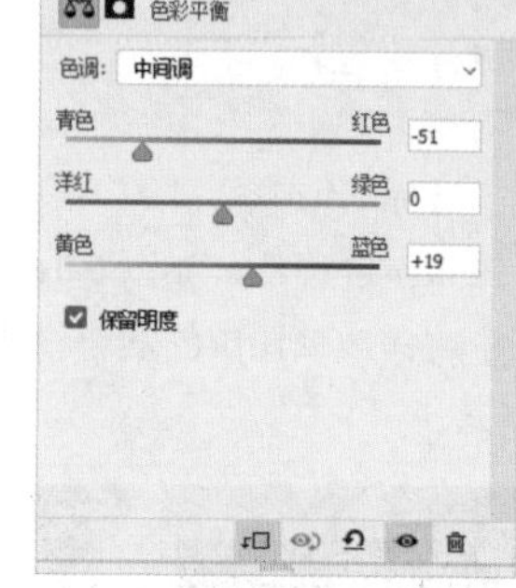

图 9-32

图 9-33

图 9-34

16 单击“图层”面板中的“添加图层蒙版”按钮，为女王图层创建蒙版。

17 选择工具箱中的“画笔”工具，将前景色设置为黑色，选择一种柔边画笔，按“[”键和“]”键调整画笔大小，在“女王”周围涂抹，使人物与背景融合，如图 9-35 所示。

18 用同样的方法，将“飞鸟”素材拖入文档，按 Enter 键确认后，将图层混合模式设置为“颜色加深”，并利用蒙版处理交接明显的边缘，图像制作完成，如图 9-36 所示。

图 9-35

图 9-36

9.4 梦幻影像合成——情迷美人鱼

本节学习利用“色彩平衡”“亮度 / 饱和度”和蒙版来合成一个海边的美人鱼图像效果。

01 启动 Photoshop CC 2017，执行“文件”|“打开”命令，打开“背景”素材，如图 9-37 所示。

02 选择“美人鱼”素材，并拖入文档，调整大小和方向后，按 Enter 键确认，如图 9-38 所示。

图 9-37

图 9-38

03 单击“图层”面板中的“添加图层蒙版”按钮，为美人鱼图层创建蒙版。

04 选择工具箱中的“画笔”工具，将前景色设置为黑色，选择一种柔边画笔，按“[”键和“]”键调整画笔大小，在“美人鱼”周围涂抹，使人物与背景融合，如图 9-39 所示。

05 单击“图层”面板中的“创建新的填充或调整图层”按钮，在菜单中选择“色彩平衡”选项，选择“中间调”，设置“青色—红色”的值为 -18，“洋红—绿色”的值为 0，“黄色—蓝色”的值为 +100，如图 9-40 所示。

图 9-39

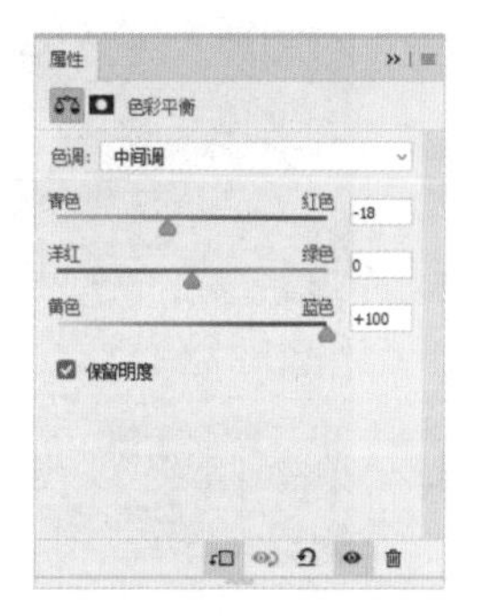

图 9-40

06 选择“高光”，设置“青色—红色”的值为 0，“洋红—绿色”的值为 0，“黄色—蓝色”的值为 +100，如图 9-41 所示。

07 按住 Alt 键，在色彩平衡图层与美人鱼图层之间单击，创建剪贴蒙版。

08 单击“图层”面板中的“创建新的填充或调整图层”按钮，在菜单中选择“亮度 / 对比度”选项，设置“亮度”为 21，“对比度”为 0，如图 9-42 所示。

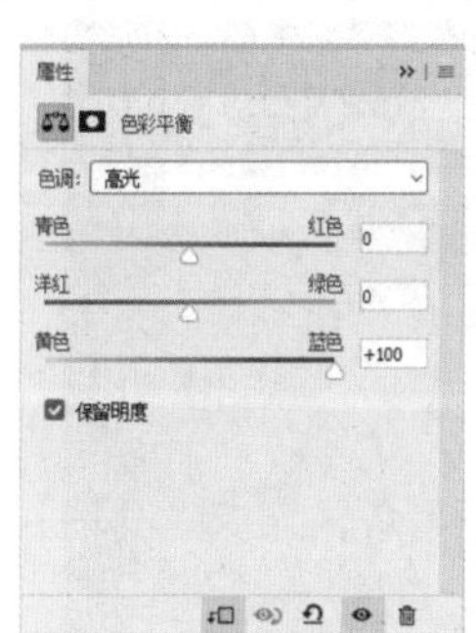

图 9-41

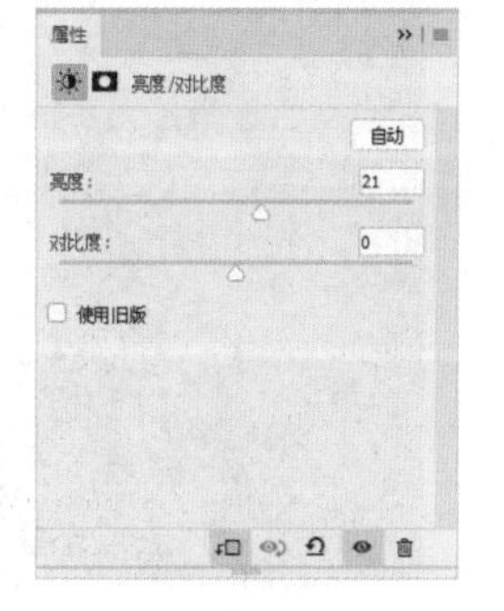

图 9-42

09 按住 Alt 键，在色彩平衡图层与亮度 / 对比度图层之间单击，创建剪贴蒙版。

10 此时，美人鱼图层的色调与背景协调一致，如图 9-43 所示。

11 选择“鱼尾”素材，并拖入文档，调整大小和方向后，按 Enter 键确认，如图 9-44 所示。

图 9-43

图 9-44

12 选择工具箱中的“文字”，在工具属性栏中设置字体为“方正小标宋简体”，设置字号为 90 点，并设置文字填充颜色 #f9c267，并输入文字“美”，如图 9-45 所示。

图 9-45

提示

金属质感字体制作方法参考 8.6 节的案例介绍。

13 单击“图层”面板中的“创建新的填充或调整图层”按钮，在菜单中选择“斜面和浮雕”选项，设置样式为“内斜面”，方法为“雕刻清晰”，“深度”为 1000%，方向为“上”，“大小”为 250 像素，“软化”为 0 像素；设置阴影的“角度”为 130°，“高度”为 20°，光泽等高线为“锥形”，高光模式为“实色混合”，“不透明度”为 65%，阴影模式为“线性加深”，“不透明度”为 20%，如图 9-46 所示。

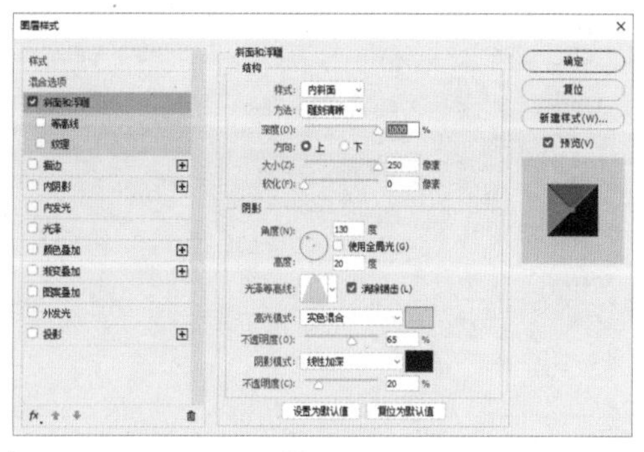

图 9-46

14 按快捷键 Ctrl+J 复制文字图层，将图层的“填充”设置为0%，单击“混合选项”，在“混合颜色带”下拉列表中选择“灰色”，将“本图层”的左侧滑块向右拖至数值为97的位置，如图9-47所示。

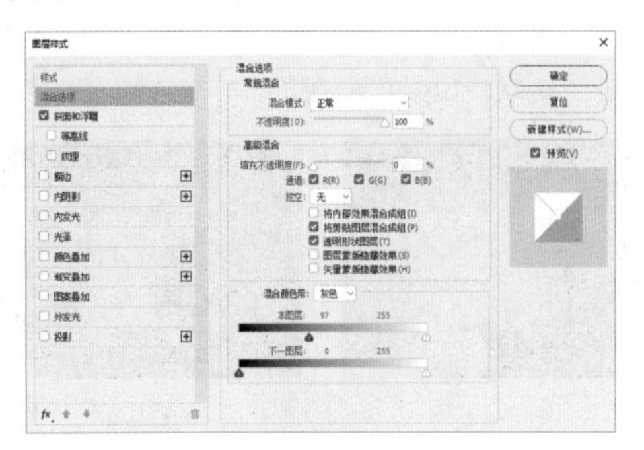

图 9-47

15 选择“斜面和浮雕”选项，更改样式为“内斜面”，方法为“平滑”，“深度”为1000%，方向为“上”，“大小”为0像素，“软化”为0像素；设置阴影的“角度”为130°，“高度”为20°，高光模式为“实色混合”，“不透明度”为65%，阴影模式为“线性加深”，“不透明”为20%，如图9-48所示。

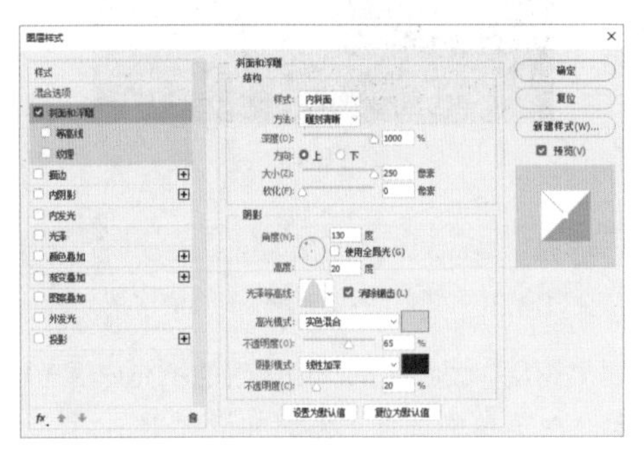

图 9-48

16 选择“纹理”选项，单击“图案”拾色器的小三角形按钮，单击小图标，在菜单中选择“填充纹理2”选项，追加图案。选择“稀疏基本杂色”图案，设置“缩放”为100%，“深度”为+100%，并选中“反相”和“与图层链接”复选项，如图9-49所示。

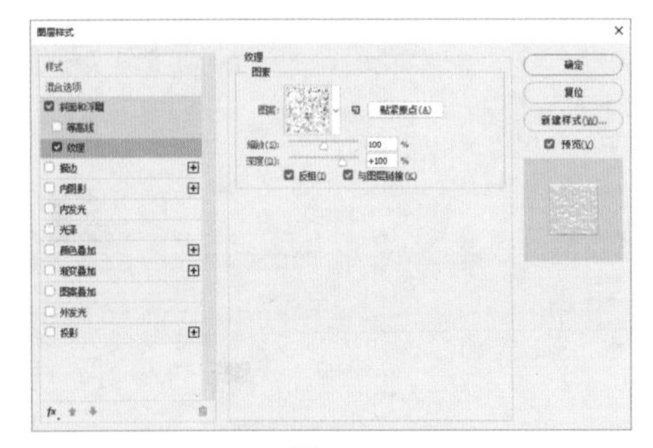

图 9-49

17 选择“图案叠加”选项，单击“图案”拾色器的小三角形按钮，单击小图标，在菜单中选择“填充纹理2”选项，追加图案。选择“稀疏基本杂色”图案，设置混合模式为“正片叠底”，“不透明度”为40%，“缩放”为100%，如图9-50所示。

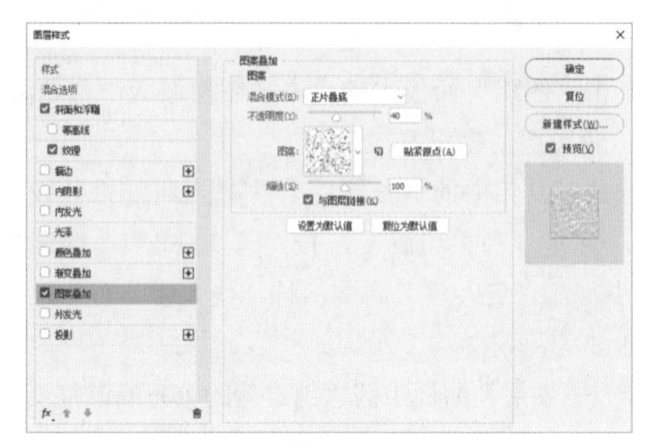

图 9-50

18 单击“确定”按钮后，文字效果如图9-51所示。

图 9-51

19 在“图层”面板中选择两个文字图层，并拖至“创建新图层”按钮上，复制图层，并将文字更改成“人”，用同样的方法制作“鱼”字。

20 在“图层”面板中选择两个“鱼”文字图层，并拖至“创建新图层”按钮上，复制图层，并将文字更改成 MERMAID，字体更改为 AddamsCapitals，字号更改为50点，颜色更改为#0087a3，图像制作完成，如图9-52所示。

图 9-52

9.5　梦幻影像合成——太空战士

本节学习利用“色彩平衡”合成太空战士图像效果。

01 启动 Photoshop CC 2017，执行“文件”|“打开”命令，打开“背景”素材，如图 9-53 所示。

02 单击“图层”面板中的“创建新的填充或调整图层”按钮，在菜单中选择“色彩平衡”选项，选择“中间调”，设置“青色—红色”的值为 0，“洋红—绿色”的值为 +48，“黄色—蓝色”的值为 +94，如图 9-54 所示。

图 9-53

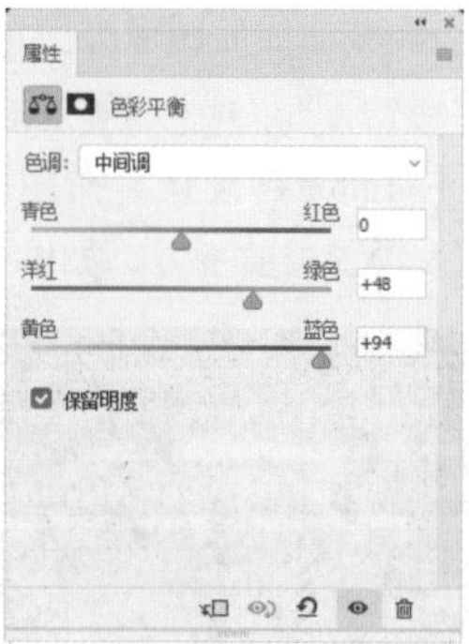

图 9-54

03 此时，背景色调发生变化，如图 9-55 所示。

04 选择“地球”素材，并拖入文档，调整大小和方向后，按 Enter 键确认，如图 9-56 所示。

图 9-55

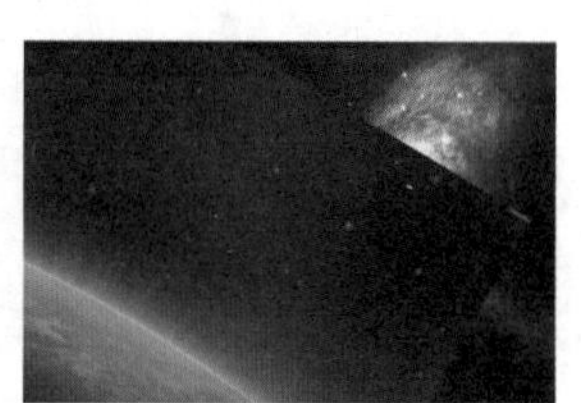

图 9-56

05 按住 Alt 键，单击“图层”面板中的“添加图层蒙版”按钮，为地球图层创建蒙版。

06 选择工具箱中的“渐变”工具，设置渐变起点颜色为黑色、终点颜色为白色的线性渐变，从地球图层的蒙版中心处向画面的左下方向单击并拖曳填充渐变，如图 9-57 所示。

07 选择“战士”素材，并拖入文档，调整大小和位置后，按 Enter 键确认，如图 9-58 所示。

图 9-57

图 9-58

08 单击“图层”面板中的“添加图层蒙版”按钮，为战士图层创建蒙版。

09 将前景色设置为黑色，选择工具箱中的“魔棒”工具，将人物之外的部分选出，并按快捷键 Alt+Delete 填充黑色。此时，人物被抠出，如图 9-59 所示。

10 单击“图层”面板中的“创建新的填充或调整图层”按钮，在菜单中选择“色彩平衡”选项，选择“中间调”，设置“青色—红色”的值为 -26，“洋红—绿色”的值为 +32，“黄色—蓝色”的值为 +98，如图 9-60 所示。

图 9-59

图 9-60

11 按住 Alt 键，在战士与色彩平衡图层之间单击，创建剪贴蒙版，此时的图像效果如图 9-61 所示。

12 单击“创建新图层”按钮，创建一个新的空白图层。将前景色设置为 #3466ba，选择工具箱中的“画笔”工具，并选择一种柔边画笔，按住鼠标左键沿剑的方向涂抹，并将该图层的混合模式更改为强光，如图 9-62 所示。

图 9-61

图 9-62

13 创建两个新图层，缩小画笔的大小，重复上一步的操作，将颜色分别更改为 #7ecef4 和白色后再进行涂抹，如图 9-63 所示。

图 9-63

14 选择工具箱中的“文字”工具T，在工具属性栏中设置字体为“方正小标宋简体”，设置字号为 60 点，并为文字制作金属效果，图像制作完成，如图 9-64 所示。

图 9-64

提示

金属质感字体制作的方法参考 8.6 节和 9.4 节的案例介绍。

9.6 残酷影像合成——火焰天使

本节巧妙结合“火焰”和“裂缝”素材，打造炫酷的火焰人图像效果。

01 启动 Photoshop CC 2017 软件，执行“文件” | “打开”命令，打开“背景”素材，如图 9-65 所示。

图 9-65

图 9-66

02 选择“人物”素材，并拖入文档，调整大小和位置后按 Enter 键确认，如图 9-66 所示。

03 选择人物图层，右击，在弹出的快捷菜单中选择“栅格化图层”命令，利用通道抠图结合“钢笔”工具将人物抠出并删除多余的部分，如图 9-67 所示。

提示

人物发丝结合“钢笔”工具抠图的操作参考 6.5 节的案例介绍。

04 单击“图层”面板中的“创建新的填充或调整图层”按钮，在菜单中选择“曲线”选项，并调整曲线的弧度，如图 9-68 所示。

图 9-67

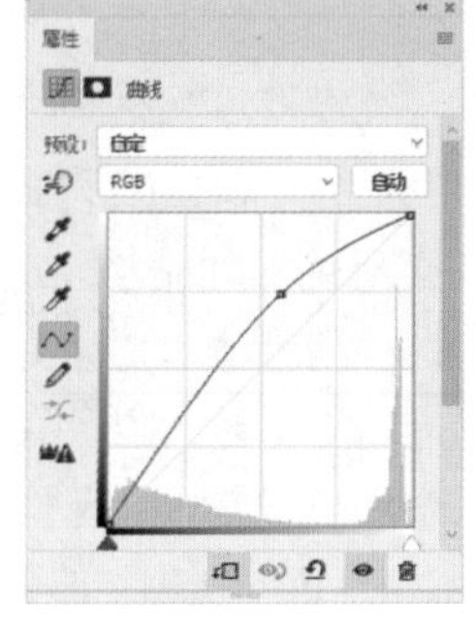

图 9-68

05 调整曲线后图像亮度增加，如图 9-69 所示。

06 选择“火焰”素材，并拖入文档，调整大小和位置后按 Enter 键确认。在图层面板中选择火焰图层，并置于人物图层的下方，如图 9-70 所示。

图 9-69

图 9-70

07 选择火焰图层，单击“图层”面板中的“创建新的填充或调整图层”按钮，在菜单中选择“色相 / 饱和度”选项，选择“全图”，设置“色相”为 0，“饱和度”为 -12，“明度”为 0，如图 9-71 所示。

提示

此步骤是将火焰图层的红色调整为略黄的色调，从而与之后的其他素材颜色相匹配。

08 选择“红色”，设置“色相”为 +6，“饱和度”为 0，“明度”为 0，如图 9-72 所示。

图 9-71

图 9-72

09 调整后的图像效果如图 9-73 所示。

10 选择“小裂缝”素材，并拖入文档，调整大小和位置后按 Enter 键确认。

11 按快捷键 Ctrl+J 复制小裂缝图层，并将两个小裂缝图层置于人物图层的上方，如图 9-74 所示。

图 9-73

图 9-74

12 将两个小裂缝图层的混合模式设置为“正面叠底”，按住 Alt 键，分别在人物图层与小裂缝图层、小裂缝图层与小裂缝图层之间单击，创建剪贴蒙版，如图 9-75 所示。

提示

剪贴蒙版的最下面一层相当于底板，上面的图层基于底板的形状剪贴；连续创建多个剪贴蒙版，需要底板上方的每个图层都创建剪贴蒙版。

13 选择“大裂缝”素材，并拖入文档，调整大小和位置后按 Enter 键确认，如图 9-76 所示。

图 9-75

图 9-76

14 将大裂缝图层的混合模式设置为“颜色加深”，按住 Alt 键，在大裂缝图层与小裂缝图层之间单击，创建剪贴蒙版。

15 单击“图层”面板中的“添加图层蒙版”按钮，为大裂缝图层创建蒙版。选择工具箱中的“画笔”工具，将前景色设置为黑色，选择一种柔边画笔，按“[”键和“]”键调整画笔大小，在大裂缝图层边缘涂抹，使裂缝与人物的交界处不明显，如图 9-77 所示。

16 单击“创建新图层”按钮，创建一个新的空白图层，将图层命名为“浅红”。选择工具箱中的“画笔”工具，将前景色设置为#c55133，选择一种柔边画笔，按“[”键和“]”键调整画笔大小，在裂缝处涂抹，并将该图层的混合模式设置为“滤色”，如图 9-78 所示。

图 9-77

图 9-78

17 单击“创建新图层”按钮，创建一个新的空白图层，将图层命名为“深红”。将前景色更改为 #600b02，选择一种柔边画笔，按“[”键和“]”键调整画笔大小，在裂缝处涂抹，并将该图层的混合模式设置为“滤色”，如图 9-79 所示。

18 按住 Alt 键，分别在浅红图层与大裂缝图层、浅红图层和深红图层之间单击，创建剪贴蒙版。

19 选择“岩浆”素材，并拖入文档，调整大小和位置后按 Enter 键确认，如图 9-80 所示。

图 9-79

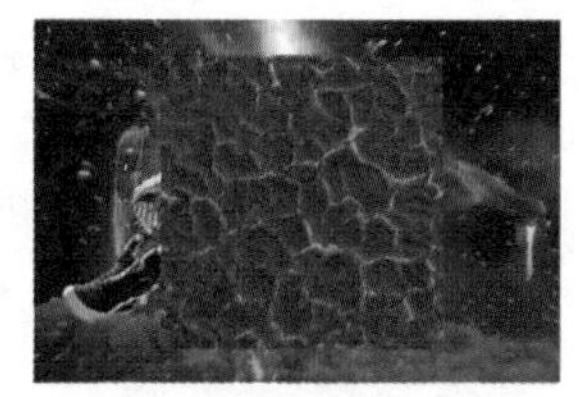

图 9-80

20 设置岩浆图层的混合模式为“浅色”，按住 Alt 键，在深红图层与岩浆图层之间单击，创建剪贴蒙版。

21 单击“图层”面板中的“添加图层蒙版”按钮，给岩浆图层创建蒙版。选择工具箱中的“画笔”工具，将前景色设置为黑色，选择一种柔边画笔，按“[”键和“]”键调整画笔大小，在岩浆图层边缘处涂抹，使岩浆与人物的交界处不明显，如图 9-81 所示。

22 选择“火焰 2”素材，并拖入文档，调整大小和位置后按 Enter 键确认，并用同样的方法给火焰图层添加蒙版并涂抹，如图 9-82 所示。

图 9-81

图 9-82

23 选择“翅膀”素材，并拖入文档，并用同样的方法给翅膀图层添加蒙版并涂抹，使人物与翅膀的自然衔接。

24 按快捷键 Ctrl+J 复制翅膀图层，并调整翅膀的方向，如图 9-83 所示。

25 单击“创建新图层”按钮，创建一个新的空白图层，并将图层置于人物图层的下方。

26 选择工具箱中的“画笔”工具，将前景色设置为黑色，将图层的“不透明度”设置为 75%，选择一柔边画笔，按“[”键和“]”键调整画笔大小，在空白图层上人物的鞋子下方和坐的地方涂抹，为人物制作阴影，如图 9-84 所示，图像制作完成。

图 9-83

图 9-84

9.7 趣味影像合成——香蕉爱度假

本节学习通过水果图像的组合合成正在进行阳光浴的香蕉人图像效果。

01 启动 Photoshop CC 2017，执行“文件”|“新建”命令，新建一个宽为 3000 像素、高为 2000 像素、分辨率为 300 的 RGB 文档。

02 选择“渐变”工具，设置渐变起点颜色为 #a1dcd4、终点颜色为 #61b4a3 的径向渐变，从画面中心向外水平单击并拖曳填充渐变，如图 9-85 所示。

03 选择“水果”文件夹中的所有水果素材，并全部拖入文档，按 Enter 键一一确认。通过按快捷键 Ctrl+T 调整每个图层的水果大小，摆成错落的背景，如图 9-86 所示。

图 9-85

图 9-86

04 选择“太阳伞”和“沙滩椅”素材，并拖入文档，调整大小和位置后按 Enter 键确认，如图 9-87 所示。

05 选择“香蕉”素材，并拖入文档，调整大小和位置后按 Enter 键确认，如图 9-88 所示。

图 9-87

图 9-88

06 按住 Alt 键，单击“图层”面板中的“添加图层蒙版”按钮，为香蕉图层创建蒙版。选择工具箱中的“多边形套索”工具，结合“钢笔”工具，为沙滩椅的支架创建选区，并将前景色设置为白色，按快捷键 Alt+Delete 为蒙版上的选区填充白色，如图 9-89 所示。

> **提示**
> “钢笔”工具的使用方法参考 5.1 节的内容。

07 选择“太阳镜”素材，并拖入文档，调整大小和位置后按 Enter 键确认。同样，用创建蒙版的方法，将太阳镜的一只镜脚隐藏在香蕉后面，如图 9-90 所示。

图 9-89

图 9-90

08 单击“创建新图层”按钮，创建一个新的空白图层。将前景色设置为 #e8a343，选择工具箱中的“画笔”工具，将画笔大小设置为 50 像素，单击并拖动，绘制嘴，如图 9-91 所示。

09 单击“创建新图层”按钮，创建一个新的空白图层。将前景色设置为白色，选择工具箱中的“画笔”工具，将画笔大小设置为 40 像素，单击并拖动，绘制牙齿，图像制作完成，如图 9-92 所示。

图 9-91

图 9-92

9.8 趣味影像合成——空中宫殿

本节主要学习利用色彩平衡和色相 / 饱和度来合成梦幻的空中宫殿图像效果的方法。

01 启动 Photoshop CC 2017 软件，执行“文件”|“打开”命令，打开“背景”素材，如图 9-93 所示。

02 单击“创建新图层”按钮，创建一个新的空白图层。将前景色设置为 #b28850，按快捷键 Alt+Delete 填充前景色，并将该图层的混合模式更改为“叠加”，如图 9-94 所示。

图 9-93

图 9-94

03 单击“图层”面板中的“创建新的填充或调整图层”按钮，在菜单中选择“色彩平衡”选项，选择“中间调”，设置“青色—红色”的值为 +92，“洋红—绿色”的值为 0，“黄色—蓝色”的值为 -66，如图 9-95 所示。

04 单击“图层”面板中的“创建新的填充或调整图层”按钮，在菜单中选择“自然饱和度”选项，设置“自然饱和度”为 +4，“饱和度”为 0，如图 9-96 所示。

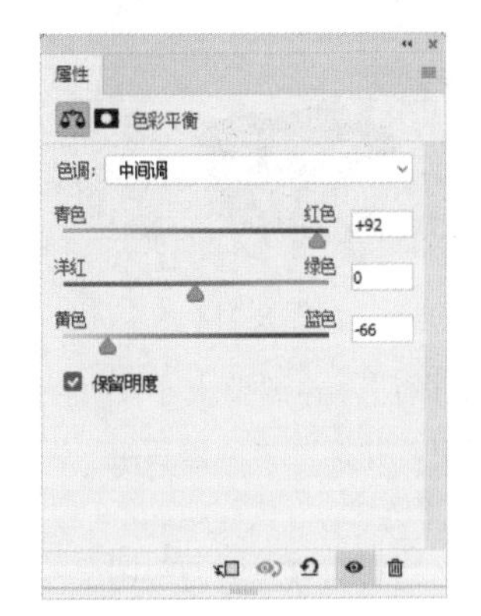

图 9-95

图 9-96

05 单击“图层”面板中的“创建新的填充或调整图层”按钮，在菜单中选择“色彩平衡”选项，选择“中间调”，设置“青色—红色”的值为 0，“洋红—绿色”的值为 -47，“黄色—蓝色”的值为 -58，如图 9-97 所示。

提示

单次调整“色彩平衡”效果可能不明显，而多次调整均是针对上一次调整的基础进行的进一步调整，使其效果更突出。

06 单击“图层”面板中的“创建新的填充或调整图层”按钮，在菜单中选择“自然饱和度”选项，设置“自然饱和度”为 -7，“饱和度”为 -25，如图 9-98 所示。

图 9-97

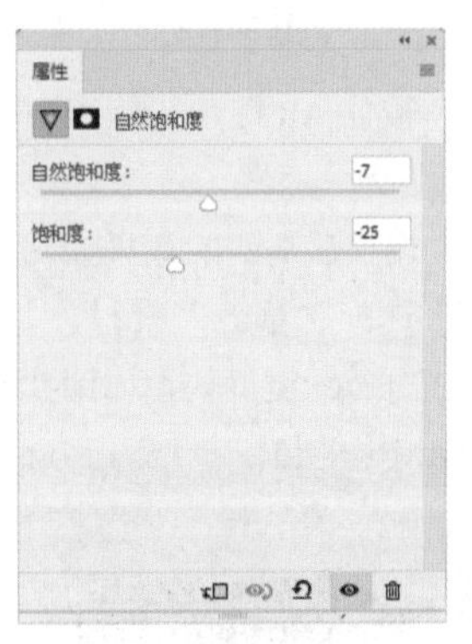

图 9-98

07 此时，图像的色调如图 9-99 所示。

08 选择“城堡”素材，并拖入文档，调整大小和位置后，按 Enter 键确认，如图 9-100 所示。

图 9-99

图 9-100

09 按住 Alt 键，单击“图层”面板中的“添加图层蒙版”按钮，为城堡图层创建蒙版。选择工具箱中的“画笔”工具，将前景色设置为白色，选择一种柔边画笔，按“[”键和“]”键调整画笔大小，在城堡边缘涂抹，使城堡与背景融合得更好，如图 9-101 所示。

10 单击“图层”面板中的“创建新的填充或调整图层”按钮，在菜单中选择“色相 / 饱和度”选项，设置“色相”为 -19，“饱和度”为 -41，“明度”为 0，如图 9-102 所示。

图 9-101

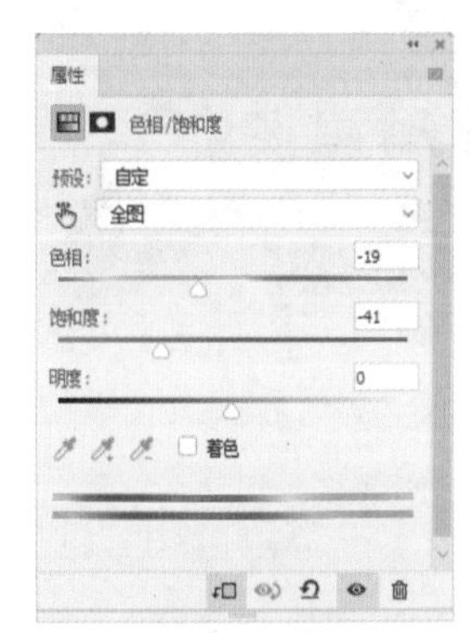

图 9-102

11 按住 Alt 键，在城堡图层与色相 / 饱和度图层之间单击，创建剪贴蒙版。此时的图像效果如图 9-103 所示。

12 选择“船”素材，并拖入文档，调整大小和位置后，按 Enter 键确认，如图 9-104 所示。

图 9-103

图 9-104

13 单击“图层”面板中的“添加图层蒙版”按钮，为船图层创建蒙版。选择工具箱中的“画笔”工具，将前景色设置为黑色，选择一种柔边画笔，按“[”键和“]”键调整画笔大小，在船底部涂抹，使船出现行驶在云中的效果，如图 9-105 所示。

14 选择“女孩”素材，并拖入文档，调整大小和位置后，按 Enter 键确认。

15 单击“图层”面板中的“添加图层蒙版”按钮，为女孩图层创建蒙版。选择工具箱中的“钢笔”工具，并绘制路径，按快捷键 Ctrl+Enter 键将路径转换为选区，如图 9-106 所示。

图 9-105

图 9-106

16 将前景色设置为黑色，按快捷键 Alt+Delete 为蒙版上的选区填充黑色，使裙摆隐藏，如图 9-107 所示。

17 选择“鸟”素材，并拖入文档，调整大小和位置后，按 Enter 键确认，图像制作完成，如图 9-108 所示。

图 9-107

图 9-108

9.9 幻想影像合成——奇幻空中岛

本节巧妙地利用自然元素合成奇幻的空中小岛图像效果。

01 启动 Photoshop CC 2017，执行“文件”|“新建”命令，新建一个宽为 3000 像素、高为 2000 像素、分辨率为 300 像素 / 英寸的 RGB 文档。

02 选择“渐变”工具，设置渐变起点颜色为 #9cdffe、终点颜色为 #49b2e2 的径向渐变，从画面中心向外水平单击并拖动填充渐变，如图 9-109 所示。

03 选择“岛屿”素材，并拖入文档，水平翻转和垂直翻转后，调整大小，按 Enter 键确认，如图 9-110 所示。

图 9-109

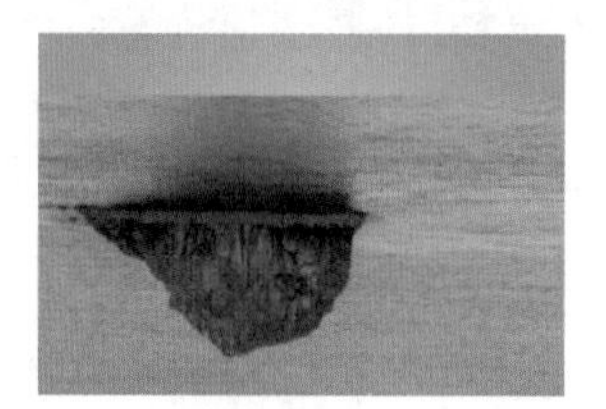
图 9-110

04 选择“快速选择”工具，为岛屿部分创建选区，如图 9-111 所示。

提示

图像中水与岛屿的交界处界限不明显，运用“快速选择”工具可选出不规则且连续的选区。

05 按快捷键 Ctrl+Delete+I 将选区反选，按住 Alt 键，单击“图层”面板中的“添加图层蒙版”按钮，为岛屿图层创建蒙版，如图 9-112 所示。

图 9-111

图 9-112

06 按快捷键 Ctrl+J 复制岛屿图层，并调整大小，如图 9-113 所示。选择两个岛屿图层，并拖至“创建新组”图标上，将岛屿编组。

07 单击“图层”面板中的“创建新的填充或调整图层”按钮，在菜单中选择“色彩平衡”选项，选择“中间调”，设置“青色—红色”的值为 -34，“洋红—绿色”的值为 0，“黄色—蓝色”的值为 +29，如图 9-114 所示。

图 9-113

图 9-114

08 按住 Alt 键，在色彩平衡图层与组之间单击，创建剪贴蒙版。

09 调整后岛屿的效果如图 9-115 所示。

10 选择“草地”素材，并拖入文档，调整大小和位置后按 Enter 键确认，如图 9-116 所示。

图 9-115

图 9-116

11 按住 Alt 键，在色彩平衡图层与草地图层之间单击，创建剪贴蒙版，如图 9-117 所示。

12 单击“图层”面板中的“添加图层蒙版”按钮，为草地图层创建蒙版。选择工具箱中的“画笔”工具，将前景色设置为黑色，选择一种柔边画笔，按“[”键和“]”键调整画笔大小，在蒙版上涂抹，将草地生硬的边缘柔化，如图 9-118 所示。

图 9-117

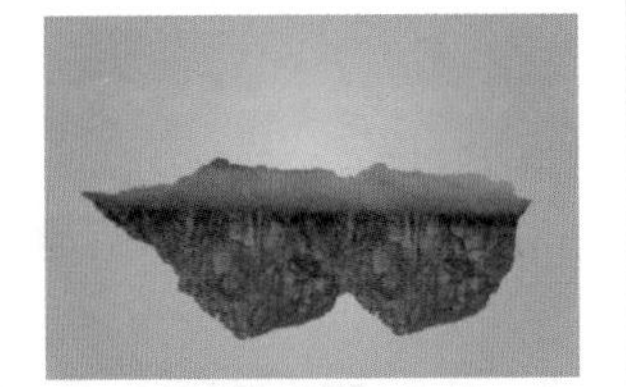

图 9-118

13 选择“河流”素材，并拖入文档，调整大小和位置后按 Enter 键确认，用同样的方法为河流图层添加蒙版并涂抹，如图 9-119 所示。

14 选择“岛上元素”中的所有素材，全部拖入文档，按 Enter 键一一确认，并通过按快捷键 Ctrl+T 调整岛上元素的大小，并置于合适的位置，如图 9-120 所示。

图 9-119

图 9-120

15 单击“创建新图层”按钮，创建一个新的空白图层，并将该图层置于岛上元素的下方。

16 选择工具箱中的“画笔”工具，将前景色设置为黑色，将图层的“不透明度”设置为 60%，选择一种柔边画笔，按“[”键和“]”键调整画笔大小，在空白图层上涂抹，为岛上的元素制作阴影，如图 9-121 所示，图像制作完成。

图 9-121

9.10　广告影像合成——生命的源泉

本节主要利用素材合成杯中的景色图像效果。

01 启动 Photoshop CC 2017 软件，执行“文件”|“打开”命令，打开“背景”素材，如图 9-122 所示。

02 选择工具箱中的“钢笔”工具，沿水杯创建路径，按快捷键 Ctrl+Enter 将路径转换为选区，如图 9-123 所示。

图 9-122

图 9-123

03 按快捷键 Ctrl+J 复制选区的图像为新的图层，并将图层命名为“水杯”。

04 选择“海岸”素材，并拖入文档，调整大小和位置后按 Enter 键确认，如图 9-124 所示。

05 单击“图层”面板中的“添加图层蒙版”按钮，给海岸图层创建蒙版。选择工具箱中的“画笔”工具，将前景色设置为黑色，选择一种柔边画笔，按“[”键和“]”键调整画笔大小，并在海岸边缘处涂抹，如图 9-125 所示。

图 9-124

图 9-125

06 按住 Alt 键，在水杯图层与海岸图层之间单击，创建剪贴蒙版。

07 选择“小岛”素材，并拖入文档，调整大小和位置后按 Enter 键确认。用同样的方法为小岛图层添加蒙版并涂抹。在小岛图层与海岸图层之间单击，创建剪贴蒙版，如图 9-126 所示。

08 选择“树木”素材，并拖入文档，调整大小和位置后按 Enter 键确认，并将图层的“不透明度”设置为 60%，如图 9-127 所示。

图 9-126

图 9-127

> **提示**
> 调整树木图层的不透明度是为了产生水杯的玻璃遮住树木的效果。单击“图层”面板中的“创建新的填充或调整图层”按钮，在菜单中选择“色彩平衡”选项，选择“中间调”，设置“青色—红色”的值为 +38，“洋红—绿色”的值为 -37，“黄色—蓝色”的值为 -100，如图 9-128 所示。

图 9-128

09 调整色调后的效果如图 9-129 所示。

10 按住 Alt 键，在“色彩平衡”图层与树木图层之间单击，创建剪贴蒙版。

11 选择色彩平衡图层与树木图层，并拖至“创建新图层”按钮上，复制此两个图层，并适当降低树木图层的不透明度。重复此步骤方法，复制多棵树，如图 9-130 所示。

图 9-129　　图 9-130

12 将所有树木图层及色彩平衡图层拖至“图层”面板中的“创建新组”图标上，选中该组，右击，在弹出的快捷菜单中选择“合并组”命令，将树木编组。

13 按住 Alt 键，在色彩平衡图层与树木图层之间单击，创建剪贴蒙版。

14 按住 Alt 键，在小岛图层与合并后的树木图层之间单击，创建剪贴蒙版。

15 选择“女神”素材，并拖入文档，调整大小和位置后按 Enter 键确认。

16 按住 Alt 键，在女神图层与合并后的树木图层之间单击，创建剪贴蒙版，如图 9-131 所示。

17 选择水杯图层，按快捷键 Ctrl+J 复制水杯图层，按快捷键 Ctrl+Shift+] 将复制的水杯图层置于图层的顶层，并将混合模式设为“柔光”，图像完成制作，如图 9-132 所示。

图 9-131

图 9-132

> **提示**
> 此步骤是为了进一步将水杯的纹理表现出来。

9.11 广告影像合成——手机广告

本节主要利用曲线和蒙版合成手机广告图像效果。

01 启动 Photoshop CC 2017 软件，执行“文件”|“打开”命令，打开“背景”素材，如图 9-133 所示。

02 单击“图层”面板中的“创建新的填充或调整图层”按钮，在菜单中选择“曲线”选项，并调整曲线的弧度，如图 9-134 所示。

图 9-133

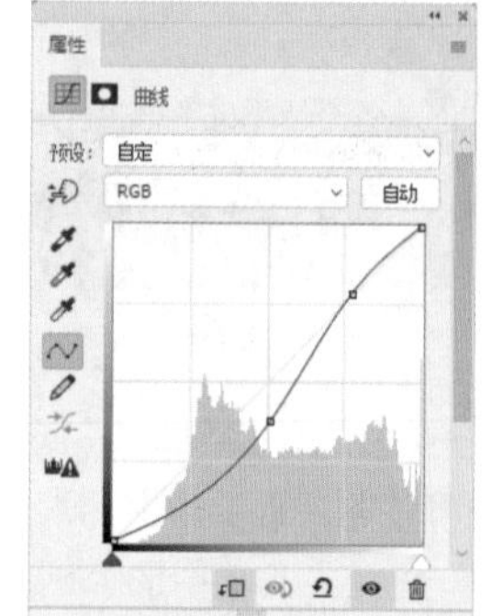

图 9-134

03 单击“图层”面板中的“创建新的填充或调整图层”按钮，在菜单中选择“自然饱和度”选项，设置“自然饱和度”为 +90，“饱和度”为 0，如图 9-135 所示。

04 此时，图像变鲜艳了，如图 9-136 所示。

图 9-135

图 9-136

05 选择“手机”素材，并拖入文档，调整大小和位置后，按 Enter 键确认，如图 9-137 所示。

06 单击“图层”面板中的“添加图层蒙版”按钮，为手机图层创建蒙版。将前景色设置为黑色，选择工具箱中的“画笔”工具，结合“多边形套索”工具，将手机的屏幕和部分树叶涂抹出来，如图 9-138 所示。

图 9-137

图 9-138

07 选择“花朵”“蝴蝶”和“爬山虎”素材，并拖入文档，调整大小和位置后，按 Enter 键确认，如图 9-139 所示。

08 在“图层”面板中，将花朵图层拖到手机图层的下方，图像制作完成，如图 9-140 所示。

图 9-139

图 9-140

9.12　广告影像合成——海边的海螺小屋

本节将不同色调的图像合成在一起，制作出童话般的海螺小屋图像效果。

01 启动 Photoshop CC 2017 软件，执行“文件”|“打开”命令，打开“背景”素材，如图 9-141 所示。

02 单击“图层”面板中的“创建新的填充或调整图层”按钮，在菜单中选择“色相 / 饱和度”选项，设置“色相”为 -21，“明度”为 +9，如图 9-142 所示。

图 9-141

图 9-142

03 此时，图像的色调发生变化，如图 9-143 所示。

04 选择“海螺”素材，并拖入文档，调整大小和位置后按 Enter 键确认，如图 9-144 所示。

图 9-143

图 9-144

05 选择“门”素材，并拖入文档，调整大小和位置后按 Enter 键确认，如图 9-145 所示。

06 按住 Alt 键，单击“图层”面板中的“添加图层蒙版”按钮，为门图层添加蒙版。

07 选择“画笔”工具，将前景色设置为白色，选择一个柔边画笔，将门涂抹出来，如图 9-146 所示。

图 9-145

图 9-146

08 用同样的方法，选择“窗”“烟筒”“路灯”“海星”“瓶子”和“树”素材，并拖入文档，调整大小后置于合适位置，并利用蒙版擦除“窗”“海螺”和“烟筒”的多余部分，如图 9-147 所示。

09 选择“紫珊瑚”素材，并拖入文档，调整大小和位置后按 Enter 键确认。按住 Alt 键，拖移并复制多个珊瑚图层，如图 9-148 所示。

图 9-147

图 9-148

10 用同样的方法，将“红珊瑚”素材拖入文档，拖移并复制，通过调整图层的顺序，使珊瑚丛呈现错落的效果，如图 9-149 所示。

图 9-149

11 复制“路灯”图层，并单击“图层”面板中的“添加图层样式”按钮fx，在菜单中选择“颜色叠加”命令，叠加颜色选择黑色，如图 9-150 所示，单击“确定”按钮。

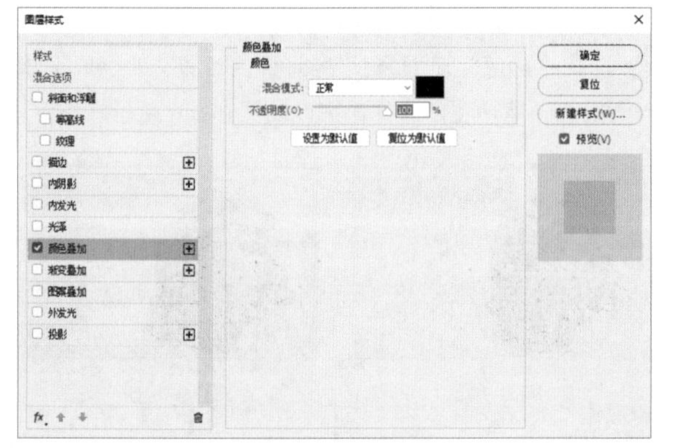

图 9-150

12 选择复制的路灯图层，将图层的“不透明度”更改为 10%，按快捷键 Ctrl+T 将图层变形，制作路灯的阴影，如图 9-151 所示。

图 9-151

13 单击“图层”面板中的“创建新图层”按钮，创建新的空白图层。将新图层置于珊瑚丛图层的下方，新图层“不透明度”设置为 30%。选择工具箱中的“画笔”工具，将前景色设置为黑色，选择一种柔边画笔，按“[”键和“]”键调整画笔大小，涂抹出珊瑚丛处的阴影。

14 用同样的方法制作其他处的阴影，图像制作完成，如图 9-152 所示。

图 9-152

10.1 家居产业标志——匠造装饰

本节主要通过将文字转换为形状，并使用“直接选择”工具对形状进行变形处理来制作一个家居产业标志。

01 启动 Photoshop CC 2017，执行“文件”|“新建”命令，新建一个宽为 3000 像素、高为 2000 像素、分辨率为 300 像素 / 英寸的 RGB 文档。

02 执行“编辑”|“首选项”|“参考线、网格和切片”命令，打开“首选项”对话框。设置“网格线间隔”为 500 像素，单位选择“像素”，“子网格”为 4，如图 10-1 所示。

03 单击“确定”按钮后，画布出现网格线，如图 10-2 所示。

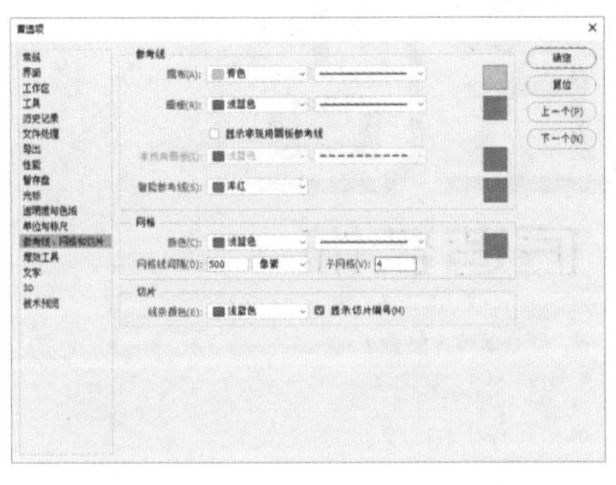

图 10-1

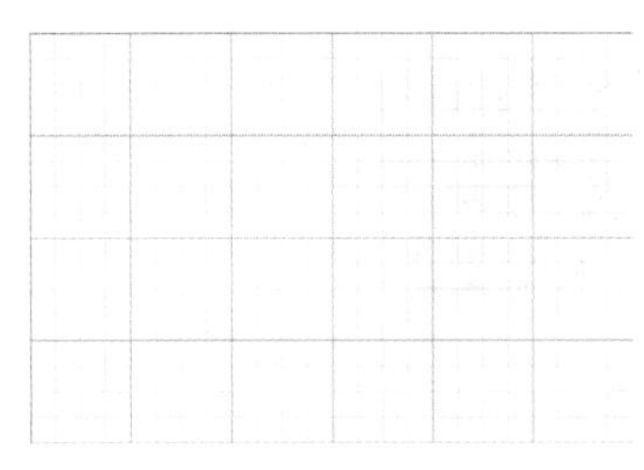

图 10-2

提示

网络线的设置可使制作 Logo 时更规范，方便 Logo 元素的对齐及位置参考等。

04 选择工具箱中的“文字”工具 T，在工具属性栏中设置字体为“造字工房尚黑 G0v1”，字号为 236 点，并设置文字填充颜色为 #e50815，输入文字“匠造”，如图 10-3 所示。

05 选择文字图层，右击，在弹出的快捷菜单中选择“转换为形状”命令，将文字转换为形状。

06 选择工具箱中的“直接选择”工具，框选“造”字的 4 个锚点，选中的锚点变为实心点，未被选中的点为空心点，如图 10-4 所示，再按 Delete 键删除锚点。

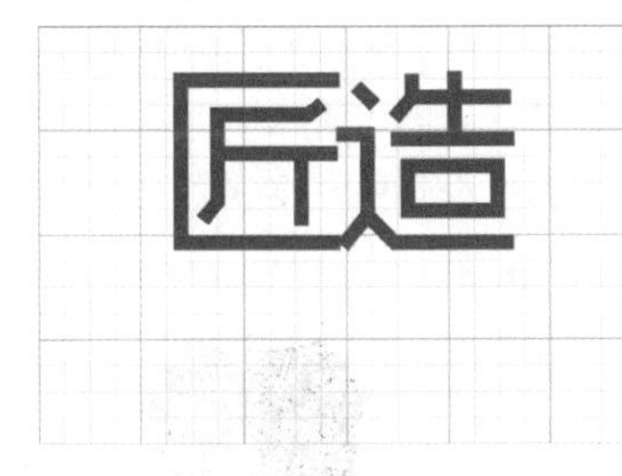

图 10-3

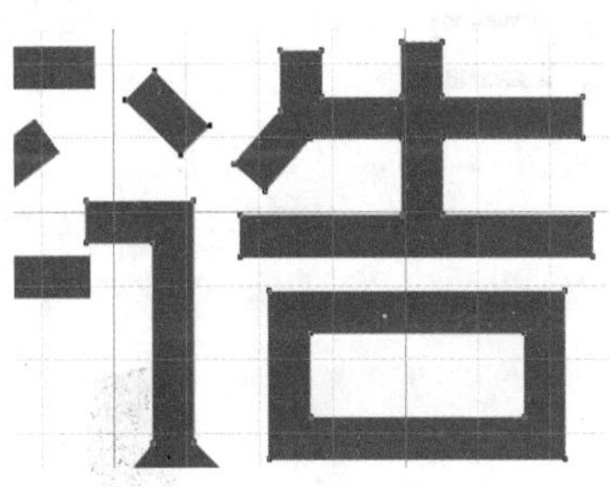

图 10-4

07 用“直接选择”工具框选“造”字的另外 4 个锚点，结合键盘上的↑、↓键，将锚点移到合适的位置，如图 10-5 所示。

08 用同样的方法，通过删除和移动锚点，呈现一个整体形状，如图 10-6 所示。

第 10 章

标志设计

本章主要学习标志的设计，标志设计不是简单的模仿，与操作技巧相比，标志的设计更看重创意。本章的标志设计涉及众多行业，创意与设计相结合，希望为读者提供设计思路。

第 10 章 视频

第 10 章 素材

图 10-5 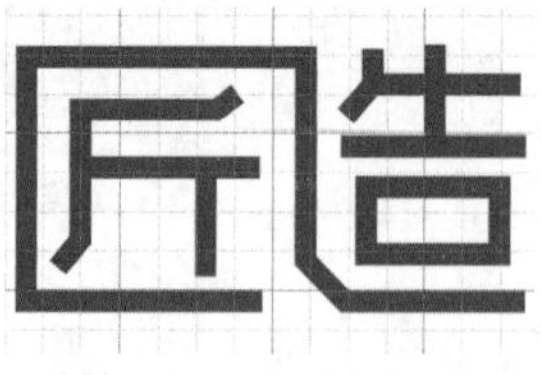　　　　图 10-6

09 按快捷键 Ctrl+J 复制形状图层，将前景色设置为#392627，按快捷键 Alt+Delete 填充，如图 10-7 所示。

10 按住 Alt 键，单击“图层”面板中的“添加图层蒙版”按钮，为新图层添加蒙版，此时该图层被隐藏。

11 利用工具箱中的“矩形选框”工具，在蒙版图层中定义矩形选区，如图 10-8 所示。

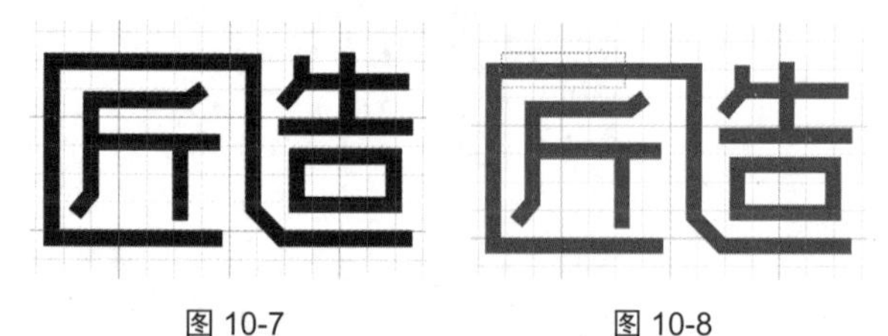

图 10-7　　　　图 10-8

> **提示**
>
> 定义好矩形选区后按住鼠标左键不放，可以通过空格键移动矩形选区的位置。

12 选择工具箱中的“渐变”工具，设置渐变起点颜色为白色且不透明度为 100%，终点颜色为白色且不透明度为 0%，按住 Shift 键，从左往右单击并拖动填充渐变，如图 10-9 所示。

13 用同样的方法，在蒙版上创建其他选区并填充白色到透明的渐变，如图 10-10 所示，按快捷键 Ctrl+D 取消选区。

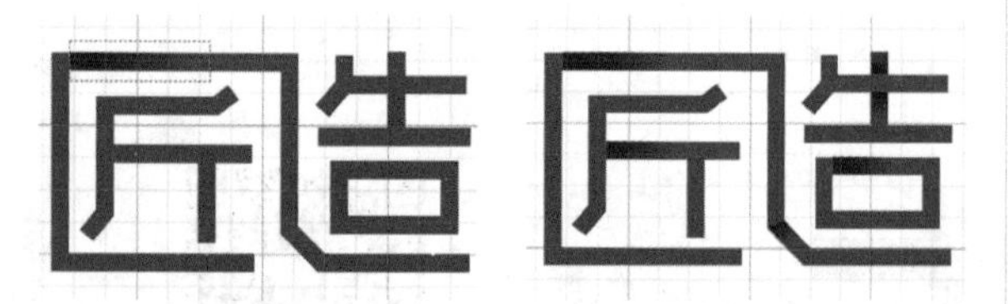

图 10-9　　　　图 10-10

14 选择工具箱中的“文字”工具，在工具属性栏中设置文字填充颜色为黑色，字体为“青春体简 2.0”、字号为 66.53 点、输入 Logo 的名称“匠造装饰”。同样，字体设置为“张海山锐线体简”和“宋体”，字号分别为 25.57 点和 26.27 点，输入 Logo 中的其他文字，并利用“直线”工具绘制两条直线，如图 10-11 所示。

15 按 Ctrl+‘隐藏网格，图像完成制作，如图 10-12 所示。

图 10-11

图 10-12

10.2 家居产品标志——皇家家具

本节主要通过“钢笔”工具、渐变叠加以及自定义形状制作有质感的家居产品标志。

01 启动 Photoshop CC 2017，执行“文件”|“新建”命令，新建一个宽为 3000 像素、高为 2000 像素、分辨率为 300 像素 / 英寸的 RGB 文档。

02 在文档垂直方向正中间创建一条参考线，选择工具箱中的“钢笔”工具，在工具属性栏中选择“形状”形状，填充颜色设置为纯色填充，且填充颜色为黑色，绘制形状，如图 10-13 所示。

03 按快捷键 Ctrl+J 复制形状图层，将前景色设置为红色，按快捷键 Alt+Delete 填充颜色。按快捷键 Ctrl+T 调整自由变换框，在框内右击，在弹出的快捷菜单中选择“水平翻转”命令，移动翻转后的形状在参考线的另一侧，如图 10-14 所示。

图 10-13　　　　图 10-14

04 在“图层”面板中选择两个形状图层，右击，在弹出的快捷菜单中选择“合并形状”命令，将图形合并，如图 10-15 所示。

图 10-15

提示

更改形状颜色是为了方便观察；没有直接用“钢笔”工具画出完整的形状是为了使形状左右对称。

05 单击“图层”面板中的“添加图层样式”按钮，在菜单中选择“渐变叠加”选项，单击属性中的渐变条，设置渐变位置为 0% 时的颜色为 #d98e33、位置为 50% 时的颜色为 #914b2e，设置混合模式为“正常”，“不透明度”为 100%，样式为“线性”，“角度”为 180°，如图 10-16 所示。

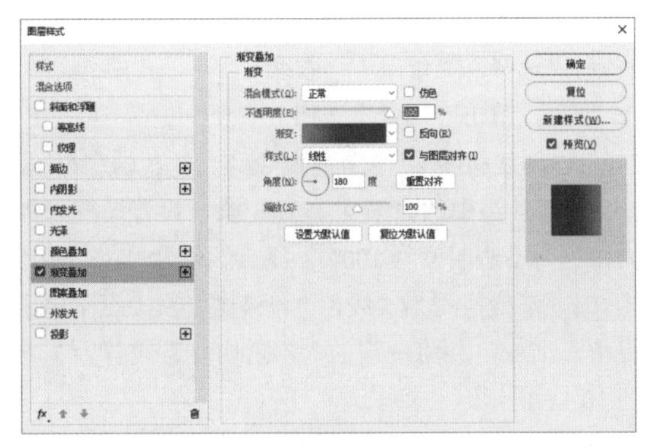

图 10-16

06 单击“确定”按钮后，形状出现渐变效果，如图 10-17 所示。

图 10-17

07 选择形状图层，按快捷键 Ctrl+J 复制图层。

08 双击图层右侧的小图标，弹出“图层样式”对话框，更改“渐变叠加”中的渐变条，设置渐变位置为 49% 时的颜色为 #e4d3bf、位置为 78% 时的颜色为 #eab548，位置为 89% 时的颜色为 #f1e1ac，位置为 100% 时的颜色为 #e7b048。设置混合模式为“正常”，“不透明度”为 100%，样式为“线性”，“角度”为 180°，如图 10-18 所示。

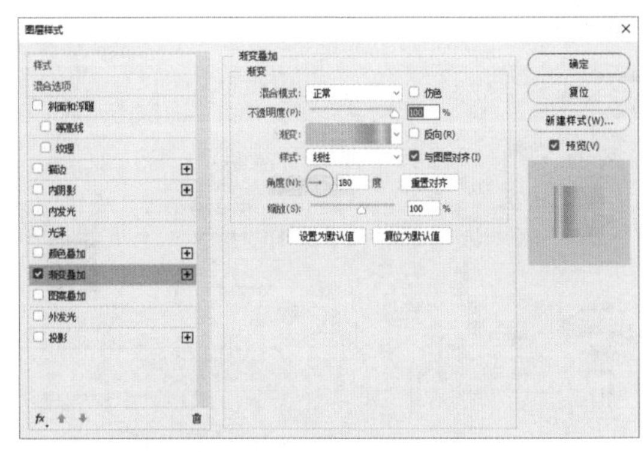

图 10-18

09 单击“确定”按钮后，形状出现渐变效果，如图 10-19 所示。

10 单击“图层”面板中的“添加图层蒙版”按钮，为复制的形状图层创建蒙版。选择工具箱中的“矩形选框”工具，创建选区，如图 10-20 所示。

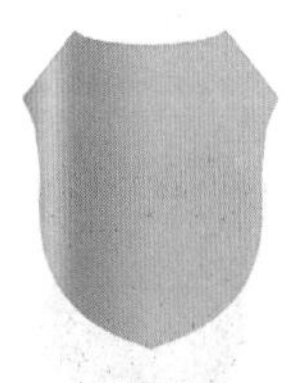

图 10-19

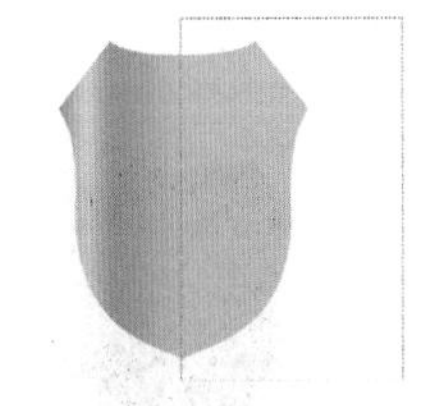

图 10-20

11 将前景色设置为黑色，单击蒙版，按快捷键 Alt+Delete 填充前景色，如图 10-21 所示。

12 按住 Ctrl 键，单击“图层”面板中复制的形状图层的缩略图，将形状载入选区。

13 执行“选择”|“修改”|“收缩”命令，设置“收缩量”为 65 像素，单击“确定”按钮。

14 单击“创建新图层”按钮，创建一个新的空白图层，将前景色设置为黑色，按快捷键 Alt+Delete 为选区填充颜色，如图 10-22 所示，按快捷键 Ctrl+D 取消选区，并将该图层命名为“盾牌”。

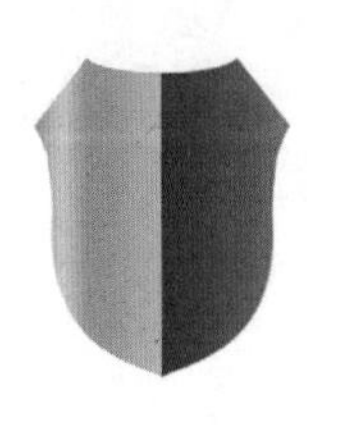

图 10-21

图 10-22

15 单击“图层”面板中的“添加图层样式”按钮，在菜单中选择“渐变叠加”选项，单击属性中的渐变条，设置渐变起点位置的颜色为 #9a4b00、终点位置的颜色为 #250200，设置混合模式为“正常”，“不透明度”为 100%，样式为“径向”，“角度”为 180°，如图 10-23 所示。

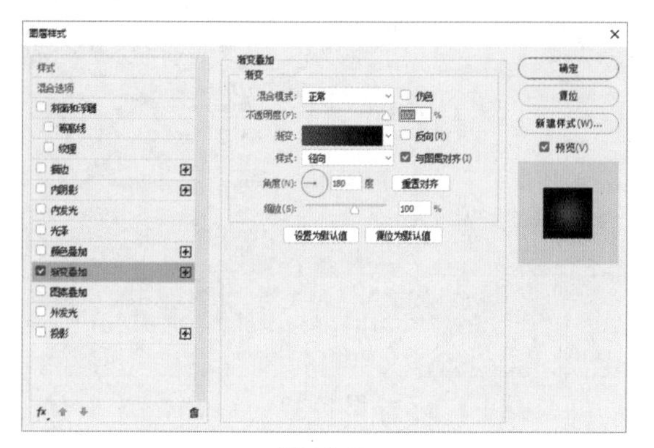

图 10-23

16 单击“确定”按钮后，效果如图 10-24 所示。

17 选择工具箱中的“文字”工具，在工具属性栏中设置字体为“方正小标宋简体”，字号为 55.31 点，文字颜色为黑色，在画面中单击，输入文字 ROYAL，如图 10-25 所示。

图 10-24

图 10-25

18 按快捷键 Ctrl+J 复制该文字图层，用键盘上的←键略微移动文字，将前景色设置为 #f1dfa5，按快捷键 Alt+Delete 填充颜色，如图 10-26 所示。

提示

此步骤的作用是制作阴影效果。

19 同样，选择工具箱中的“矩形”工具，在工具属性栏中选择“形状”，绘制颜色为黑色和 #f1dfa5 的矩形，如图 10-27 所示。

图 10-26

图 10-27

20 选择工具箱中的“自定义形状”工具，在工具属性栏中的“形状”下拉列表右边，单击小图标，在弹出的菜单中选择“全部”选项，将全部形状添加到“自定形状”拾色器中，在弹出的对话框中单击“追加”按钮确认追加。

21 选择“皇冠 1”形状，在工具属性栏中选择“形状”，填充方式为无颜色，描边为纯色填充，颜色为黑色，描边大小为 4 点，单击并拖动绘制形状。

22 按快捷键 Ctrl+J 复制该图层，用键盘上的←键略微移动皇冠，并将描边颜色更改为 #f1dfa5。

23 在工具属性栏中输入“边”为 5，单击小图标，选中“星形”复选框，在“缩进边依据”方本框中输入 50%，单击并拖动，绘制一个五角星，更改填充颜色为纯色填充，并设置颜色为 #f1dfa5，描边颜色为无颜色。用同样的方法绘制另外 4 个五角星，按快捷键 Ctrl+T 对五角星进行旋转，如图 10-28 所示。

提示

五角星的绘制方法参考 5.8 节的案例介绍。

24 选择“盾牌”图层，按住 Ctrl 键，单击图层缩略图，创建选区。

25 执行“选择”|“修改”|“收缩”命令，设置“收缩量”为 12 像素，单击“确定”按钮。

26 单击“创建新图层”按钮，创建一个新的空白图层。

27 选择工具箱中的“渐变”工具，设置渐变起点颜色为白色，不透明度为 100%，终点颜色为白色，不透明度为 0%，渐变类型为“线性”渐变，从上至下单击并拖曳填充渐变，并将图层的“不透明度”设置为 70%，如图 10-29 所示。

图 10-28

图 10-29

28 选择工具箱中的“矩形选框”工具创建选区，并删除选区内图像，如图 10-30 所示，按快捷键 Ctrl+D 取消选区。

提示

第 24 步至 28 步的作用是制作盾牌的质感。

29 选择工具箱中的“钢笔”工具，在工具属性栏中选择“形状”形状，填充颜色设置为纯色填充，且填充颜色为 #d38b38，绘制形状，如图 10-31 所示。

图 10-30　　图 10-31

30 单击“图层”面板中的“添加图层样式”按钮，在菜单中选择“渐变叠加”选项，单击属性中的渐变条，设置渐变位置为 0% 时的颜色为 #a5622f、位置为 20% 时的颜色为 #d18735、位置为 70% 时的颜色为 #f0e0ab、位置为 100% 时的颜色为 #e7b048，设置混合模式为“正常”，“不透明度”为 100%，样式为“线性”，“角度”为 180°，如图 10-32 所示。

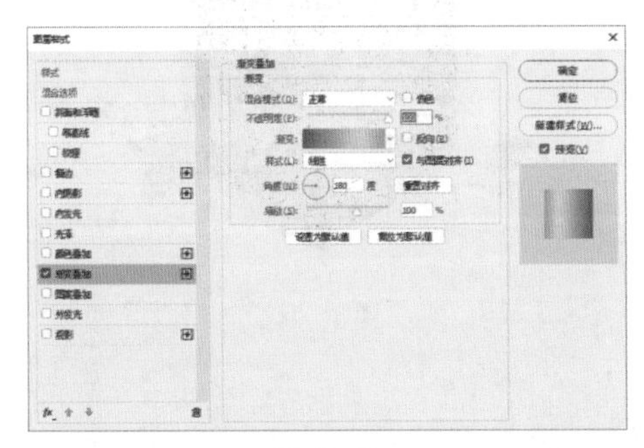

图 10-32

31 单击“确定”按钮后，形状出现渐变效果，如图 10-33 所示。

32 利用“钢笔”工具，绘制其他形状，如图 10-34 所示。

图 10-33　　图 10-34

33 单击“图层”面板中的“添加图层样式”图标，在菜单中选择“渐变叠加”选项，单击渐变条设置渐变，位置为 0% 时的颜色为 #d98e33，位置为 100% 时的颜色为 #914b2e，设置混合模式为“正常”，“不透明度”为 100%，样式为“线性”，“角度”为 -17°，如图 10-35 所示。

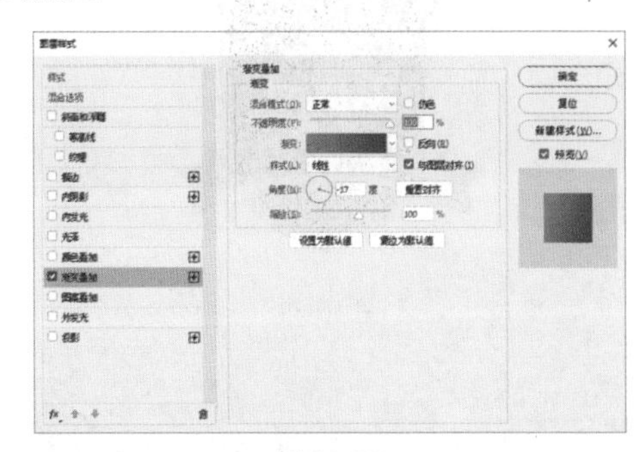

图 10-35

34 单击“确定”按钮后，形状出现渐变效果，如图 10-36 所示。

35 按 Ctrl+J 复制该形状图层，按快捷键 Ctrl+T 调出自由变换框，在框内右击，在弹出的快捷菜单中选择“水平翻转”，按 Enter 键确定。

36 双击图层上右侧的小图标，弹出“图层样式”对话框，更改“渐变叠加”中的角度为 -163°，单击“确定”按钮后，图像效果如图 10-37 所示。

图 10-36　　图 10-37

37 选择工具箱中的“椭圆矩形”工具，设置填充颜色为无颜色，描边颜色为无颜色。单击并拖动，绘制椭圆，如图 10-38 所示。

图 10-38

38 选择工具箱中的“文字”，在工具属性栏中设置字体为“造字工房版黑”，设置字号为 29.05 点，并设置文字填充颜色 #55260d。当光标变成时，单击，光标变成可输入的闪烁标志“|”，输入文字“皇家家具”，如图 10-39 所示。

图 10-39

> **提示**
>
> 在 Photoshop 中，文字可以沿任意形状或路径绕排。调整路径文字的位置可以在文字处于可编辑状态，按 Ctrl 键的同时，将鼠标光标放到文字上，当鼠标光标变成 时，可沿着路径外边缘拖动；同理，按住 Ctrl 键将文字沿着路径内侧拖动，即可使文字沿路径或形状内侧绕排。

39 单击“图层”面板中的“添加图层样式”按钮，在菜单中选择“描边”选项。在打开的“图层样式”对话框中，设置描边“大小”为 4 像素，位置为“外部”，混合模式为“正常”，“不透明度”为 100%，填充类型为“颜色”，颜色为 #ecd88e，如图 10-40 所示。

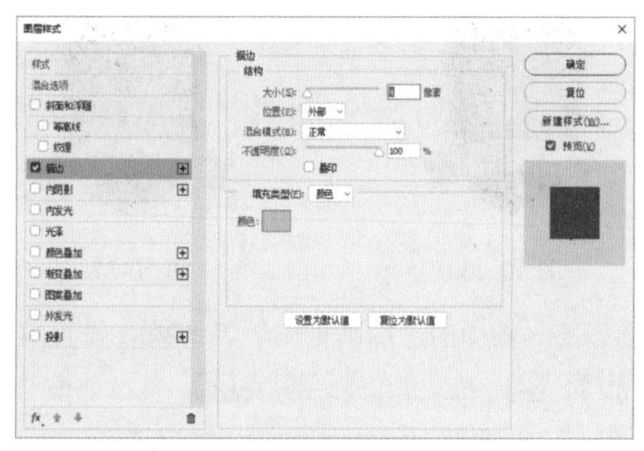

图 10-40

40 选中“投影”复选框，设置投影的“不透明度”为 75%，颜色为 #0a0102，“角度”为 120°，“距离”为 12 像素，“扩展”为 12%，“大小”为 8 像素，如图 10-41 所示。

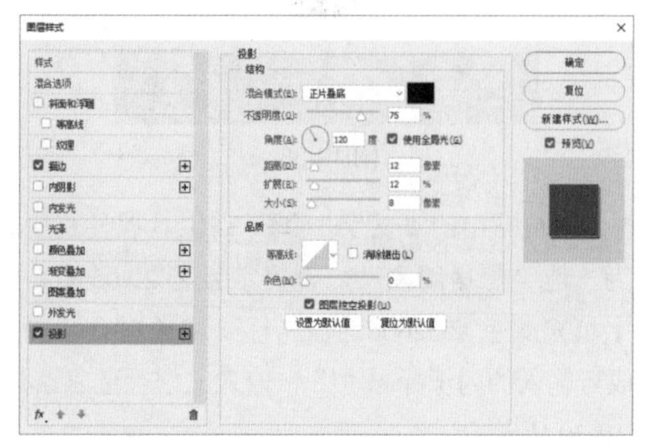

图 10-41

41 单击“确定”按钮后，效果如图 10-42 所示。

42 选择工具箱中的“椭圆”工具，在工具属性栏中选择形状。设置填充颜色为纯色填充，颜色为 #230404，设置描边颜色为无颜色。单击并拖动，绘制椭圆，如图 10-43 所示。

图 10-42

图 10-43

43 按住 Alt 键，在“图层”面板中椭圆图层与文字图层之间单击，创建剪贴蒙版，图像制作完成，如图 10-44 所示。

图 10-44

10.3 餐厅标志——汉斯牛排

本节主要通过“椭圆”工具以及创建矢量蒙版制作牛排餐厅标志。

01 启动 Photoshop CC 2017，执行“文件”|“新建”命令，新建一个宽为 3000 像素、高为 2000 像素、分辨率为 300 像素 / 英寸的 RGB 文档。

02 选择工具箱中的“椭圆矩形”工具，设置填充颜色为纯色填充，并设置颜色为 #44140a，描边颜色为无颜色。按住 Shift 键单击并拖动，绘制正圆形，如图 10-45 所示。

03 按快捷键 Ctrl+J 复制图形为新图层，按快捷键 Ctrl+T 调出自由变换框，按住 Alt+Shift 键的同时，按住鼠标左键，当光标变成↔时，向圆心拖动，并按 Enter 键确认。

04 在工具属性栏中，将复制的圆形的描边类型更改为纯色填充，颜色选择白色，描边大小为 4 点，描边样式为实线，如图 10-46 所示。

图 10-45

图 10-46

05 用同样的方法，复制一个新圆形并按住 Alt+Shift 键缩小该圆，将复制的圆形更改填充颜色为白色，更改描边颜色为无颜色，如图 10-47 所示。

06 用同样的方法，复制一个新圆形并按住 Alt+Shift 键略放大该圆，将复制的圆形更改填充颜色为无颜色，如图 10-48 所示。

图 10-47

图 10-48

提示

按住 Alt+Shift 键后放大或缩小圆时，圆心位置不变。

07 选择工具箱中的“文字”工具，在工具属性栏中设置字体为“方正大标宋简体”，设置字号为 30.74 点，并设置文字填充颜色为白色，输入文字“- ☆☆ Hans steak ☆☆ -”，如图 10-49 所示。

08 单击文字图层，退出文字编辑模式。选择“牛剪影”素材，并拖入文档，按 Enter 键确认，如图 10-50 所示。

图 10-49

图 10-50

09 选择工具箱中的“魔棒”工具，将牛的轮廓载入选区。将光标移到选区边缘，右击，在弹出的快捷菜单中选择“建立工作路径”命令，在弹出的对话框中，设置“容差”为 2.0，单击“确定”按钮后，选区转换为路径，如图 10-51 所示。

10 执行“图层”|“矢量蒙版”|“当前路径”命令，为牛的图层创建矢量蒙版，如图 10-52 所示。

图 10-51

图 10-52

提示

Logo 的应用场景很多，应该尽量使用矢量工具如 Adobe Illustrator 等工具制作，涉及一些特殊情况可用 Photoshop 配合来实现更丰富的效果。此处使用矢量蒙版也是尽量避免因放大或缩小操作而影响图像的清晰度。

11 选择牛剪影图层，并单击“图层”面板中的“添加图层样式”按钮，在菜单中选择“颜色叠加”选项，选择叠加颜色为 #44140a，单击“确定”按钮后，Logo 如图 10-53 所示。

12 选择工具箱中的“椭圆矩形”工具，设置填充颜色为纯色填充，并设置颜色为 #44140a，描边颜色为无颜色，单击并拖动，绘制椭圆，如图 10-54 所示。

图 10-53

图 10-54

13 选择工具箱中的“文字”工具，在工具属性栏中设置字体为“方正大标宋简体”，字号大小为 63 点，文字颜色为白色，在画面中单击，输入文字“汉斯”，并用同样的方法，输入其他文字，图像完成制作，如图 10-55 所示。

图 10-55

10.4 饮食标志——老李面馆

本节主要通过将照片利用“阈值”设置处理成简化的人像来制作一枚饮食企业标志。

01 启动 Photoshop CC 2017，将背景色颜色设置为 #7eaeb6，执行“文件”|“新建”命令，新建一个宽为 3000 像素、高为 2000 像素、分辨率为 300 像素 / 英寸、背景内容为背景色的 RGB 文档。

02 选择“头像”素材，并拖入文档，调整大小后按 Enter 键确认，如图 10-56 所示。

03 选择人像图层，右击，在弹出的快捷菜单中选择“栅格化图层”命令。

04 执行“图像”|“模式”|“调整”|“阈值”命令，打开“阈值”对话框，设置“阈值色阶”为 146，如图 10-57 所示。

图 10-56

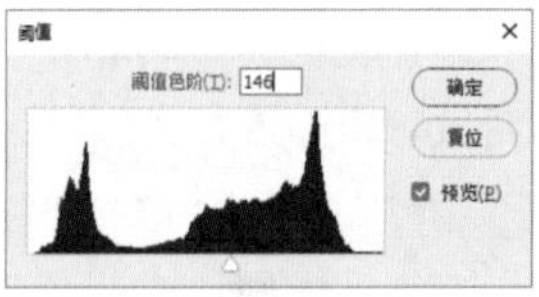

图 10-57

> **提示**
>
> “阈值”处理可以将图片转换为高对比度的黑白图像，通过调整“阈值色阶”值或拖曳阈值直方图下边的滑块，设定某个色阶作为阈值，所有比阈值亮的像素会转换为白色，所有比阈值暗的像素转换为黑色。

05 单击“确定”按钮后，效果如图 10-58 所示。

06 选择工具箱中的“橡皮擦”工具，选择一个硬边画笔，按“[”键和“]”键调整画笔大小，擦除头像外多余的图像，如图 10-59 所示。

图 10-58

图 10-59

07 执行“选择”|“色彩范围”命令，在“色彩范围”对话框中选择头像的黑色部分，单击“确定”按钮后，将黑色区域选中。

> **提示**
>
> “色彩范围”的使用方法参考 2.9 节的介绍。

08 单击“创建新图层”按钮，创建一个新的空白图层。将前景色设置为 #750e14，按快捷键 Alt+Delete 将选区填充前景色，如图 10-60 所示，并删除黑白人像的图层。

09 选择工具箱中的“文字”工具，在工具属性栏中设置字体为“汉仪雪君体简”，设置字号为 89.75 点，并设置文字填充颜色为黑色，输入文字“老李面馆”。单击文字图层，再利用“文字”工具输入 LAO LI NOODLE，并更改字体大小为 26.98 点，如图 10-61 所示。

图 10-60

图 10-61

10 选择工具箱中的“椭圆”工具，在工具属性栏中选择“形状”，设置填充颜色为纯色填充，并设置颜色为白色，描边颜色为纯色填充，并设置颜色为黑色，描边大小为 1 点。按住 Shift 键，单击并拖动绘制圆形，如图 10-62 所示。

11 选择工具箱中的“自定义形状”工具，在工具属性栏中选择“形状”。将路径操作更改为“减去顶层形状”，在“自定形状”拾色器菜单中，选择“旗帜”形状，绘制形状。

12 按快捷键 Ctrl+T 调出自由变换框，在框内右击，在弹出的快捷菜单中选择“水平翻转”命令，如图 10-63 所示，按 Enter 键确认。

图 10-62

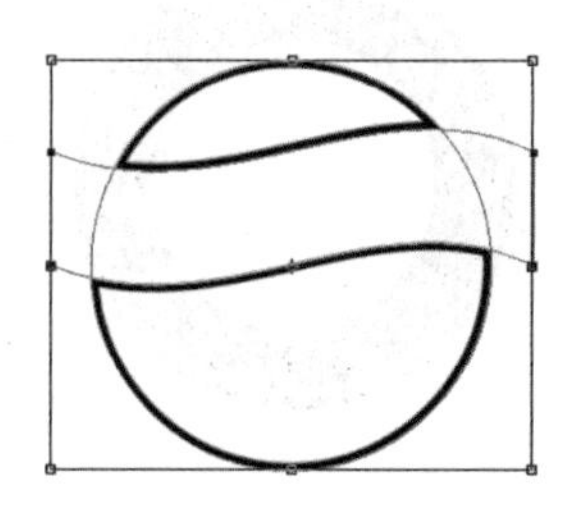

图 10-63

13 在工具属性栏中将路径操作更改为“合并形状组件” 合并形状组件。

14 选择工具箱中的“直接选择”工具，框选多余的锚点并删除，如图 10-64 所示，为该图层命名为“碗身”。

15 选择工具箱中的“圆角矩形”工具，“半径”文本框中输入 80，单击并拖动，创建圆角矩形，并将圆角矩形图层下移到“碗身”图层下方，如图 10-65 所示。

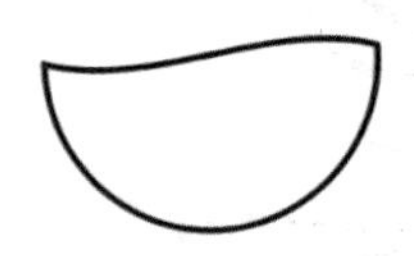

图 10-64

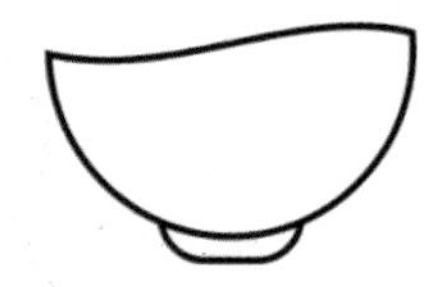

图 10-65

16 选择工具箱中的“文字”工具，在工具属性栏中设置字体为 Monoton，设置字号为 32.54 点，并设置文字填充颜色为黑色，输入文字 0，并置于“碗身”图层下方。如图 10-66 所示，制作面条效果。

17 按快捷键 Ctrl+J 复制文字图层，拉大文字，并置于“碗身”图层下方，如图 10-67 所示。

图 10-66

图 10-67

18 单击图层面板中的“添加图层蒙版”按钮，为复制的文字图层创建蒙版。选择工具箱中的“画笔”工具，将前景色设置为黑色，选择一种硬边画笔，将重叠的区域隐藏，如图 10-68 所示。

19 选择工具箱中的“圆角矩形”工具，“半径”文本框中输入 100，将颜色设置为 #9e0f1d，单击并拖动，创建圆角矩形，同样利用蒙版将多余部分隐藏，如图 10-69 所示。

图 10-68

图 10-69

20 用同样的方法绘制另一个圆角矩形，并利用蒙版隐藏部分图像，如图 10-70 所示。

21 调整画面中各小图的位置，图像完成制作，如图 10-71 所示。

图 10-70

图 10-71

10.5　房地产标志——天鹅湾

本节主要通过“钢笔”工具以及“斜面和浮雕”效果制作房地产企业标志。

01 启动 Photoshop CC 2017，执行“文件”|“新建”命令，新建一个宽为 3000 像素、高为 2000 像素、分辨率为 300 像素 / 英寸的 RGB 文档。

02 选择工具箱中的“钢笔”工具，在工具属性栏中选择“形状”，描边和填充均为无颜色填充，路径操作选择“合并形状”，绘制 Logo 的形状，如图 10-72 所示。

图 10-72

> **提示**
> “合并形状”等路径的运算可参考 5.11 节的案例介绍。

03 单击“图层”面板中的“创建新的填充或调整图层”按钮，在菜单中选择“斜面和浮雕”选项，设置样式为“内斜面”，方法为“雕刻清晰”，“深度”为

1000%，方向为“上”，“大小”为 111 像素，“软化”为 0 像素，如图 10-73 所示。

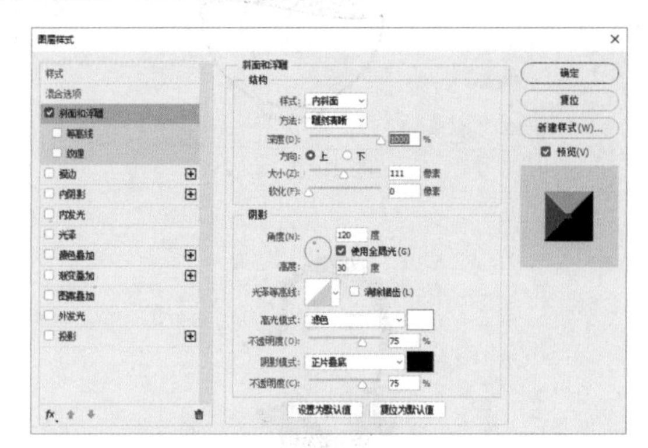

图 10-73

04 选中“渐变叠加”复选框，单击属性中的渐变条，设置渐变起点位置颜色为 #996c33、位置为 50% 时的颜色为 #cfa972、终点位置颜色为 #996c33，设置混合模式为“正常”，“不透明度”为 100%，样式为“线性”，“角度”为 90°，如图 10-74 所示。

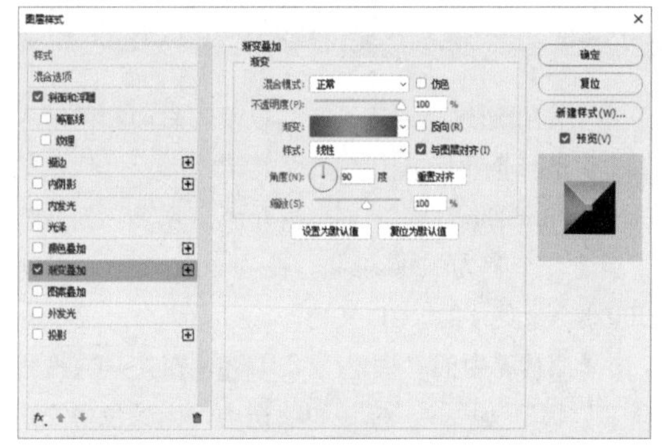

图 10-74

05 单击“确定”按钮后，效果如图 10-75 所示。

06 选择工具箱中的“文字”工具，在工具属性栏中设置文字填充颜色为黑色，字体为“方正小标宋简体”，字号为26.41 点，输入文字“——山庭水院湖景洋房——”，并选择破折号部分，按住 Alt 键结合键盘上的←、→键调整破折号之间的距离，使破折号部分连接成直线。同样，利用“文字”工具设置字体为“方正大标宋简体”，字号为 28.47 点，输入文字“天鹅湾”，如图 10-76 所示。

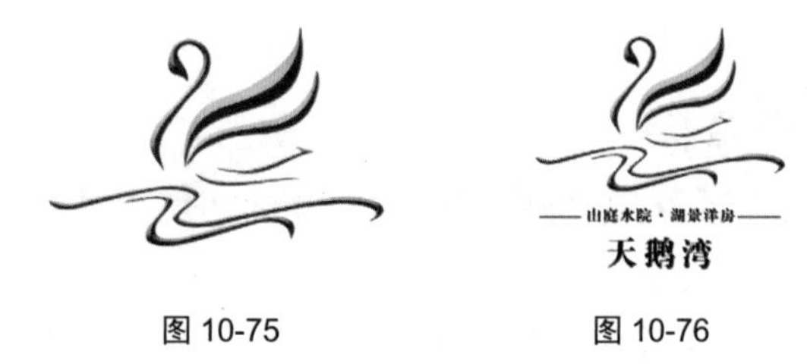

图 10-75　　图 10-76

07 按快捷键 Ctrl+J 复制两个形状图层，将图层上右侧的小图标分别拖到文字图层上，并删除复制的两个形状图层，图像完成制作，如图 10-77 所示。

图 10-77

10.6 房地产标志——盛世明珠

本节主要通过渐变叠加以及通过重复上一步的快捷方式制作一个房地产企业标志。

01 启动 Photoshop CC 2017，执行“文件”|“新建”命令，新建一个宽为 3000 像素、高为 2000 像素、分辨率为 300 像素 / 英寸的 RGB 文档。

02 在文档的垂直与水平方向居中位置创建参考线。选择工具箱中的“椭圆矩形”工具，设置填充颜色为纯色填充，并设置颜色为黑色，描边颜色为无颜色，按住 Alt+Shift 键，以参考线交叉点为圆心，绘制正圆形，如图 10-78 所示。

图 10-78

03 单击“图层”面板中的“添加图层样式”按钮，在菜单中选择“描边”选项。设置描边“大小”为 4 像素，位置为“外部”，混合模式为“正常”，“不透明度”为 100%，填充类型为“渐变”，设置渐变起点颜色为 #a0a0a0，终点位置颜色为白色，样式为“线性”，“角度”为 0°，如图 10-79 所示。

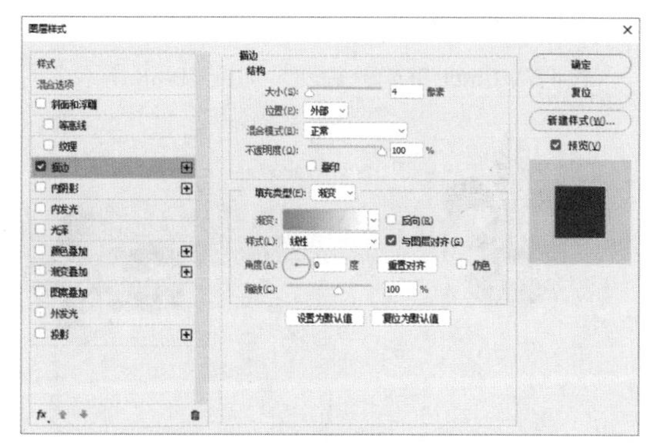

图 10-79

04 选中“渐变叠加”复选框，设置渐变叠加的混合模式为“正常”，“不透明度”为 100%，渐变的起点颜色为 #a0a0a0，25% 位置的颜色为 #a3a3a3，35% 位置的颜色为 #e9e4d5，终点位置颜色为 #bfbfbf，样式为线性渐变，角度为 90°，如图 10-80 所示。

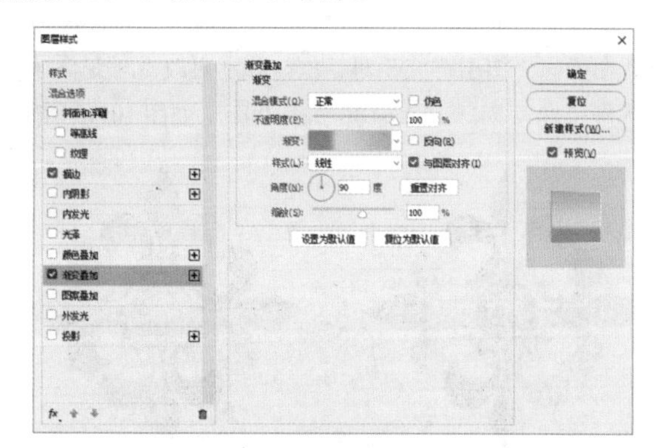

图 10-80

05 单击“确定”按钮后，效果如图 10-81 所示。

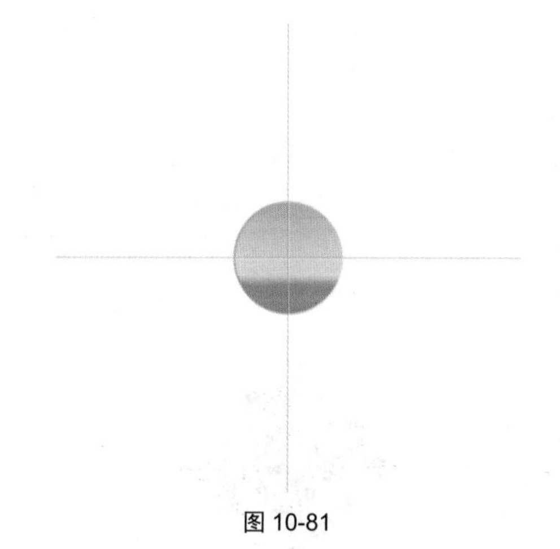

图 10-81

06 按快捷键 Ctrl+J 复制该圆，按快捷键 Ctrl+T 调出自由变换框，按住 Alt+Shift 键的同时，按住鼠标左键，当光标变成↔时，向圆心处拖动，缩小圆形。

07 双击图层上右侧的 fx 小图标，弹出“图层样式”对话框，取消选中“描边”复选框，更改“渐变叠加”中的渐变条，设置渐变位置为 6% 时的颜色为 #d5d3ce，位置为 30% 时的颜色为 #293b8d，位置为 64% 时的颜色为 #f0972ba，位置为 100% 时的颜色为 #ddf5fc。设置混合模式为正常，“不透明度”为 100%，样式为“径向”，“角度”为 90，如图 10-82 所示。将圆心处的点向左上方单击并拖动，使径向渐变的高光偏离圆心。

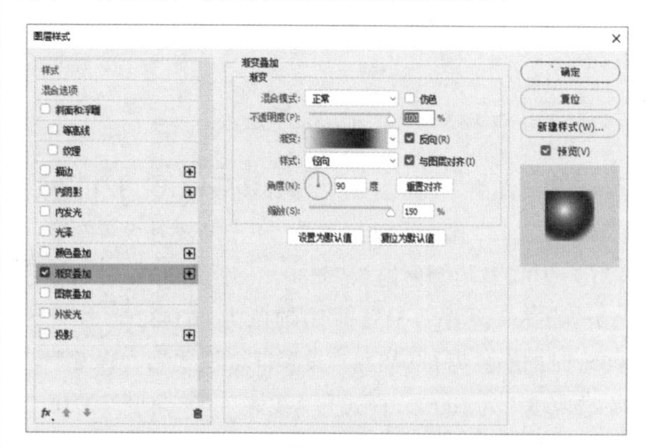

图 10-82

提示

其他渐变类型也可通过单击并拖动来改变渐变的位置。

08 单击“确定”按钮后，圆形出现渐变效果，如图 10-83 所示。

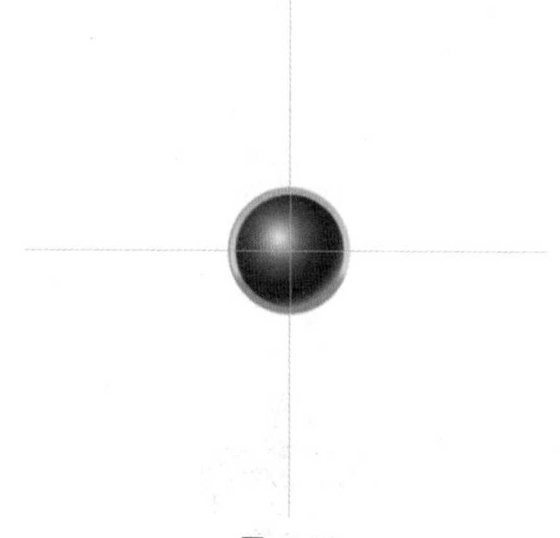

图 10-83

09 选择工具箱中的“自定义形状”工具，在工具属性栏中的“形状”下拉列表右侧，单击小图标，选择“全部”选项，将“全部”形状添加到“自定义形状”拾色器中，在弹出的对话框中单击“追加”按钮确认追加。

10 选择“百合花饰”形状，在工具属性栏中选择“形状”选项，填充方式为纯色填充，颜色为 #986c34，单击并拖动绘制形状，将形状与参考线居中对齐，如图 10-84 所示。

图 10-84

11 单击“图层”面板中的“添加图层样式”按钮 fx，在菜单中选择“渐变叠加”选项，单击渐变条设置渐变，位置为 21% 时的颜色为 #c79230，位置为 49% 时的颜色为 #c79c36，位置为 51% 时的颜色为 #63432f，位置为 100% 时的颜色为 #694828。设置混合模式为“正常”，“不透明度”为 100%，样式为“线性”，“角度”为 0°，如图 10-85 所示。

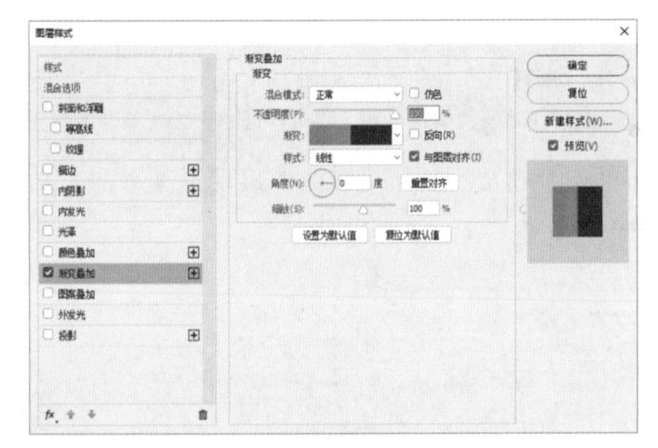

图 10-85

12 单击“确定”按钮后，标志出现渐变效果，如图 10-86 所示。

图 10-86

13 按快捷键 Ctrl+T 调出自由变换框，将变换框的中心点移动到参考线交叉点的位置，如图 10-87 所示。

14 在工具属性栏的“旋转”文本框中输入旋转角度为 90°，按两次 Enter 键确认旋转，如图 10-88 所示。

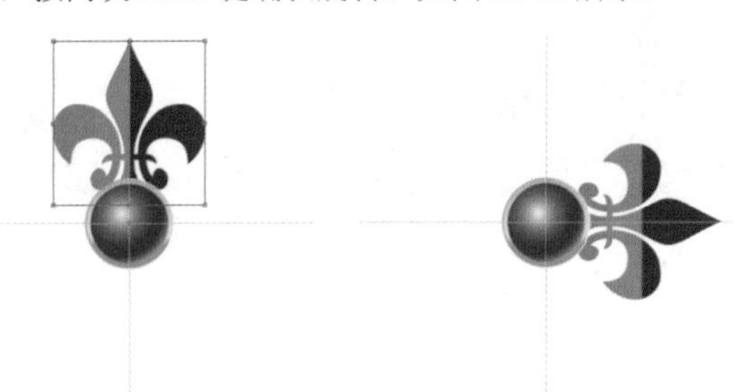

图 10-87　　图 10-88

15 按快捷键 Ctrl+Alt+Shift+T 重复上一步操作，并执行该命令 3 次，如图 10-89 所示。

提示

“重复上一步操作”的快捷键可参考 5.6 节的案例介绍。

16 分别双击右、下和左侧的形状图层上右侧的 fx 小图标，在弹出“图层样式”对话框，分别更改“渐变叠加”中的渐变角度为 -90°、-180° 和 -90°，如图 10-90 所示。

图 10-89　　图 10-90

17 选择工具箱中的“文字”工具 T，在工具属性栏中设置字体为“造字工房刻宋”，字号为 31.73 点，并设置文字填充颜色为 #372729，输入文字“盛世明珠”。

18 选中文字图层，利用“文字”工具 T，输入文字“|20|万|方|都|市|综|合|体|”，设置字体为“方正兰亭黑简体”，设置字号为 16.34 点，填充颜色为 #451308，图像制作完成，如图 10-91 所示。

图 10-91

10.7　茶餐会所标志——半山茶餐厅

本节主要通过“钢笔”工具以及自定义画笔制作一个茶餐会所标志。

01 启动 Photoshop CC 2017，执行“文件”|“新建”命令，新建一个宽为 3000 像素、高为 2000 像素、分辨率为 300 像素 / 英寸的 RGB 文档。

02 选择工具箱中的“钢笔”工具，在工具属性栏中选择“形状”形状，填充颜色设置为纯色填充，且填充颜色为黑色，绘制形状，如图 10-92 所示。

03 选择工具箱中的“圆角矩形”工具，在工具属性栏中选择形状。设置填充为纯色填充，颜色为黑色，描边颜色为无颜色，“半径”为 5，单击并拖动，创建圆角矩形，如图 10-93 所示。

图 10-92

图 10-93

04 选择两个形状图层，并拖到“图层”面板中的“创建新图层”按钮上，即复制两个形状图层，如图 10-94 所示。

05 选择工具箱中的“画笔”工具，在工具栏中单击“画笔预设”，单击“设置”小图标，在菜单中选择“载入画笔”选项，选择 Brush.abr 文件，载入新的画笔，如图 10-95 所示。

图 10-94

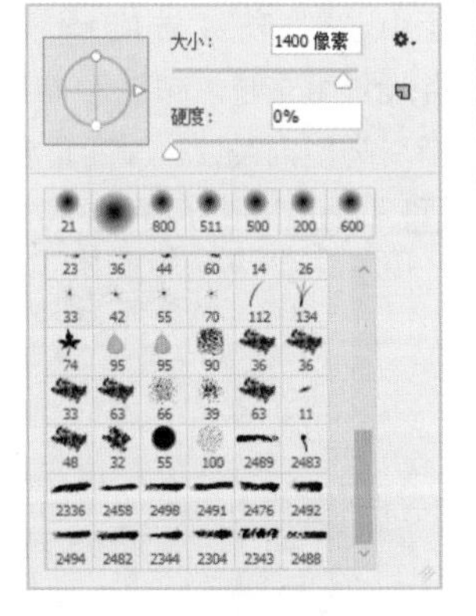

图 10-95

06 单击“创建新图层”按钮，创建一个新的空白图层。选择工具箱中的“画笔”工具，将前景色设置为黑色，选择 SG Brush 笔尖，将画笔大小设置为 2400 像素，在图层上单击，如图 10-96 所示。

图 10-96

07 单击“图层”面板中的“添加图层样式”按钮，在菜单中选择“渐变叠加”选项，单击属性中的渐变条，设置渐变起点位置颜色为 #008100、终点位置颜色为 #74dc05，设置混合模式为“正常”，“不透明度”为 100%，样式为“线性”，“角度”为 90°，如图 10-97 所示。

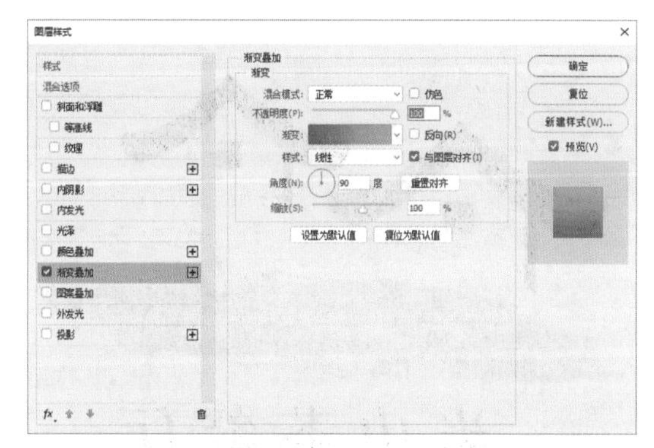

图 10-97

08 单击“确定”按钮后，形状出现渐变效果，如图 10-98 所示。

图 10-98

09 选择工具箱中的“文字”工具，在工具属性栏中设置字体为“方正姚体”，字号大小为 58.62 点，文字颜色为黑色，在画面中单击，并输入文字“半山茶餐厅”。用同样的方法，利用“文字”工具输入文字 MOUNTAINSIDE，字号大小为 38.34 点，文字颜色为 #57bf12，如图 10-99 所示。

10 选择工具箱中的“矩形”工具，在工具属性栏中选择形状，填充为纯色填充，颜色为黑色，描边颜色为无颜色，单击并拖动绘制矩形。利用“文字”工具，输入文字 TEA HOUSE，字号大小为 40 点，文字颜色为白色，如图 10-100 所示。

图 10-99

图 10-100

11 选择“半山茶餐厅”文字图层”，在字符“面板”中单击“仿斜体”按钮，图像制作完成，如图 10-101 所示。

图 10-101

提示

若界面中无“字符”面板，执行“窗口”|“字符”命令即可显示“字符”面板；“字符”面板可以设置字体为仿粗体、仿斜体和全部大写字母等属性。

10.8 网站标志——天天购商城

本节主要通过渐变叠加以及创建剪贴蒙版制作一个网站标志。

01 启动 Photoshop CC 2017，执行“文件”|“新建”命令，新建一个宽为 3000 像素、高为 2000 像素、分辨率为 300 像素 / 英寸的 RGB 文档。

02 选择工具箱中的“文字”，在工具属性栏中设置字体为 Abduction，设置字号为 217.09 点，并设置文字填充颜色为黑色，输入文字 GO，如图 10-102 所示。

图 10-102

03 单击“图层”面板中的“添加图层样式”按钮，在菜单中选择“渐变叠加”选项，单击渐变条设置渐变，位置为 0% 时的颜色为 #16adbd，位置为 33% 时的颜色为 #234697，位置为 73% 时的颜色为 #a41864，位置为 100% 时的颜色为 #e83d64，如图 10-103 所示。

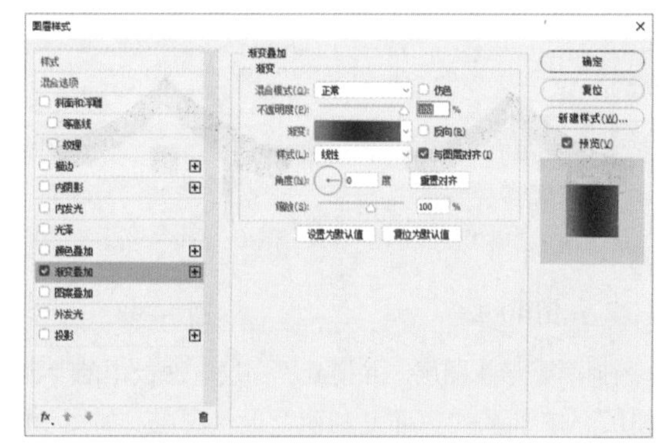

图 10-103

04 单击“确定”按钮后，出现渐变效果，如图 10-104 所示。

05 选择文字图层，右击，在弹出的快捷菜单中选择“转换为智能对象”命令，将文字图层转换为智能对象。

06 选择工具箱中的“圆角矩形”工具，在工具属性栏中选择“形状”选项形状，设置填充颜色为渐变填充，并设置填充起点颜色为 #a41864，终点颜色为 #e83d64，渐变类型为线性，渐变角度为 90°，描边颜色为无颜色，圆角半径为 150 像素，如图 10-105 所示。

图 10-104

图 10-105

07 单击并拖动绘制圆角矩形，如图 10-106 所示。

08 按住 Alt 键，在“图层”面板中圆角矩形图层与智能对象图层之间单击，创建剪贴蒙版，如图 10-107 所示。

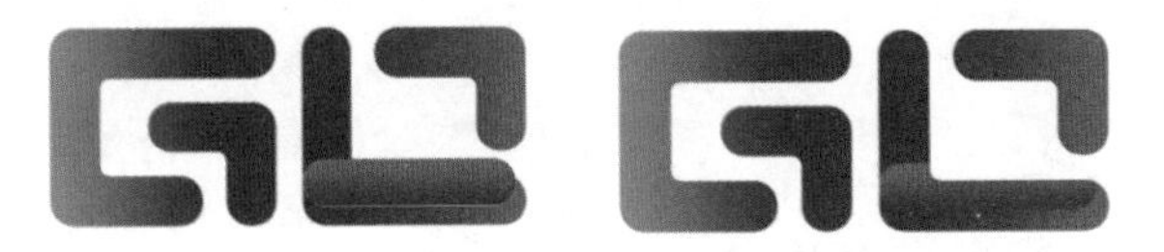

图 10-106　　图 10-107

09 单击“图层”面板中的“添加图层蒙版”按钮，为圆角矩形图层创建蒙版。选择工具箱中的“画笔”工具，将前景色设置为黑色，选择一种柔边画笔，按“[”键和“]”键调整画笔大小，在圆角矩形左侧涂抹，使颜色过渡柔和，如图 10-108 所示。

10 用同样的方法，用“圆角矩形”工具绘制渐变起点颜色为#1b4798、终点颜色为#0aacbd、渐变角度为-90°的线性渐变，并设置描边颜色为无颜色，圆角半径为150 像素，如图 10-109 所示。

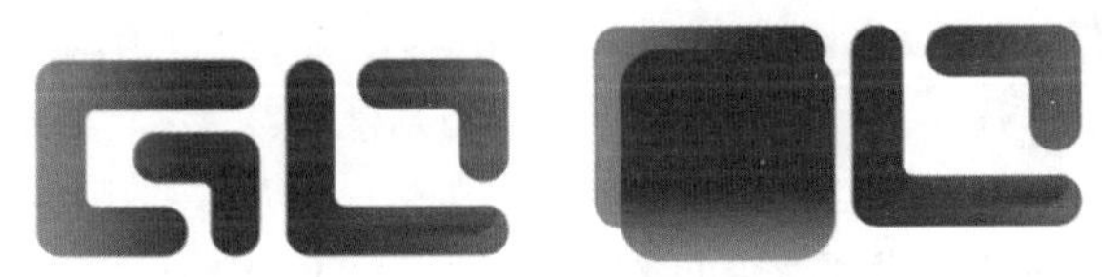

图 10-108　　图 10-109

11 按住 Alt 键，在“图层”面板中两个圆角矩形图层之间单击，创建剪贴蒙版，如图 10-110 所示。

12 单击“图层”面板中的“添加图层蒙版”按钮，为圆角矩形图层创建蒙版。选择工具箱中的“画笔”工具，将前景色设置为黑色，选择一种柔边画笔，按“[”键和“]”键调整画笔大小，在圆角矩形左侧涂抹，使颜色过渡更柔和，如图 10-111 所示。

图 10-110　　图 10-111

13 用同样的方法，用“圆角矩形”工具绘制圆角矩形并填充渐变起点颜色为 #e53e64、终点颜色为 #a31b64、渐变角度为 -90° 的线性渐变，设置描边颜色为无颜色，圆角半径为 150 像素。绘制另一个渐变圆角矩形并利用蒙版使颜色过渡更柔和，如图 10-112 所示。

图 10-112

14 选择工具箱中的“文字”工具，在工具属性栏中设置文字填充颜色为黑色，字体为“方正兰亭粗简体”，字号为 68.26 点、输入文字“天天购商城”。同样利用“文字”工具输入文字 JUST SHOPING，设置字体为“方正兰亭黑简体”，字号为 34.48 点，选择 JUST SHOPING 文字图层，在“字符”面板中单击“仿斜体”按钮，图像制作完成，如图 10-113 所示。

图 10-113

10.9　日用产品标志——草莓果儿童果味牙膏

本节主要通过为文字添加“渐变叠加”及“投影”图层样式，结合“画笔”工具制作有质感的文字标志。

01 启动 Photoshop CC 2017，执行“文件”|“新建”命令，新建一个宽为 3000 像素、高为 2000 像素、分辨率为 300 像素 / 英寸的 RGB 文档。

02 选择工具箱中的“文字”工具，在工具属性栏中设置字体为“方正胖头鱼简体”，设置字号为 211.25 点，并设置文字填充颜色 #ef8fb0，输入文字“草莓果”，如图 10-114 所示。

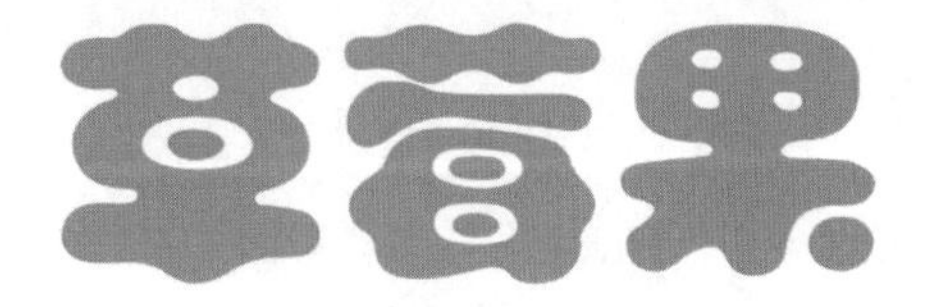

图 10-114

03 单击“图层”面板中的“添加图层样式”图标，

在菜单中选择“描边”选项。在打开的“图层样式”对话框中，设置描边“大小”为81像素，位置为“外部”，混合模式为“正常”，“不透明度”为100%，填充类型为“颜色”，“颜色”为#e34b8a，如图10-115所示。

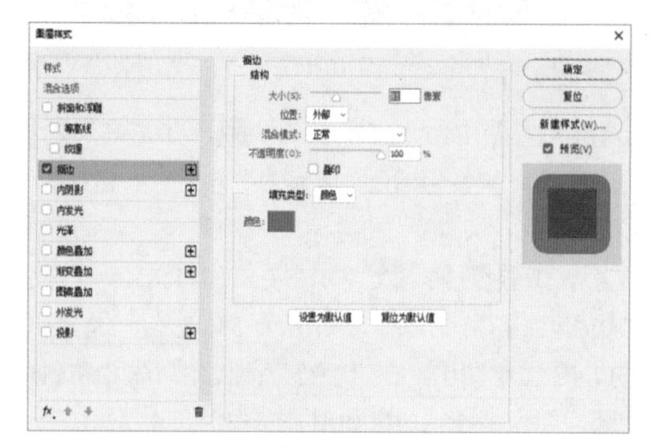

图 10-115

04 单击“确定”按钮后，字体出现描边效果，如图10-116所示。

图 10-116

05 按Ctrl+J复制文字图层，双击该图层上右侧的fx小图标，弹出“图层样式”对话框，取消选中“描边”复选框，选中“渐变叠加”复选框，设置渐变叠加起点颜色为#e87dad，终点位置颜色为#f1aeb6，“不透明度”为100%，样式为“线性渐变”，“角度”为90°，如图10-117所示。

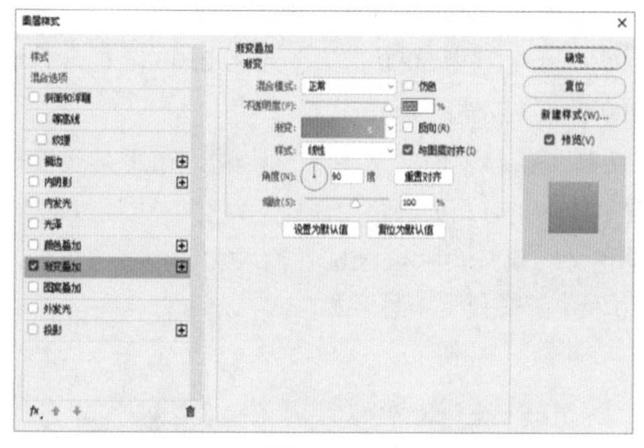

图 10-117

06 选中“投影”复选框，设置投影的“不透明度”为75%，颜色为#850237，“角度”为120°，“距离”为11像素，“扩展”为10%，“大小”为29像素，如图10-118所示。

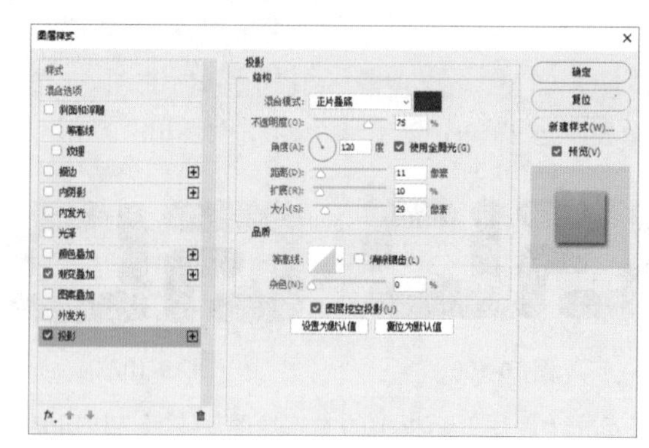

图 10-118

07 单击“确定”按钮后，图像效果如图10-119所示。

图 10-119

08 选中文字图层，选择工具箱中的“魔棒”工具，在“莓”字上单击，为“艹”部分创建选区。

09 单击“创建新图层”按钮，创建一个新的空白图层。将前景色设置为#cdd461，按快捷键Alt+Delete填充前景色，如图10-120所示。

图 10-120

10 单击“创建新图层”按钮，创建一个新的空白图层。选择工具箱中的“画笔”工具，将前景色设置为白色，并选择一种硬边画笔，绘制字体光泽，并将图层的“不透明度”设置为60%，如图10-121所示。

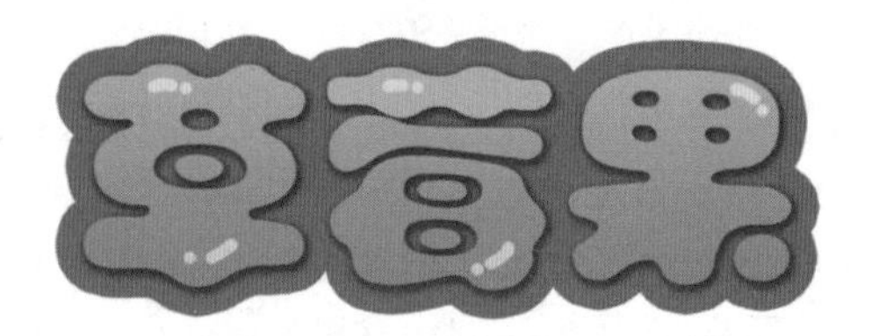

图 10-121

11 选择工具箱中的“钢笔”工具，在工具属性栏中选择“形状” 形状，填充颜色设置为纯色填充，且填充颜色为#ef285d，绘制形状，如图10-122所示。

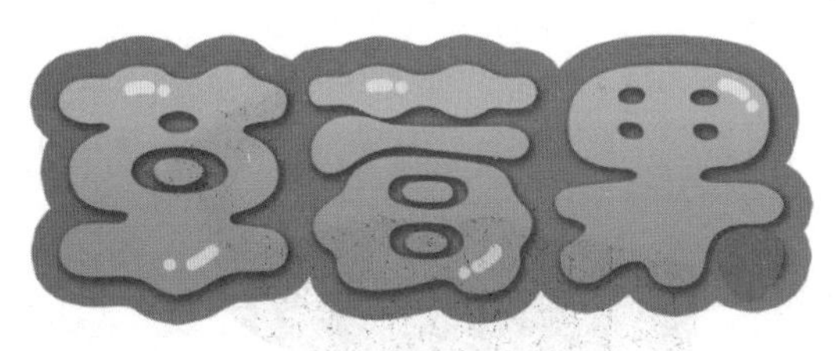

图 10-122

12 单击“图层”面板中的“添加图层样式”按钮fx.，在菜单中选择“投影”选项，设置投影的“不透明度”为 100%，颜色为 #850237，“角度”为 120°，“距离”为 11 像素，“扩展”为 10%，“大小”为 29 像素，添加投影后的效果如图 10-123 所示。

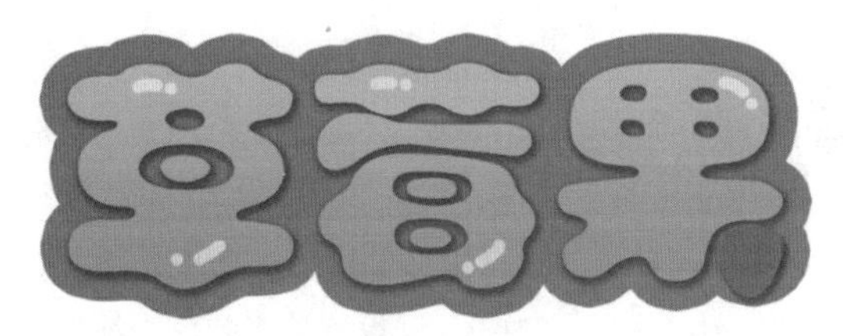

图 10-123

13 选择工具箱中的“椭圆”工具，在工具属性栏中选择“形状”。设置填充颜色为纯色填充，颜色为白色，设置描边颜色为无颜色。单击并拖动，绘制多个椭圆形，如图 10-124 所示。

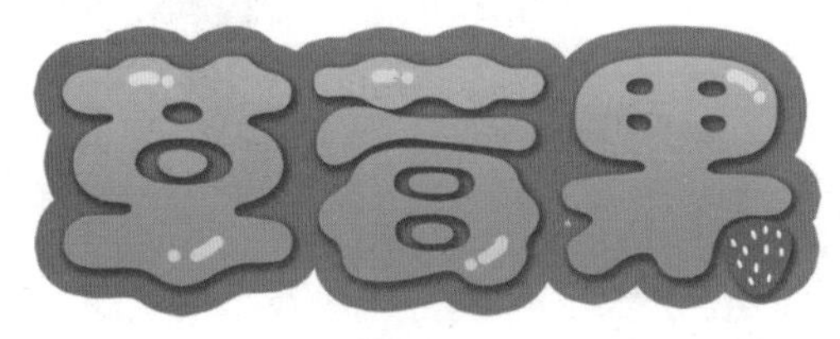

图 10-124

14 选择工具箱中的“钢笔”工具，在工具属性栏中选择“形状”，填充颜色设置为纯色填充，且填充颜色为 #cdd461，绘制形状，如图 10-125 所示。

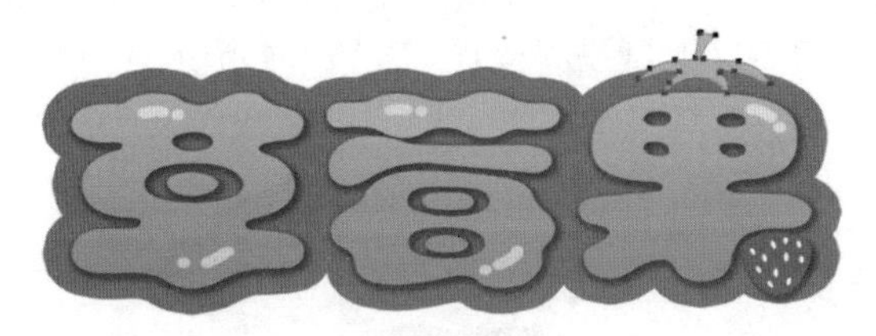

图 10-125

15 选择工具箱中的“文字”工具T，在工具属性栏中设置字体为“华康布丁体 Wi12”，设置字号为 75 点，并设置文字填充颜色为 #658c0c，输入文字“儿童果味牙膏”，如图 10-126 所示。

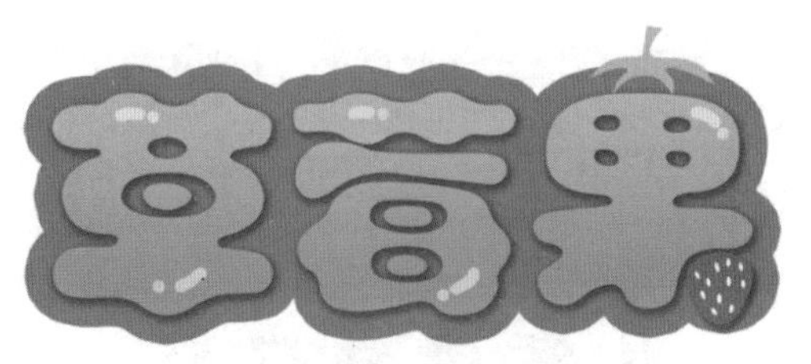

图 10-126

16 单击“图层”面板中的“添加图层样式”按钮fx.，在菜单中选择“描边”选项。在弹出的“图层样式”对话框中，设置描边“大小”为 21 像素，位置为“外部”，混合模式为“正常”，“不透明度”为 100%，填充类型为“颜色”，颜色为白色，如图 10-127 所示。

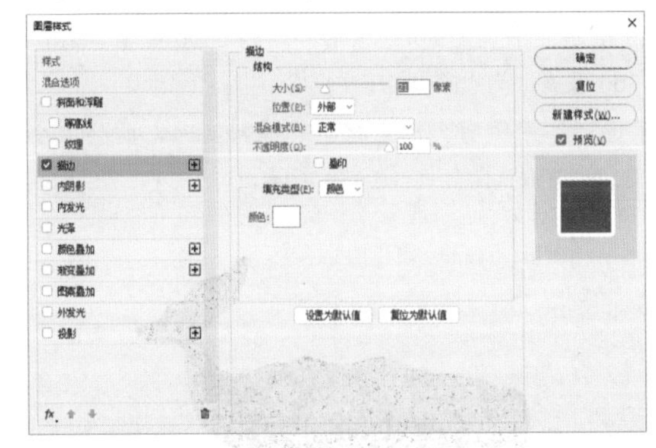

图 10-127

17 选中“投影”复选框，设置混合模式为“正片叠底”，“不透明度”为 75%，颜色为黑色，“角度”为 120°，“距离”为 11 像素，“扩展”为 10%，“大小”为 46 像素，如图 10-128 所示。

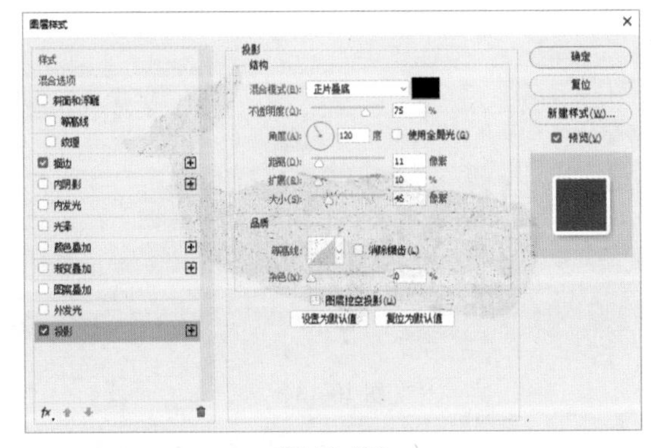

图 10-128

18 单击“确定”按钮后，效果如图 10-129 所示，图像制作完成。

图 10-129

10.10 电子产品标志——蓝鲸电视

本节主要通过“自定义形状”工具、“多边形”工具和创建剪贴蒙版制作电子产品标志。

01 启动 Photoshop CC 2017，执行“文件”|“新建”命令，新建一个宽为 3000 像素、高为 2000 像素、分辨率为 300 像素 / 英寸的 RGB 文档。

02 选择“鲸鱼剪影”素材，并拖入文档，调整大小后按 Enter 键确认，如图 10-130 所示。

图 10-130

03 选择工具箱中的“魔棒”工具，在剪影上单击，创建选区，如图 10-131 所示。

图 10-131

04 在选区边缘右击，在弹出的快捷菜单中选择“建立工作路径”命令，弹出“建立工作路径”对话框，设置“容差”为 2.0 像素，单击“确定”按钮后，选区转换为路径，如图 10-132 所示。

图 10-132

05 选择工具箱中的“路径选择”工具，将光标移到路径边缘，右击，在弹出快捷菜单中选择“定义自定形状”命令，将该形状添加到自定义形状中。

> **提示**
> 选区可建立为工作路径，不能直接变成形状。若要重复利用形状，可在“路径”面板双击，存储或设置为自定义形状。

06 选择工具箱中的“自定义形状”工具，在工具属性栏中选择“形状”。设置填充颜色为纯色填充，并设置颜色为红色，描边颜色为无颜色。在“自定形状”拾色器菜单中，选择刚刚定义的形状，并绘制形状，如图 10-133 所示。

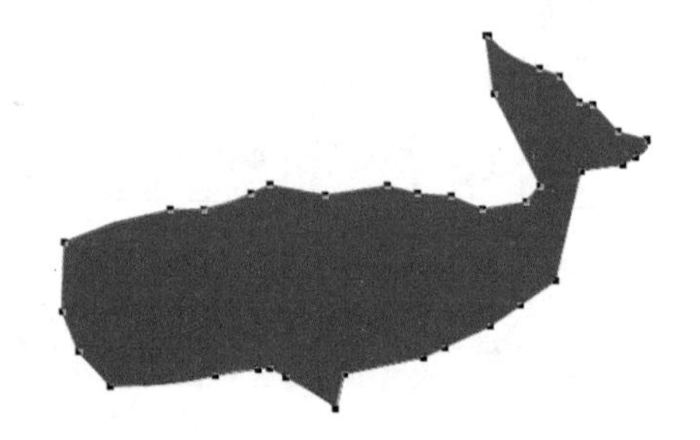

图 10-133

07 选择“彩格”素材，并拖入文档，调整大小后按 Enter 键确认。

08 按住 Alt 键，在“图层”面板中彩格图层与形状图层之间单击，创建剪贴蒙版，如图 10-134 所示。

图 10-134

09 选择工具箱中的“转换点”工具，在路径上的每个锚点上单击，把所有的锚点转换为角点。选择工具箱中的“直接选择”工具，框选并移动锚点，使锚点在不改变鲸鱼的整体形状的同时，与彩格中三角形的角点尽量对齐。

提示

“转换点”工具可以使锚点变成直线角点。

10 选择工具箱中的“多边形”工具，设置描边为无颜色，并输入“边”为 3，单击并拖动，绘制多个颜色各异的三角形，并通过“直接选择”工具移动锚点，将彩格蒙版中非三角形的多边形区域分割成三角形，如图 10-135 所示。

图 10-135

提示

所有的多边形均能被分割成多个三角形，Logo 主体部分均由三角形构成，此处利用“多边形”工具制作三角形来分割多边形。

11 选择工具箱中的“文字”工具，在工具属性栏中设置字体为“张海山锐线体简”并设置文字填充颜色为黑色，输入文字“蓝鲸电视”和 WHALE TV，设置字号分别为 64.79 点和 51.92 点，如图 10-136 所示。

图 10-136

12 选择彩格图层，按快捷键 Ctrl+J 复制该图层，并拖动至 WHALE TV 图层的上方。按住 Alt 键，在彩格图层与 WHALE TV 图层之间单击，创建剪贴蒙版。

13 按快捷键 Ctrl+T 调整复制的彩格图层的大小和位置，按 Enter 键确认，图像完成制作，如图 10-137 所示。

图 10-137

第 11 章

卡片设计

本章通过 12 个卡片实例，包括卡片设计、货架贴、优惠券、贺卡和书签等，为读者制作各类卡片提供了很好的思路。

第 11 章 视频

第 11 章 素材

11.1 亲情卡——美发沙龙

本节主要通过“斜面和浮雕”等图层样式和更改图层混合模式等方法，制作一个美发沙龙的会员卡。

01 启动 Photoshop CC 2017，执行“文件” | “新建”命令，新建一个宽为 3000 像素、高为 2000 像素、分辨率为 300 像素 / 英寸的 RGB 文档。

02 选择工具箱中的“圆角矩形”工具，在工具属性栏中选择“形状”。设置填充为纯色填充，颜色为黑色；描边颜色为无颜色，“半径”为 80。单击并拖动，创建圆角矩形，如图 11-1 所示。

03 单击“图层”面板中的“添加图层样式”按钮，在菜单中选择“斜面和浮雕”选项，设置样式为“内斜面”，方法为“平滑”，“深度”为 100%，方向为“上”，“大小”为 4 像素，“软化”为 0 像素；设置阴影的“角度”为 59°，“高度”为 58°，如图 11-2 所示。

图 11-1

图 11-2

04 选中“纹理”复选框，单击“图案”拾色器的小三角形按钮，然后单击小图标，在菜单中选择“图案”选项，追加图案。选择“编织（宽）”图案，设置“缩放”为 1000%，“深度”为 +508%，如图 11-3 所示。

05 选中“渐变叠加”复选框，设置混合模式为“正常”，“不透明度”为 100%，渐变的起点颜色为 #432233，50% 位置时的颜色为 #7b346f，结束点颜色为 #6c3579，样式为“线性”，角度为 0°，如图 11-4 所示。

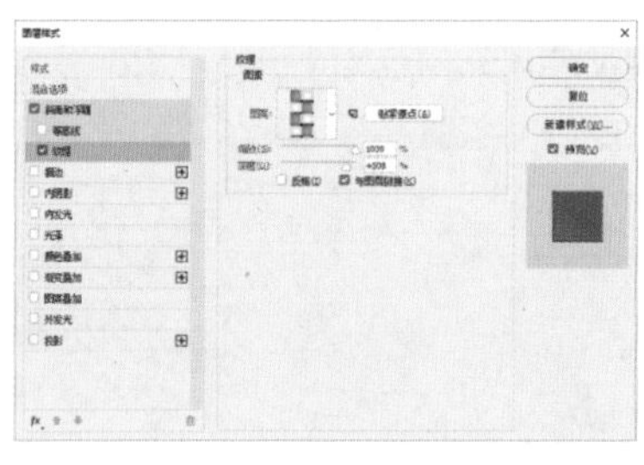

图 11-3

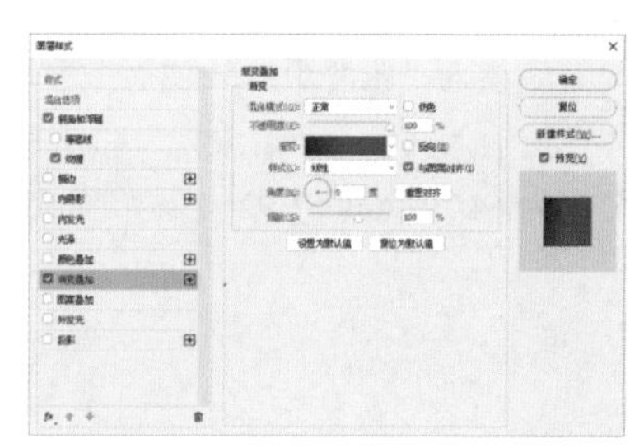

图 11-4

06 单击“确定”按钮后，效果如图 11-5 所示。

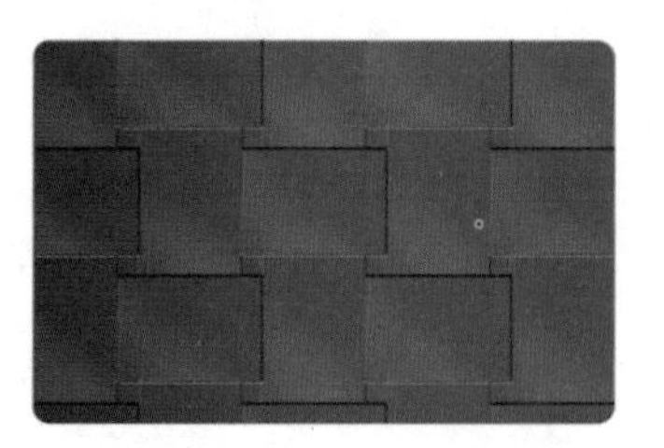

图 11-5

07 选择“美发”素材，并拖入文档，调整大小和方向后，按 Enter 键确认，如图 11-6 所示。

08 选择圆角矩形图层，按 Ctrl 键并单击该图层缩略图，将圆角矩形载入选区，再按快捷键 Ctrl+Shift+I 反选选区。

09 选中美发图层，按住 Alt 键，单击“图层”面板中的“添加图层蒙版”按钮，为美发图层创建蒙版，如图 11-7 所示。

图 11-6

图 11-7

10 将美发图层的混合模式更改为“滤色”，将前景色设置为黑色。

11 单击美发图层的图层蒙版，选择工具箱中的“画笔”工具，并选择一种柔边画笔，按住鼠标左键在美发图层蒙版边缘处涂抹，使图层的相交处更柔和，如图 11-8 所示。

12 单击“图层”面板中的“创建新的填充或调整图层”按钮，在菜单中选择“曲线”选项，调整曲线的弧度，如图 11-9 所示。

图 11-8

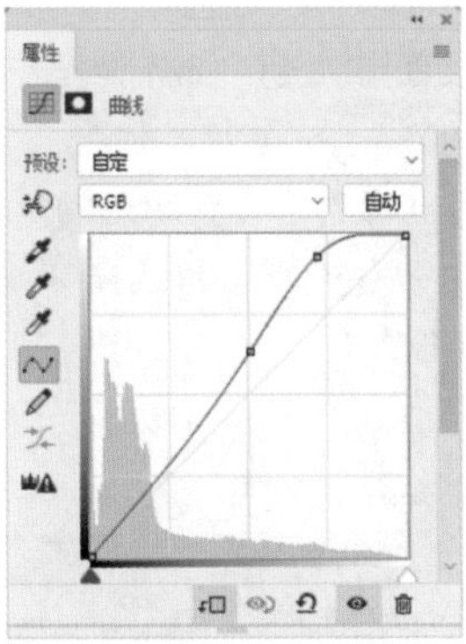

图 11-9

13 单击“确定”按钮后，效果如图 11-10 所示。

14 选择工具箱中的“文字”，在工具属性栏中设置字体为“创艺简老宋”，字号为创艺简老宋点，文字填充颜色为 #fad988，输入文字 VIP，如图 11-11 所示。

图 11-10

图 11-11

15 单击“图层”面板中的“添加图层样式”按钮，在菜单中选择“斜面和浮雕”选项，设置样式为“内斜面”，方法为“平滑”，“深度”为 1000%，方向为“上”，“大小”为 18 像素，“软化”为 0 像素；设置阴影的“角度”为 59°，“高度”为 58°，光泽等高线为“半圆”，高光模式为“滤色”，“不透明度”为 75%，阴影模式为“正片叠底”，“不透明度”为 75%，如图 11-12 所示。

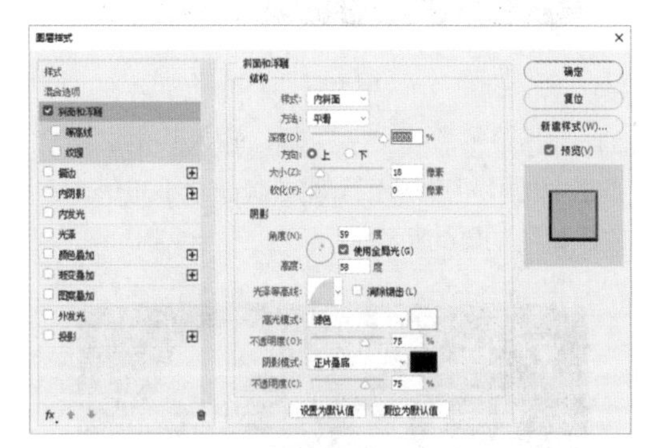

图 11-12

16 选中“描边”复选框，设置描边“大小”为 9 像素，“颜色”为 #fefcde，如图 11-13 所示。

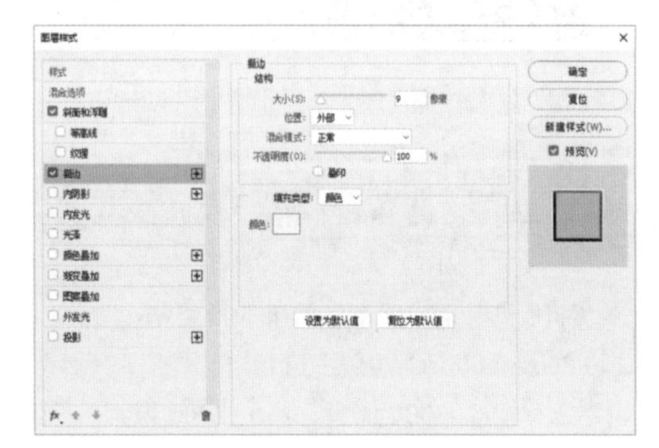

图 11-13

17 选中“投影”复选框，设置“不透明度”为 75%，“角度”为 59°，“距离”为 8 像素，“扩展”为 19%，“大小”为 38 像素，如图 11-14 所示。

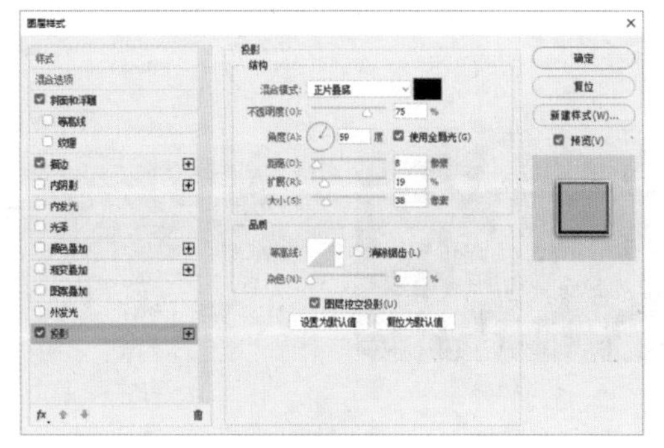

图 11-14

18 单击“确定”按钮后，效果如图 11-15 所示。

图 11-15

19 选择工具箱中的“文字”T，输入其他文字，并利用工具箱中的“矩形”工具□绘制一个小矩形，图像制作完成，如图 11-16 所示。

图 11-16

11.2 货架贴——新品上市

本节将制作一款 3D 文字效果的货架贴。

01 启动 Photoshop CC 2017，执行“文件”|“新建”命令，新建一个宽为 3000 像素、高为 2000 像素、分辨率为 300 像素 / 英寸的 RGB 文档。

02 选择“背景”素材，并拖入文档，如图 11-17 所示。

03 执行“滤镜”|“模糊”|“高斯模糊”命令，设置“半径”为 19.6 像素，如图 11-18 所示。

图 11-17　　图 11-18

04 单击“确定”按钮后，效果如图 11-19 所示。

05 选择工具箱中的“文字”工具T，在工具属性栏中设置字体为“方正正大黑简体”，文字填充颜色为 #00972e，字号为 150 点，输入文字“新品上市”，如图 11-20 所示。

图 11-19　　图 11-20

06 选择文字图层，按快捷键 Ctrl+J 复制该图层。

07 选择原文字图层，执行“3D”|“从所选图层新建 3D 模型”命令，文字出现 3D 效果，如图 11-21 所示。

图 11-21

08 选择复制的文本图层，选中该图层并单击“添加图层样式”按钮fx，在菜单中选择“斜面和浮雕”选项，设置样式为“内斜面”，方法为“平滑”，“深度”为 100%，方向为“上”，“大小”为 9 像素，“软化”为 0 像素；设置阴影的“角度”为 120°，“高度”为 30°，光泽等高线选择“环形”，高光模式为“滤色”，“不透明度”为 60%，阴影模式为“正片叠底”，“不透明度”为 16%，如图 11-22 所示。

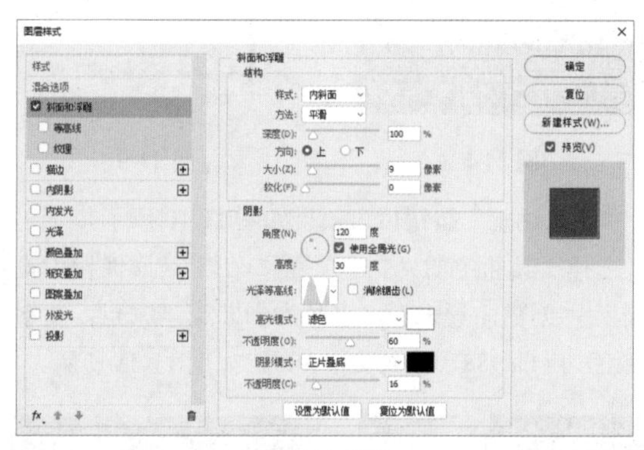

图 11-22

提示

将文字复制两个图层，一是为了单独为文字制作 3D 效果，二是为了给覆盖在 3D 效果上的文字图层单独制作效果。

09 选中“渐变叠加”复选框，设置混合模式为“正常”，“不透明度”为 100%，渐变的起点颜色为 #6fba2c，终点颜色为 #ceffa3，样式为“线性”，“角度”为 90°，如图 11-23 所示。

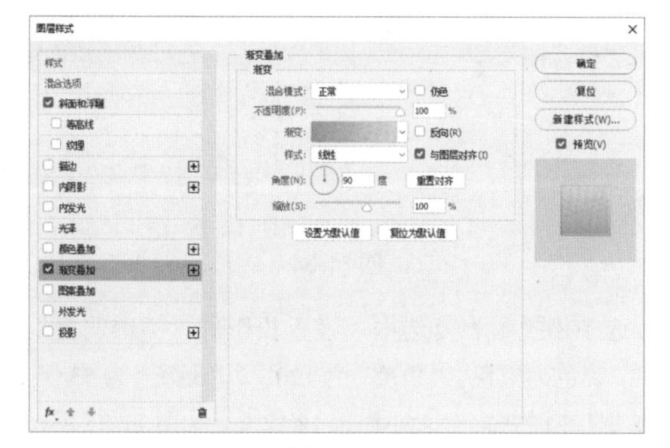

图 11-23

10 单击“确定”按钮后，效果如图 11-24 所示。

11 选择工具箱中的“矩形”工具，在工具属性栏中选择“形状”，绘制一个颜色为 #e2eb9f 的矩形。选择工具箱中的“椭圆”工具，按住 Shift 键，绘制一个颜色为 #235733 的椭圆并复制该图形，如图 11-25 所示。

图 11-24

图 11-25

12 选择工具箱中的“文字”工具，在工具属性栏中设置字体为“方正正大黑简体”，文字填充颜色为白色，字号为 58.37 点，输入文字“夏装”。用同样的方法，分别输入文字“全场低至 5 折”和 New，更改字体为“方正兰亭粗黑简体”和 Impact，适当调整文字的大小，如图 11-26 所示。

图 11-26

13 选择“全场低至 5 折”文字图层，将图层命名为“文字 2”，按快捷键 Ctrl+J 复制该图层。

14 重新选择“文字 2”图层，并按快捷键 Ctrl+T，右击，在弹出的快捷菜单中选择“斜切”选项，当鼠标移动到自由变换框，光标变成时，向右单击并拖动，将该文字图层斜切变形。

15 单击“图层”面板中的“添加图层样式”按钮，在菜单中选择“渐变叠加”选项，单击属性中的渐变条，设置渐变起点位置颜色为 #245833、终点位置为 #8baa1d，设置混合模式为“正常”，“不透明度”为 100%，样式为“线性”，“角度”为 90°，如图 11-27 所示。

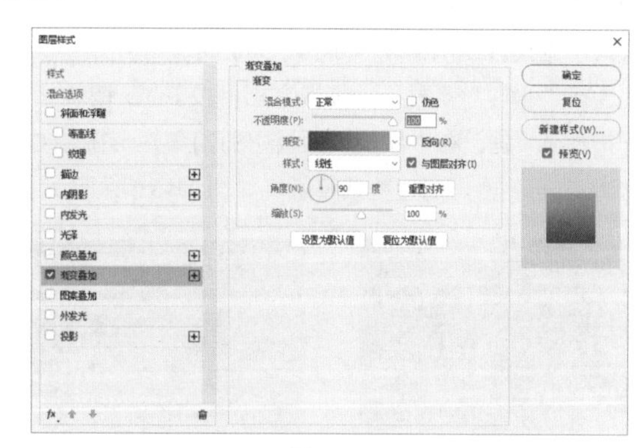

图 11-27

16 单击“确定”按钮后，效果如图 11-28 所示。

图 11-28

17 选择“美女”“花”“蝴蝶 1”和“蝴蝶 2”素材，并拖入文档，移动到合适位置，图像制作完成，如图 11-29 所示。

图 11-29

11.3 配送卡——新鲜果蔬

本节主要通过设置文本的描边和投影样式，以及利用“自定义钢笔”工具制作一张果蔬配送卡。

01 启动 Photoshop CC 2017，执行“文件”|“新建”命令，新建一个宽为 3000 像素、高为 2000 像素、分辨率为 300 像素 / 英寸的 RGB 文档。

02 选择工具箱中的“圆角矩形”工具，在工具属性栏中选择形状。设置填充为纯色填充，颜色为 #5bb531；描边颜色为无颜色，“半径”为 80。单击并拖动，创建圆角矩形，如图 11-30 所示。

03 选择“水印”素材，并拖入文档，按 Enter 键确认。

04 按住 Alt 键，在“图层”面板中的圆角矩形图层与水印图层之间单击，创建剪贴蒙版，如图 11-31 所示。

图 11-30

图 11-31

05 选择“蔬菜”和“车”素材，并拖入文档，按 Enter 键确认，如图 11-32 所示。

06 选择工具箱中的“文字”，在工具属性栏中设置字体为“华康俪金黑 W8”，文字填充颜色为白色，字号为 115.8 点，输入文字“果蔬”，并命名该文字图层为“果蔬 1”，如图 11-33 所示。

图 11-32

图 11-33

07 按两次快捷键 Ctrl+J，复制“果蔬 1”图层，将复制的第一个图层命名为“果蔬 2”，复制的第二个图层命名为“果蔬 3”。

08 选择“果蔬 1”图层，单击“图层”面板中的“添加图层样式”按钮，在菜单中选择“描边”选项，设置描边“大小”为 46 像素，“颜色”为 #f8c400，如图 11-34 所示。

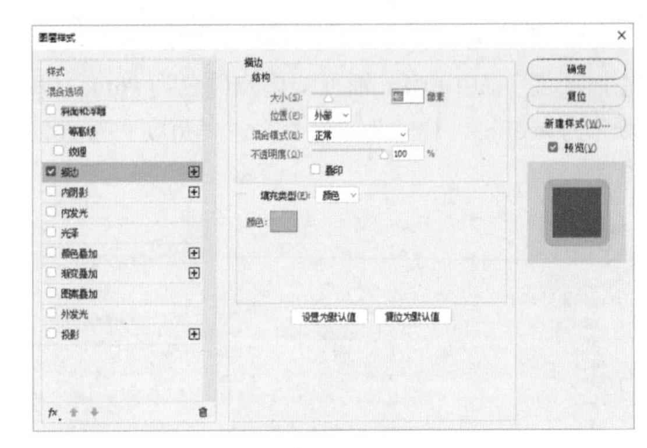

图 11-34

09 选中“投影”复选框，设置投影的“不透明度”为 75%，颜色为黑色，“角度”为 120°，“距离”为 53 像素，“扩展”为 27%，“大小”为 18 像素，如图 11-35 所示。

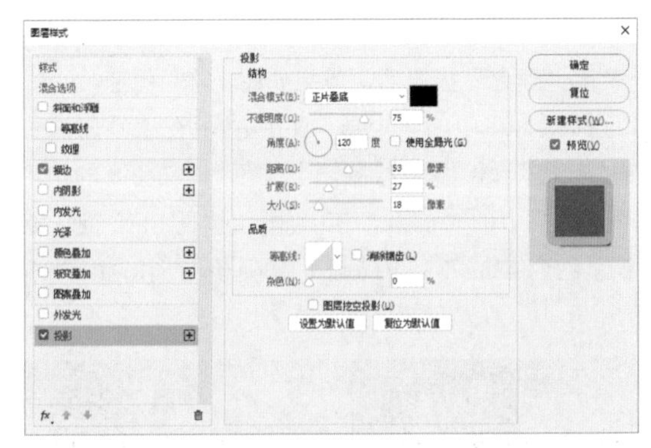

图 11-35

10 单击“确定”按钮后，效果如图 11-36 所示。

图 11-36

11 选择“果蔬 2”图层，用同样的方法为该图层制作描边效果，描边大小为 40 像素，颜色为 #006428，单击“确定”按钮后，效果如图 11-37 所示。

12 选择“果蔬 3”图层，用同样的方法为该图层制作投影效果，投影“距离”为 6 像素，“扩展”为 0%，“大小”为 4 像素，单击“确定”按钮后，效果如图 11-38 所示。

图 11-37　　图 11-38

13 选择工具箱中的“钢笔”工具，在工具属性栏中选择形状，填充为无颜色，描边选择纯色，颜色为黑色，描边大小为 1 像素，描边类型为——，绘制路径，如图 11-39 所示。

14 选择工具箱中的“矩形”工具，在工具属性栏中选择“形状”形状，绘制颜色为 #f8c400 的矩形，并利用“直接选择”工具，向左水平移动右下角的锚点，效果如图 11-40 所示。

图 11-39　　图 11-40

15 选择工具箱中的“文字”工具，在工具属性栏中设置字体分别为“李旭科漫画体 v1.0”，输入文字“极速领鲜 快乐生活”，并为文字填充黑色，适当调整文字大小。再设置字体为“造字工房悦黑”，输入“配送季卡”，并按快捷键 Ctrl+J 复制该文字图层，为复制的文字图层填充白色，原文字图层填充颜色 #006429，按键盘上的→键微移 #006429 颜色的文字图层，适当调整文字大小，图像制作完成，如图 11-41 所示。

图 11-41

11.4　贵宾卡——金卡

本节主要通过“自定义纹理”功能制作金卡。

01 启动 Photoshop CC 2017，执行“文件”|“新建”命令，新建一个宽为 3000 像素、高为 2000 像素、分辨率为 300 像素 / 英寸的 RGB 文档。

02 选择工具箱中的“圆角矩形”工具，在工具属性栏中选择形状，半径处输入数值为 80。设置填充为渐变填充，渐变类型为“线性”，“角度”为 0°，起点颜色为 #dfbe71，居中位置颜色为 #fefec5，终点位置颜色为 #d1a657，描边颜色为无颜色。单击并拖动，创建圆角矩形，如图 11-42 所示。

03 选择工具箱中的“自定义形状”工具，在工具属性栏中选择“形状”形状。在“自定形状”拾色器菜单中，选择“旗帜”形状，绘制填充颜色为 #2d1f0d 且无描边的旗帜形状，如图 11-43 所示。

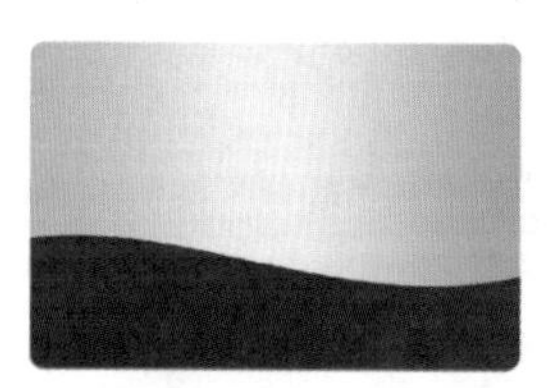

图 11-42　　图 11-43

04 用同样的方法，绘制另一个填充颜色为 #756859 且无描边的旗帜形状，如图 11-44 所示。

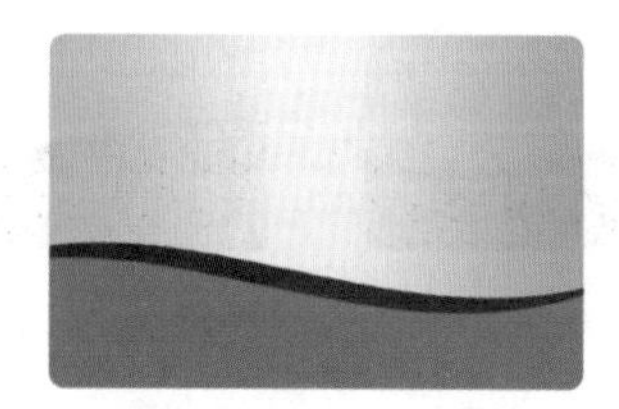

图 11-44

05 单击“图层”面板中的“添加图层样式”按钮，在菜单中选择“斜面和浮雕”选项，并选中“纹理”选项，设置样式为“内斜面”，方法为“平滑”，“深度”为 100%，方向为“上”，“大小”为 1 像素，“软化”为 0 像素；设置阴影的“角度”为 59°，“高度”为 58°，如图 11-45 所示。

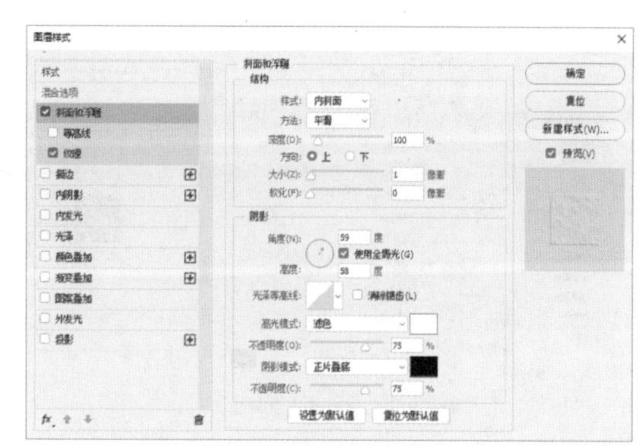

图 11-45

06 选中“纹理”复选框，单击“图案”拾色器的小三角形按钮，然后单击小图标，在菜单中选择“自然图案”选项，追加图案。选择“蓝色雏菊”图案，设置“缩放”为100%，“深度”为+100%，如图 11-46 所示。

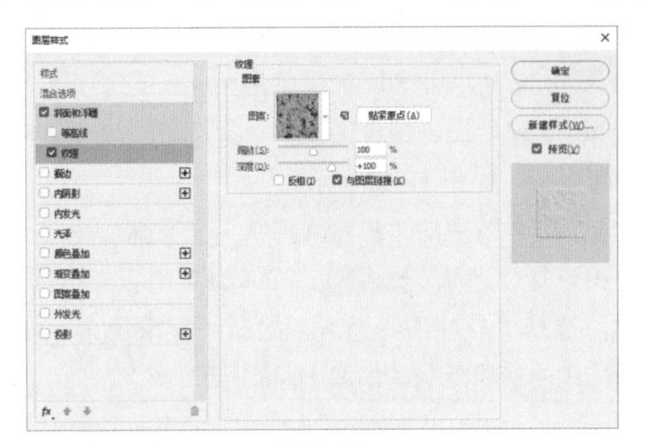

图 11-46

07 单击“确定”按钮，并在“图层”面板中将图层的“填充”设置为0%，效果如图 11-47 所示。

08 选择工具箱中的“文字”T，在工具属性栏中设置字体为“创艺简老宋”，字号为 122.83 点，文字填充颜色 #fad988，输入文字 VIP，如图 11-48 所示。

图 11-47　　图 11-48

09 单击“图层”面板中的“添加图层样式”按钮fx，在菜单中选择“斜面和浮雕”，并选中“等高线”和“纹理”复选框，设置样式为“内斜面”，方法为“平滑”，“深度”为 1000%，方向为“上”，“大小”为 18 像素，“软化”为 0 像素；设置阴影的“角度”为 59°，“高度”为 58°，光泽等高线为“半圆”，高光模式为“滤色”，“不透明度”为 75%，阴影模式为“正片叠底”，“不透明度”为 75%，如图 11-49 所示。

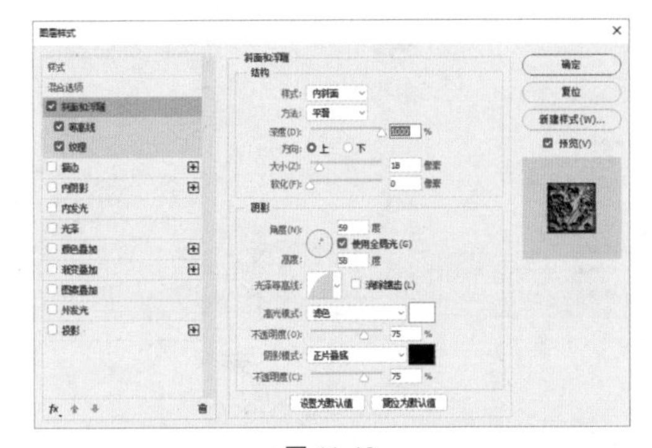

图 11-49

10 选中“等高线”复选框，单击“等高线”拾色器的小三角形按钮，在菜单中选择“环形”，设置“范围”为 79%，如图 11-50 所示，并单击“确定”按钮。

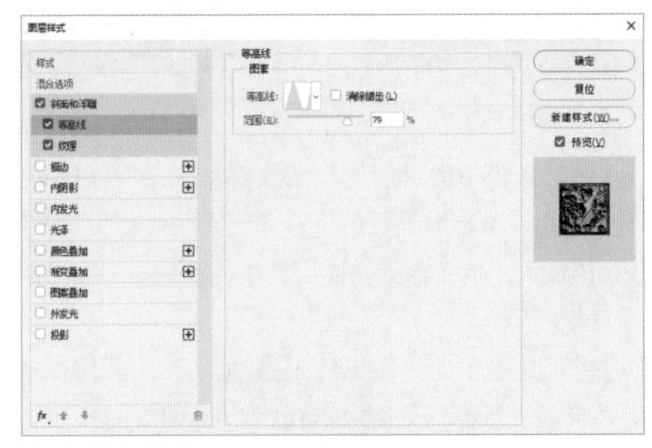

图 11-50

11 执行“文件”|“打开”命令，打开“龙”素材，如图 11-51 所示。

图 11-51

12 执行“编辑”|“定义图案”命令，将素材定义为图案。

13 单击“图层”面板中的“添加图层样式”按钮fx，在菜单中选择“斜面和浮雕”选项，并选中“纹理”选项。单击“图案”拾色器的小三角形按钮，然后单击小图标，在菜单中选择刚刚定义的图案，设置“缩放”为 100%，“深度”为 +100%，如图 11-52 所示。

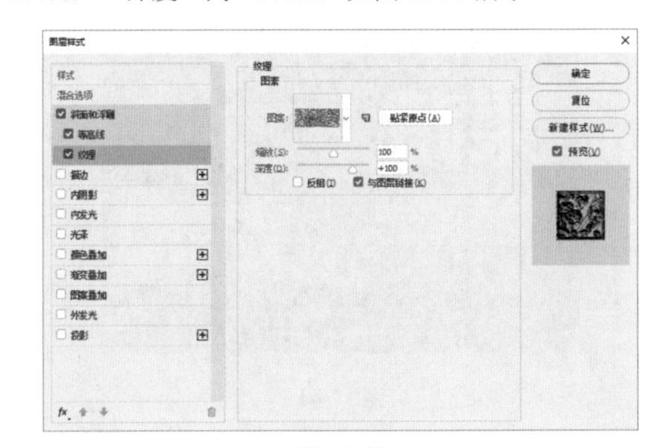

图 11-52

14 选中“描边”复选框，设置描边“大小”为 9 像素，位置为“外部”，混合模式为“正常”，“不透明度”为 100%，填充颜色为 #fefcde，如图 11-53 所示。

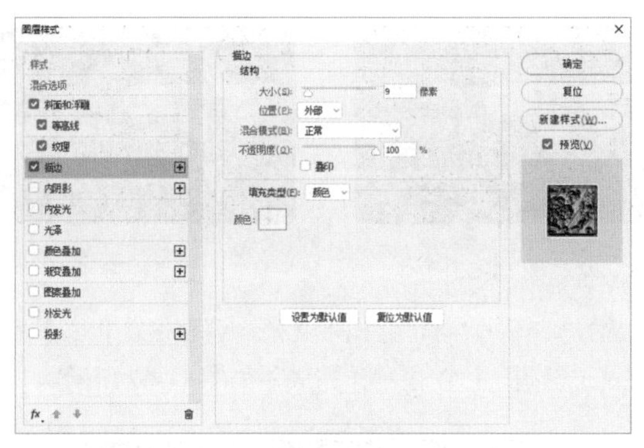

图 11-53

15 选中“渐变叠加”复选框，设置混合模式为“正常”，“不透明度”为 100%，渐变的起点颜色为 #ffe39f，结束点颜色为 #e2b56e，样式为“线性”，“角度”为 -90°，如图 11-54 所示。

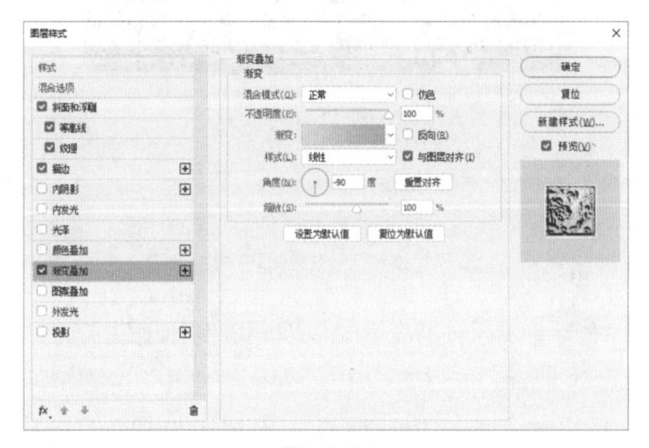

图 11-54

16 选中“投影”复选框，设置混合模式为“正片叠底”，投影颜色为 #0a0102，“不透明度”为 75%，“距离”为 8 像素，“扩展”为 19%，“大小”为 38 像素，如图 11-55 所示。

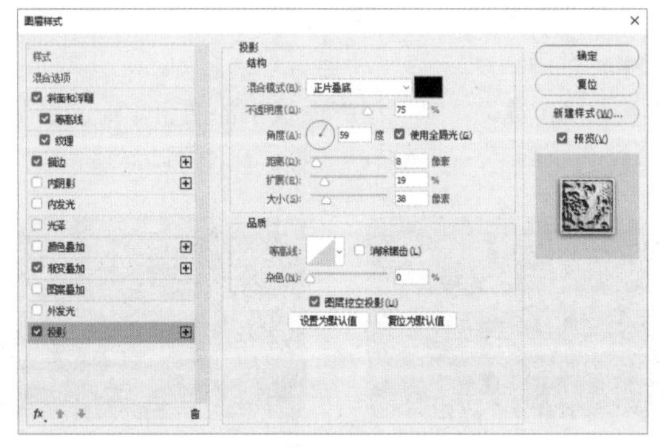

图 11-55

17 单击“确定”按钮后，效果如图 11-56 所示。

18 选择工具箱中的“文字”工具，在工具属性栏中设置文字填充颜色为 #524021，选择合适的字体，输入文字，如图 11-57 所示。

图 11-56

图 11-57

19 选择“钻石”素材，并拖入文档，调整大小和位置后按 Enter 键确认，图像制作完成，如图 11-58 所示。

图 11-58

11.5　泊车卡——免费泊车

本节主要通过设置叠加渐变来制作一张免费泊车卡。

01 启动 Photoshop CC 2017，执行“文件” | “新建”命令，新建一个宽为 3000 像素、高为 2000 像素、分辨率为 300 像素 / 英寸的 RGB 文档。

02 选择工具箱中的“圆角矩形”工具，在工具属性栏中选择形状。设置填充为纯色填充，颜色为黑色；描边颜色为无颜色，“半径”为 80。单击并拖动，创建圆角矩形，如图 11-59 所示。

03 选择工具箱中的“椭圆矩形”工具，设置填充颜色为无颜色，描边颜色为纯色填充，颜色为白色。按住 Shift 键，单击并拖动，绘制正圆形，并将图层“不透明度”更改为 10%，如图 11-60 所示。

图 11-59

图 11-60

04 选择工具箱中的“文字”工具，在工具属性栏中设置字体为“微软雅黑”，设置字体样式为 Bold，填充颜色为白色，字号为 174.02 点，输入文字 P。选中文字图层，将图层“不透明度”更改为 10%，按快捷键 Ctrl+T 将文字适当旋转，如图 11-61 所示。

05 选择工具箱中的“文字”T，在工具属性栏中设置字体为 Cosigna，填充颜色为 #fad988，字号为 166.53 点，输入文字 VIP，效果如图 11-62 所示。

图 11-61

图 11-62

06 单击“图层”面板中的“添加图层样式”按钮 fx，在菜单中选择“渐变叠加”选项，设置混合模式为“正常”，“不透明度”为 100%，渐变的起点颜色为 #bc9e56，结束点颜色为 #fcfdbd，样式为“线性”，“角度”为 90°，如图 11-63 所示。

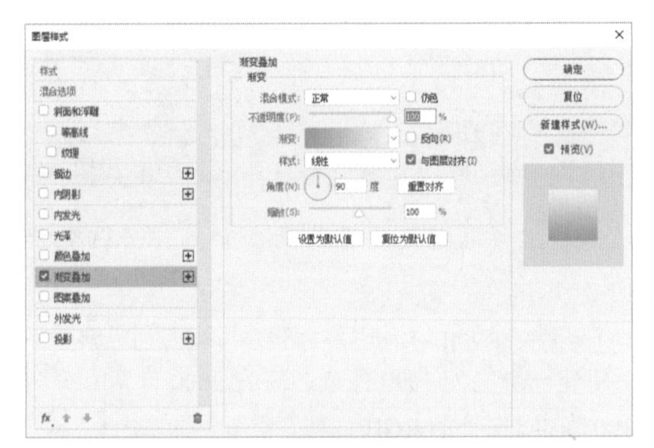

图 11-63

07 单击“确定”按钮后，效果如图 11-64 所示。

图 11-64

08 选择文字图层，按快捷键 Ctrl+J 复制该图层，更改字体为“华康俪金黑 W8”，设置字号为 50.59 点，输入文字“免费泊车卡”，如图 11-65 所示。

09 用同样的方法，输入其他文字，并将文字颜色更改为白色，如图 11-66 所示。

图 11-65

图 11-66

10 选择“车”素材，并拖入文档，调整位置和大小后，按 Enter 键确认，图像制作完成，如图 11-67 所示。

图 11-67

11.6 VIP——地铁卡

本节主要通过渐变叠加以及蒙版制作地铁卡。

01 启动 Photoshop CC 2017，执行“文件”|“新建”命令，新建一个宽为 3000 像素、高为 2000 像素、分辨率为 300 像素 / 英寸的 RGB 文档。

02 选择工具箱中的“圆角矩形”工具，在工具属性栏中选择 形状。设置填充为纯色填充，颜色为 #060058；描边颜色为无颜色，“半径”为 80。单击并拖动，创建圆角矩形，如图 11-68 所示。

03 选择“路线”素材，并拖入文档，调整位置和大小后，按 Enter 键确认。

04 按住 Alt 键，在“图层”面板中的圆角矩形图层与路线图层之间单击，创建剪贴蒙版，如图 11-69 所示。

图 11-68

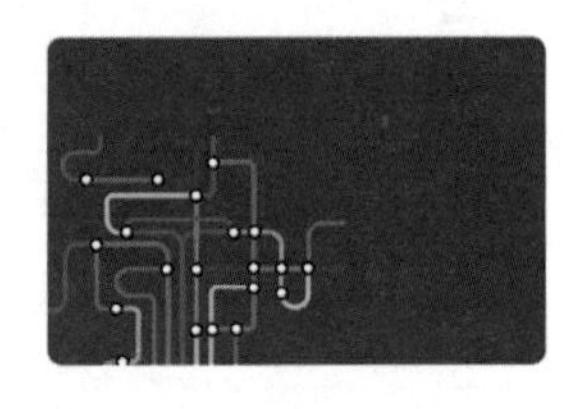

图 11-69

05 选择工具箱中的“文字”工具 T，在工具属性栏中设置字体为 Univers LT Std，填充颜色为白色，字号为 296.45 点，输入文字 VIP，如图 11-70 所示。

图 11-70

06 按快捷键 Ctrl+J 复制文字图层，单击“图层”面板中的“添加图层样式”按钮，在菜单中选择“渐变叠加”选项，设置渐变叠加的混合模式为“正常”，“不透明度”为 100%，渐变的起点颜色为 #ff0000，终点位置颜色为 #ff00ff，样式为“线性”，“角度”为 90°，如图 11-71 所示。

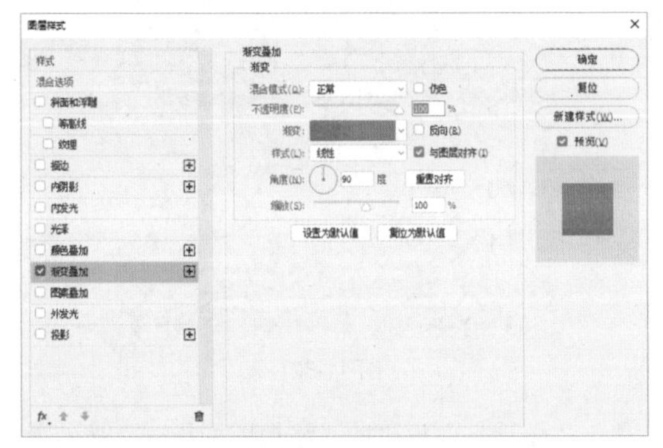

图 11-71

07 单击“确定”按钮后，效果如图 11-72 所示。

08 单击“图层”面板中的“添加图层蒙版”按钮，为渐变文字图层添加蒙版。

09 选择工具箱中的“矩形选框”工具，框选字母 V 的右半部分及字母 I 和 P，并为选区填充黑色，效果如图 11-73 所示。

图 11-72　　图 11-73

10 按快捷键 Ctrl+J 复制创建蒙版后的图层，双击图层上右侧的小图标，弹出“图层样式”对话框，更改“渐变叠加”中渐变的起点颜色为 #ff00ff，终点位置颜色为 #0000ff，如图 11-74 所示。

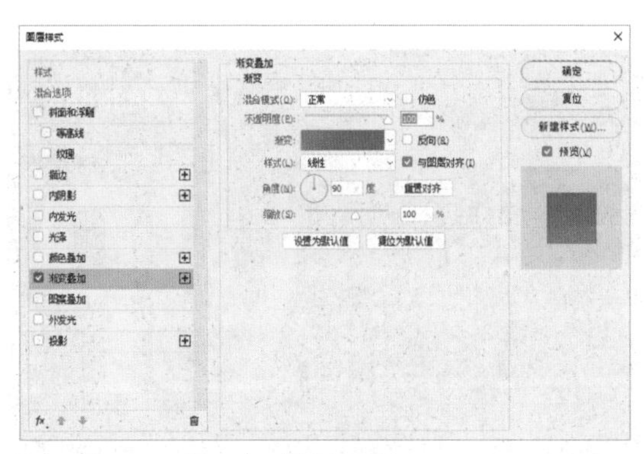

图 11-74

11 单击“确定”按钮后，选择复制的图层上的蒙版，并将蒙版全部填充为黑色。选择工具箱中的“矩形选框”工具，框选中字母 V 的右半部分并填充白色，创建蒙版后，效果如图 11-75 所示。

12 用同样的方法，按 3 次快捷键 Ctrl+J 复制 3 个图层并更改相应的蒙版，将 I、P 的左半部分和 P 的右半部分显示出来，并修改 I 的渐变起点颜色为 #0000ff、终点位置颜色为 #00ffff。P 的左半部分渐变起点颜色为 #00ffff、终点位置颜色为 #00ff00。P 的右侧起点颜色为 #00ff00、终点位置颜色为 #ffff00，如图 11-76 所示。

图 11-75　　图 11-76

13 选择工具箱中的“椭圆矩形”工具，设置填充颜色为纯色填充，颜色为 #037ac3，描边颜色为无颜色。单击并拖动，绘制 3 个椭圆，如图 11-77 所示。

14 选择工具箱中的“文字”工具，在工具属性栏中设置字体为“黑体”，填充颜色为 #060058，字号为 51.09 点，输入文字“地铁卡”，如图 11-78 所示。

图 11-77　　图 11-78

15 用同样的方法输入其他文字，并更改文字颜色为白色，图像制作完成，如图 11-79 所示。

图 11-79

11.7 VIP 会员卡——蛋糕卡

本节主要通过自定义纹理及光泽效果制作蛋糕店会员卡。

01 启动 Photoshop CC 2017，执行“文件”|“新建”命令，新建一个宽为 3000 像素、高为 2000 像素、分辨率为 300 像素 / 英寸的 RGB 文档。

02 选择工具箱中的“圆角矩形”工具，在工具属性栏中选择形状。设置填充为纯色填充，颜色为 #f7f7f7；描边颜色为无颜色，“半径”为 80。单击并拖动，创建圆角矩形，如图 11-80 所示。

图 11-80

03 单击“图层”面板中的“添加图层样式”按钮，在菜单中选择“斜面和浮雕”选项，并选中“纹理”选项，设置样式为“内斜面”，方法为“雕刻清晰”，“深度”为 327%，方向为“上”，“大小”为 0 像素，“软化”为 0 像素；设置阴影的“角度”为 -90°，“高度”为 48°，高光模式为“滤色”，“不透明度”为 100%，阴影模式为“正片叠底”，“不透明度”为 75%，如图 11-81 所示，并单击“确定”按钮。

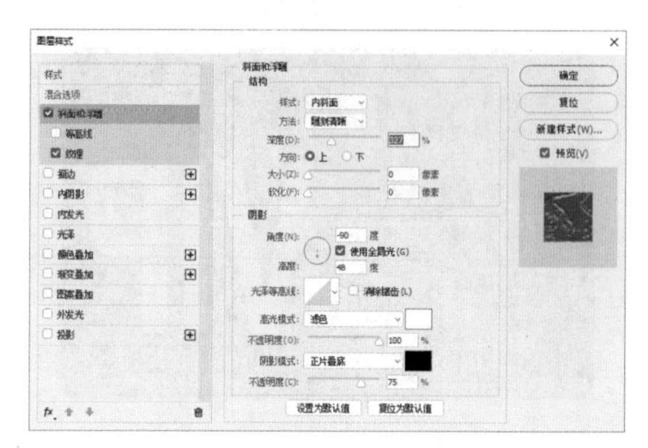

图 11-81

04 执行“文件”|“打开”命令，打开“菊”素材，如图 11-82 所示。

05 执行“编辑”|“定义图案”命令，将素材定义为图案。

图 11-82

06 单击“图层”面板中的“添加图层样式”按钮，在菜单中选择“斜面和浮雕”复选框，并单击“纹理”。单击“图案”拾色器的小三角形按钮，单击小图标，在菜单中选择刚刚定义的图案，设置“缩放”为 332%，深度为 +545%，如图 11-83 所示。

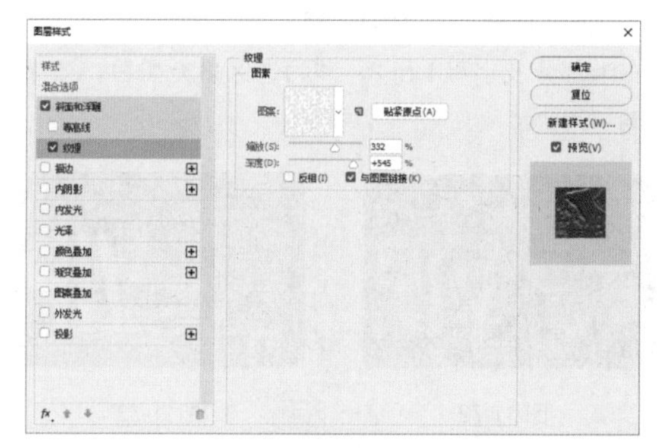

图 11-83

07 选中“投影”复选框，设置“角度”为 120°，“距离”为 16 像素，“扩展”为 0%，“大小”为 46 像素，如图 11-84 所示。

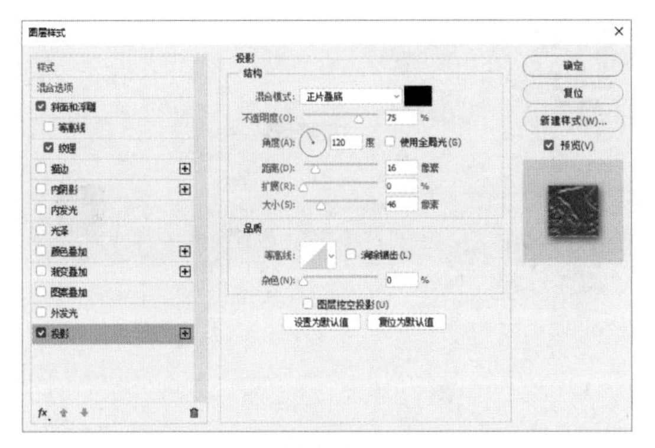
图 11-84

08 单击“确定”按钮后，效果如图 11-85 所示。

09 选择“蝴蝶结”素材，并拖入文档，调整位置和大小后，按 Enter 键确认。

10 按住 Alt 键，在“图层”面板中的圆角矩形图层与蝴蝶结图层之间单击，创建剪贴蒙版，如图 11-86 所示。

图 11-85

图 11-86

11 选择工具箱中的“文字”工具 T，在工具属性栏中设置字体为 Clarendon Blk BT，字号大小为 123.4 点，文字颜色为 #62cbda，输入文字 V，如图 11-87 所示。

图 11-87

12 单击“图层”面板中的“添加图层样式”按钮，在菜单中选择“光泽”选项，设置混合模式为“正片叠底”，叠加颜色和字体颜色保持一致，颜色为 #62cbda，“不透明度”为 50%，“角度”为 19°，“距离”为 14 像素，“大小”为 13 像素；在“等高线”拾色器中选择“高斯”，选中“反相”复选框，如图 11-88 所示。

13 选中“投影”复选框，设置“角度”为 120°，“距离”为 7 像素，“扩展”为 0%，“大小”为 16 像素，如图 11-89 所示。

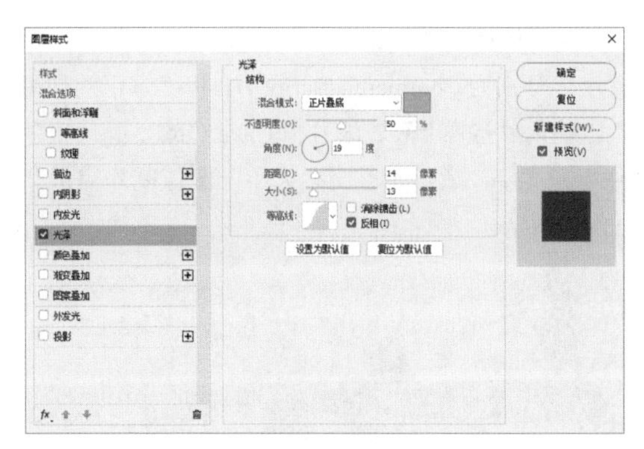
图 11-88

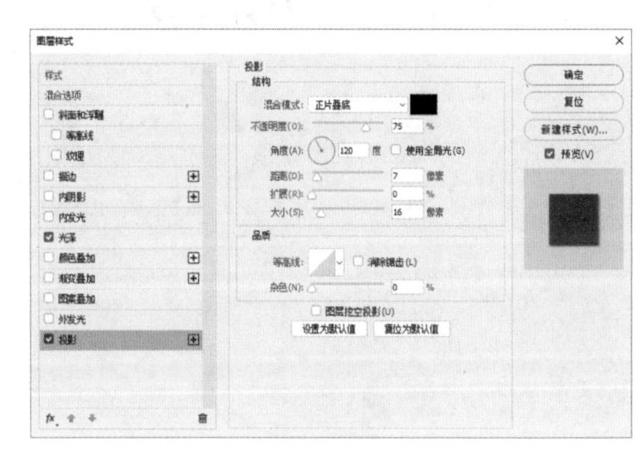
图 11-89

14 单击“确定”按钮后，效果如图 11-90 所示。

15 按快捷键 Ctrl+J 复制该文字图层，更改文字为 I，并更改文字和光泽的颜色均为 #96a2b5。用同样的方法，按快捷键 Ctrl+J 复制该文字图层，更改文字为 P，并更改文字和光泽的颜色均为 #ffa2b5，如图 11-91 所示。

图 11-90

图 11-91

16 选择“烛光”素材，并拖入文档，调整位置和大小后，按 Enter 键确认，如图 11-92 所示。

图 11-92

17 选择工具箱中的“文字”工具T，在工具属性栏中设置字体分别为 CommercialScript BT 和“方正兰亭黑简体”，输入“蛋糕卡”、编号和 Cake Card，并用白色和黑色填充文字，适当调整文字大小，图像制作完成，如图 11-93 所示。

图 11-93

11.8 俱乐部会员卡——台球俱乐部

本节主要通过“扭曲旋转”滤镜和“渲染”滤镜制作台球俱乐部的会员卡。

01 启动 Photoshop CC 2017，执行“文件”|“新建”命令，新建一个宽为 3000 像素、高为 2000 像素、分辨率为 300 像素 / 英寸的 RGB 文档。

02 选择工具箱中的“圆角矩形”工具，在工具属性栏中选择 形状 。设置填充为纯色填充，颜色为 #0e2a07；描边颜色为无颜色，“半径”为 80。单击并拖动，创建圆角矩形，如图 11-94 所示。

图 11-94

03 单击“图层”面板中的“添加图层样式”按钮fx，在菜单中选择“渐变叠加”选项，单击渐变条设置渐变，起点颜色为 #3c841e，终点颜色为 #0e2a07，样式为“径向”，“角度”为 90°，如图 11-95 所示。

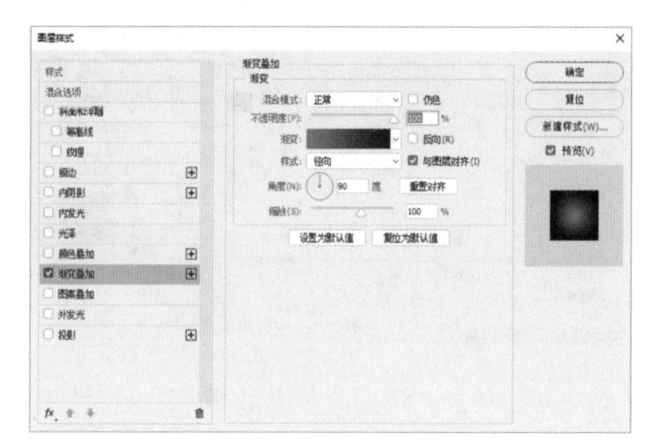

图 11-95

04 单击“确定”按钮后，效果如图 11-96 所示。

05 按快捷键 Ctrl+J 复制该图层，右击，在弹出的快捷菜单中选择“转换为智能对象”命令。

06 选择工具箱中的“矩形”工具，在工具属性栏中选择“形状” 形状 ，绘制颜色为 #f96807 的矩形，并在“图层”面板中将“不透明度”更改为 60%，如图 11-97 所示。

图 11-96　图 11-97

07 选择该矩形图层，右击，在弹出的快捷菜单中选择“栅格化图层”命令。

08 执行“滤镜”|“扭曲”|“旋转扭曲”命令，设置“角度”为 240°，如图 11-98 所示。

09 单击“确定”按钮后，按住 Alt 键，在“图层”面板中的智能对象图层与旋转扭曲图层之间单击，创建剪贴蒙版，如图 11-99 所示。

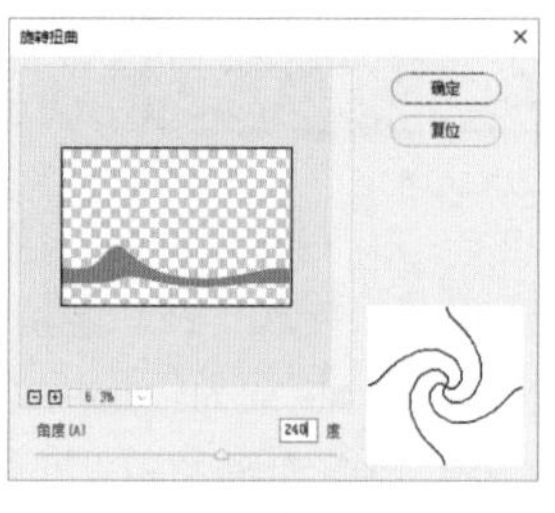

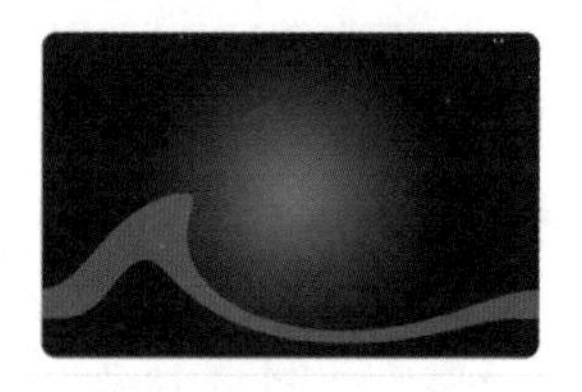

图 11-98　图 11-99

10 用同样的方法，绘制颜色分别为 #2b8486 和 #ae628e 的矩形并栅格化，设置不同的旋转扭曲角度进行变形，并创建剪贴蒙版，如图 11-100 所示。

11 选择工具箱中的“文字”T，在工具属性栏中设置字体为 Clarendon Blk BT，字号为 126.25 点，文字填充

颜色为 #53b559，输入文字 VIP，如图 11-101 所示。

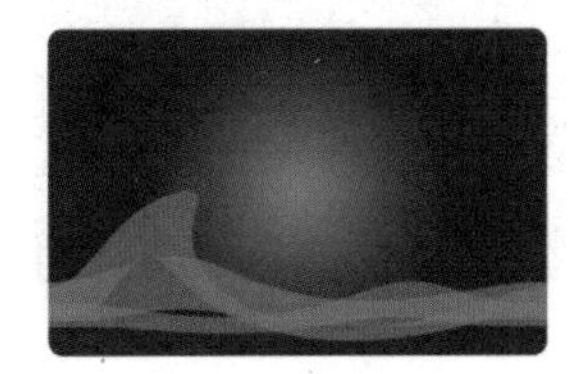

图 11-100

图 11-101

12 单击“图层”面板中的“添加图层样式”按钮，在菜单中选择“斜面和浮雕”选项，设置样式为“内斜面”，方法为“平滑”，“深度”为 1000%，方向为“上”，“大小”为 4 像素，“软化”为 0 像素；设置阴影的“角度”为 41°，“高度”为 42°，如图 11-102 所示。

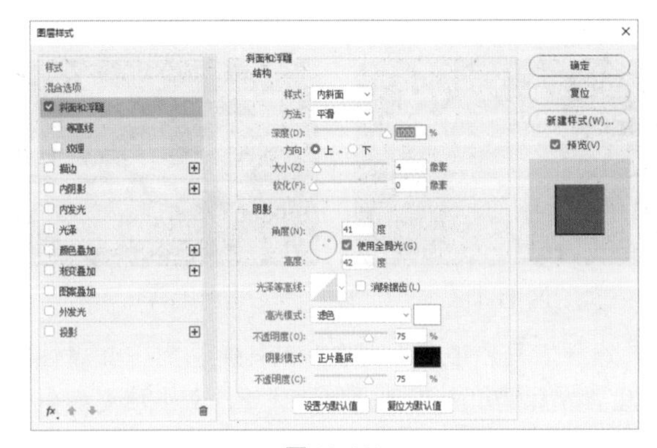

图 11-102

13 选中“描边”复选框，设置描边“大小”为 8 像素，位置为“外部”，“不透明度”为 100%，填充类型为“渐变”，起点的颜色为 #37903c，44% 位置的颜色为 #063d09，47% 位置的颜色为 #cfe8d0，终点的颜色为白色，样式为“线性”，“角度”为 90°，如图 11-103 所示。

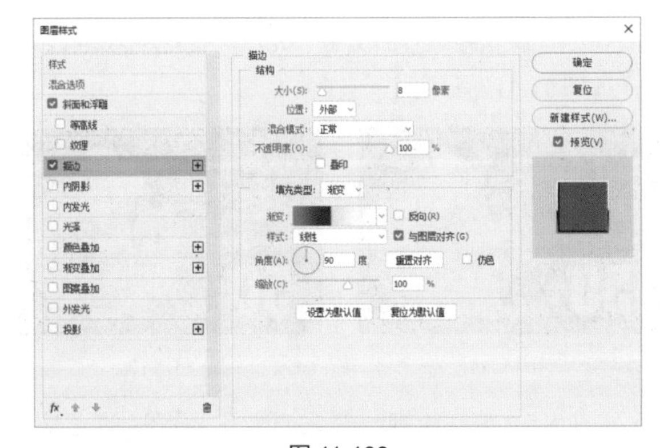

图 11-103

14 单击“确定”按钮后，效果如图 11-104 所示。

15 单击“创建新图层”按钮，创建一个新的空白图层。

16 将前景色设置为 #53b559，背景色设置为白色，执行“滤镜”|“渲染”|“云彩”命令，如图 11-105 所示。

图 11-104

图 11-105

17 按住 Alt 键，在“图层”面板中的文字图层与云彩图层之间单击，创建剪贴蒙版，如图 11-106 所示。

图 11-106

18 按快捷键 Ctrl+J 复制文字图层，选择复制的文字图层，双击图层右侧的 fx 小图标，取消选中“斜面和浮雕”复选框，并更改描边的“大小”为 20 像素，描边的填充类型为“颜色”复选框，颜色为 #53b559，如图 11-107 所示。

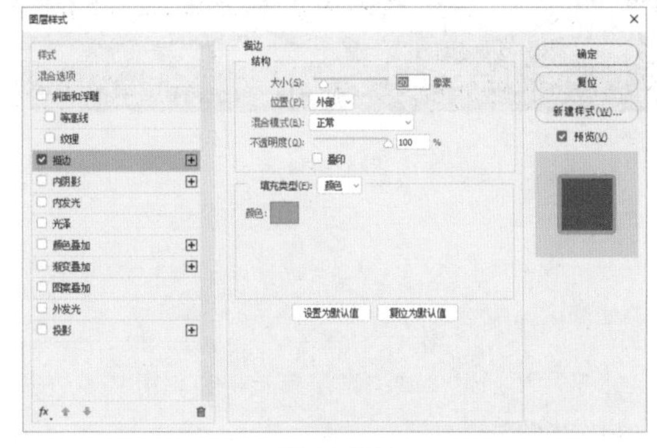

图 11-107

19 单击“确定”按钮后，效果如图 11-108 所示。

图 11-108

20 选择工具箱中的“文字”工具T，在工具属性栏中设置文字填充颜色为白色，字体为“方正兰亭粗黑简体”，字号为27.34 点，输入文字“台球俱乐部”“会员卡”以及编号，如图 11-109 所示。

21 选择工具箱中的“矩形”工具▢，绘制一个白色矩形，如图 11-110 所示。

图 11-109

图 11-110

22 选择“台球”素材，并拖入文档，调整大小和位置后，按 Enter 键确认，图像制作完成，如图 11-111 所示。

图 11-111

11.9 优惠券——中秋有礼

本节主要通过“减去顶层形状”和利用“多边形”工具制作中秋节优惠券。

01 启动 Photoshop CC 2017，执行“文件”|“新建”命令，新建一个宽为 3000 像素、高为 2000 像素、分辨率为 300 像素 / 英寸的 RGB 文档。

02 选择工具箱中的“圆角矩形”工具▢，在工具属性栏中选择 形状 ，“半径”为 80；设置填充为渐变填充，渐变类型为“径向”，“角度”为 90°，起点颜色为 #8f56ca，终点位置颜色为 #341555，描边颜色为无颜色▨。单击并拖动，创建圆角矩形，如图 11-112 所示。

03 选择工具箱中的“矩形”工具▢，在工具属性栏中选择“形状” 形状 ，填充颜色为无颜色▨，描边颜色为纯色，颜色 #fde556，描边大小为 2 点，单击并拖曳绘制矩形如图 11-113 所示。

图 11-112

图 11-113

04 选择工具箱中的“椭圆”工具◯，在工具属性栏中选择“形状” 形状 ，填充颜色为无颜色▨，描边颜色为纯色，颜色 #fde556，描边大小为 2 点，路径操作选择“减去顶层形状”。按住 Shift 键，在矩形的直角处绘制 4 个圆形，如图 11-114 所示。

05 选择“月饼”和“兔子”素材，并拖入文档，调整大小后按 Enter 键确认，如图 11-115 所示。

图 11-114

图 11-115

06 选择工具箱中的“文字”工具T，在工具属性栏中设置字体为“方正吕建德字体”，文字填充颜色为 #fee657，字号为 120.49 点，输入文字“中”。用同样的方法，输入字体分别为“方正清刻本悦宋简体”和 impact 样式的其他文字，并适当调整文字大小或对文字进行旋转（也可通过单击“切换文本取向”按钮切换文字排列方式），如图 11-116 所示。

07 选择工具箱中的“椭圆”工具◯，按住 Shift 键，绘制颜色为 #fee657 的圆形，并利用“文字”工具T，输入字体为“微软雅黑”的文字“元”，设置字号为 22.86 点，如图 11-117 所示。

图 11-116

图 11-117

08 按住 Shift 键，绘制一个正圆形作为流星的光晕，并更改圆形的填充为“渐变”，渐变的起点位置颜色为 #cec9ec，终点位置颜色为 #000000，样式为“径向”，“角度”为 90°，如图 11-118 所示。

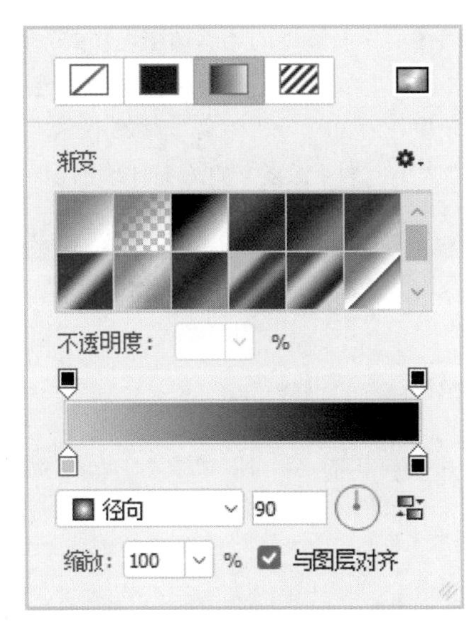

图 11-118

09 更改渐变后的圆形效果，如图 11-119 所示。

10 选择工具箱中的“钢笔”工具，在工具属性栏中选择“形状”，填充颜色设置为纯色填充，颜色为 #9a7f9c，绘制形状，如图 11-120 所示。

图 11-119

图 11-120

11 单击“图层”面板中的“添加图层样式”按钮，在菜单中选择“外发光”选项，设置混合模式为“正常”，“不透明度”为 52%，外发光颜色为 #ffffbe，图素的方法为“柔和”，“扩展”为 0%，“大小”为 8 像素，品质的“范围”为 50%，如图 11-121 所示。

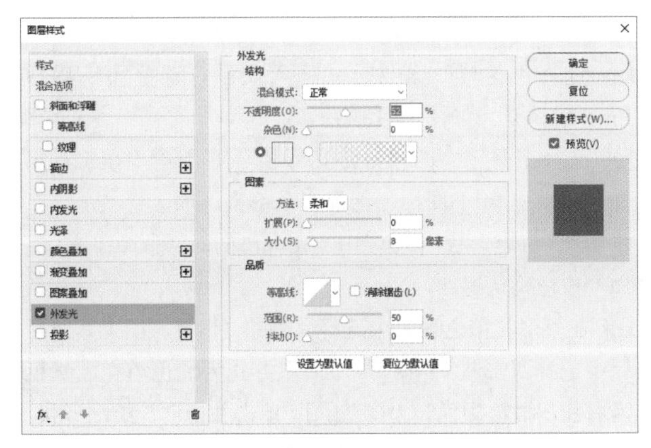

图 11-121

12 单击“确定”按钮后，效果如图 11-122 所示。

13 选择工具箱中的“多边形”工具，在工具属性栏中设置填充颜色为纯色，且颜色为 #fff8c6，描边为无颜色，并设置“边”为 8。单击“设置”小图标，选中“星形”选项，并输入“缩进边依据”为 80%。单击并拖动，绘制星形，如图 11-123 所示。

图 11-122

图 11-123

14 将流星的 3 个图层编组，按快捷键 Ctrl+J 复制多组，并调整流星的位置和大小，图像制作完成，如图 11-124 所示。

图 11-124

11.10　贺卡——母亲节

本节主要利用“自定义形状”工具制作母亲节贺卡。

01 启动 Photoshop CC 2017，执行“文件”|“新建”命令，新建一个宽为 2000 像素、高为 3000 像素、分辨率为 300 像素 / 英寸的 RGB 文档。

02 在文档的垂直居中位置创建参考线。选择工具箱中的“矩形”工具，在工具属性栏中选择“形状”，绘制矩形。

03 单击“图层”面板中的“添加图层样式”按钮，在菜单中选择“渐变叠加”选项，单击属性中的渐变条，设置渐变起点颜色为白色、终点颜色为 #f8dede，设置混合模式为“正常”，“不透明度”为 100%，样式为“线性”，“角度”为 90°，单击“确定”按钮后，效果如图 11-125 所示。

图 11-125

04 按快捷键 Ctrl+J 复制该矩形图层，并移动到参考线上方。

05 双击图层右侧的 fx 小图标，弹出“图层样式”对话框，更改“渐变叠加”中渐变的起点颜色为 #fbeeee、终点颜色为 #f4c3c3，样式为“径向”，如图 11-126 所示。

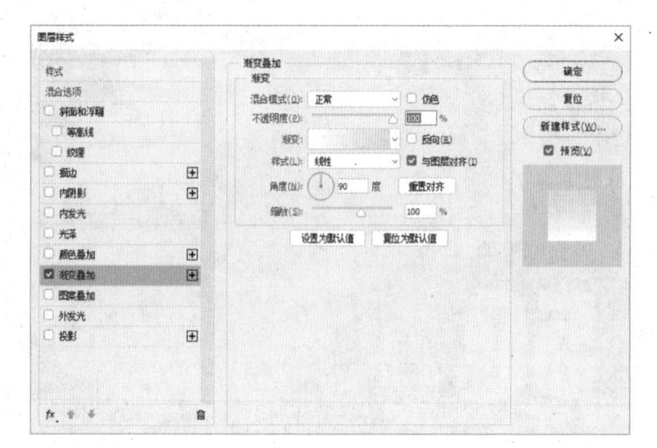

图 11-126

06 单击“确定”按钮后，效果如图 11-127 所示。

07 选择工具箱中的“自定义形状”工具，在工具属性栏中选择“形状”。设置填充颜色为纯色，且颜色为 #ffacac，描边颜色为无颜色，形状选择“红心形卡”。单击并拖动，绘制心形，如图 11-128 所示。

图 11-127　　图 11-128

08 单击“图层”面板中的“添加图层样式”按钮 fx，在菜单中选择“内阴影”选项，设置“不透明度”为 75%，“角度”为 30°，“距离”为 25 像素，“阻塞”为 0%，“大小”为 4 像素，如图 11-129 所示。

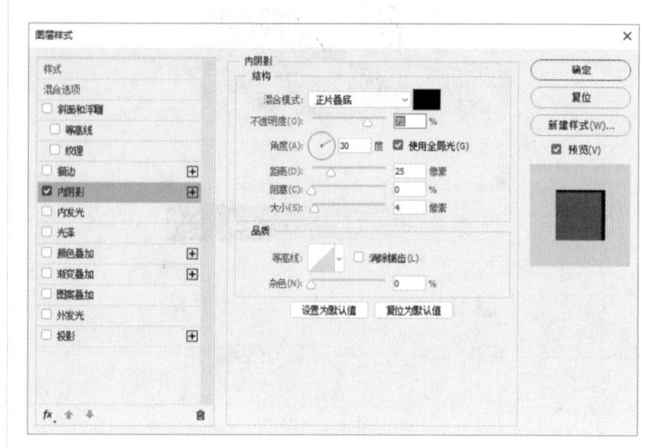

图 11-129

09 单击“确定”按钮后，效果如图 11-130 所示。

10 选择“母女”素材，并拖入文档，调整大小后按 Enter 键确认。

11 按住 Alt 键，在“图层”面板中母女图层与心形图层之间单击，创建剪贴蒙版，如图 11-131 所示。

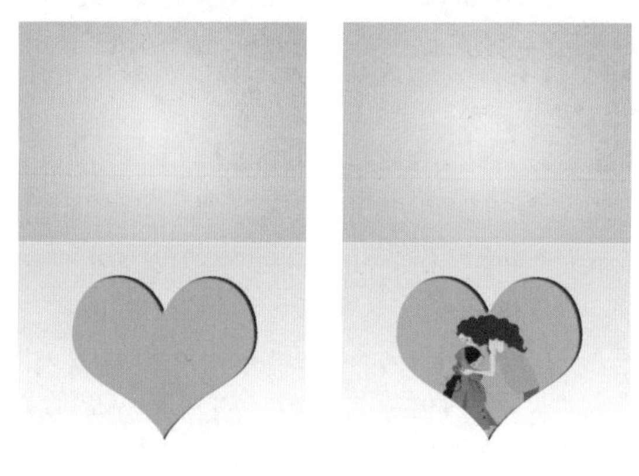

图 11-130　　图 11-131

12 选择“花草”素材，并拖入文档，调整大小后按 Enter 键确认，如图 11-132 所示。

13 选择工具箱中的“自定义形状”工具，在工具属性栏中单击小图标，选择“全部”选项，将“全部”添加到“自定形状”拾色器中，在弹出的对话框中单击“追加”按钮确认追加。

14 在“形状拾色器”中选择“邮票 1”，在工具属性栏中选择“形状”，填充方式为纯色填充，颜色为白色，描边颜色为无颜色。单击并拖动，绘制形状，并按快捷键 Ctrl+T 对形状旋转 90°，如图 11-133 所示。

图 11-132　　图 11-133

15 选中形状图层，并单击“图层”面板中的“添加图层样式”按钮 fx，在菜单中选择“投影”选项，设置“不透明度”为 75%，“角度”为 120°，“距离”为 8 像素，“扩展”为 1%，“大小”为 54 像素，如图 11-134 所示。

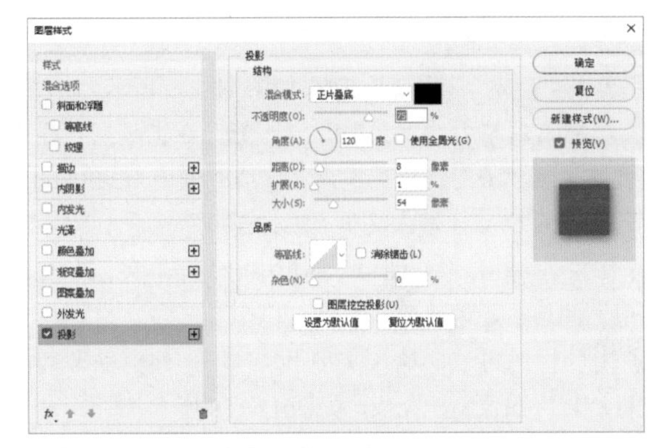

图 11-134

16 单击“确定”按钮后，效果如图 11-135 所示。

17 选择工具箱中的“矩形”工具，在工具属性栏中选择“形状”，绘制填充颜色为白色，描边颜色为 #a38b7d，且描边大小为 0.3 点的矩形，如图 11-136 所示。

图 11-135

图 11-136

18 选择“花朵 1”和“花朵 2”素材，并拖入文档，调整大小后按 Enter 键确认，如图 11-137 所示。

19 选择工具箱中的“文字”工具 T，在工具属性栏中设置字体为 Adorable，字号为 31.63 点，文字填充颜色为 #a38b7d，输入文字 Happy Mother's Day。用同样的方法，输入字体为“书体坊颜体”、字号为 25.64 点、填充颜色为 #2c6e37 的文字“妈妈，我爱你！”，图像制作完成，如图 11-138 所示。

图 11-137

图 11-138

11.11　吊牌——限时开抢

本节主要通过“重复上一步操作”制作促销吊牌。

01 启动 Photoshop CC 2017，将背景色颜色设置为 #ff0000，执行“文件”|“新建”命令，新建一个宽为 3000 像素、高为 2000 像素、分辨率为 300 像素 / 英寸和背景内容为背景色的 RGB 文档，如图 11-139 所示。

02 选择工具箱中的“多边形”工具，设置填充颜色为纯色填充，且颜色为 #fd6161，描边颜色为无颜色，“边”为 3。单击并拖动，绘制一个三角形。利用“直接选择”工具框选并拖动描点，将三角形调整成合适的形状，如图 11-140 所示。

图 11-139

图 11-140

03 按快捷键 Ctrl+T 调出自由变换框，并选择中心点，单击并拖动将中心点拖到自由变换框的左上角，如图 11-141 所示。

04 在工具属性栏中设置“旋转”为 15°，按 Enter 键，如图 11-142 所示。

图 11-141　　图 11-142

05 再按 Enter 键确定旋转。

06 按住快捷键 Ctrl+Alt+Shift+T 重复上一步操作，并多次重按该快捷键，直到画面铺满图形，如图 11-143 所示。

07 选择“人影”和“手表”素材，并分别拖入文档，调整位置和大小后按 Enter 键确认，如图 11-144 所示。

图 11-143

图 11-144

08 选择工具箱中的“文字”工具T，在工具属性栏中设置字体为“方正兰亭粗黑简体”，文字填充颜色为 #fff100，字号为 72.35 点，输入文字“新品卖疯了”。选中文字图层，按快捷键 Ctrl+T 对文字适当进行旋转。用同样的方法，输入其他文字，并更改文字的颜色为白色，字号为 42.5 点，如图 11-145 所示。

09 选择工具箱中的“椭圆”工具，按住 Shift 键，绘制颜色为白色的正圆形，如图 11-146 所示。

图 11-145

图 11-146

10 选择工具箱中的“多边形”工具，输入“边”的数值为3，单击并拖动，绘制一个三角形。利用“直接选择”工具框选并拖动描点，将三角形调整成合适的形状，如图 11-147 所示。

图 11-147

11 按住 Ctrl 键，在“图层”面板中选择圆形图层和三边形图层，右击，在弹出的快捷菜单中选择“合并形状”命令。

12 选中文字图层并单击“图层”面板中的“添加图层样式”按钮fx，在菜单中选择“投影”选项，设置“不透明度”为 75%，“角度”为 120°，“距离”为 7 像素，“扩展”为 0%，“大小”为 17 像素，如图 11-148 所示。

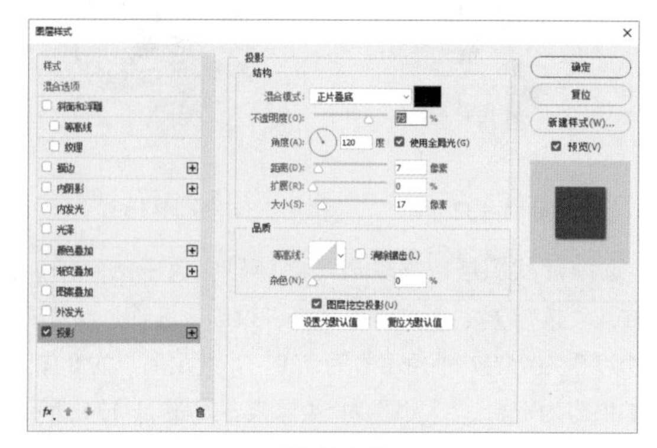

图 11-148

13 单击“确定”按钮后，效果如图 11-149 所示。

14 选择工具箱中的“文字”工具T，在工具属性栏中设置字体为“★时尚中黑”，文字填充颜色为 #ff0000，字号为 116.77 点，输入文字“限时开抢”。

15 按住 Alt 键，在“图层”面板中合并形状图层与文字图层之间单击，创建剪贴蒙版。

16 用同样的方法，输入文字“！”，创建剪贴蒙版并进行旋转，图像制作完成，如图 11-150 所示。

图 11-149

图 11-150

11.12　书签——开卷有益

本节主要通过“合并形状”功能制作一个外形独特的书签。

01 启动 Photoshop CC 2017，执行“文件”|“新建”命令，新建一个宽为 2000 像素、高为 3000 像素、分辨率为 300 像素 / 英寸的 RGB 文档。

02 选择工具箱中的“矩形”工具，在工具属性栏中选择“形状”形状，绘制颜色为 #97afa1 的矩形，如图 11-151 所示。

03 选择工具箱中的“椭圆”工具，按住 Shift 键，绘

制颜色为 #97afa1 的正圆形，如图 11-152 所示。

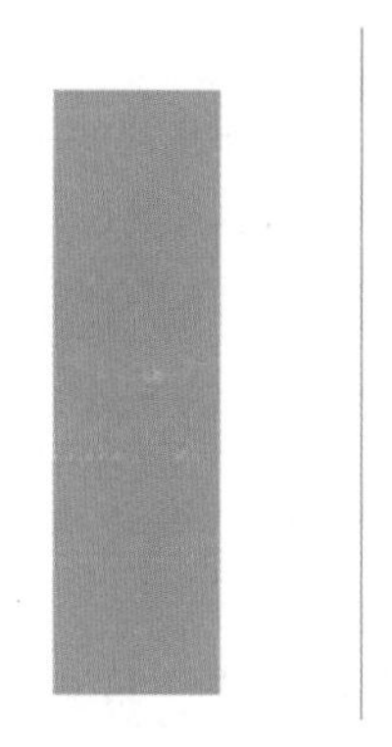

图 11-151

图 11-152

04 按住 Ctrl 键，在“图层”面板中选择矩形图层和圆形图层，右击，在弹出的快捷菜单中选择“合并形状”命令。

05 选择“读书”素材，并拖入文档，按 Enter 键确认，并将图层混合模式更改为“线性加深”。

06 按住 Alt 键，在“图层”面板中的合并形状图层与读书图层之间单击，创建剪贴蒙版，如图 11-153 所示。

07 按住 Ctrl 键，单击合并形状图层缩略图，执行“选择”|“修改”|“收缩”命令，在弹出的对话框中设置“收缩量”为 30 像素，如图 11-154 所示，并单击“确定”按钮。

图 11-153

图 11-154

08 单击“创建新图层”按钮，创建一个新的空白图层。

09 执行“编辑”|“描边”命令，设置描边“宽度”为 4 像素，颜色为白色，如图 11-155 所示。

10 单击“确定”按钮后，效果如图 11-156 所示。

11 选择工具箱中的“椭圆”工具，按住 Shift 键，绘制颜色为白色的圆形，如图 11-157 所示。

12 选择工具箱中的“文字”工具，在工具属性栏中设置字体为“汉仪雁翎体简”，字号为 119.35 点，文字填充颜色为 #dededc，输入文字“书”。

13 选中文字图层，再利用“文字工具”输入“开卷有益”，并更改字体为“创艺简老宋”，大小为 18 点。单击工具属性栏中的“切换文本取向”图标，使文字纵向排列，如图 11-158 所示。

图 11-155

图 11-156

图 11-157

图 11-158

14 单击“创建新图层”按钮，创建一个新的空白图层。

15 将前景色设置为 #e60012，选择工具箱中的“画笔”工具，选择“大油彩蜡笔”笔尖，将画笔大小设置为 140 像素，在图层上涂抹，如图 11-159 所示。

16 选择工具箱中的“文字”工具，在工具属性栏中设置字体为“创艺简老宋”，字号为 17.12 点，文字填充颜色为白色，输入文字“阅书·悦书”。书签制作完成，如图 11-160 所示。

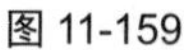

图 11-159

图 11-160

第 12 章 广告与海报设计

海报画面有较强的视觉中心，一般以图片为主，文案为辅，主题字体醒目。海报是广告宣传的一种方式，包括商业海报、文化海报、电影海报和招商海报等。本章主要通过 8 款海报及广告设计，来介绍海报的制作过程。

第 12 章 视频

第 12 章 素材

12.1 手机广告——挚爱一生

本节主要利用渐变叠加及“钢笔”工具制作一个海报形式的手机广告。

01 启动Photoshop CC 2017，将背景色颜色设置为白色，执行“文件”|“新建”命令，新建一个宽为 2000 像素、高为 3000 像素、分辨率为 300 像素 / 英寸，背景内容为背景色的 RGB 文档。

02 选择工具箱中的“渐变”工具，设置渐变起点颜色为 #ec9ebb、终点颜色为 # fdedf4 的径向渐变，从画面中心向外水平单击并拖曳填充渐变，如图 12-1 所示。

03 选择工具箱中的“椭圆”工具，设置工具选项栏中的“工具模式”为“形状”，“填充”为白色，“描边”为无，绘制一个白色椭圆，如图 12-2 所示。

图 12-1

图 12-2

04 单击“图层”面板中的“添加图层样式”按钮，在菜单中选择“渐变叠加”选项，单击面板中的渐变条，设置渐变起点颜色为 #6fc7d5、终点颜色为 #44bed7，设置样式为“线性”，混合模式为“正常”，“角度”为 60°，如图 12-3 所示。

05 选中“投影”复选框，设置投影的不透明度为 75%，颜色为 #ec7584，“角度”为 120°，“距离”为 29 像素，“扩展”为 8%，“大小”为 18 像素，如图 12-4 所示。

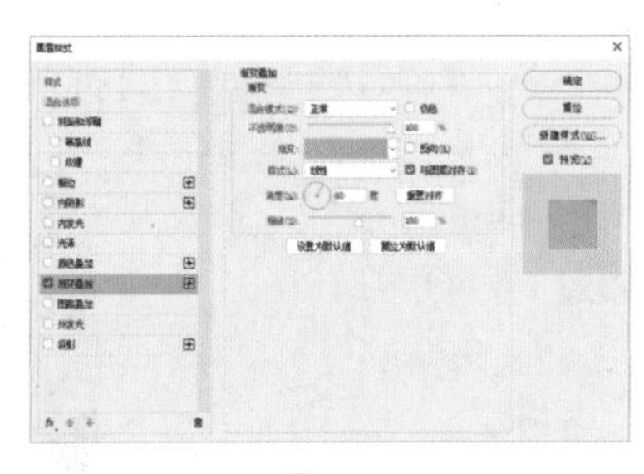

图 12-3

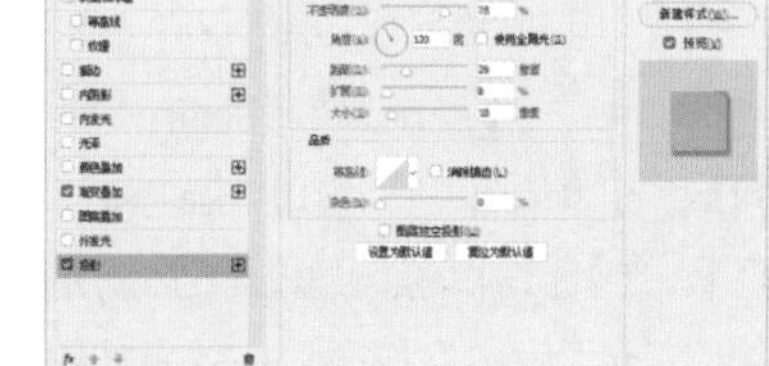

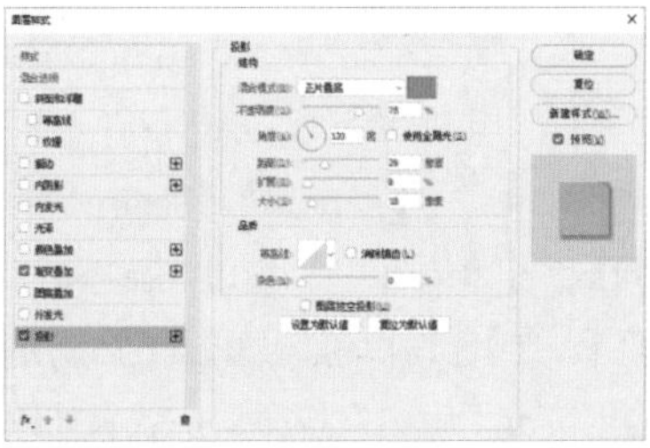

图 12-4

06 单击“确定”按钮后，效果如图 12-5 所示。

07 用同样的方法，分别制作其他渐变色的椭圆，如图 12-6 所示。

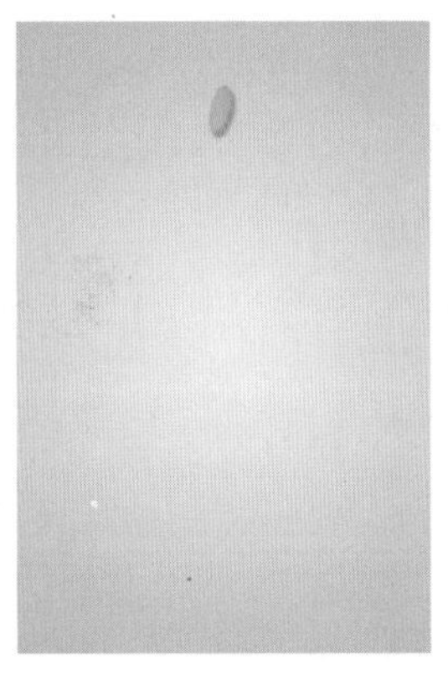

图 12-5

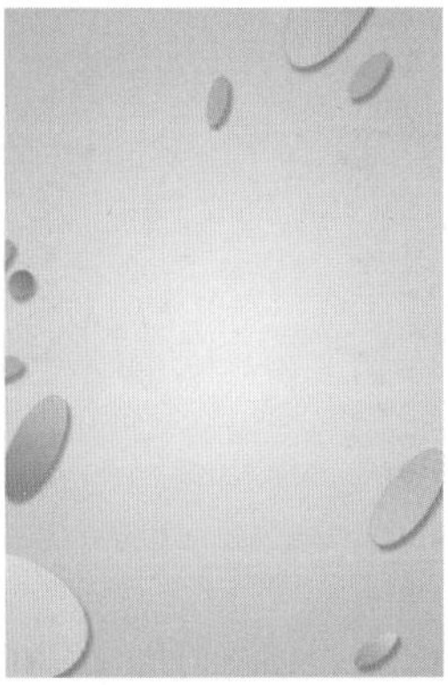

图 12-6

08 选择“手机”素材，并拖入文档，调整大小后按 Enter 键确定。

09 选择工具箱中的“矩形”工具，绘制一个颜色为 #9e9fa0 的矩形，并在“图层”面板中选中该图层，右击，在弹出的快捷菜单中选择“转换为智能对象”选项。按快捷键 Ctrl+T 显示定界框，对该矩形进行斜切变形，覆盖手机屏幕，如图 12-7 所示。

10 双击智能对象的矩形，在弹出的对话框中单击“确定”按钮。选择“情侣”素材，并拖入文档，调整位置及大小后按 Enter 键确定，如图 12-8 所示。

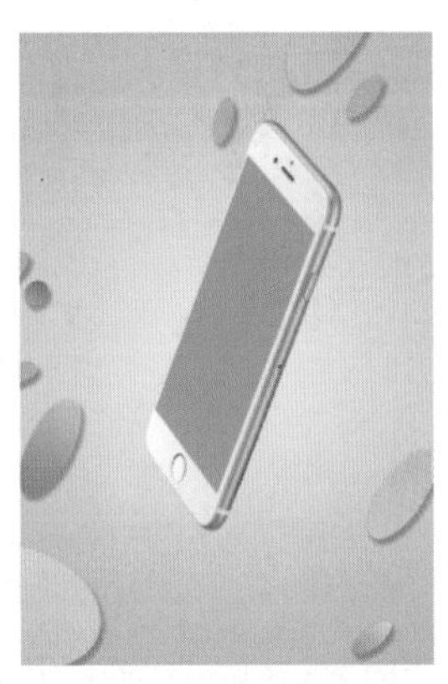

图 12-7

图 12-8

提示

智能矢量对象除了能保持图片质量外，另一个重要特性就是具有保存自由变换设置的功能。当对一个图片进行扭曲变换之后，依然可以让被扭曲的图片恢复到初始的状态。双击缩略图然后编辑源文件，使替换内容成为一件非常简单的事情。例如，此处可以任意更换手机界面的图片，而不需要重复进行旋转和斜切的操作。

11 选择工具箱中的“钢笔”工具，在工具选项栏中选择“工具模式”为 形状，绘制颜色为白色的形状，如图 12-9 所示。

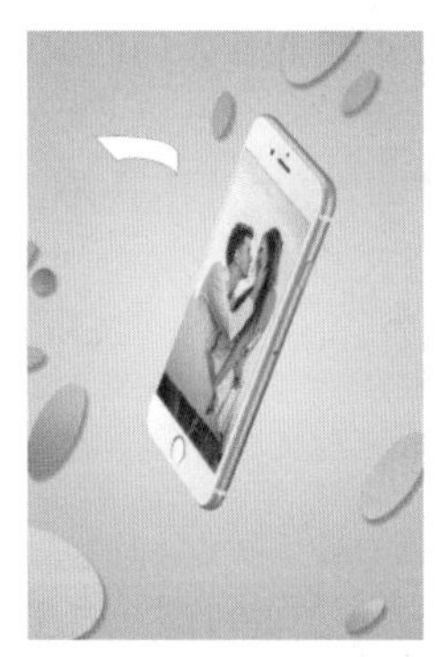

图 12-9

12 单击“图层”面板中的“添加图层样式”按钮，在菜单中选择“渐变叠加”选项，单击面板中的渐变条，设置渐变起点颜色为 #be0758、位置为 32% 时的颜色为 #e83082、位置为 68% 时的颜色为 #f2bacf、位置为 88% 时的颜色为 #ed81b1，终点颜色为 #ea5f9e，设置样式为“线性”，混合模式为“正常”，“角度”为 0°，如图 12-10 所示。

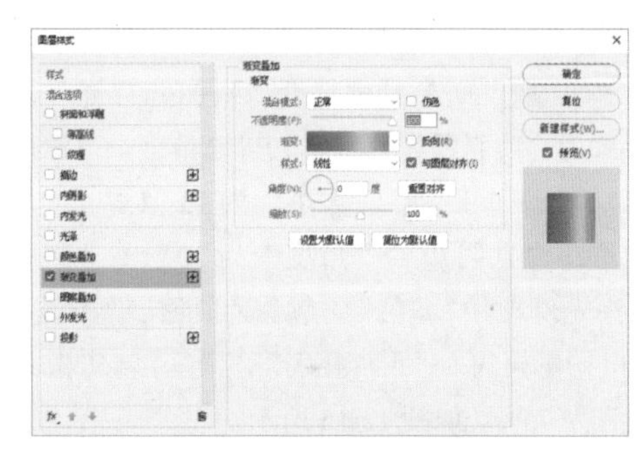

图 12-10

13 单击“确定”按钮后，效果如图 12-11 所示。

14 单击“图层”面板中的“创建新图层”按钮，创建新图层。利用“钢笔”工具绘制形状后，选择上一个钢笔绘制的形状图层上，右侧的图标样式图标，按住 Alt 键，拖到新绘制的形状上。双击该图标，在弹出的“图层样式”对话框中，选中“渐变叠加”复选框，选中“反向”选项。单击“确定”按钮后，效果如图 12-12 所示。

图 12-11

图 12-12

15 用同样的方法，绘制丝带的其他部分，如图 12-13 所示。

16 选择工具箱中的“文字”工具T，输入文字，在工具选项栏中设置英文和中文字体分别为“苹方”和“方正兰亭准黑”，设置合适的字号，选择文字并填充白色，如图 12-14 所示。

图 12-13

图 12-14

17 选择文字图层并单击“图层”面板中的“添加图层样式”按钮fx，在菜单中选择“斜面和浮雕”选项，设置样式为“内斜面”，方法为“平滑”，“深度”为 100%，方向为“上”，“大小”为 13 像素，“软化”为 7 像素；设置阴影的“角度”为 30°，“高度”为 30°，高光模式为“滤色”，颜色为白色，“不透明度”为 75%，阴影模式为“正片叠底”，颜色为 #efb3ca，“不透明度”为 75%，如图 12-15 所示。

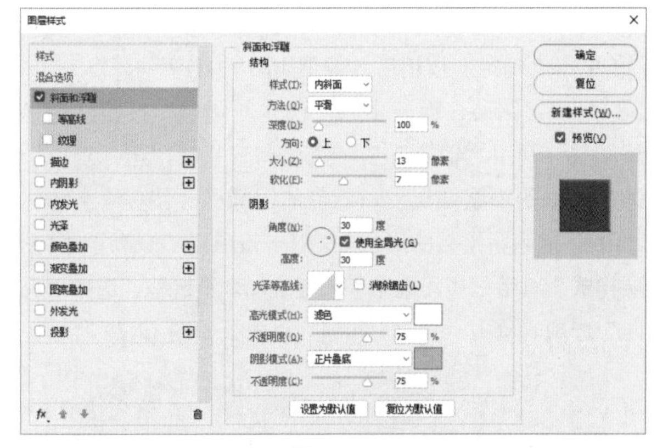

图 12-15

18 选中“投影”复选框，设置投影的“不透明度”为 75%，颜色为 #eb9ebb，“角度”为 120°，“距离”为 17 像素，“扩展”为 0%，“大小”为 4 像素，如图 12-16 所示。

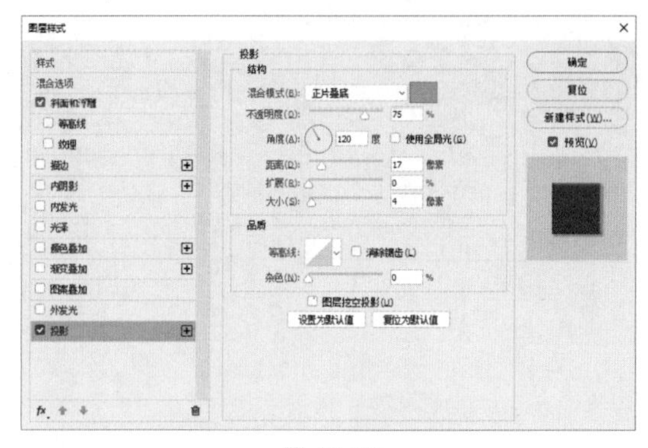

图 12-16

19 单击“确定”按钮后，效果如图 12-17 所示。

20 选择 Logo 素材，并拖入文档，按 Enter 键确认。选择工具箱中的“圆角矩形”工具，绘制填充颜色为无颜色，描边颜色为白色，描边“大小”为 1 点，“半径”为 20 像素的圆角矩形，如图 12-18 所示，图像完成制作。

图 12-17

图 12-18

12.2 饮料广告——清凉一夏

本节主要运用“自定义形状”工具和矢量蒙版制作一款饮料广告。

01 启动 Photoshop CC 2017，将背景色颜色设置为 #f8c30c，执行“文件”|“新建”命令，新建一个宽为 2000 像素、高为 3000 像素、分辨率为 300 像素 / 英寸，背景内容为背景色的 RGB 文档，如图 12-19 所示。

02 选择工具箱中的“自定义形状”工具，在工具选项栏中“形状”快捷菜单框右侧，单击按钮，在弹出的菜单中选择“全部”选项，将“全部”添加到“自定义形状”拾色器中，在弹出的对话框中单击“追加”按钮确认追加。

03 选择“会话 4”形状，在工具属性栏中选择“工具模式”为[形状]，绘制颜色为 #35aad7 的形状，如图 12-20 所示。

图 12-19

图 12-20

04 单击“图层”面板中的“添加图层样式”按钮[fx]，在菜单中选择“渐变叠加”选项，单击面板中的渐变条，设置渐变 19% 位置的颜色为 #0071b3、位置为 80% 的颜色为 #09b2e9，终点颜色为 #7fd3eb，设置样式为“线性”，混合模式为“正常”，“角度”为 90°，如图 12-21 所示。

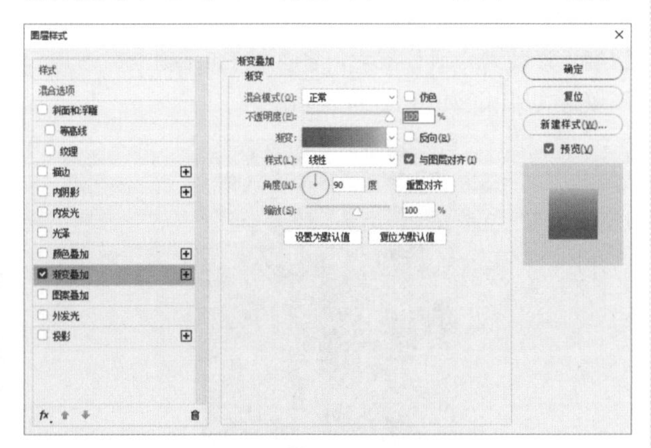

图 12-21

05 单击“确定”按钮后，效果如图 12-22 所示。

图 12-22

06 用同样的方法，绘制两个颜色分别 #7ecdf3 和白色的形状，置于渐变形状的下方，如图 12-23 所示。

07 选择“水珠”素材，并拖入文档，按 Enter 键确认，如图 12-24 所示。

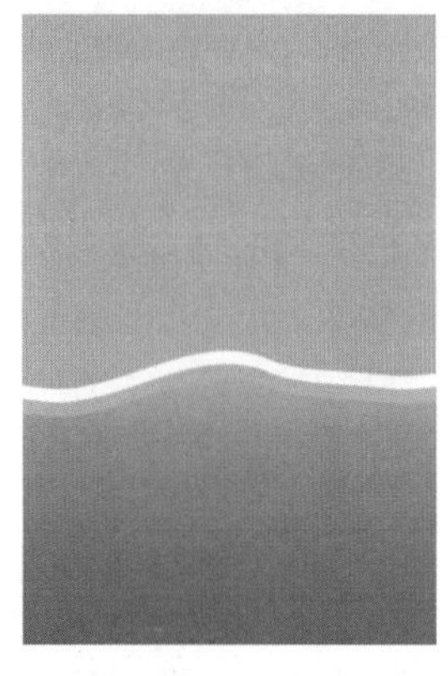

图 12-23

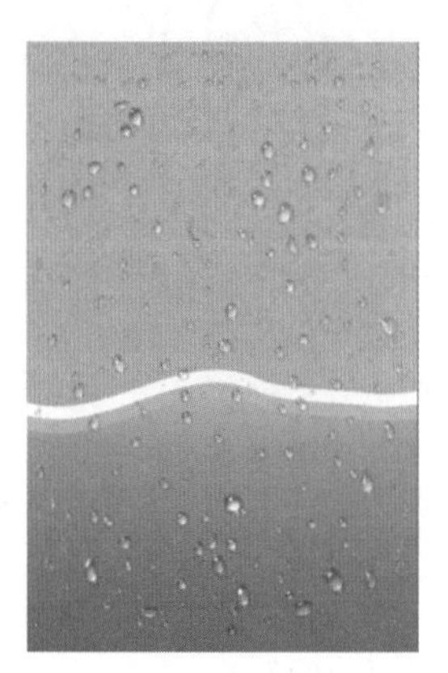

图 12-24

08 选择“饮料”素材，并拖入文档，调整大小后，按 Enter 键确认。单击“图层”面板底部的“添加图层蒙版”按钮[◘]，为图层创建蒙版，如图 12-25 所示。

09 将前景色设置为黑色，利用工具箱中的“魔棒选择”工具[魔棒]，将多余的部分选出并填充黑色，结合“画笔”工具[画笔]，选择一个笔尖，涂抹细节部分，将饮料抠出，如图 12-26 所示。

图 12-25

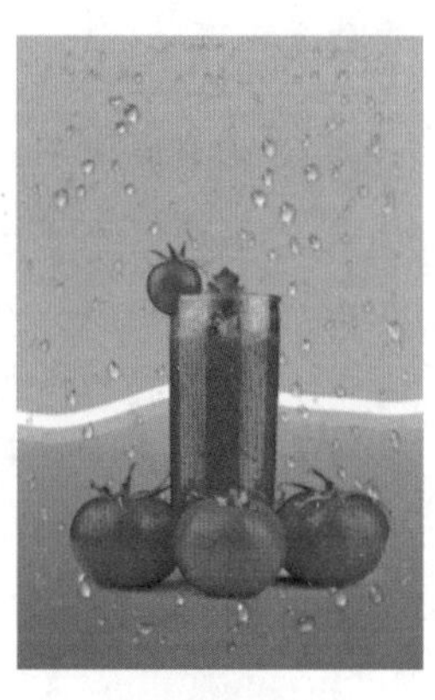

图 12-26

提示

利用蒙版进行抠图，可保持图片的可编辑性。

10 选择“伞”素材，并拖入文档，按 Enter 键确认。同样利用蒙版结合“画笔”工具[画笔]在多余处涂抹，使伞的下端融入饮料中，如图 12-27 所示。

11 选择工具箱中的“文字”工具[T]，输入文字，在工具选项栏中设置字体为“锐字工房卡布奇试压粗简 1.0”，设置字号为 167 点，输入白色文字，如图 12-28 所示。

图 12-27

图 12-28

12 单击“图层”面板中的“添加图层样式”按钮fx.，在菜单中选择“投影”选项，设置投影的“不透明度”为75%，“颜色”为#d40f02，“角度”为120°，“距离”为10像素，“扩展”为5%，“大小”为10像素，如图12-29所示。

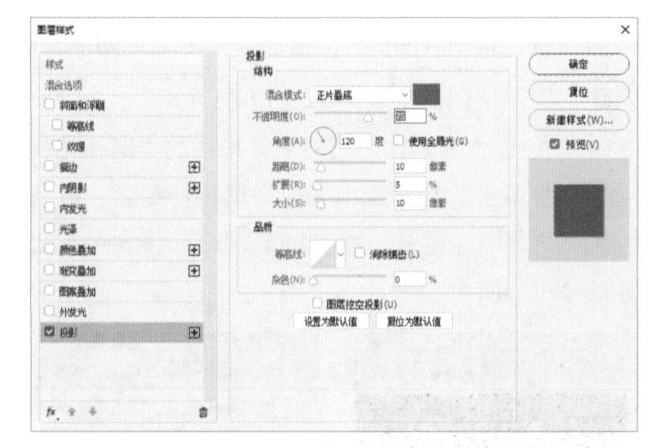

图 12-29

13 单击“确定”按钮后，效果如图12-30所示。

14 用同样的方法输入其他文字，并将“清凉一夏”的字体更改为“造字工房悦黑”，如图12-31所示。

图 12-30

图 12-31

15 选择工具箱中的“自定义形状”工具，在工具属性栏中选择“形状”，在“自定形状”拾色器中，选择“拼贴 2”形状和“波浪”形状，将前景色设置为白色，绘制填充颜色为白色波浪和拼贴形状，如图12-32所示。

16 选中其中一个拼贴形状图层，选择工具箱中的“椭圆矩形”工具，在工具选项栏中选择路径，按住Shirt键，绘制圆形。执行“图层”|“矢量蒙版”|“当前路径”命令，给图层创建矢量蒙版。并用同样的方法，为另一个拼贴图层创建矢量蒙版，如图12-33所示。

图 12-32

图 12-33

17 选择“小素材”文件夹里的全部素材，并全部拖入文档，移动到合适位置后，多次按Enter键全部确认，图像完成制作，如图12-34所示。

图 12-34

12.3 DM单广告——麦当劳

本节主要利用“画笔”工具、“自由钢笔”工具和“水平居中分布”命令制作麦当劳DM单广告。

01 启动Photoshop CC 2017，执行“文件”|“新建”命令，新建一个宽为300像素、高为300像素、分辨率为300像素/英寸的RGB文档。

02 按快捷键Ctrl+R显示标尺，在文档的垂直和水平位置的中心处创建参考线。选择工具箱中的“矩形”工具，绘制颜色为#e1aa00的矩形。双击“背景”图层，将背景图层转换为普通图层后删除，如图 12-35 所示。

图 12-35

03 按快捷键 Ctrl+J 复制该矩形，重复 15 次操作。选择工具箱中的“移动”工具，将顶部的矩形移动到文档右侧，按住 Shift 键，单击第一个绘制的矩形，将所有矩形图层选中。在工具选项栏中，单击“水平居中分布”按钮，如图 12-36 所示。

提示

选择上方的图层，按住 Shift 键，再单击下方的图层，即可选中包括上方、下方以及它们之间的所有图层；按住 Ctrl 键，可选择多个单个的图层。

04 按快捷键 Ctrl+T，调出自由变换框，按住 Shift 键，将全部矩形旋转 45°，并拉大矩形，观察参考线分隔的 4 个小格子间的形状是否一致。当 4 个小格子内的形状一致时，按 Enter 键确定，如图 12-37 所示。

图 12-36

图 12-37

提示

4 个格子内的图案一致可在应用图层样式“图案叠加”后进行无缝拼接。

05 执行“编辑”|“定义图案”命令，将绘制的矩阵添加到图案。

06 执行“文件”|“新建”命令，新建一个宽为 2000 像素、高为 3000 像素、分辨率为 300 像素 / 英寸的 RGB 文档。

07 双击“背景”图层，将背景图层转换为普通图层。单击“图层”面板中的“添加图层样式”按钮，在菜单中选择“渐变叠加”选项，单击对话框中的渐变条，设置渐变起点颜色为 #ebc000、终点颜色为 #fbf1c6，设置样式为“径向”，混合模式为“正常”，“角度”为 90°，并选中“反向”复选框，如图 12-38 所示。

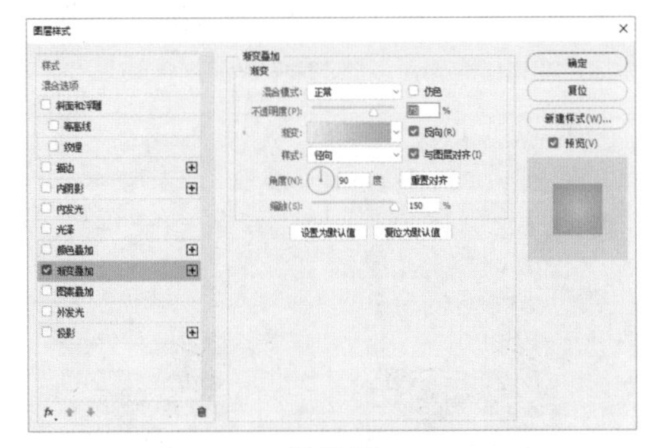

图 12-38

08 选中“图案叠加”复选框，选择之前定义的图案，如图 12-39 所示。

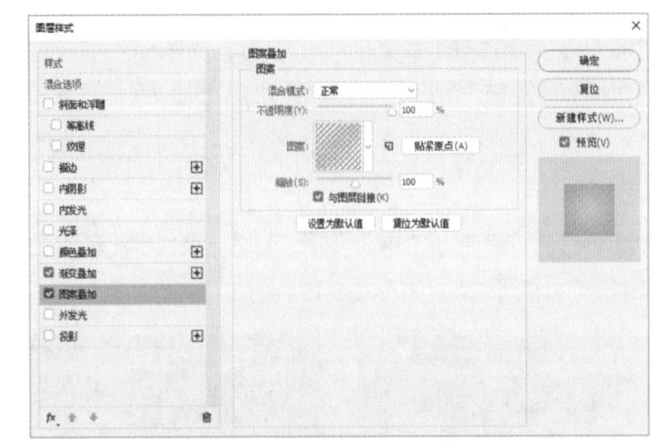

图 12-39

09 单击“确定”按钮后，效果如图 12-40 所示。

10 选择“鸡腿”素材，并拖入文档，调整大小和方向后，按 Enter 键确定。按快捷键 Ctrl+J 复制该图层，并按快捷键 Ctrl+T 进行缩放，如图 12-41 所示。

图 12-40

图 12-41

11 单击“创建新图层”按钮，创建一个新的空白图层。

12 选择工具箱中的“画笔”工具，将前景色设置为黑色，选择一种硬边画笔，将画笔大小设置为 15 像素，单击并拖曳进行涂抹，如图 12-42 所示。

13 单击“创建新图层”按钮，创建一个新的空白图层，置于人物涂抹图层的下方，更改其他颜色和画笔大小进行涂抹，增加层次感，如图 12-43 所示。

图 12-42

图 12-43

14 选择工具箱中的“文字”工具，输入文字，在工具选项栏中设置字体为“汉仪黑荔枝体简”，设置字号为 88.57 点，选择文字并填充颜色 #ee1b24，如图 12-44 所示。

15 选择工具箱中的“钢笔”工具，绘制填充颜色为 ##ee1b24 折角形状，如图 12-45 所示。

图 12-44

图 12-45

16 将文字图层和钢笔绘制的图层选中，并拖到“图层”面板下方的“创建新组”按钮上，创建组。选中该组，单击图层面板“添加图层样式”按钮，在菜单中选择“描边”选项，设置描边大小为 16 像素，颜色为黑色，如图 12-46 所示。

17 选中“外发光”复选框，设置混合模式为“滤色”，“不透明度”为 75%，外发光颜色为 #f4f4f4，图素的方法为“柔和”，“扩展”为 0%，“大小”为 202 像素，品质的“范围”为 50%，如图 12-47 所示。

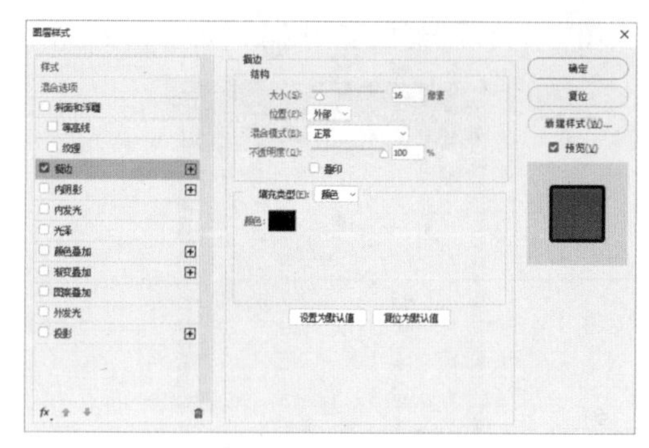

图 12-46

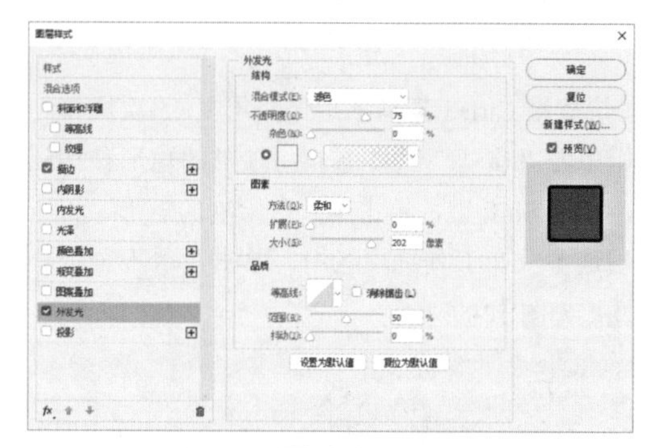

图 12-47

18 单击“确定”按钮后，效果如图 12-48 所示。

19 单击“创建新图层”按钮，创建一个新的空白图层，选择工具箱中的“画笔”工具，将前景色设置为白色，选择一种硬边画笔，将画笔大小设置为 15 像素，单击并拖曳进行涂抹，如图 12-50 所示。

图 12-48

图 12-49

20 选择工具箱中的“自由钢笔”工具，在工具属性栏中选择“形状”，将填充颜色分别设置为 #fdda02 和 #f09607，描边颜色设置为黑色，描边大小为 3 点，绘制闭合形状，如图 12-49 所示。

21 再用“自由钢笔”工具绘制一个颜色为 #ee1b24 的闭合形状，在“图层”面板中的该形状图层与颜色为 #fdda02 的形状图层之间单击，创建剪贴蒙版，如图 12-51 所示。

图 12-50

图 12-51

22 单击“创建新图层”按钮，创建一个新的空白图层，选择工具箱中的“画笔”工具，将前景色设置为黑色，选择一种硬边画笔，将画笔大小设置为 10 像素，涂抹出箭头和其他部分，如图 12-52 所示。

23 选择工具箱中的“文字”工具，输入文字，在工具选项栏中设置字体为“苏新诗爨宝子碑简”，设置字号为 34.33 点，选择文字并填充黑色，如图 12-53 所示。

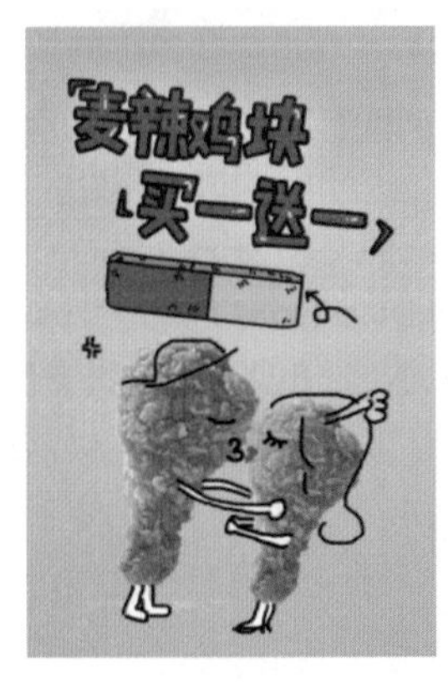

图 12-52

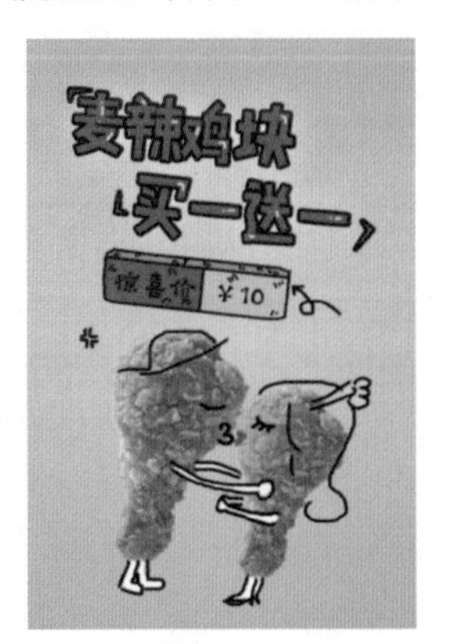

图 12-53

24 选择 Logo 和“手”素材，并拖入文档后按 Enter 键确认，完成图像制作，如图 12-54 所示。

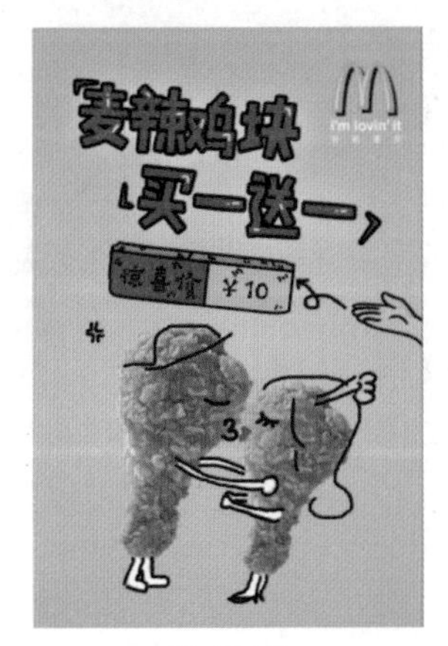

图 12-54

12.4　香水广告——小雏菊之梦

本节将利用“色彩平衡”和“自然饱和度”等调整图层制作一款香水广告。

01 启动 Photoshop CC 2017，执行“文件”｜“打开”命令，打开“背景”素材，如图 12-55 所示。

02 单击“图层”面板中的“创建新的填充或调整图层”按钮，在菜单中选择“色彩平衡”选项，选择“阴影”，设置黄色—蓝色的值为 +60，如图 12-56 所示。

图 12-55

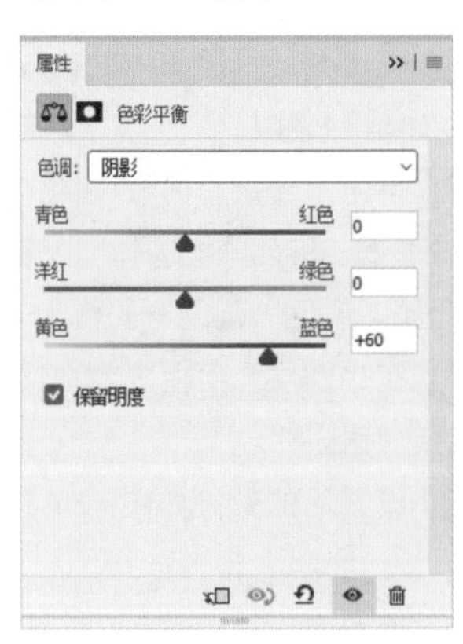

图 12-56

03 设置后的效果如图 12-57 所示。

04 选择“丝带 1”“丝带 2”和“香水”素材，并拖入文件，按 Enter 键确认，如图 12-58 所示。

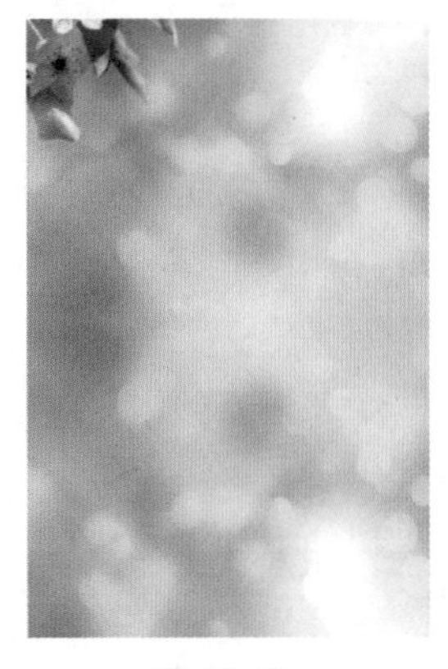

图 12-57

图 12-58

05 选择“美女”素材，并拖入文件，按 Enter 键确认，如图 12-59 所示。

06 单击“图层”面板中的“创建新的填充或调整图层”按钮，在菜单中选择“曲线”选项，调整曲线的弧度，如图 12-60 所示。

图 12-59

图 12-60

07 在“图层”面板中的曲线图层和美女图层之间单击，创建剪贴蒙版。

08 单击“图层”面板中的“创建新的填充或调整图层”按钮，在菜单中选择“色彩平衡”选项，选择“中间调”，设置“黄色—蓝色”的值为 +50，如图 12-61 所示。

09 在“图层”面板中的曲线图层和美女图层之间单击，创建剪贴蒙版。

10 设置后的效果如图 12-62 所示。

图 12-61　　图 12-62

11 单击“图层”面板中的“添加图层蒙版”按钮，为美女图层创建蒙版。将前景色设置为黑色，选择工具箱中的“画笔”工具，选择一种柔边圆笔尖，将多余的部分抹去，如图 12-63 所示。

12 选择“蝴蝶”素材，并拖入文档，调整位置和大小后，按 Enter 键确定，如图 12-64 所示。

图 12-63　　图 12-64

13 单击“图层”面板中的“创建新的填充或调整图层”按钮，在菜单中选择“自然饱和度”选项，设置“自然饱和度”的值为 -53，如图 12-65 所示。

14 在“图层”面板中的自然饱和度图层和蝴蝶图层之间单击，创建剪贴蒙版。设置后的效果，如图 12-66 所示。

图 12-65　　图 12-66

15 选择自然饱和度图层和蝴蝶图层，拖至“创建新图层”按钮，复制此两个图层。选择蝴蝶图层，按快捷键 Ctrl+T，移动蝴蝶到合适位置后，右击，在弹出的快捷菜单中选择“水平翻转”，按 Enter 键确认，如图 12-67 所示。

16 选择工具箱中的“文字”工具，输入文字，在工具属性栏中分别设置字体为 Didot、Myriad Pro 和“Adobe 黑体 Std”，设置字号为合适大小，选择文字并填充黑色。

17 选择工具箱中的“矩形”工具，绘制填充颜色为无颜色，描边颜色为黑色，描边大小为 0.5 点的矩形。再选择工具箱中的“直线”工具绘制黑色的直线，图像完成制作，如图 12-68 所示。

图 12-67　　图 12-68

12.5　促销海报——活动很大

本节主要利用自定义的图案、矢量蒙版、波浪滤镜以及形状工具制作一款促销海报。

01 启动 Photoshop CC 2017，将背景色颜色设置为白色，执行“文件”|“新建”命令，新建一个宽为 2000 像素、高为 3000 像素、分辨率为 300 像素 / 英寸，背景内容为背景色的 RGB 文档。

02 选择工具箱中的“自定义形状”工具，在工具选项栏中“形状”菜单框右边，单击图标，选择“全部”选项，将“全部”添加到“自定形状”拾色器中，在弹出的对话框中单击“追加”按钮确认追加。

03 选择“拼贴 2”形状，在工具属性栏中选择“形状”形状，按住 Shift 键，绘制颜色为 #14f4f8 的形状，如图 12-69 所示。

04 选中该形状图层，选择工具箱中的“椭圆矩形”工具，在工具属性栏中选择路径，按住 Shift 键，绘制圆形。执行“图层”|“矢量蒙版”|“当前路径”命令，为图层创建矢量蒙版，如图 12-70 所示。

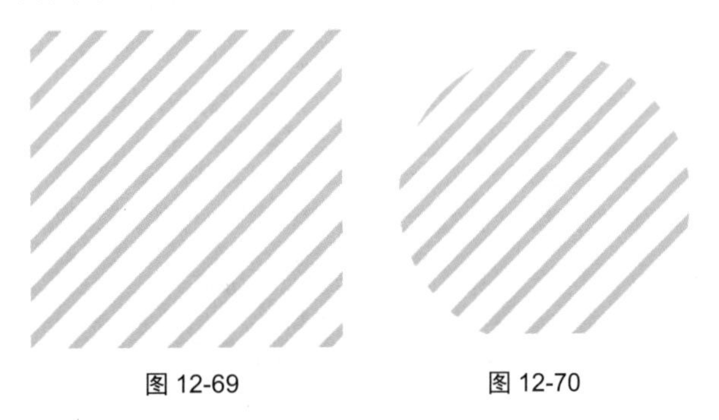

图 12-69　　　　图 12-70

05 用同样的方法，制作颜色分别为 #1632e0 和 #fa50cc 的矢量蒙版图形，如图 12-71 所示。

图 12-71

06 执行“文件”|“新建”命令，新建一个宽为 300 像素、高为 300 像素、分辨率为 300 像素 / 英寸的 RGB 文档。

07 按快捷键 Ctrl+R 显示标尺，在文档垂直和水平位置的中心处创建参考线。选择工具箱中的“椭圆矩形”工具，设置“工具模式”为形状，按住 Shift 键，绘制颜色为 #ffc512 的圆形。

08 按快捷键 Ctrl+J 复制该圆形，重复 4 次操作，选择工具箱中的“移动”工具，将 5 个圆形的中心点位置分别位于 4 个顶点及文档中心位置，如图 12-72 所示。

> **提示**
>
> 按快捷键 Ctrl+T 调出自由变换框，即可出现形状的中心点。

09 执行“编辑”|“定义图案”命令，将绘制的矩阵添加到图案。

10 回到之前的文档，选择工具箱中的“椭圆矩形”工具，按住 Shift 键，绘制颜色为 #fa50cc 的圆形，如图 12-73 所示。

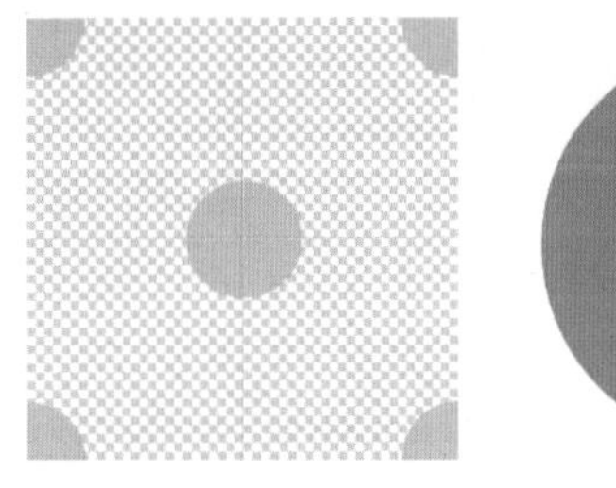

图 12-72　　　　图 12-73

11 单击“图层”面板中的“添加图层样式”按钮，在菜单中选择“图案叠加”选项，选择刚定义的图案，如图 12-74 所示。

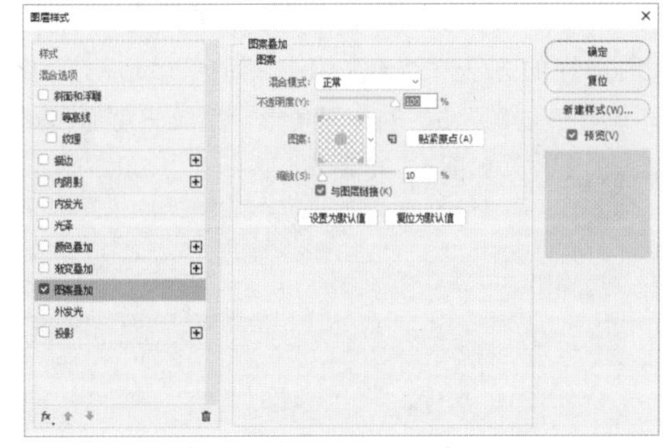

图 12-74

12 单击“确定”按钮，在“图层”面板中将“填充”设置为 0%，如图 12-75 所示。

> **提示**
>
> 当定义的图案为透明背景色、图层的填充为 0% 时，该图层的像素仅包含自定义的图案。

图 12-75

13 选择该图形，右击，在弹出的快捷菜单中选择“转换为智能对象”命令。单击图层面板中的“添加图层样式”按钮 fx，在菜单中选择“颜色叠加”选项，设置混合模式为“正常”，颜色为 #fa50cc，如图 12-76 所示。

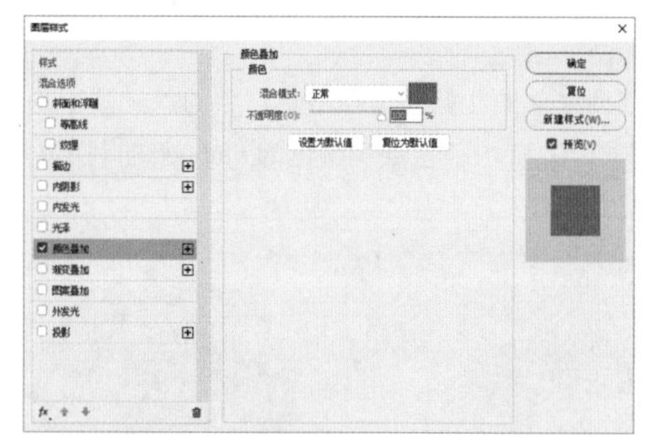

图 12-76

14 单击“确定”按钮后，圆点的颜色发生改变，如图 12-77 所示。

> **提示**
>
> 若直接进行颜色叠加，整个圆形将叠加颜色。此处转换为智能对象，则叠加的颜色仅为图层中有像素的区域，且能通过双击该智能对象，对图案叠加的缩放进行调整。

15 用同样的方法，结合工具箱中的“多边形”工具，设置“边”为 3，制作三角形，完成三角形和圆形中圆点的制作，如图 12-78 所示。

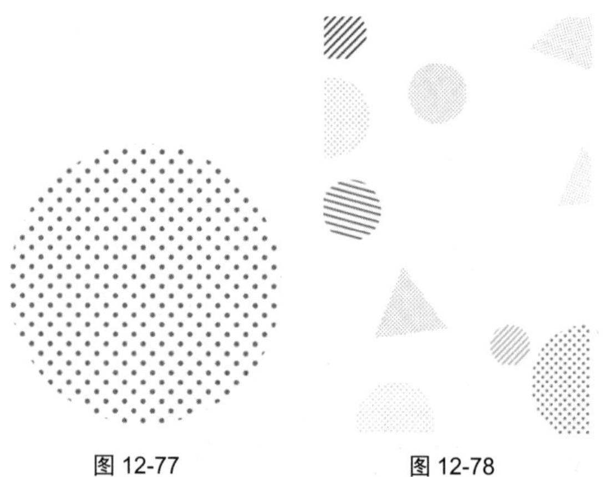

图 12-77　　图 12-78

16 选择工具箱中的“矩形”工具，设置“工具模式”为“形状”，绘制两个颜色分别为 #1536e0 和 #fa50cc 的矩形，如图 12-79 所示。

图 12-79

17 选择矩形图层，右击，在弹出的快捷菜单中选择“转换为智能对象”命令，分别将矩形转换为智能对象。

18 执行“文件”|“扭曲”|“波浪”命令，打开“波浪”对话框，设置“生成器数”为 10，波长“最小”为 36，“最大”为 37，波幅“最小”为 1，“最大”为 4，在类型处选择“正弦”选项，如图 12-80 所示。

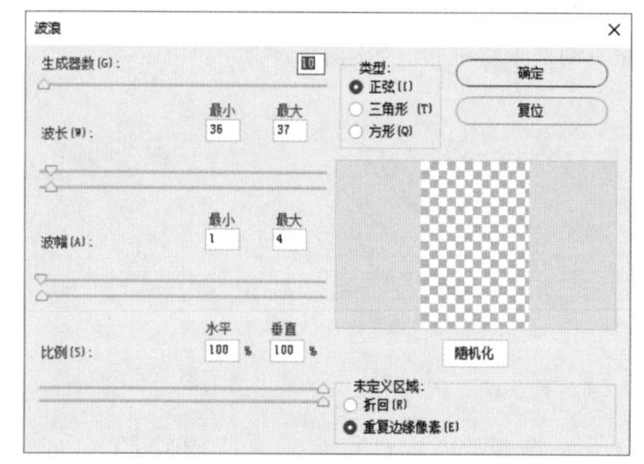

图 12-80

19 单击“确定”按钮，矩形变成波浪状，如图 12-81 所示。

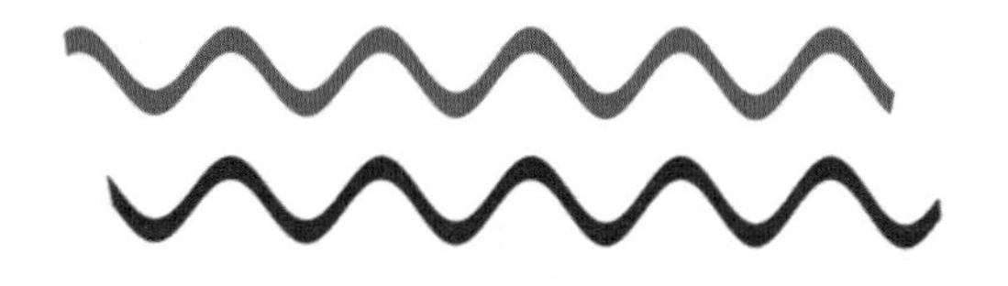

图 12-81

> **提示**
>
> “波浪”滤镜的应用，已在 7.19 节中相应的案例介绍。

20 用同样的方法，绘制两个矩形并转换为智能对象后，添加滤镜，并设置相同的参数，在类型处选择“三角形”选项，如图 12-82 所示。

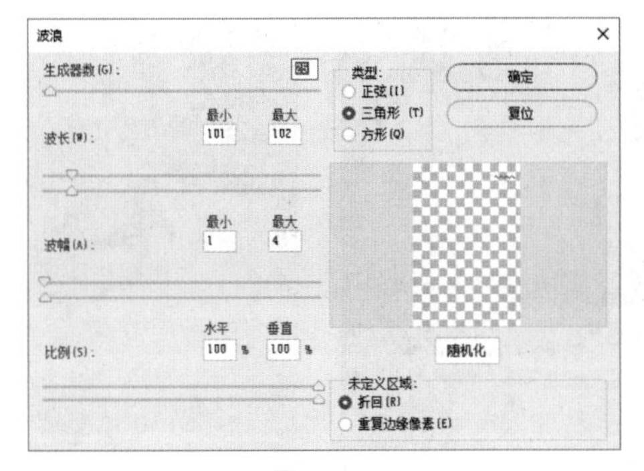

图 12-82

21 单击“确定”按钮后，矩形变成折线状，如图 12-83 所示。

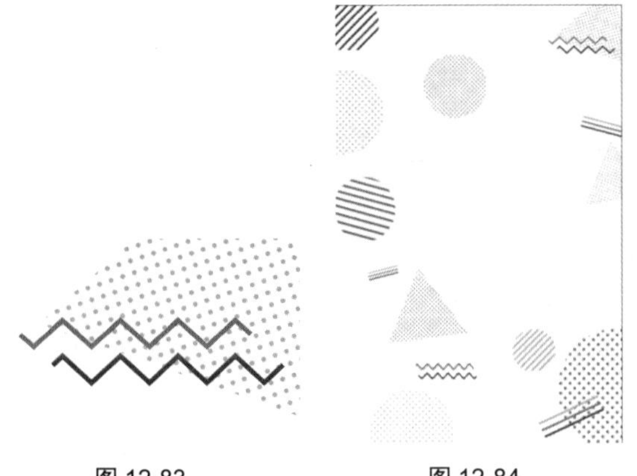

图 12-83　　图 12-84

22 选择工具箱中的“矩形”工具，绘制其他颜色的线条，如图 12-84 所示。

23 利用工具箱中的“矩形”工具，结合“多边形”工具制作矩形和三角形，并设置填充颜色为无颜色，描边大小分别为 5 点和 10.18 点，绘制其他颜色的描边三角形和矩形，如图 12-85 所示。

24 选择工具箱中的“文字”工具，输入文字，在工具选项栏中设置字体为“造字工房劲黑”，设置字号为 127.78 点，选择文字并填充颜色 #fa50cc，如图 12-86 所示。

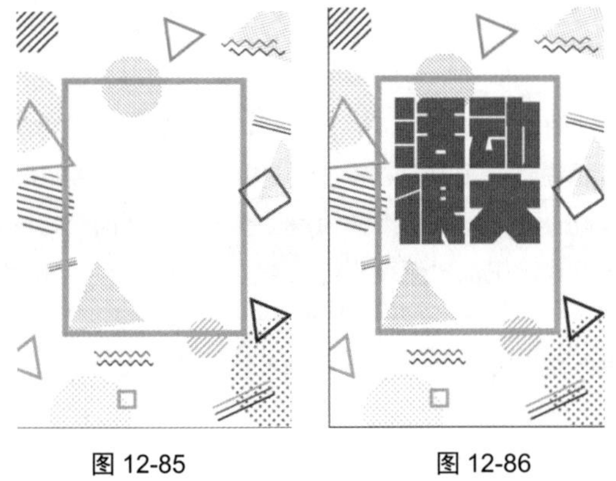

图 12-85　　图 12-86

25 单击“图层”面板中的“添加图层样式”按钮，在菜单中选择“渐变叠加”选项，单击对话框中的渐变条，设置渐变起点颜色为 #f000ff、终点颜色为 #00a8ff，设置样式为“线性”，混合模式为“正常”，“角度”为 0°，如图 12-87 所示。

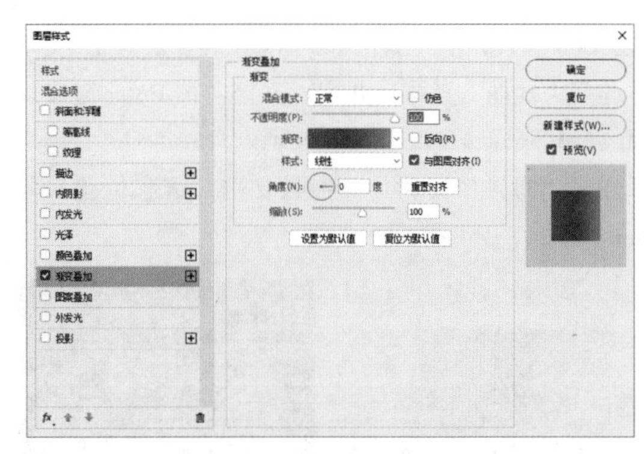

图 12-87

26 单击“确定”按钮后，效果如图 12-88 所示。

图 12-88

27 选择工具箱中的“矩形”工具，绘制颜色矩形并制作相同渐变的图层样式，使用“文字”工具，输入其他文字并填充白色，如图 12-89 所示。

28 选择“光”素材，并按快捷键 Ctrl+J 复制 3 个该图层，调整大小和方向后，按 Enter 键确认，图像完成制作，如图 12-90 所示。

图 12-89　　图 12-90

12.6 电影海报——回到未来

本节主要利用“椭圆”工具、“渐变”工具、曲线，结合图层样式制作一款电影海报。

01 执行“文件”|“新建”命令，新建一个宽为2000像素、高为3000像素、分辨率为300像素/英寸的RGB文档。

02 选择“地面”素材，并拖入文档，按Enter键确认，如图12-91所示。

03 选择“时钟”素材，并拖入文档，调整位置后，按Enter键确认，如图12-92所示。

图 12-91

图 12-92

04 选择工具箱中的“椭圆”工具，设置“工具模式”为形状，按住Shift键，绘制一个白色正圆形，如图12-93所示。

05 在“属性”面板中，将椭圆的“羽化”设置为46像素，如图12-94所示。

图 12-93

图 12-94

06 羽化后的效果，如图12-95所示。

07 选择“攀登”素材，并拖入文档，按Enter键确认，如图12-96所示。

图 12-95

图 12-96

08 单击“图层”面板中的“添加图层蒙版”按钮，为图层创建蒙版。将前景色设置为黑色，利用工具箱中的“魔棒”工具，将多余的部分选出并填充黑色，结合“画笔”工具，将人物抠出。

09 在“图层”面板中的“攀登”图层和圆形图层之间单击，创建剪贴蒙版，如图12-97所示。

10 按快捷键Ctrl+J复制攀登图层，并在两个攀登图层之间单击，取消上面一个攀登图层的剪贴蒙版，选择工具箱中的“画笔”工具，将前景色设置为黑色，选择一个柔边画笔，在此图层的蒙版上涂抹，隐藏腿以外的部分，如图12-98所示。

图 12-97

图 12-98

11 单击“图层”面板中的“添加图层蒙版”按钮，为时钟图层创建蒙版。将前景色设置为黑色，利用“画笔”工具在边缘处涂抹，使过渡更柔和，如图12-99所示。

12 单击“创建新图层”按钮，创建一个新的空白图层，选择工具箱中的“渐变”工具，设置渐变起点颜色为#00232f、居中位置颜色为#4086a0、终点颜色为#ffffa7的线性渐变，从下往上方向单击并拖动填充渐变，如图12-100所示。

图 12-99　　图 12-100

13 将图层模式设为“柔光”，按快捷键 Ctrl+J 复制一个图层，使柔光效果增强，如图 12-101 所示。

14 选择“地面”图层，单击“创建新图层”按钮，创建一个新的空白图层，选择工具箱中的“渐变”工具，设置渐变起点颜色为黑色、终点不透明度为 0% 的线性渐变，从上往下方向单击并拖动填充渐变，使地面的颜色加深，如图 12-102 所示。

图 12-101

图 12-102

15 单击“图层”面板中的“创建新的填充或调整图层”按钮，在菜单中选择“曲线”选项，调整曲线的弧度，如图 12-103 所示。

16 调整后的效果，如图 12-104 所示。

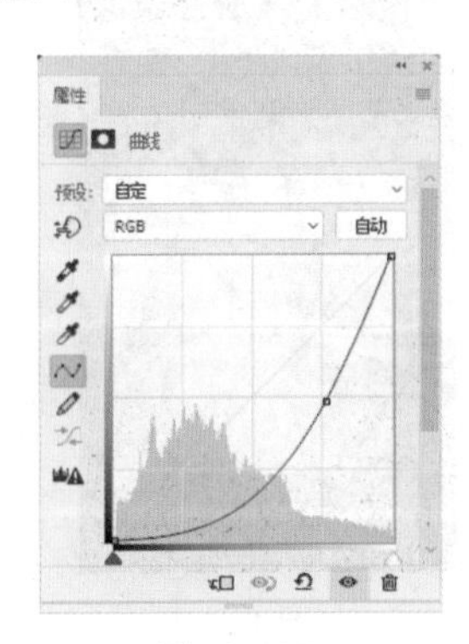

图 12-103

图 12-104

17 选择“光晕”素材，并拖入文档，按 Enter 键确认，将图层模式设置为“滤色”，如图 12-105 所示。

18 选择工具箱中的“文字”工具，输入文字，在工具选项栏中分别设置字体为“造字工房版黑”和 Niagara Solid（OT1），设置字号为合适大小，选择文字并分别填充 #f69e2b 和白色，如图 12-106 所示。

图 12-105　　图 12-106

19 选择英文图层，按快捷键 Ctrl+J 复制该图层，按快捷键 Ctrl+T 调出自由变换框。右击，在弹出的快捷菜单中选择“垂直翻转”命令，按 Enter 键确认，如图 12-107 所示。

20 单击“图层”面板中的“添加图层蒙版”按钮，给翻转后的图层添加蒙版，选择工具箱中的“渐变”工具，设置渐变起点颜色为黑色、终点不透明度为 0% 的线性渐变，从上往下单击拖动填充渐变，制作英文的倒影，如图 12-108 所示。

图 12-107

图 12-108

21 单击“图层”面板中的“添加图层样式”图标，在菜单中选择“光泽”选项，设置混合模式为“颜色减淡”，叠加颜色为白色，“不透明度”为 43%，“角度”为 19°，“距离”为 29 像素，“大小”为 21 像素，如图 12-109 所示。

22 选中“渐变叠加”复选框，单击面板中的渐变条，设置渐变起点颜色为 #ca8e25、终点颜色为白色，设置样式为“线性”，混合模式为“正片叠底”，“角度”为

90°，“缩放”为 73%，如图 12-110 所示。

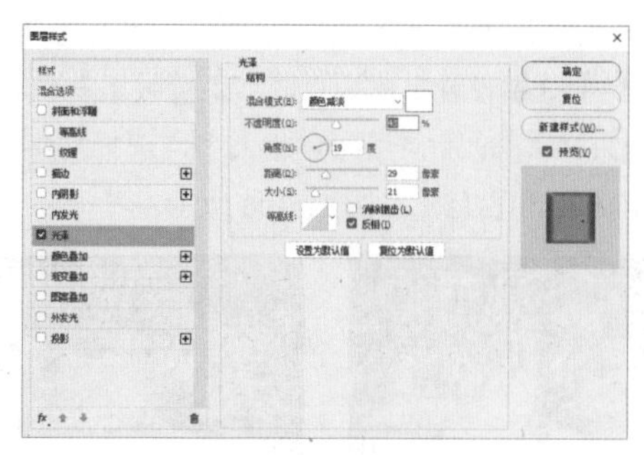

图 12-109

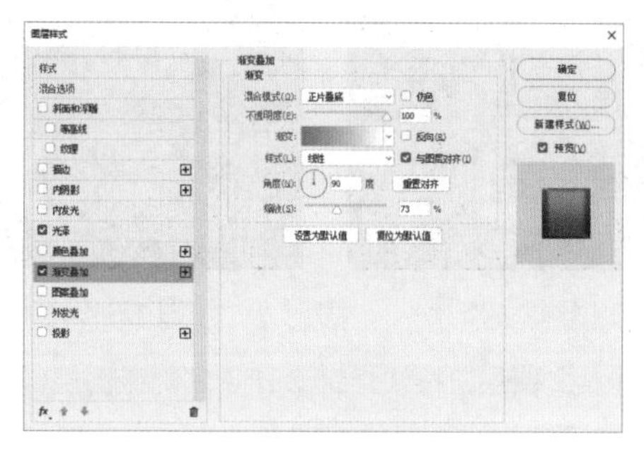

图 12-110

23 选中“投影”复选框，设置投影的“不透明度”为 83%，颜色为黑色，“角度”为 -31°，“距离”为 18 像素，“扩展”为 16%，“大小”为 90 像素，如图 12-111 所示。

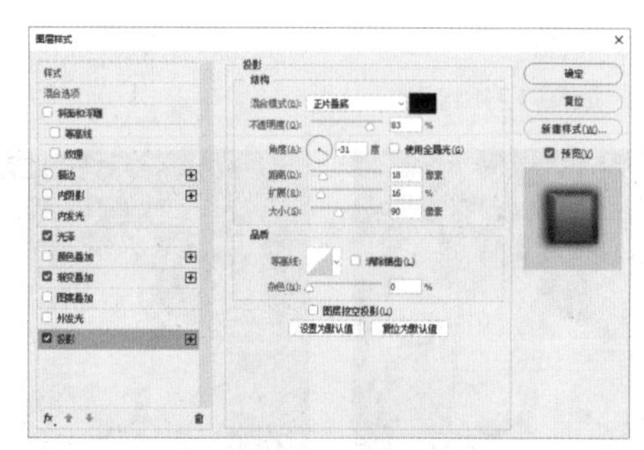

图 12-111

24 单击“确定”按钮后，图像完成制作，如图 12-112 所示。

图 12-112

12.7 音乐海报——音乐由你来

本节主要利用“彩色半调”滤镜和“强光”的图层混合模式，结合渐变工具填充图层蒙版来制作一款音乐海报。

01 启动 Photoshop CC 2017，执行“文件”|“打开”命令，打开“背景”素材，如图 12-113 所示。

02 按快捷键 Ctrl+J 复制背景图层，右击，在弹出的快捷菜单中选择“转换为智能对象”选项。

03 执行“滤镜”|“像素化”|“彩色半调”命令，输入“最大半径”为 20 像素，通道 1 至 4 均为 45，如图 12-114 所示。

图 12-113

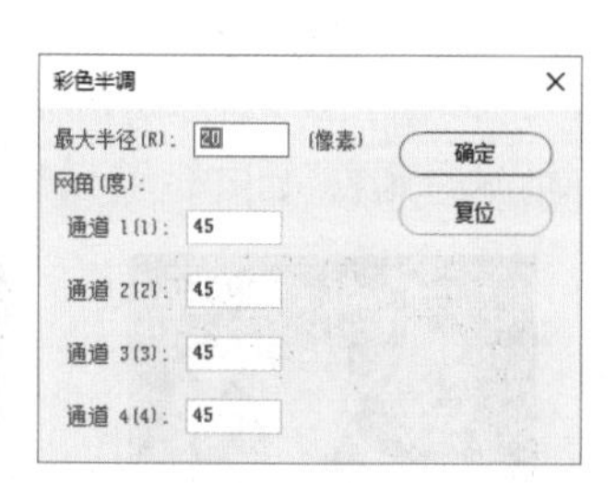

图 12-114

04 单击“确定”按钮后，效果如图 12-115 所示。

05 选择“摇滚”素材，并拖入文档，按 Enter 键确认。单击“图层”面板中的“添加图层蒙版”按钮，为图层创建蒙版。选择工具箱中的“渐变”工具，设置渐变起点颜色为黑色、居中位置颜色为 #4086a0、终点不透明度为 0% 的线性渐变，从下往上单击并拖动渐变，使摇滚图层与背景图层的过渡更自然。

06 将摇滚图层的混合模式更改为“强光”，并按快捷键 Ctrl+J 复制一个图层，如图 12-116 所示。

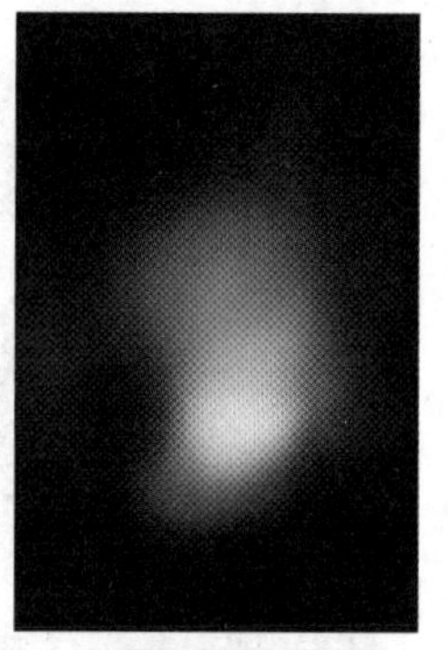

图 12-115

图 12-116

07 选择工具箱中的“文字”工具，输入文字，在工具选项栏中设置字体为“★时尚中黑”，设置字号为

102.3 点，选择文字并填充白色，如图 12-117 所示。

08 选择文字图层，右击，在弹出的快捷菜单中选择“转换为形状”命令。

09 选择工具箱中的“钢笔”工具，在工具属性栏中选择“工具模式”为形状，绘制颜色为白色的形状，如图 12-118 所示。

图 12-117

图 12-118

10 选择文字形状图层和绘制的形状图层，右击，在弹出的快捷菜单中选择“合并形状”选项，如图 12-119 所示。

图 12-119

11 单击“图层”面板中的“添加图层样式”按钮，在菜单中选择“描边”选项，设置描边“大小”为 6 像素，“颜色”为 #00ffff，如图 12-120 所示。

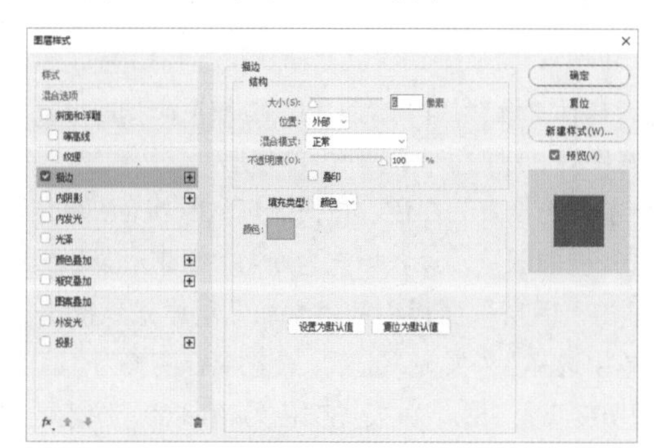

图 12-120

12 单击“确定”按钮后，效果如图 12-121 所示。

13 按住 Ctrl 键，单击合并的形状图层缩略图，将形状载入选区。单击“图层”面板中的“创建新图层”按钮，创建新图层。执行“选择”|“修改”|“边界”命令，将前景色设置为 #21e4e4，按 Alt+Delete 填充，按快捷键 Ctrl+D 取消选区，并用键盘上的↑、↓、←、→键对描边填充的图层进行微移，如图 12-122 所示。

图 12-121

图 12-122

14 选择描边填充图层，右击，在弹出的快捷菜单中选择“转换为智能对象”命令。

15 执行“滤镜”|“模糊”|“动感模糊”命令，设置“角度”为 0°，“距离”为 230 像素，如图 12-123 所示。

16 单击“确定”按钮后，效果如图 12-124 所示。

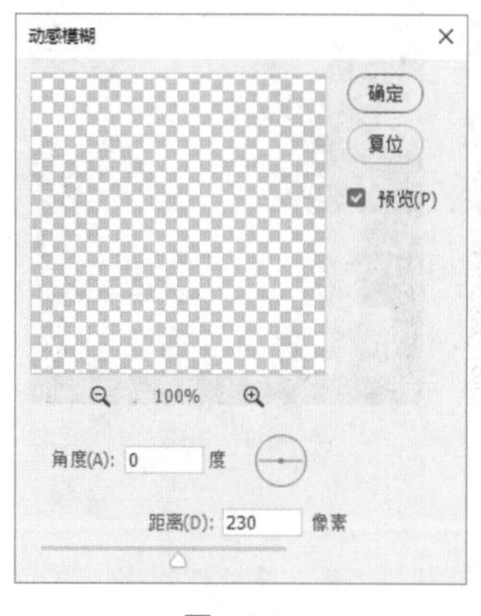

图 12-123

图 12-124

17 用同样的方法，制作颜色为 #fd10ff 的动感模糊图层，并进行微移，如图 12-125 所示。

18 按快捷键 Ctrl+J 分别复制两个动感模糊的图层并进行微移，将图层上的滤镜效果图标拖到删除图标上，将其删除，删除后的效果如图 12-126 所示。

图 12-125

图 12-126

19 选择工具箱中的“文字”工具T，输入文字，在工具选项栏中设置字体为 Interstate，设置字号为 115.8 点，选择文字并填充颜色 #fd02ff。单击“图层”面板中的“添加图层蒙版”按钮，将前景色设置为黑色，利用“画笔”工具，将人物的头全部露出，如图 12-127 所示。

20 按快捷键 Ctrl+J 复制两个文字图层，将颜色分别更改为白色和 #05e3e0，并进行微移，图像完成制作，如图 12-128 所示。

图 12-127

图 12-128

12.8 金融宣传海报——圆梦金融

本节主要利用剪贴蒙版和“镜头光晕”滤镜制作一款金融宣传海报。

01 启动 Photoshop CC 2017 软件，执行“文件”|“打开”命令，打开“背景”素材，如图 12-129 所示。

02 选择“钱”和“建筑”素材，并拖入文档，按 Enter 键确认，如图 12-130 所示。

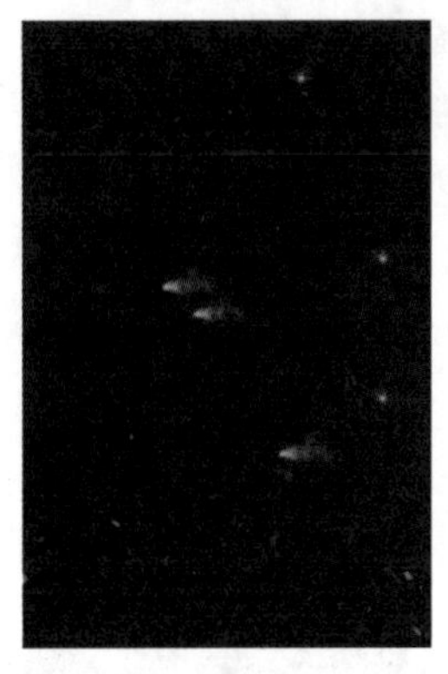

图 12-129

图 12-130

03 选择工具箱中的“文字”工具T，输入文字并填充白色，在工具选项栏中设置字体为“方正吕建德字体”，单击“切换文本取向”按钮，将文本切换为竖直方向，在“字符”面板中设置每个字的大小，并在“基线偏移”后的文本框内输入不同的值，如图 12-131 所示。

04 选择“金粉”素材，并拖入文档，在“图层”面板中的文字图层和金粉图层之间单击，创建剪贴蒙版，如图 12-132 所示。

图 12-131

图 12-132

05 选择工具箱中的“椭圆”工具，设置“工具模式”为 形状 ，绘制一个颜色为 #a2502d 的椭圆形，如图 12-133 所示。

06 按住 Ctrl 键，单击圆形图层缩略图，将形状载入选区。单击“图层”面板中的“创建新图层”按钮，创建新图层。执行“选择”|“修改”|“边界”命令，设置边界选区宽度为 20 像素，如图 12-134 所示。

07 将前景色设置为白色，按快捷键 Alt+Delete 填充。

08 选择椭圆图层，设置填充为 0%，将图层隐藏。

09 单击“图层”面板中的“添加图层样式”按钮fx，在菜单中选择“外发光”选项，设置混合模式为“滤色”，“不透明度”为 75%，外发光颜色为 #ffa800，图素的“方法”为柔和，“扩展”为 5%，“大小”为 20 像素，如

图 12-135 所示。

图 12-133

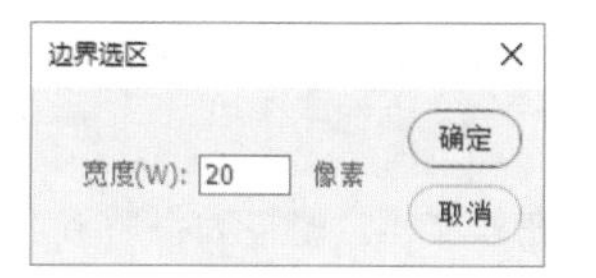

图 12-134

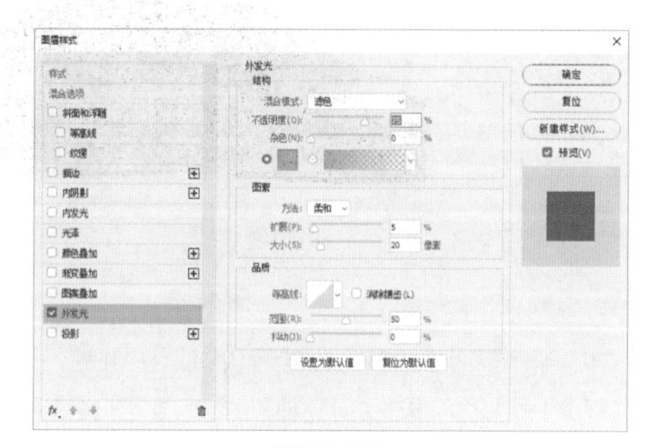

图 12-135

10 单击“确定”按钮，并将图层置于建筑图层的下方，效果如图 12-136 所示。

图 12-136

11 单击“创建新图层”按钮，创建一个新的空白图层，将前景色设置为黑色，按快捷键 Alt+Delete 填充。执行“滤镜”|“渲染”|“镜头光晕”命令，弹出“镜头光晕”对话框。设置“亮度”为 175，镜头类型选择“50-300 毫米变焦”，单击并拖动光晕的位置，如图 12-137 所示。

12 单击“确定”按钮，并将图层模式设置为“滤色”后，效果如图 12-138 所示。

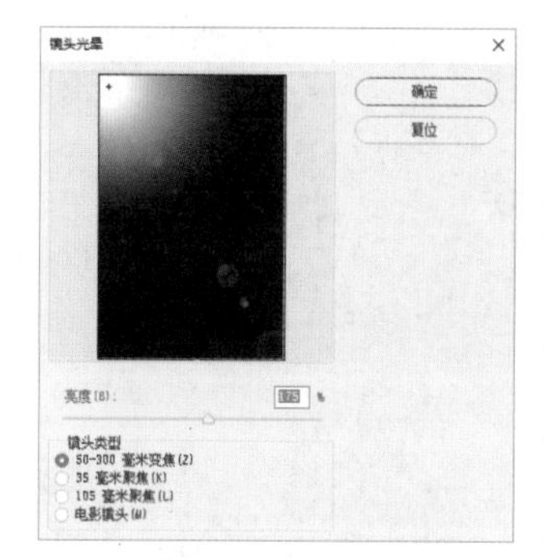

图 12-137

图 12-138

13 按快捷键 Ctrl+J 复制光晕图层，单击“图层”面板中的“创建新的填充或调整图层”按钮，在菜单中选择“色彩平衡”选项，选择“中间调”，设置黄色—蓝色的值为 -100，如图 12-139 所示。

提示

复制滤色的光晕图层，能使光晕效果更明显。

14 选择“高光”，设置青色—红色的值为 +88，黄色—蓝色的值为 -100，如图 12-140 所示。

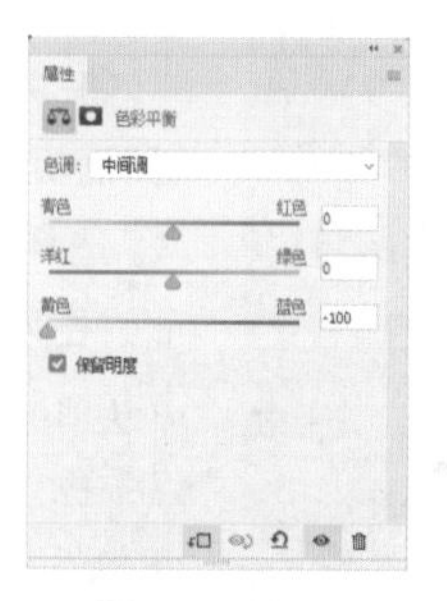

图 12-139

图 12-140

15 在“图层”面板中的色彩平衡与镜头光晕图层之间单击，创建剪贴蒙版，效果如图 12-141 所示。

16 选择“点光”素材，并拖入文档。按快捷键 Ctrl+J 复制两个图层。按快捷键 Ctrl+T 对图层进行变形和拖移，图像完成制作，如图 12-142 所示。

图 12-141

图 12-142

第 13 章

图书装帧与包装设计

本章讲解图书装帧和包装的效果图制作，涉及到书籍、杂志、折页、手提袋、罐类包装、纸盒包装和食品包装等种类。装帧和包装均属于印刷领域，一款好的装帧或包装设计会让人记忆深刻。

第 13 章 视频

第 13 章 素材

13.1 画册设计——旅游画册

本节主要利用剪贴蒙版和“描边”图层样式制作一款旅游画册。

01 启动 Photoshop CC 2017，将背景色颜色设置为 #ecf3f7，执行“文件”|“新建”命令，新建一个宽为 3000 像素、高为 2000 像素、分辨率为 300 像素 / 英寸，背景内容为背景色的 RGB 文档，如图 13-1 所示。

提示

为了避免色差，印刷文档一般选择 CMYK 模式。此章偏重效果图的展示，故使用 RGB 模式。

02 将“墨迹”素材拖入文档，调整大小后按 Enter 键确认，如图 13-2 所示。

图 13-1

图 13-2

03 将“风景”素材拖入文档，调整大小后按 Enter 键确认。按住 Alt 键，在“图层”面板中的墨迹图层与风景图层之间单击，创建剪贴蒙版，如图 13-3 所示。

04 选择“矩形”工具，在工具选项栏中选择“形状”，绘制一个颜色为 #1e548c 的长方形。再选择工具箱中的“矩形选框”工具，单击并拖动，创建矩形选区。选择工具箱中的“渐变”工具，设置渐变起点颜色为黑色、终点不透明度为 0% 的线性渐变，从右往左单击并拖动填充渐变，并将图层的“不透明度”更改为 30%，制作阴影，如图 13-4 所示。

图 13-3

图 13-4

05 将“太阳”和“人物”素材拖入文档，调整大小后按 Enter 键确认，如图 13-5 所示。

06 选择工具箱中的“文字”工具，在工具选项栏中设置字体为“汉仪六字黑简”，字号大小为 169.13 点，文字颜色为白色，在画面中单击，输入文字“我”，用同样的方法输入其他文字，如图 13-6 所示。

图 13-5

图 13-6

提示

分次输入文字，方便调整字与字之间的距离。

07 分别选择“的”文字图层和太阳图层，单击“图层”面板“添加图层样式”按钮，在菜单中选择“描边”选项，设置描边大小为38像素，颜色为#1e548c，如图13-7所示。

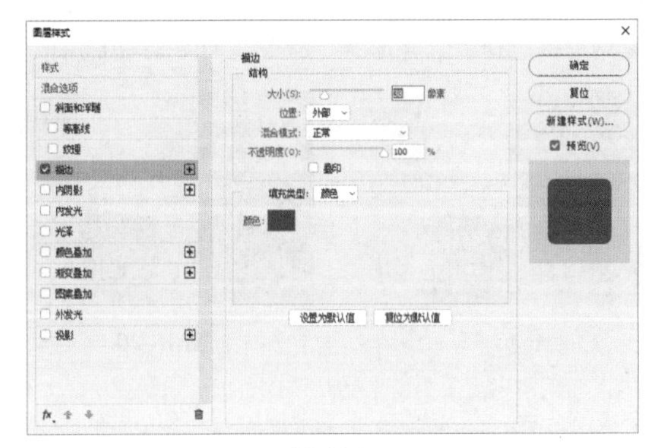

图 13-7

08 单击“确定”按钮后，图像完成制作，如图 13-8 所示。

图 13-8

13.2　杂志封面——汽车观察

本节主要利用调整图层自然饱和度和“矩形”工具来制作一款杂志封面。

01 启动 Photoshop CC 2017，执行“文件”|“打开”命令，打开“背景”素材，如图 13-9 所示。

02 单击“图层”面板中的“创建新的填充或调整图层”按钮，在菜单中选择“自然饱和度”选项，设置“自然饱和度”为 -56，“饱和度”为 -47，如图 13-10 所示。

图 13-9

图 13-10

03 设置后的效果，如图 13-11 所示。

04 选择工具箱中的“文字”工具，输入文字，在工具选项栏中设置字体为“造字工房力黑”设置字号为合适大小，选择文字并填充白色，如图 13-12 所示。

图 13-11

图 13-12

05 单击“图层”面板中的“添加图层样式”按钮，在菜单中选择“投影”选项，设置投影的“不透明度”为 75%，颜色为黑色，“角度”为 120°，“距离”为 7 像素，“扩展”为 0%，“大小”为 4 像素，如图 13-13 所示。

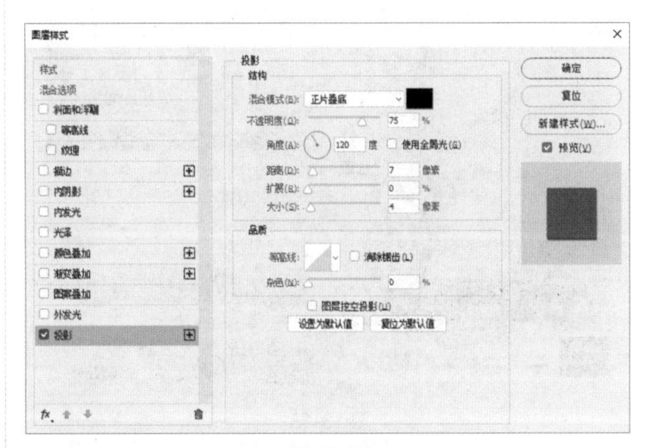

图 13-13

06 单击“确定”按钮后，效果如图 13-14 所示。

07 选择工具箱中的“矩形”工具，绘制多个矩形形状，颜色分别为白色、黑色和 #80635f，并设置颜色为 #80635f 的矩形的描边颜色为白色，描边大小为 1.5 点，如图 13-15 所示。

图 13-14

图 13-15

08 选择“汽车 1”“汽车 2”“汽车 3”和“风景”素材，并拖入文档，通过调整图层顺序，分别在汽车图层与矩形图层之间单击，创建剪贴蒙版，如图 13-16 所示。

> **提示**
> 剪贴蒙版的基底图层与剪贴图层需要相邻，且剪贴图层位于基底图层的上方。

09 选择“汽车 4”“汽车 5”“汽车 6”“汽车 7”和“条形码”素材，并拖入文档，调整大小和位置后，多次按 Enter 键确认，如图 13-17 所示。

图 13-16

图 13-17

10 选择工具箱中的“文字”工具T，输入文字，在工具属性栏中分别设置字体为“方正大黑简体”和 DFPHeiW5-GB，设置字号为合适大小，选择文字并分别填充 #a56e2f 和白色，图像完成制作，如图 13-18 所示。

图 13-18

13.3 百货招租四折页——星河百货

本节主要利用“矩形”工具和剪贴蒙版制作一个广告四折页。

01 启动 Photoshop CC 2017，将背景色颜色设置为白色，执行“文件”|“新建”命令，新建一个宽为 3000 像素、高为 2000 像素、分辨率为 300 像素 / 英寸和背景内容为背景色的 RGB 文档。

02 选择工具箱中的“矩形”工具▭，绘制颜色分别为 #8a5435、#fbc400 和 #e9cbb0 的矩形，如图 13-19 所示。

> **提示**
> 执行“视图”|“新建参考线”命令，可以新建指定具体位置的参考线。通过文档宽度像素的等分，从而绘制相同宽度的矩形。

03 用上述操作方法绘制 3 个颜色为 #e9cbb0 的矩形，在“图层”面板中选中这三个形状图层，右击，在弹出的快捷菜单中选择“合并形状”命令，如图 13-20 所示。

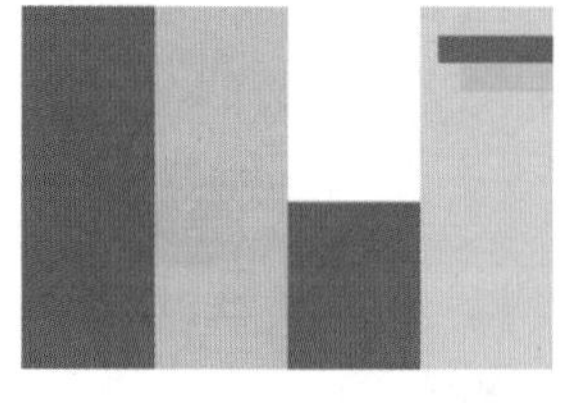

图 13-19

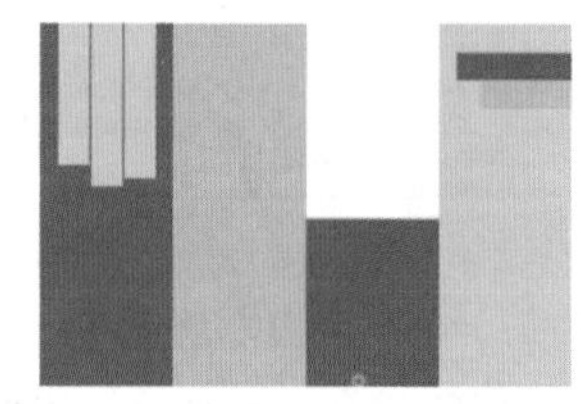

图 13-20

> **提示**
> 剪贴蒙版的基底图层只能有一个，因为需要合并形状为一个图层。

04 选择“购物袋”“商场”和“合作”素材，并拖入文档，调整大小后按 Enter 键确认。通过更改图层顺序，分别给 3 个素材创建剪贴蒙版，如图 13-21 所示。

05 选择工具箱中的“矩形”工具▭，按住 Shift 键，绘制多个正方形，给其中一个小矩形的填充颜色为无颜色▱，描边颜色为白色，描边大小为 0.5 点，如图 13-22 所示。

图 13-21

图 13-22

06 选择工具箱中的“直线”工具╱绘制白色的直线，如图 13-23 所示。

07 选择工具箱中的“文字”工具T，在工具属性栏中分别设置合适的字体、字号和颜色，制作文字，如图 13-24 所示。

图 13-23　　　图 13-24

08 选择“图标”素材，并置入文档，按 Enter 键确认，并将图层的不透明度设置为 80%，如图 13-25 所示。

图 13-25

09 选择工具箱中的“矩形选框”工具，单击并拖动，创建矩形选区。选择工具箱中的“渐变”工具，设置渐变起点颜色为、终点不透明度为 0% 的线性渐变，从右往左单击并拖曳填充渐变，并将图层的不透明度更改为30%，制作折页阴影，并对每个折页的内容进行曲别，方便后期修改。此时，图像制作完成，如图 13-26 所示。

图 13-26

13.4　房产手提袋—蓝色风情

本节主要利用制作的无缝图案来进行图案叠加，制作一款房产公司手提袋的效果图。

01 启动 Photoshop CC 2017，执行“文件” | “新建”命令，新建一个宽为 300 像素、高为 300 像素、分辨率为 300 像素 / 英寸的 RGB 文档。

02 按快捷键 Ctrl+R 显示标尺，在文档垂直和水平位置的中心处创建参考线。选择工具箱中的“矩形”工具，按住 Shift 键，绘制颜色为白色的正方形，并旋转 45°。

03 按快捷键 Ctrl+T 对正方形进行缩放，使顶点与文档的边缘对齐。双击“背景”图层，将该图层转换为普通图层后删除，如图 13-27 所示。

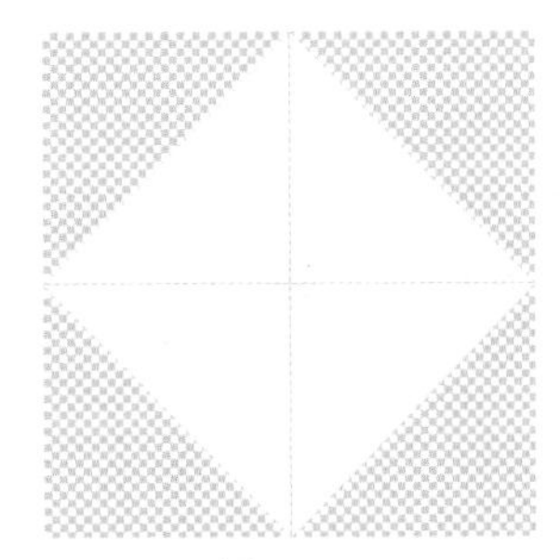

图 13-27

04 单击“图层”面板中的“添加图层样式”按钮，在弹出的菜单中选择“渐变叠加”选项，单击对话框中的渐变条，设置渐变起点颜色为 #2f4b6a、终点颜色为 #285897，设置样式为“线性”，混合模式为“正常”，“角度”为 0°，如图 13-28 所示。

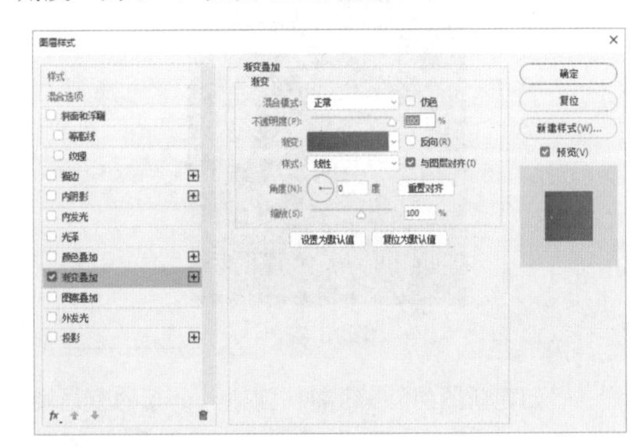

图 13-28

05 单击“确定”按钮后，效果如图 13-29 所示。

06 选择矩形图层，按住 Alt 键单击并拖曳拖动，使边相接，并用同样的方法，制作其他 3 个正方形，如图 13-30 所示。

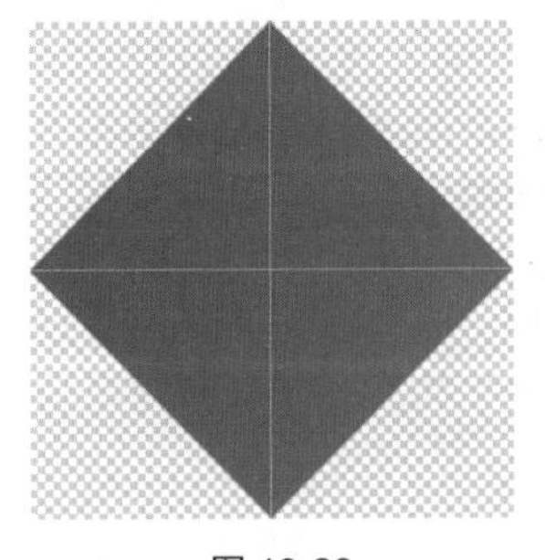

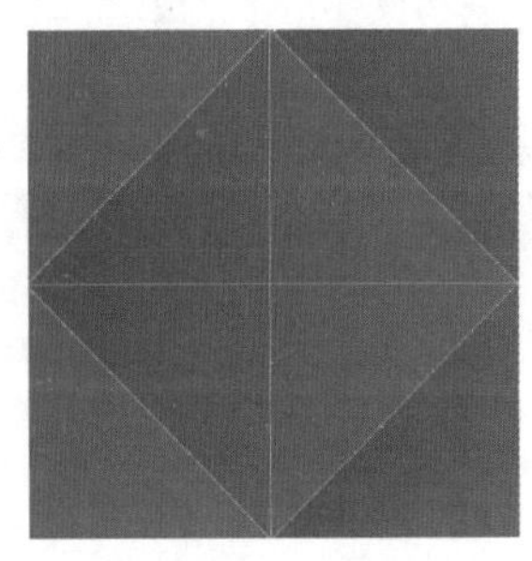

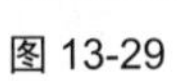

图 13-29　　　图 13-30

07 执行“编辑”|“定义图案”命令，将绘制的图形添加到图案。

08 执行“文件”|“新建”命令，新建一个宽为2000像素、高为3000像素、分辨率为300像素/英寸的RGB文档。

09 单击“图层”面板中的“添加图层样式”按钮fx，在菜单中选择“图案叠加”选项，选择刚定义的图案，将“缩放”设置为131%，如图13-31所示。

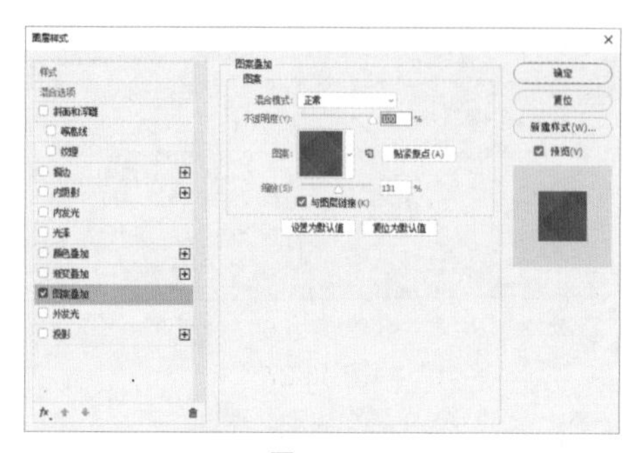

图 13-31

10 单击“确定”按钮后，效果如图13-32所示。

图 13-32

11 单击“创建新图层”按钮，创建一个新的空白图层，将前景色设置为#002e73，按快捷键Alt+Delete填充颜色，并设置图层“不透明度”为80%。单击“图层”面板中的“添加图层样式”按钮fx，在菜单的中选择“渐变叠加”选项，单击对话框中的渐变条，设置渐变起点不透明度为0%，终点颜色为黑色，设置样式为“径向”，混合模式为“正常”，“不透明度”为100%，“角度”为0°，如图13-33所示。

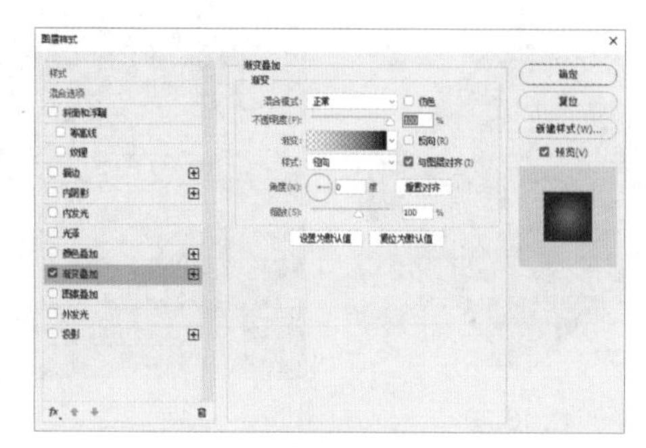

图 13-33

> **提示**
>
> 图层样式无法在空白图层上表现出来，所以需要填充颜色后再添加图层样式。

12 单击“确定”按钮后，效果如图13-34所示。

13 选择Logo素材，并拖入文档，按Enter键确认，如图13-35所示。

图 13-34　　图 13-35

14 选择工具箱中的“文字”工具T，输入文字，在工具选项栏中设置字体为“方正明尚简体”，设置字号为合适大小，选择文字并填充颜色#cca76f，如图13-36所示。

15 执行“文件”|“存储为”命令，将文档存为JPEG格式文件。

16 打开“样机PSD”素材，如图13-37所示。

图 13-36　　图 13-37

17 在“样机”“图层”面板中，双击“左侧替换”图层缩略图，将刚存储的图片拖入文档，按Enter键确认。同样，为“右侧替换”执行相同的操作，图像完成制作，如图13-38所示。

图 13-38

13.5　茶叶包装——茉莉花茶

本节主要利用“矩形”和“文字”工具制作一款茶叶包装效果图。

01 启动 Photoshop CC 2017，执行“文件”|“打开”命令，打开“背景”素材，如图 13-39 所示。

02 选择工具箱中的“矩形”工具，绘制两个颜色分别为 #6a7f16 和 #bac59b 的矩形，如图 13-40 所示。

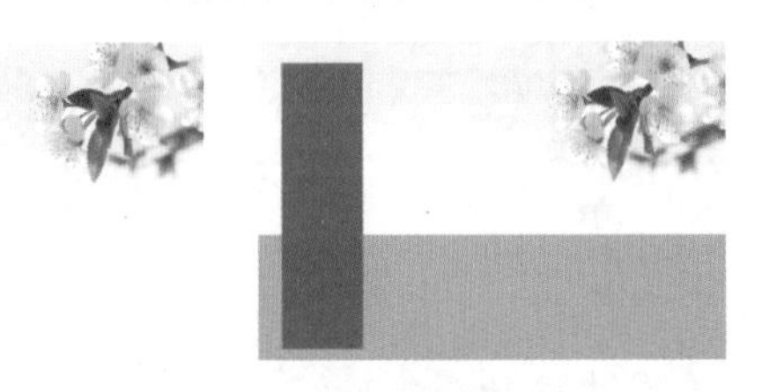

图 13-39　　图 13-40

03 选择工具箱中的“文字”工具，输入文字，在工具选项栏中设置合适的字体、字号和颜色，制作文字，如图 13-41 所示。

04 选择工具箱中的“椭圆”工具，按住 Shift 键，绘制一个颜色为 #48592c 的圆形，并置于文字图层的下方，如图 13-42 所示。

图 13-41　　图 13-42

05 选择“花”和“茶”素材，并拖入文档，调整位置后按 Enter 键确认，如图 13-43 所示。

06 打开“样机 PSD”素材，如图 13-44 所示。

图 13-43　　图 13-44

07 双击“替换”图层缩略图，将刚存储的图片拖入到文档中，显示主画面的右侧，存储后的效果如图 13-45 所示。

图 13-45

08 选择“样机”文件的所有图层，并拖入“创建新图层”上进行复制，再拖到“创建新组”按钮，单击“图层”面板中的“添加图层蒙版”按钮，为该组创建蒙版，利用“画笔”工具在蒙版上涂抹，将之前的茶罐显示出来。选择之前的替换图层，在“图层”面板上单击“锁定”按钮锁定替换图层。

09 找到新复制的组中的替换图层，双击该图层缩略图，编辑新的文档，选择工具箱中的“移动”工具，将制作的 JPEG 图案向右移动。按快捷键 Ctrl+S 保存后，效果如图 13-46 所示。

图 13-46

13.6　月饼纸盒包装——浓浓中秋情

本节主要利用“形状”工具制作一款中秋节的月饼包装盒。

01 启动 Photoshop CC 2017，将背景色设置为 #496dcc，执行“文件”|“新建”命令，新建一个宽为 3000 像素、高为 2000 像素、分辨率为 300 像素 / 英寸、背景内容为背景色的 RGB 文档，如图 13-47 所示。

02 选择“纹理”素材，并拖入文档，按 Enter 键确认，如图 13-48 所示。

图 13-47

图 13-48

03 选择工具箱中的“钢笔”工具，在工具属性栏中选择“形状”，将填充颜色分别设置为纯色填充 #11103a 和 #11225a，绘制如图 13-49 所示的形状。

04 选择工具箱中的“椭圆”工具，按住 Shift 键，绘制两个颜色为 #f9d121 的一大一小的正圆形，如图 13-50 所示。

图 13-49

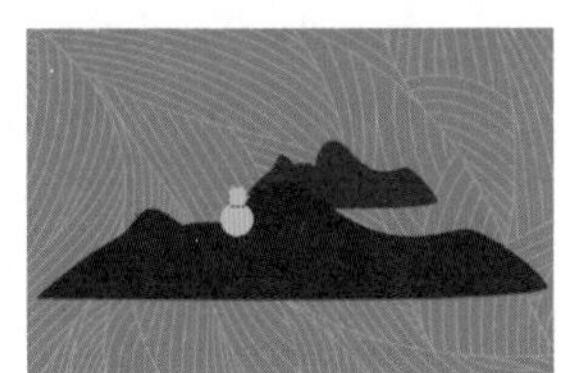
图 13-50

05 按快捷键 Ctrl+R 显示标尺，在大圆的圆心处创建垂直和水平位置相交于圆心的参考线。

06 选择“直接选择”工具，框选其中一个锚点，选中的锚点变为实心点，未被选择的点为空心点，结合键盘上的↑、↓、←、→键对锚点进行微移，并按快捷键 Ctrl+T 调整小圆的自由变换框，如图 13-51 所示。

07 按住 Alt 键，将小圆的中心点移动到大圆的中心点处，在工具属性栏中，在“角度”后的文本框内输入 30，按两次 Enter 键确认旋转。

08 按快捷键 Ctrl+Alt+Shift+T 重复上一步操作，重复 5 次，如图 13-52 所示，花儿制作完成。

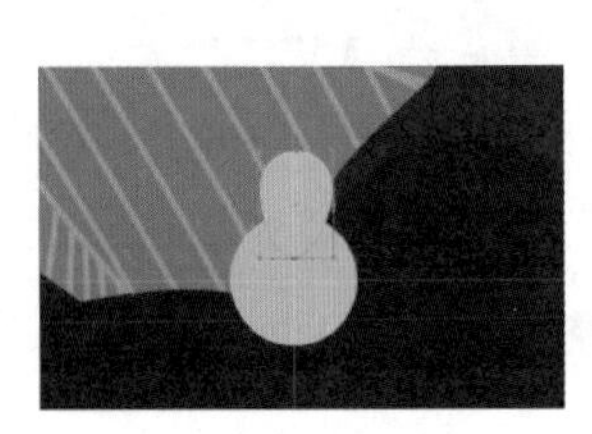
图 13-51

图 13-52

09 将花的所有图层拖到“创建新组”按钮上进行编组，将组拖到“创建新图层”按钮上复制，按快捷键 Ctrl+T 对花儿的大小进行调整，制作其他花儿，再按 Ctrl+H 隐藏参考线，如图 13-53 所示。

10 选择工具箱中的“椭圆”工具，按住 Shift 键，绘制填充颜色为 #29a8df，描边颜色为 #b0e0f7，描边大小为 1.5 点的正圆形，如图 13-54 所示。

图 13-53

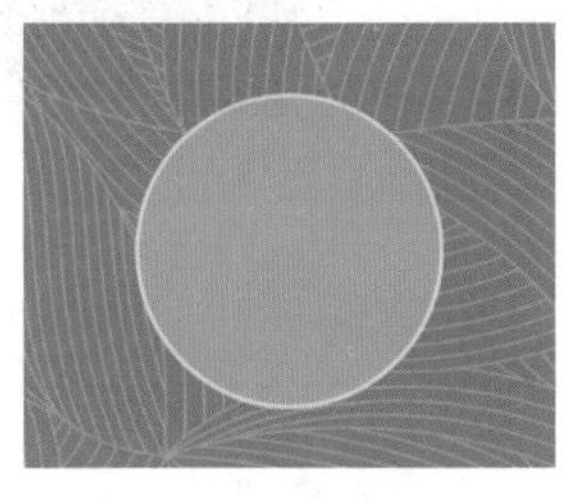
图 13-54

11 按快捷键 Ctrl+J 复制该圆，按快捷键 Ctrl+T 对复制的圆形进行缩放。重复多次该操作后，效果如图 13-55 所示。

12 将圆的所有图层拖到“创建新组”按钮上编组，按快捷键 Ctrl+T 对组进行变形，如图 13-56 所示。

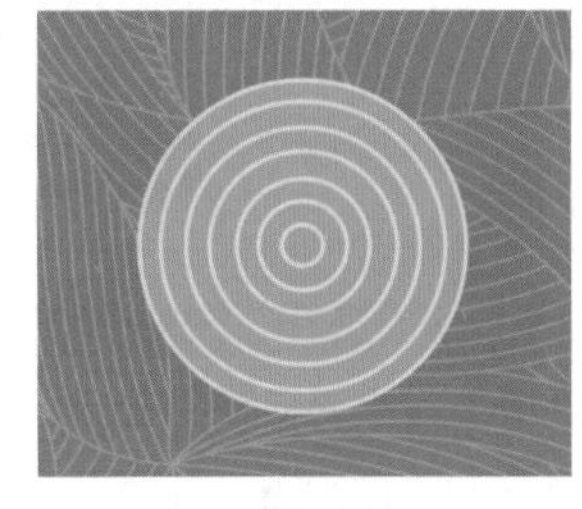
图 13-55

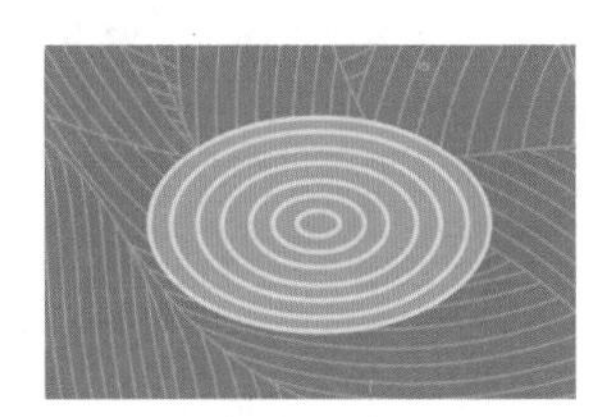
图 13-56

13 将组拖到“创建新图层”按钮上进行复制，按快捷键 Ctrl+T 对圆形组的大小进行调整，制作多个圆形组，如图 13-57 所示。

14 选择工具箱中的“钢笔”工具，绘制颜色为 #28438a 的树叶形状，如图 13-58 所示。

图 13-57

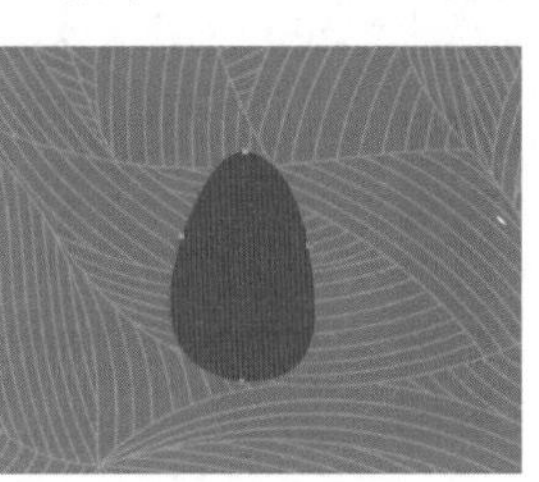
图 13-58

15 再绘制颜色为 #c8a263 的树干形状，如图 13-59 所示。

16 将树叶和树干编组，复制多个树图形，将部分树木的树叶颜色更改为 #1a2754，如图 13-60 所示。

图 13-59

图 13-60

17 选择“鹿”、“月亮”和“梅”素材，并拖入文档中的合适位置，按 Enter 键确定，如图 13-61 所示。

18 选择工具箱中的“文字”工具 T，输入文字，在工具属性栏中设置字体分别为“汉仪粗篆繁”“造字工房俊雅”和“微软雅黑”，设置字号为合适大小，选择文字并填充白色和 #ffca3e，如图 13-62 所示。

图 13-61

图 13-62

19 打开“样机 PSD”素材，如图 13-63 所示。

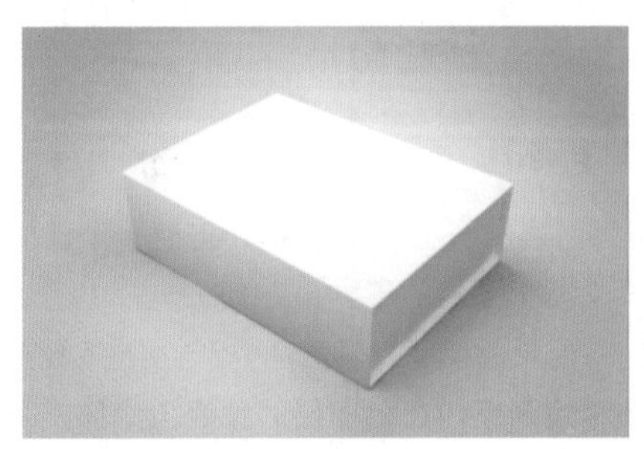
图 13-63

20 执行“文件”|“存储为”命令，将文档存为 JPEG 格式文件。

21 在“样机”的“图层”面板中，双击“主替换”图层缩略图，将刚存储的图片拖入文档中，按 Enter 键确认。同样，将“侧替换”替换为背景图层和花纹图层导出的图案，图像完成制作，如图 13-64 所示。

图 13-64

13.7　食品包装——鲜奶香蕉片

本节主要利用“色彩平衡”和“椭圆”工具制作食品包装袋图像。

01 启动 Photoshop CC 2017，将背景色设置为 #eabb03，执行“文件”|“新建”命令，新建一个宽为 3000 像素、高为 2000 像素、分辨率为 300 像素 / 英寸背景内容为背景色的 RGB 文档，如图 13-65 所示。

02 选择“牛奶香蕉片”素材，并拖入文档，按 Enter 键确认，如图 13-66 所示。

图 13-65

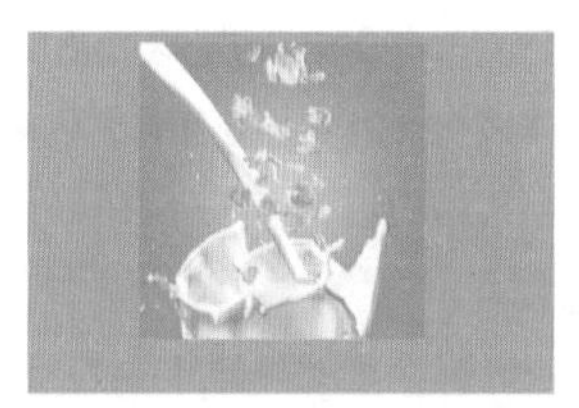
图 13-66

03 单击“图层”面板中的“创建新的填充或调整图层”按钮，在菜单中选择“色彩平衡”选项，选择“中间调”，设置黄色—蓝色的值为 -100，如图 13-67 所示。

04 设置色彩平衡后的效果，如图 13-68 所示。

图 13-67

图 13-68

05 选择工具箱中的“椭圆”工具，绘制填充颜色为 #23923f，描边颜色为白色，描边大小为 10 点的椭圆形，如图 13-69 所示。

06 用“椭圆”工具绘制 3 个颜色分别为 #2c9747、#6fba2c 和 #f2d340 的椭圆，如图 13-70 所示。

图 13-69

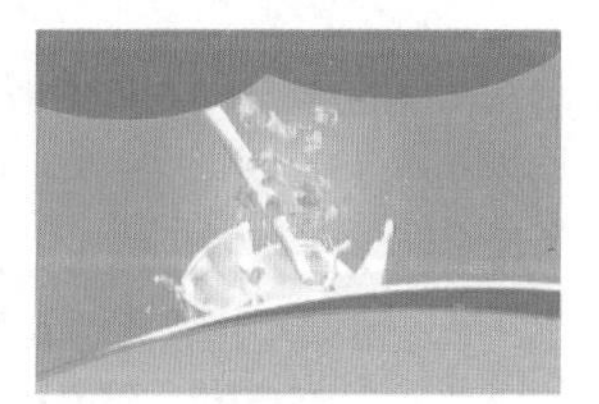
图 13-70

07 选择“叶子”“香蕉”“香蕉片”和“商标”素材，

并拖入文档，按 Enter 键确认，如图 13-71 所示。

08 选择工具箱中的“文字”工具T，输入文字，在工具选项栏中设置字体为“汉仪秀英体简”，设置字号为 56.78 点，选择文字并填充黑色，如图 13-72 所示。

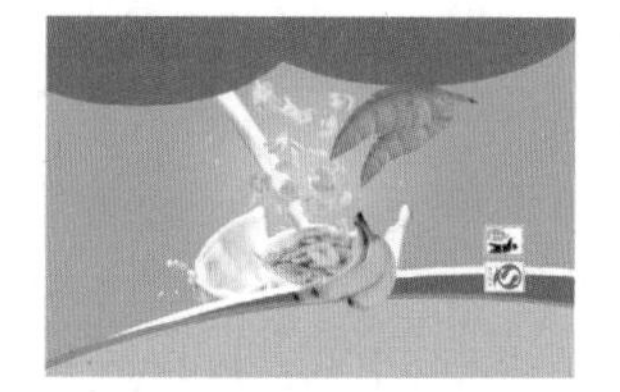

图 13-71

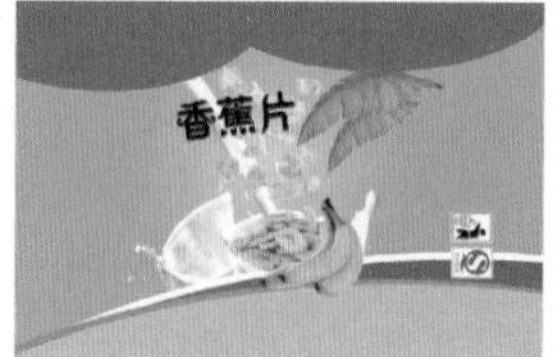

图 13-72

09 选中文字图层并单击“图层”面板中的“添加图层样式”按钮fx，在菜单中选择“描边”选项，设置描边“大小”为 20 像素，“颜色”为 #dbdcdc，如图 13-73 所示。

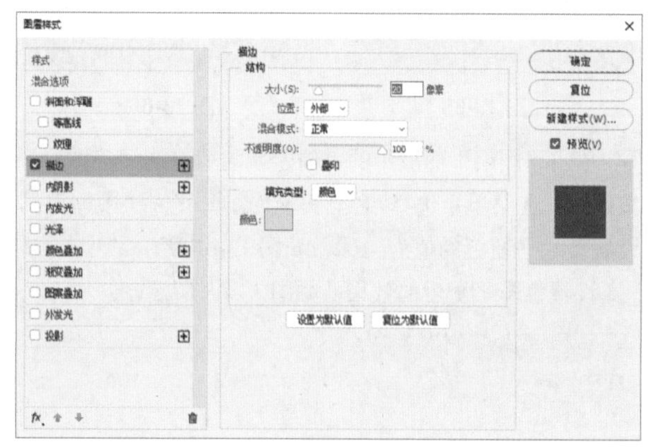

图 13-73

10 单击“确定”按钮后，效果如图 13-74 所示。

11 用同样的方法，制作“鲜奶香蕉版”文字，字体颜色为 #266800，大小为 40.34 点，描边颜色为白色，描边大小为 5 像素。按快捷键 Ctrl+T，右击，对文字进行斜切，如图 13-75 所示。

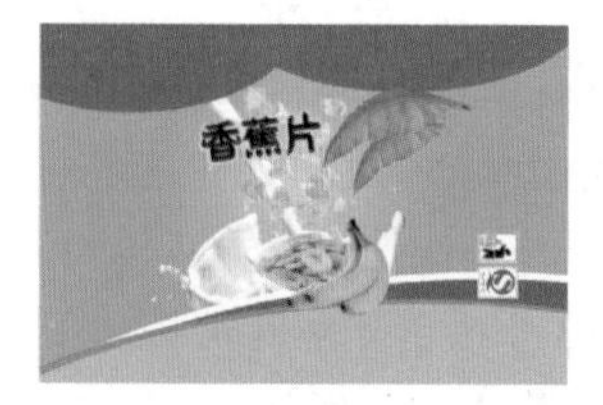

图 13-74

图 13-75

12 选择工具箱中的“圆角矩形”工具，绘制填充颜色为 #00873c，半径为 300 像素的圆角矩形，如图 13-76 所示。

13 按快捷键 Ctrl+J 复制 6 个圆角矩形，选择工具箱中的“移动”工具，将最上面的圆角矩形往右移动。将所有矩形图层选中，在工具属性栏中，单击“水平居中分布”按钮，如图 13-77 所示。

图 13-76

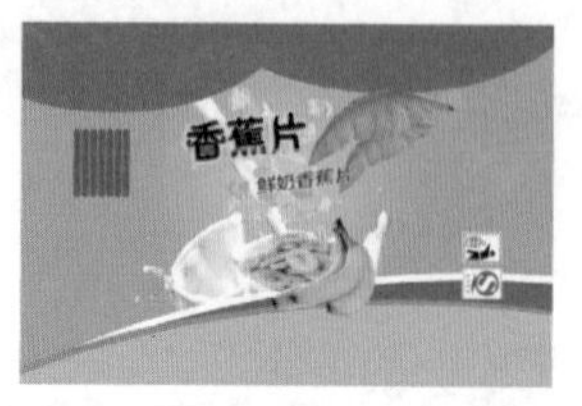

图 13-77

14 选择工具箱中的“文字”工具T，输入文字，在工具选项栏中分别设置字体为“方正兰亭黑简体”和“方正剪纸简体”，设置大小合适的字号，选择文字并填充白色，如图 13-78 所示。

15 单击“创建新图层”按钮，创建一个新的空白图层，选择工具箱中的“渐变”工具，设置渐变起点颜色为 #f4d95c、终点颜色为白色，单击“径向渐变”按钮，从画面中心向外单击并拖曳渐变。用“钢笔”工具，在工具属性栏中选择 路径，绘制包装袋的形状，按快捷键 Ctrl+Enter 将路径转换为选区，反选选区并按 Delete 键删除选区内的图像，如图 13-79 所示。

图 13-78

图 13-79

16 单击“创建新图层”按钮，创建一个新的空白图层，并置于渐变图层的下方。选择工具箱中的“画笔”工具，将前景色设置为黑色，“不透明度”设置为 5%，选择一个柔边画笔，在此图层的蒙版上涂抹，制作包装袋的阴影。

17 选择工具箱中的“矩形选框”工具，绘制多个矩形选区并填充前景色，将图层的“不透明度”更改为 30%，图像制作完成，如图 13-80 所示。

图 13-80

UI与网页设计

本章主要讲解互联网表现形式之一——网站首页的制作。从网页的UI按钮入手，再到网页的界面和Banner制作，最后到一个完整的网页首页效果图设计，由小到大，步骤分解，让大家一步步学习一个网站的首页是如何制作而成的。

第 14 章 视频

第 14 章 素材

14.1 水晶按钮——我的计算机

本节主要运用渐变叠加和“椭圆”工具制作一枚水晶按钮。

01 启动Photoshop CC 2017，将背景色颜色设置为白色，执行“文件”|“新建”命令，新建一个宽为3000像素、高为2000像素、分辨率为300像素/英寸、背景内容为背景色的RGB文档。

02 选择工具箱中的“渐变”工具，设置渐变起点颜色为#6c91c6、终点颜色为#e0e8f4的径向渐变，从画面中心向外水平单击并拖曳填充渐变，如图14-1所示。

> **提示**
>
> 在“颜色”面板或拾色器中，若选取颜色时出现警告图标，则可单击该图标，将颜色替换为与该颜色最接近的Web安全色，从而避免颜色在不同的平台或浏览器中过大的颜色效果差异。

03 选择工具箱中的“椭圆”工具，在工具属性栏中选择“形状”形状，绘制一个颜色为#092f6a椭圆形，如图14-2所示。

图 14-1

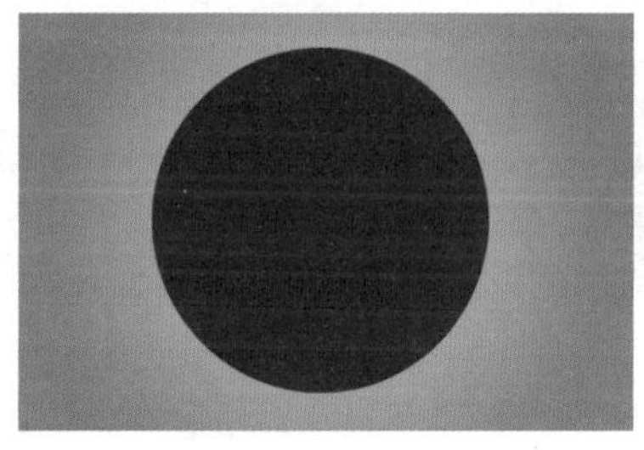

图 14-2

04 单击“图层”面板中的“添加图层样式”按钮fx，在菜单中选择“描边”选项，设置描边“大小”为14像素，填充类型为“渐变”，渐变的起点颜色为#adc9df、终点颜色为白色，样式为“线性”，“角度”为0°，如图14-3所示。

05 选中“渐变叠加”复选框，单击渐变条，设置渐变起点颜色为#7f9ad6、终点颜色为#adcadf，设置样式为“线性”，混合模式为“正常”，“角度”为90°，如图14-4所示。

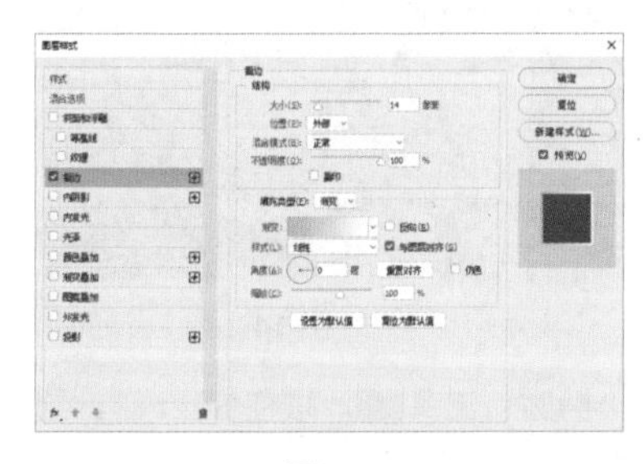

图 14-3

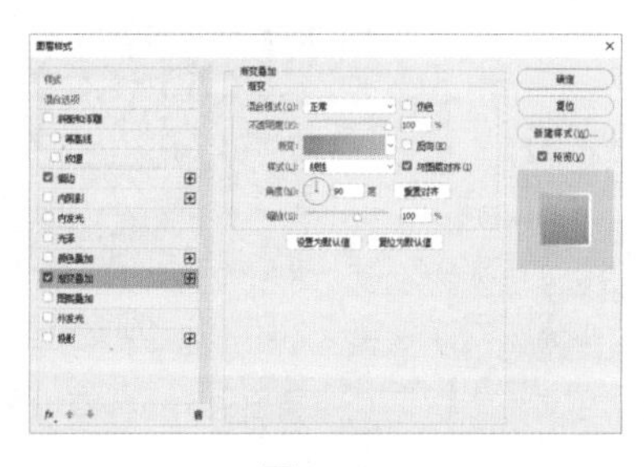

图 14-4

06 选中“投影”复选框，设置投影的“不透明度”为39%，颜色为黑色，“角度”为120°，“距离”为97像素，“扩展”为24%，“大小”为103像素，如图14-5所示。

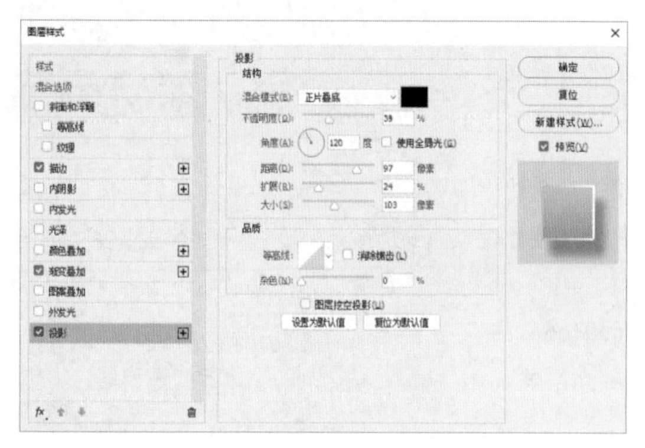

图 14-5

07 单击“确定”按钮后，效果如图 14-6 所示。

08 按快捷键 Ctrl+J 复制该圆形，按快捷键 Ctrl+T 调出自由变换框，按住 Alt+Shift 键将复制的圆形缩小，在“图层”面板中将新建图层的“不透明度”设置为 60%，将图层上的“图层样式”图标拖到“删除”图标上删除，删除后的效果如图 14-7 所示。

图 14-6

图 14-7

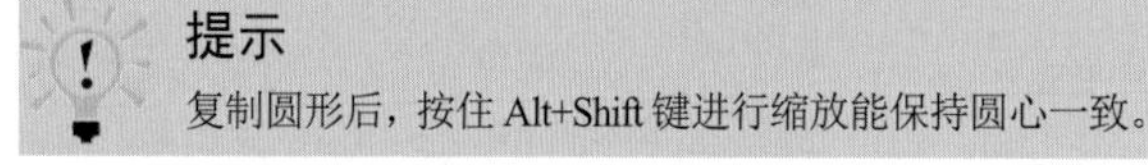

提示

复制圆形后，按住 Alt+Shift 键进行缩放能保持圆心一致。

09 单击“图层”面板中的“添加图层样式”按钮，在快捷菜单中选择“渐变叠加”选项，单击渐变条，设置渐变 22% 位置的颜色为 #e2eaf9、58% 位置的颜色为 #c0d3ef、90% 位置的颜色为 #5c84c0、终点位置颜色为 #1e5299，设置样式为“径向”，混合模式为“正常”，“角度”为 90°，如图 14-8 所示。

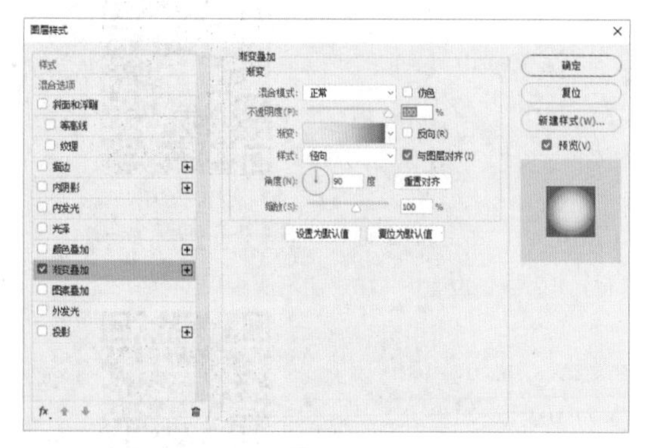

图 14-8

10 单击“确定”按钮后，效果如图 14-9 所示。

11 用同样的方法，用“椭圆”工具绘制一个同心圆并填充渐变，设置渐变起点颜色为 #fefefe、终点颜色为 #7295cb，设置样式为“线性”，混合模式为“正常”，“角度”为 90°，如图 14-10 所示。

图 14-9

图 14-10

12 在“属性”面板中，设置“羽化”为 60 像素，如图 14-11 所示。

13 设置羽化后的效果，如图 14-12 所示。

图 14-11

图 14-12

14 选择工具箱中的“圆角矩形”工具，绘制填充颜色为无颜色，描边颜色为 #003567，描边大小为 30 点，“半径”为 30 像素的圆角矩形，如图 14-13 所示。

15 用“圆角矩形”工具继续绘制填充颜色为 #003567、描边颜色为无颜色的圆角矩形，如图 14-14 所示。

图 14-13

图 14-14

16 选择工具箱中的“椭圆”工具，按住 Shift 键，绘制一个白色小圆，如图 14-15 所示。

17 选择工具箱中的“钢笔”工具绘制形状并填充渐变，设置渐变起点颜色为白色、终点颜色为 #a7c3e8，设置样式为“线性”，混合模式为“正常”，“角度”为 90°，如图 14-16 所示。

图 14-15

图 14-16

18 在“属性”面板中，设置“羽化”为 60 像素，如图 14-17 所示。

19 设置羽化后的效果，如图 14-10 所示，图像完成制作，如图 14-18 所示。

图 14-17

图 14-18

14.2　网页按钮——音乐播放界面

本节主要利用“形状”工具、画笔工具“高斯模糊”滤镜、“外发光”和“渐变叠加”图层样式制作一个音乐播放界面。

01 启动 Photoshop CC 2017，将背景色颜色设置为白色，执行“文件”|“新建”命令，新建一个宽为 3000 像素、高为 2000 像素、分辨率为 300 像素 / 英寸，背景内容为背景色的 RGB 文档。

02 选择“背景”素材，并拖入文档，按 Enter 键确认，如图 14-19 所示。

03 执行“滤镜”|“模糊”|“高斯模糊”命令，设置“半径”为 129.1 像素，如图 14-20 所示。

图 14-19

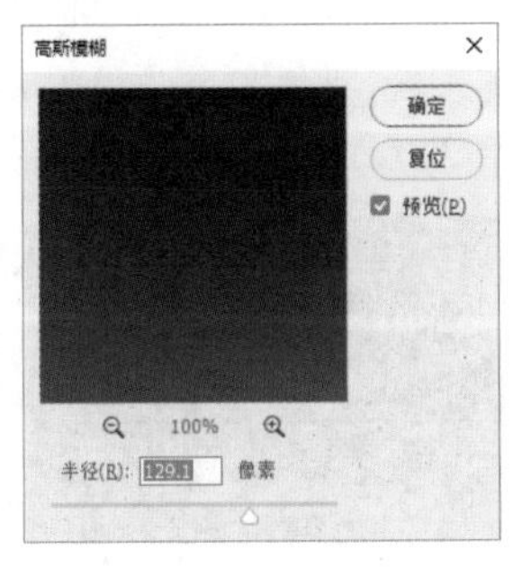

图 14-20

04 单击“确定”按钮后，效果如图 14-21 所示。

05 选择工具箱中的“圆角矩形”工具，绘制填充颜色为白色，“半径”为 20 像素的圆角矩形，如图 14-22 所示。

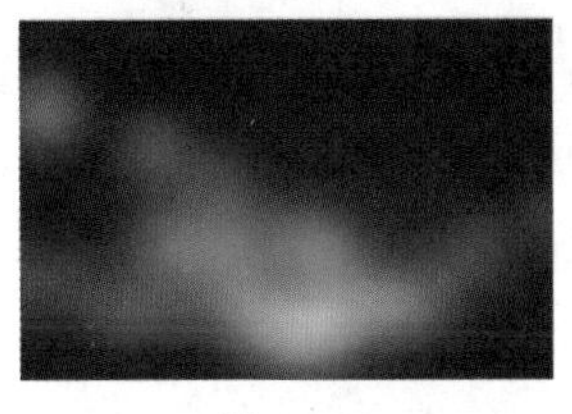

图 14-21

图 14-22

06 单击“图层”面板中的“添加图层样式”按钮 fx，在菜单中选择“内阴影”选项，设置混合模式为“正常”，“不透明度”为 50%，颜色为 #f1ebdf，“角度”为 120°，“距离”为 1 像素，“阻塞”为 0%，“大小”为 1 像素，如图 14-23 所示。

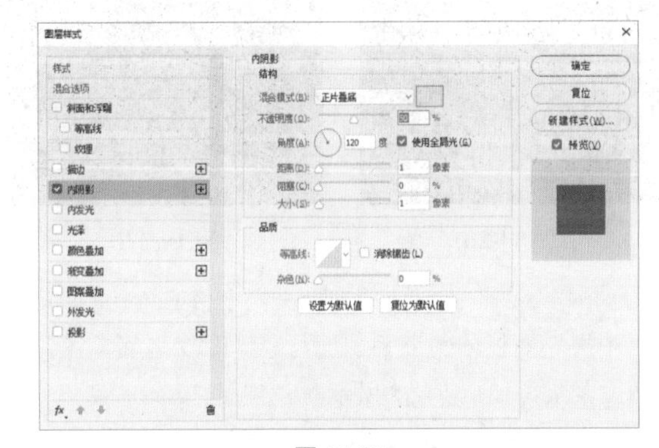

图 14-23

07 选中“渐变叠加”复选框，单击渐变条，设置渐变起点颜色为 #6e6e6e、终点颜色为 #c3c3c3，设置样式为“线性”，混合模式为“正片叠底”，“角度”为 90°，如图 14-24 所示。

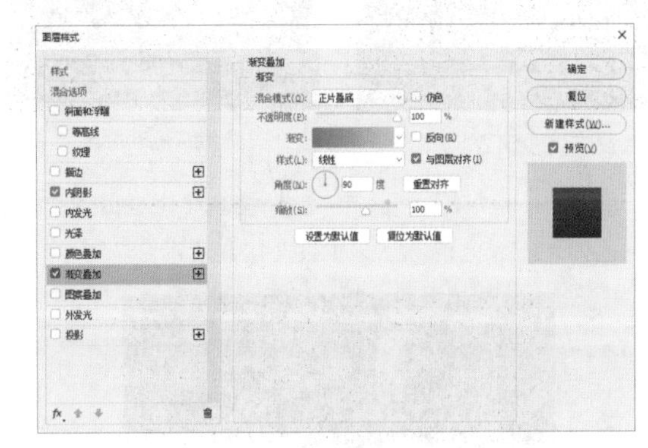

图 14-24

08 选中“投影”复选框，设置投影的“不透明度”为 60%，颜色为黑色，“角度”为 120°，“距离”为 7 像素，“扩展”为 0%，“大小”为 21 像素，如图 14-25 所示。

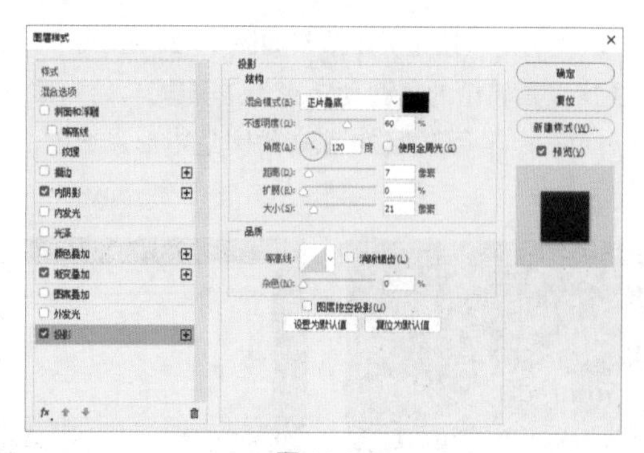
图 14-25

09 单击“确定”按钮，并将图层混合模式设置为“正片叠底”，图层的“不透明度”为 90%，设置后的效果如图 14-26 所示。

10 选择工具箱中的“矩形”工具，绘制颜色为黑色的矩形，如图 14-27 所示。

图 14-26

图 14-27

11 选择“歌手”素材，并拖入文档中按 Enter 键确认，在“图层”面板中的歌手图层与矩形图层之间单击，创建剪贴蒙版，如图 14-28 所示。

12 选择工具箱中的“文字”工具，输入文字，在工具属性栏中设置字体为 Helvetica，设置字号为合适大小，选择文字并填充颜色 #ee1b24 和白色，如图 14-29 所示。

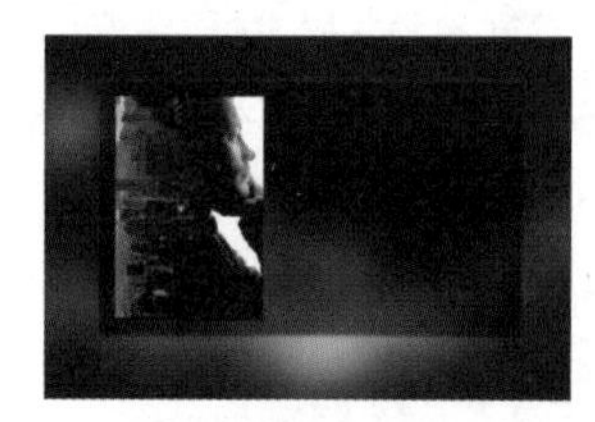
图 14-28

图 14-29

13 选择工具箱中的“椭圆”工具，按住 Shift 键，绘制颜色为 #212126 的圆形，如图 14-30 所示。

图 14-30

14 选择“圆形”图层并单击“图层”面板中的“添加图层样式”按钮，在菜单中选择“斜面和浮雕”选项，设置样式为“内斜面”，方法为“平滑”，“深度”为 100%，方向为“上”，“大小”为 0 像素，“软化”为 0 像素；设置阴影的“角度”为 59°，“高度”为 26°，高光模式为“滤色”，颜色为白色，“不透明度”为 26%，阴影模式为“正片叠底”，颜色为 #010101，“不透明度”为 0%，如图 14-31 所示。

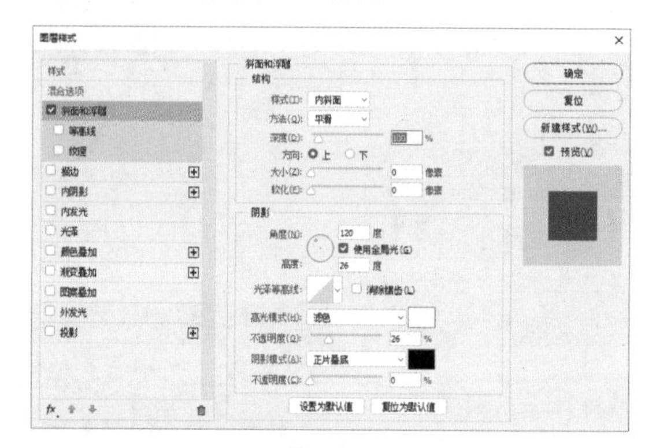
图 14-31

15 选中“描边”复选框，设置描边“大小”为 4 像素，“颜色”为 #010101，如图 14-32 所示。

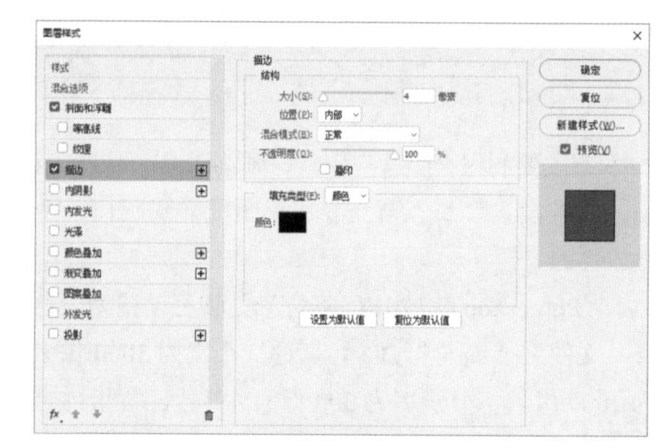
图 14-32

16 单击“确定”按钮后，效果如图 14-33 所示。

17 选择工具箱中的“圆角矩形”工具，绘制填充颜色为 #010101，半径为 300 像素的圆角矩形，并置于圆形图层的下方。按住 Alt 键，选择圆形的“图层样式”图标，拖到圆角矩形图层上复制图层样式效果，如图 14-34 所示。

图 14-33

图 14-34

18 选择工具箱中的“自定义形状”工具，在工具选项栏中“形状”下拉列表右边，单击图标，选择“全部”选项，将“全部”添加到“自定形状”拾色器中，在弹出的对话框中单击“追加”按钮确认追加。

19 选择“标志 3”形状▼，在工具选项栏中选择“形状” 形状 ，绘制颜色为白色的形状并按快捷键 Ctrl+T 旋转该形状，如图 14-35 所示。

图 14-35

20 单击“图层”面板中的“添加图层样式”按钮，在菜单中选择“渐变叠加”选项，单击渐变条，设置渐变起点颜色为 #68dfea、终点颜色为 #04a4b8，设置样式为“线性”，混合模式为“正常”，“角度”为 90°，如图 14-36 所示。

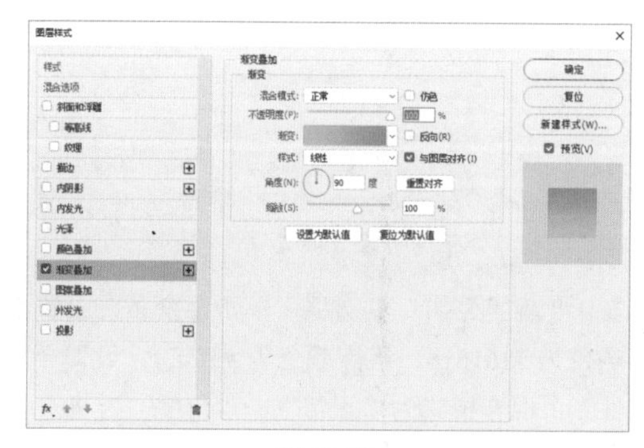

图 14-36

21 选中“外发光”复选框，设置混合模式为“滤色”，“不透明度”为 15%，外发光颜色为 # 62d2e0，图素的“方法”为柔和，“扩展”为 21%，“大小”为 207 像素，如图 14-37 所示。

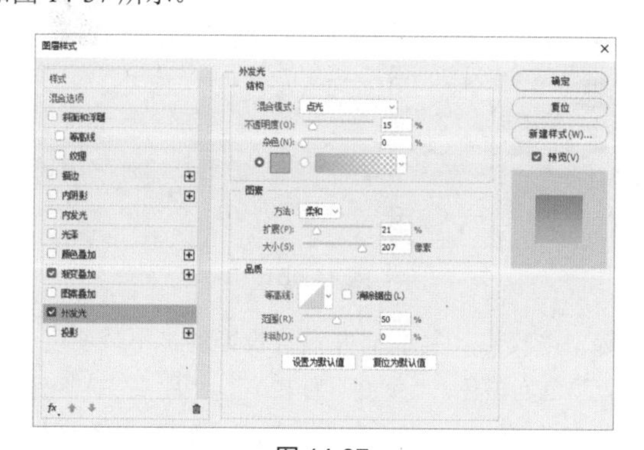

图 14-37

22 单击“确定”按钮后，效果如图 14-38 所示。

23 选择工具箱中的“多边形”工具，在工具属性栏中设置“边”为 3，按快捷键 Ctrl+T 进行旋转，绘制 4 个小三角形。再利用“矩形”工具，绘制两个矩形，制作上一曲和下一曲的小图标，并按住 Alt 键，将所有的形状复制相同的“渐变叠加”图层样式，如图 14-39 所示。

图 14-38

图 14-39

24 选择工具箱中的“圆角矩形”工具，绘制填充颜色为 #212126、“半径”为 300 像素的圆角矩形，如图 14-40 所示。

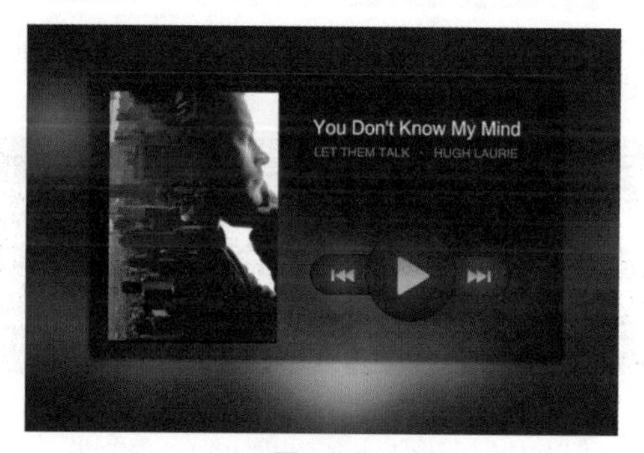

图 14-40

25 单击“图层”面板中的“添加图层样式”按钮，在单中选择“内阴影”选项，设置混合模式为“正常”，“不透明度”为 50%，颜色为 #010101，“角度”为 120°，“距离”为 5 像素，“阻塞”为 0%，“大小”为 5 像素，如图 14-41 所示。

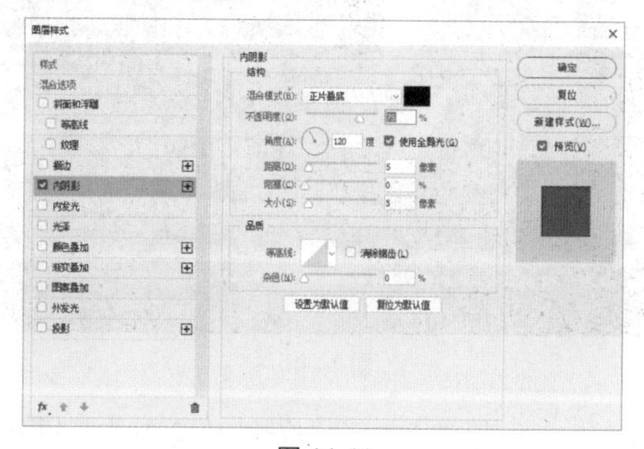

图 14-41

26 选中“投影”复选框，设置投影的“不透明度”为 75%，颜色为白色，“角度”为 59°，“距离”为 1 像素，

“扩展”为 0%，“大小”为 1 像素，如图 14-42 所示。

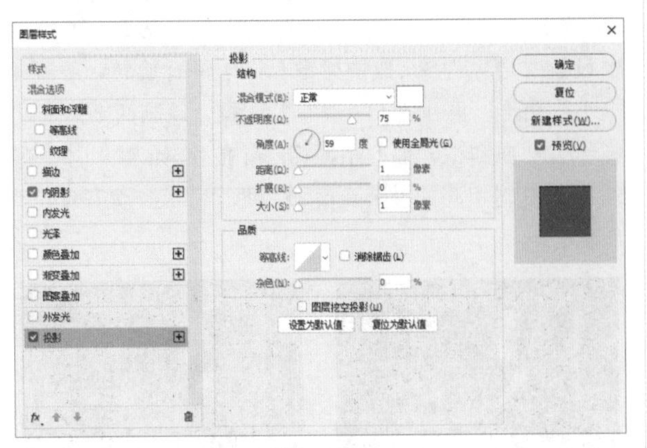

图 14-42

27 单击“确定”按钮后，效果如图 14-43 所示。

28 选择工具箱中的“圆角矩形”工具，绘制“半径”为 300 像素的圆角矩形。按住 Alt 键，选择播放图标图层上的“图层样式”图标，将该图标拖动到圆角矩形上，单击外发光效果前的小眼睛，将外发光效果隐藏，如图 14-44 所示。

图 14-43　　图 14-44

29 选择工具箱中的“椭圆”工具，设置“工具模式”为 形状，按住 Shift 键，绘制一个白色圆形，如图 14-45 所示。

图 14-45

30 单击“图层”面板中的“添加图层样式”按钮，在菜单中选择“描边”选项，设置描边“大小”为 1 像素，位置为“内部”，颜色为 #1a1a1a，如图 14-46 所示。

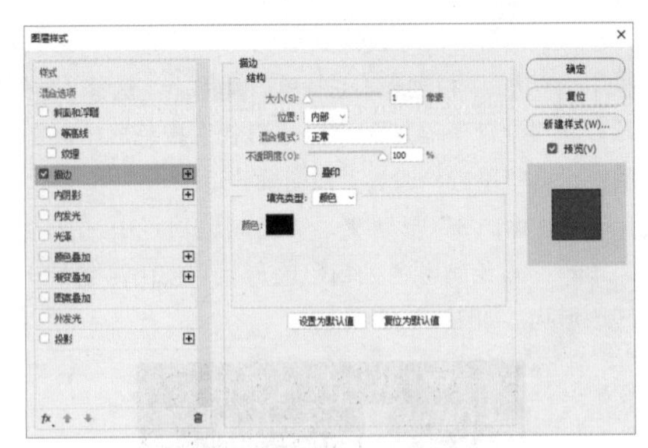

图 14-46

31 选中“内阴影”复选框，设置混合模式为“正常”，“不透明度”为 19%，颜色为白色，“角度”为 59°，“距离”为 2 像素，“阻塞”为 0%，“大小”为 1 像素，如图 14-47 所示。

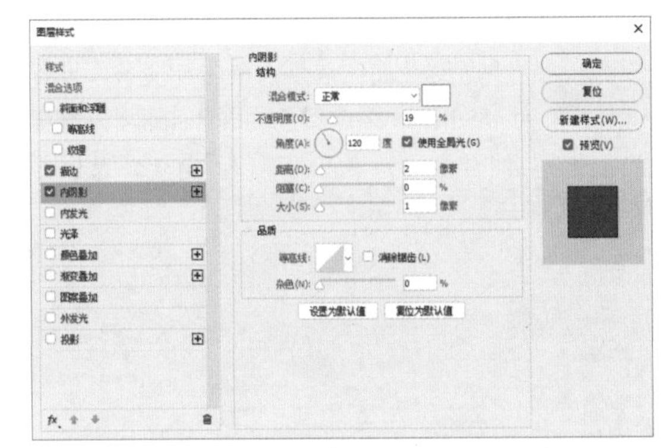

图 14-47

32 选中“渐变叠加”复选框，单击渐变条，设置渐变起点颜色为 #161616、终点颜色为 #3f3f3f，设置样式为“线性”，混合模式为“正常”，“角度”为 90°，如图 14-48 所示。

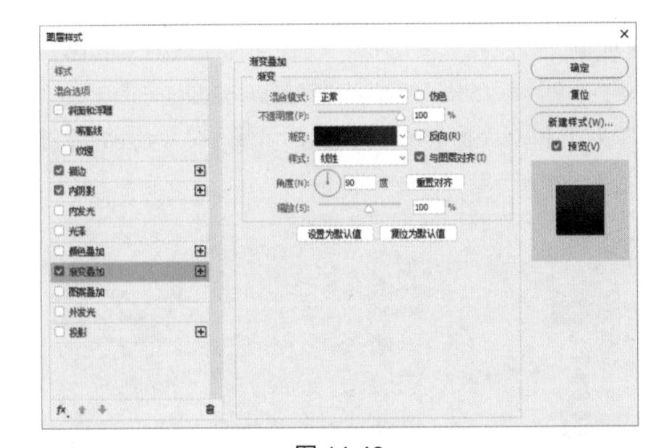

图 14-48

33 选中“投影”复选框并设置投影的“不透明度”为 65%，颜色为黑色，“角度”为 120°，“距离”为 3 像素，“扩展”为 0%，“大小”为 2 像素，如图 14-49 所示。

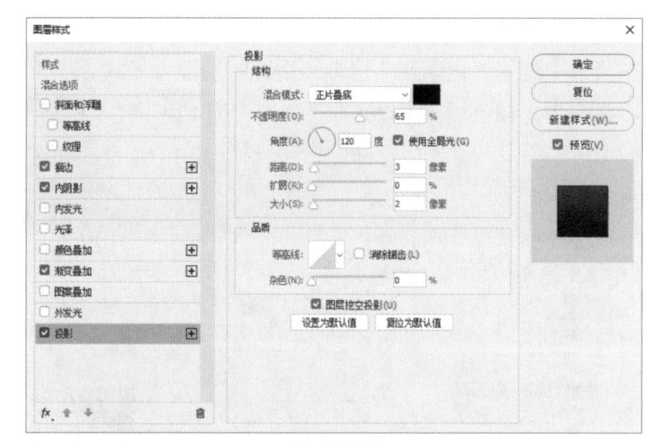

图 14-49

34 单击“确定”按钮后，效果如图 14-50 所示。

图 14-50

35 选择工具箱中的“文字”工具T，输入文字，在工具选项栏中设置字体为 Helvetica，设置字号为 10.97 点，选择文字并填充颜色 #60d0de 和 #929292，图像完成制作，如图 14-51 所示。

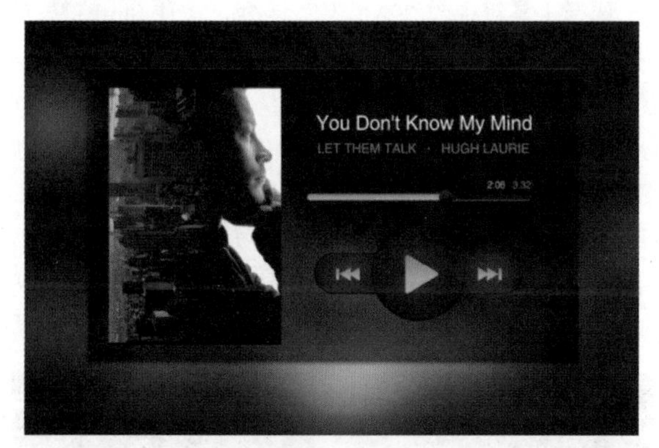

图 14-51

14.3　网页登录界面——网络办公室

本节主要利用正片叠底、圆角矩形、渐变叠加和“钢笔”工具，制作网页登录界面。

01 启动 Photoshop CC 2017，执行“文件”|“打开”命令，打开“背景”素材，如图 14-52 所示。

02 选择工具箱中的“圆角矩形”工具，设置工具选项栏中的“工具模式”为“形状”，绘制颜色为 #d7d7d7，“半径”为 30 像素的圆角矩形，如图 14-53 所示。

图 14-52

图 14-53

03 单击“图层”面板中的“添加图层样式”按钮fx，在弹出的菜单中选择“渐变叠加”选项，单击渐变条，设置渐变起点颜色为 #081639、终点颜色为 #183d89，设置样式为“线性”，混合模式为“正常”，“角度”为 90°，如图 14-54 所示。

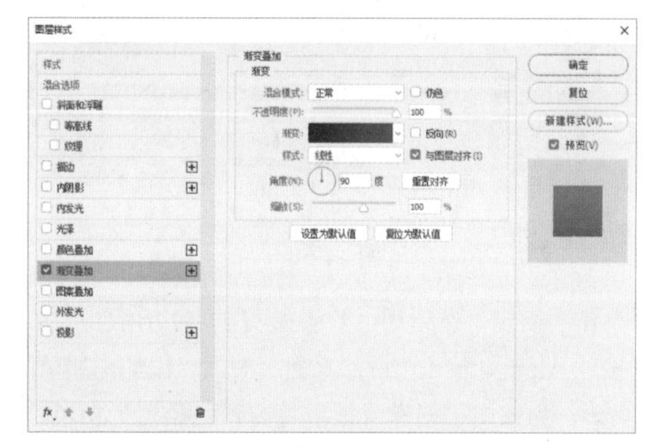

图 14-54

04 单击“确定”按钮，将图层混合模式设置为“正片叠底”，“不透明度”设置为 70%，设置后的效果如图 14-55 所示。

05 选择工具箱中的“圆角矩形”工具，绘制颜色为 #d7d7d7，“半径”为 30 像素的圆角矩形，如图 14-56 所示。

图 14-55

图 14-56

06 单击“图层”面板中的“添加图层样式”按钮fx，在弹出的菜单中选择“渐变叠加”选项，单击渐变条，设置渐变起点颜色为 #1fc0f0、位置为 6% 时的颜色为 #0e578e，终点颜色为 #183d89，设置样式为“线性”，混合模式为“正常”，“角度”为 90°，如图 14-57 所示。

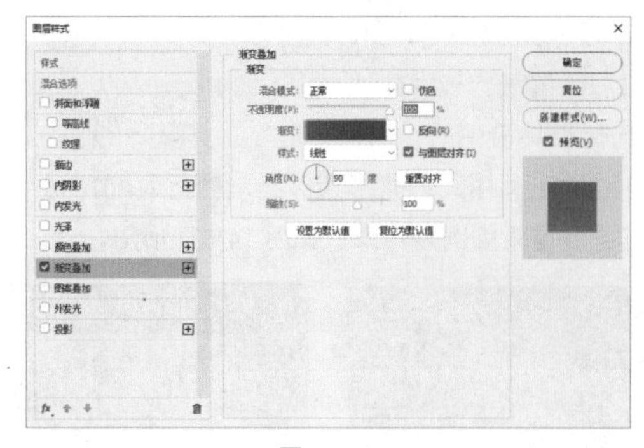

图 14-57

07 选中“外发光”复选框，设置混合模式为“滤色”，“不透明度”为75%，外发光颜色为#27ccf4，图素的方法为“柔和”，“扩展”为0%，“大小”为10像素，如图14-58所示。

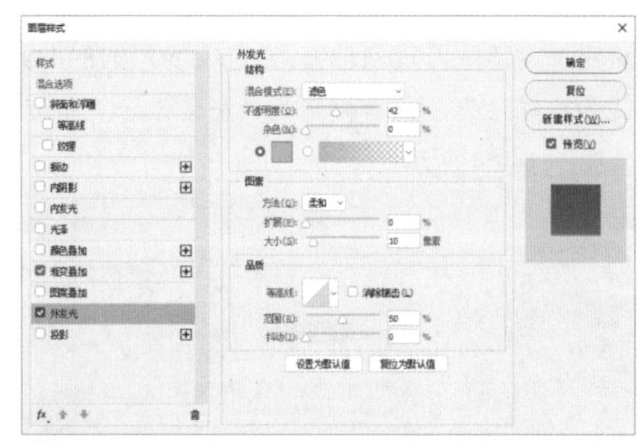

图 14-58

08 单击“确定”按钮后，效果如图14-59所示。

09 按住Alt键，单击“图层”面板中的“添加图层蒙版”按钮，为该图层创建蒙版。将前景色设置为白色，利用“画笔”工具，选择一个柔边圆笔尖，在需要显示出光源质感的位置涂抹，如图14-60所示。

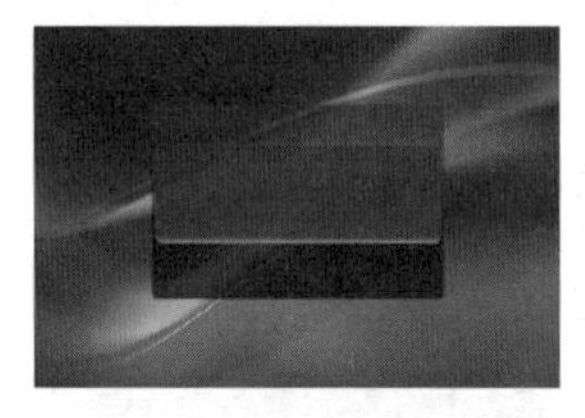

图 14-59

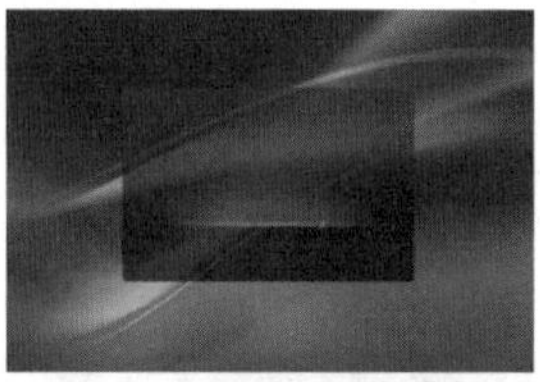

图 14-60

10 选择工具箱中的“圆角矩形”工具，绘制颜色为#00abe9，“半径”为20像素的圆角矩形，如图14-61所示。

图 14-61

11 单击“图层”面板中的“添加图层样式”图标，在菜单中选择“内阴影”选项，设置图层混合模式为“正片叠底”，颜色为#1982b0，“角度”为120°，“距离”为10像素，“阻塞”为5%，“大小”为18像素，如图14-62所示。

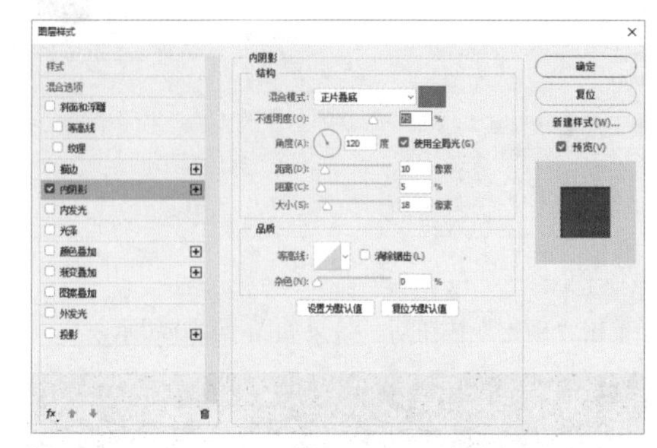

图 14-62

12 单击“确定”按钮后，效果如图14-63所示。

13 按快捷键Ctrl+J复制该圆角矩形，选择工具箱中的“文字”工具，输入文字，在工具选项栏中分别设置字体为“微软雅黑”和“宋体”，设置字号为合适大小，选择文字并填充白色，如图14-64所示。

图 14-63

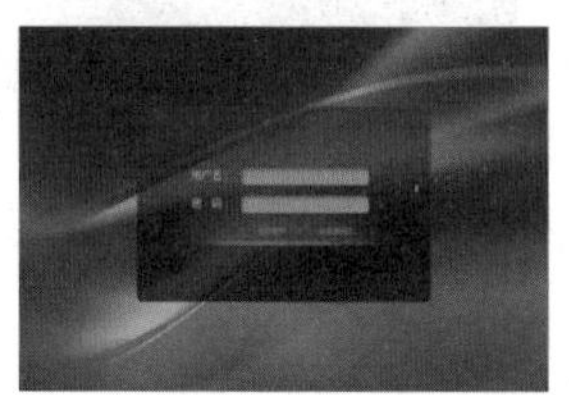

图 14-64

14 选择工具箱中的“矩形”工具，按住Shift键，绘制一个白色的正方形，如图14-65所示。

15 选择工具箱中的“圆角矩形”工具，绘制一个半径为20像素的圆角矩形，单击“图层”面板中的“添加图层样式”按钮，在菜单中选择“渐变叠加”选项，单击渐变条，设置渐变起点颜色为#d18d27，位置为74%时颜色为#f4e5c5，终点颜色为#fffff8，设置样式为线性，混合模式为正常，角度为90°，如图14-66所示。

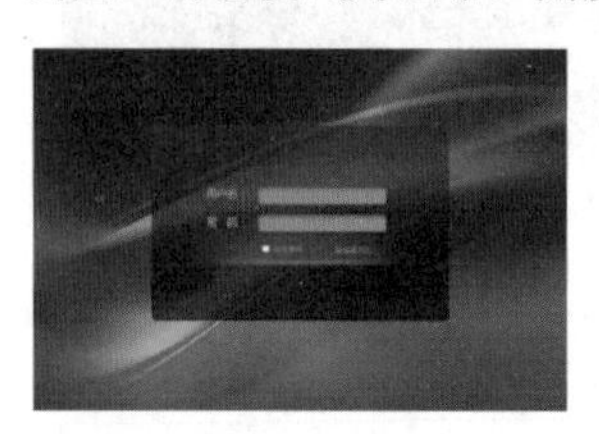

图 14-65

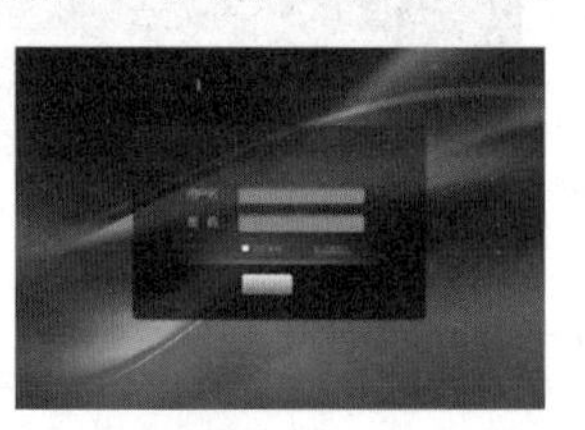

图 14-66

16 按快捷键Ctrl+J复制该圆角矩形图层，双击图层上图层样式图标，更改“渐变叠加”的渐变起点颜色为

#ffff00、位置为60%时的颜色为#f0ddb1，如图14-67所示。

17 按住Alt键，单击“图层”面板中的“添加图层蒙版”按钮，为图层创建蒙版。将前景色设置为白色，利用“画笔”工具，选择一个柔边圆笔尖，在需要显示出光源质感的位置涂抹，如图14-68所示。

图 14-67

图 14-68

18 选择工具箱中的“文字”工具，输入文字，在工具选项栏中设置字体为“方正兰亭粗黑简体”，设置字号为13.12点，选择文字并填充黑色，如图14-69所示。

19 选择工具箱中的“钢笔”工具绘制形状并填充白色，设置图层“不透明度”为28%，如图14-70所示。

图 14-69

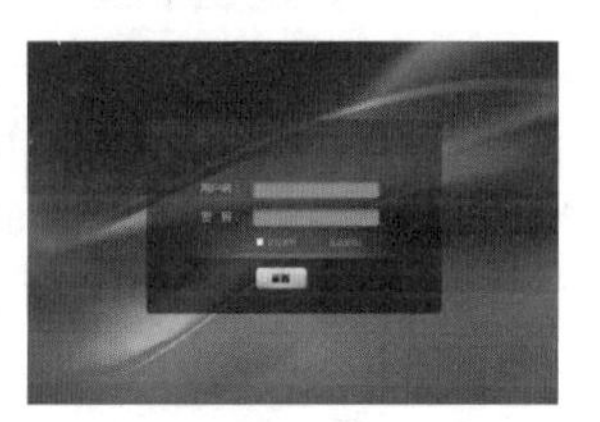
图 14-70

20 将黄色按钮的所有图层拖到“创建新组”按钮上进行编组，将组拖到“创建新图层”按钮上复制，并更改文字为“登录”，选择工具箱中的“移动”工具，按住Shift键，将登录组水平右移，如图14-71所示。

提示

按住Alt键进行拖移，则被拖移对象将被拖移后复制；按住Shift键进行拖移，则对象将被水平或竖直拖移。

21 选择工具箱中的“钢笔”工具，在工具属性栏中选择“形状” 形状 ，绘制渐变形状，设置渐变起始颜色为#63708a，终点颜色为#a0aac4，样式为“线性”，“角度”为90°，如图14-72所示。

图 14-71

图 14-72

22 单击“图层”面板中的“添加图层样式”按钮，在菜单中选择“渐变叠加”选项，单击渐变条，设置渐变起点位置的不透明度为0%、终点颜色为白色，设置样式为“线性”，混合模式为“亮光”，“角度”为90°，如图14-73所示。

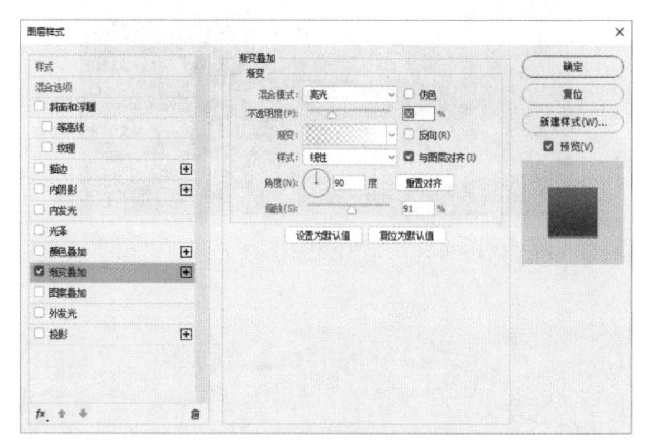

图 14-73

23 选中“投影”复选框，设置投影的“不透明度”为40%，颜色为黑色，“角度”为120°，“距离”为5像素，“扩展”为0%，“大小”为6像素，如图14-74所示。

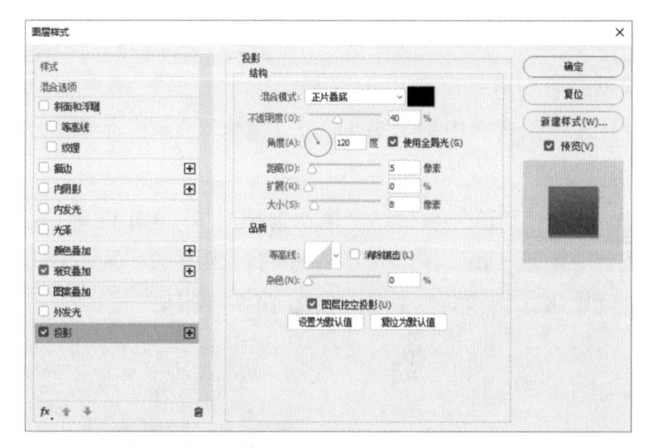

图 14-74

24 单击“确定”按钮后，效果如图14-75所示。

25 选择工具箱中的“文字”工具，输入文字，在工具属性栏中设置字体为“方正超粗黑简体”，设置字号为18.25点，选择文字并填充颜色#282828，如图14-76所示。

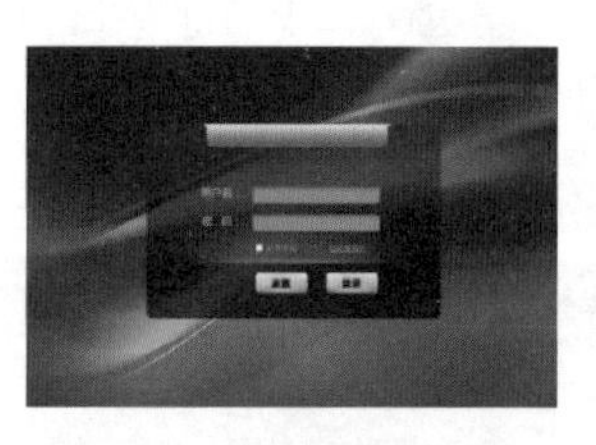
图 14-75

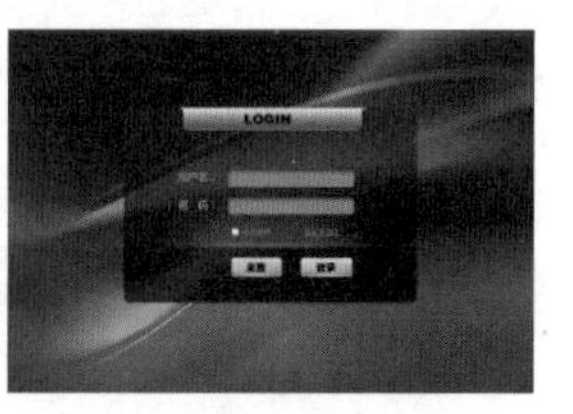

图 14-76

26 选择工具箱中的“圆角矩形”工具，绘制颜色为白色，半径为10像素的圆角矩形，并将图层“不透明度”设置为27%，完成图像制作，如图14-77所示。

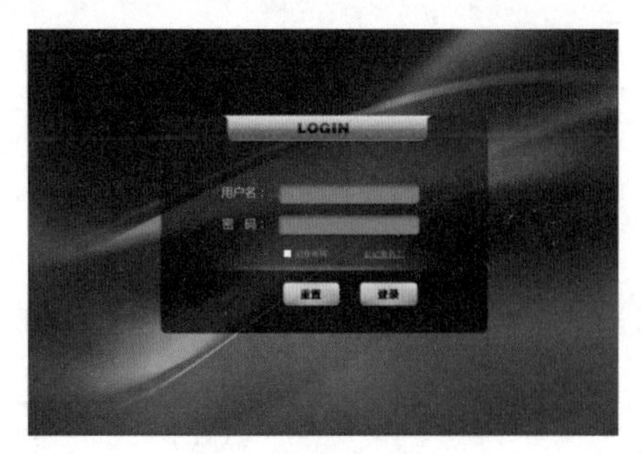

图 14-77

14.4 网页 Banner 广告条——阅读币促销

本节主要利用“边界”命令、“投影”和“渐变叠加”图层样式制作一个 Banner 广告条。

01 启动 Photoshop CC 2017，将背景色颜色设置为 #e9f7fd，执行“文件” |“新建”命令，新建一个宽为 3000 像素、高为 2000 像素、分辨率为 300 像素 / 英寸，背景内容为背景色的 RGB 文档。

02 选择工具箱中的“矩形”工具，绘制一个颜色为 #bcebff 的矩形，如图 14-78 所示。

03 选择“村庄”素材，并拖入文档，按 Enter 键确认。按住 Alt 键，在“图层”面板中的村庄图层和矩形图层之间单击，创建剪贴蒙版，如图 14-79 所示。

图 14-78

图 14-79

04 选择“天空”素材，并拖入文档，按 Enter 键确认，如图 14-80 所示。

05 选择工具箱中的“椭圆”工具，绘制一个颜色为 #f5ba53 的椭圆，如图 14-81 所示。

图 14-80

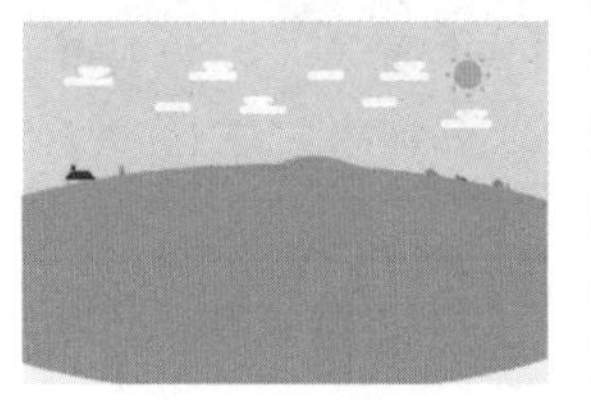
图 14-81

06 选择工具箱中的“文字”工具，当光标靠近椭圆边缘时变成，此时在画面中单击，输入文字，在工具属性栏中设置字体为“华康海报体简”，字号为 72 点，选择文字并填充白色，如图 14-82 所示。

07 将椭圆图层的“填充”设置为 0%。

图 14-82

08 选中文字图层并单击“图层”面板中的“添加图层样式”按钮，在菜单中选择“斜面和浮雕”选项，设置样式为“内斜面”，方法为“平滑”，“深度”为 100%，方向为“上”，“大小”为 4 像素，“软化”为 0 像素；设置阴影的“角度”为 59°，“高度”为 56°，高光模式为“滤色”，颜色为白色，“不透明度”为 75%，阴影模式为“正片叠底”，颜色为黑色，“不透明度”为 75%，如图 14-83 所示。

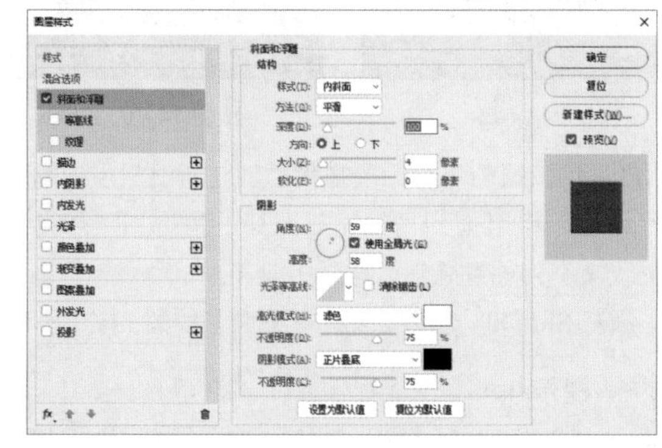
图 14-83

09 选中“投影”复选框，设置投影的“不透明度”为 75%，颜色为 #8f0012，“角度”为 120°，“距离”为 17 像素，“扩展”为 0%，“大小”为 4 像素，如图 14-84 所示。

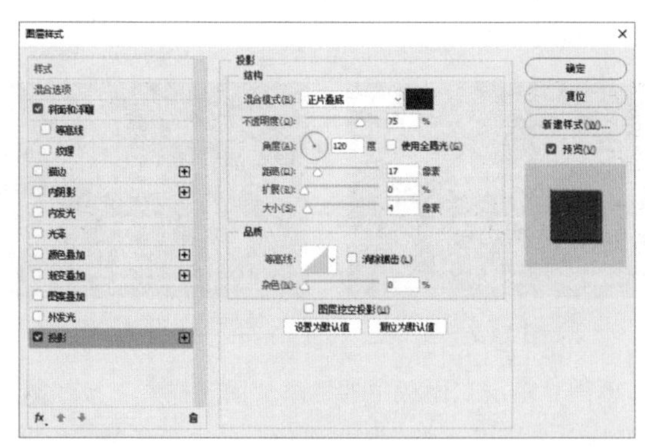
图 14-84

10 单击“确定”按钮，并用相同的方法制作其他文字，如图 14-85 所示。

11 用同样的方法制作其他文字，并选择“绿钻”素材拖入文档，按 Enter 键确认，如图 14-86 所示。

图 14-85

图 14-86

12 按住 Ctrl 键，单击绿钻图层缩略图，将其载入选区。

13 执行“选择”|“修改”|“扩展”命令，将选区扩展 50 像素。

14 单击“图层”面板中的“创建新图层”按钮创建新图层将前景色设置为 #ee5442，按快捷键 Alt+Delete 填充，如图 14-87 所示，按快捷键 Ctrl+D 取消选区。

15 用同样的方法扩展文字选区并填充颜色 #ee5442 到同一个图层，如图 14-88 所示。

图 14-87

图 14-88

16 选择工具箱中的“画笔”工具，选择一种硬边画笔，在扩展选区的填充图层上将空隙处涂抹成整体，如图 14-89 所示。

图 14-89

17 单击“图层”面板中的“添加图层样式”按钮，在菜单中选择“渐变叠加”选项，单击渐变条，设置渐变起点颜色为 #ed283a、终点颜色为 #fc7157，设置样式为“线性”，混合模式为“正常”，“角度”为 90°，如图 14-90 所示。

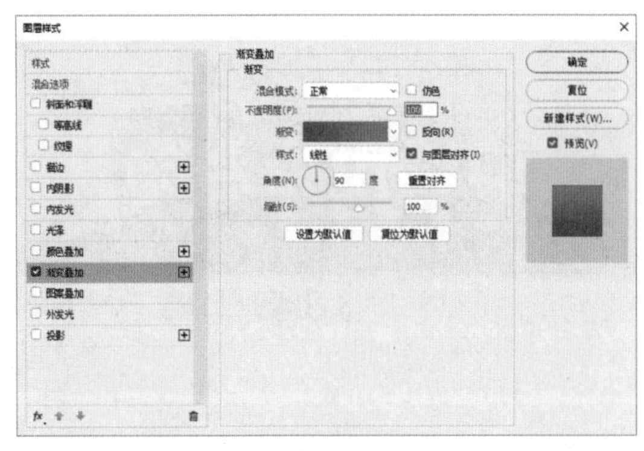

图 14-90

18 选中“投影”，设置投影的“不透明度”为 75%，颜色为 #a90909，“角度”为 120°，“距离”为 18 像素，“扩展”为 0%，“大小”为 4 像素，如图 14-91 所示。

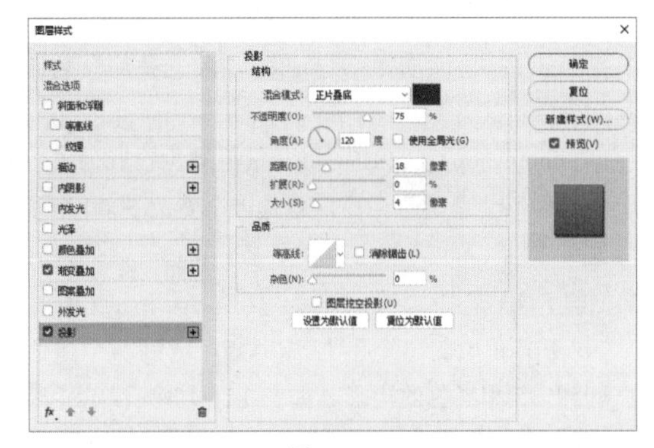

图 14-91

19 单击“确定”按钮后，效果如图 14-92 所示。

图 14-92

20 将 Banner 的所有图层拖到“创建新组”按钮上编组，将组拖到“创建新图层”按钮上复制，按快捷键 Ctrl+T 对组进行垂直翻转，单击“图层”面板中的“添加图层蒙版”按钮，为翻转后的组添加蒙版，选择工具箱中的“渐变”工具，设置渐变起点颜色为黑色、终点不透明度为 0% 的线性渐变，从上往下单击并拖曳填充渐变，制作 Banner 的倒影，图像完成制作，如图 14-93 所示。

图 14-93

14.5 数码网站——手机资讯网

本节主要利用“矩形”工具和“渐变叠加”制作一个手机网站的首页。

01 启动 Photoshop CC 2017，将背景色颜色设置为白色，执行“文件”|“新建”命令，新建一个宽为 3000 像素、高为 2000 像素、分辨率为 300 像素 / 英寸，背景内容为背景色的 RGB 文档。

02 选择工具箱中的“矩形”工具，绘制两个颜色分别为 #959595 和黑色的矩形，如图 14-94 所示。

03 选择“孩童”素材，并拖入文档，按 Enter 键确认。在“图层”面板中的孩童图层和灰色矩形图层之间单击，创建剪贴蒙版，如图 14-95 所示。

图 14-94

图 14-95

04 按快捷键 Ctrl+J 复制灰色矩形，并置于孩童图层上方，单击“图层”面板中的“添加图层样式”按钮，在菜单中选择“渐变叠加”选项，单击渐变条，设置渐变起点颜色为 #00a0e9、终点颜色为 #69f78d，设置样式为“线性”，混合模式为“正常”，“角度”为 90°，如图 14-96 所示。

05 单击“确定”按钮后，将图层的“不透明度”更改为 82%，如图 14-97 所示。

06 选择工具箱中的“矩形”工具，绘制一个黑色的矩形，如图 14-98 所示。

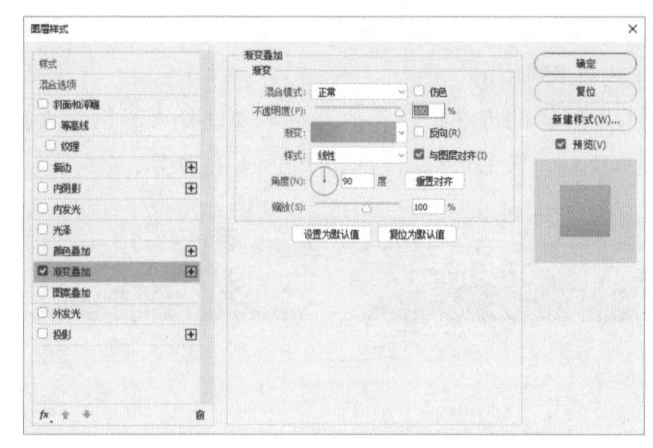

图 14-96

图 14-97

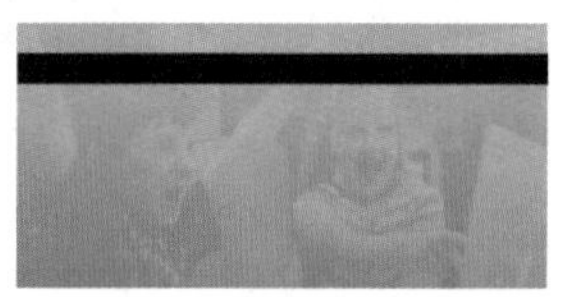

图 14-98

07 选择工具箱中的“圆角矩形”工具，绘制颜色分别白色、黑色和 #2fdab8，“半径”为 5 像素的圆角矩形，再绘制一个填充颜色为无颜色，描边颜色为 #2fdab8，描边大小为 0.5 点，半径为 5 像素的圆角矩形，如图 14-99 所示。

图 14-99

08 选择黑色的圆角矩形，单击“图层”面板中的“添加图层样式”按钮，在菜单中选择“渐变叠加”选项，单击渐变条，设置渐变 26% 位置时的颜色为 #54ca88、终点颜色为 #59ce82，设置样式为“线性”，混合模式为“正常”，“角度”为 90°，如图 14-100 所示。

09 选中“外发光”复选框，设置混合模式为“滤色”，“不透明度”为 75%，外发光颜色为 #f4f4f4，图素的“方法”为“柔和”，“扩展”为 0%，“大小”为 4 像素，如图 14-101 所示。

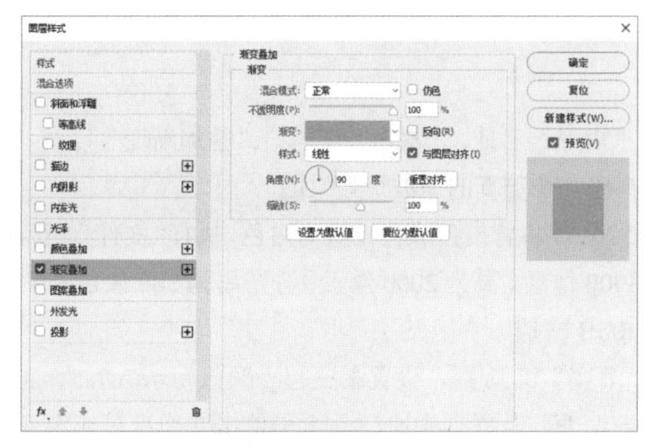

图 14-100

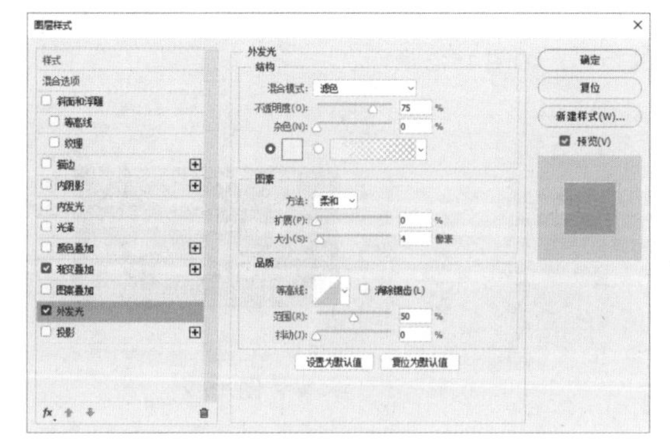

图 14-101

10 单击“确定”按钮后，效果如图 14-102 所示。

11 按快捷键 Ctrl+J 复制添加渐变的圆角矩形，重复操作 3 次，选择工具箱中的“移动”工具，将圆角矩形的距离拉开，按住 Ctrl 键，将所有矩形图层选中。在工具属性栏中，单击“水平居中对齐”按钮和“垂直剧中分布”按钮，4 个圆角矩形则竖直对齐且等距分布，如图 14-103 所示。

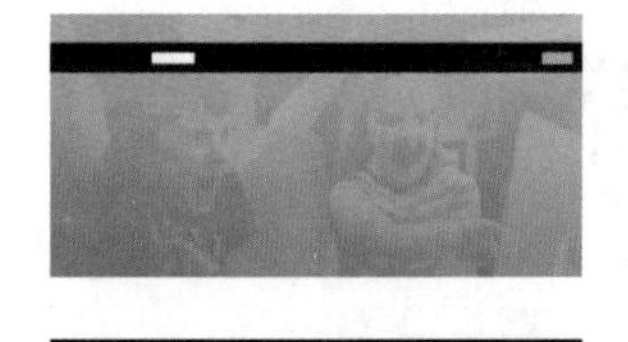

图 14-102

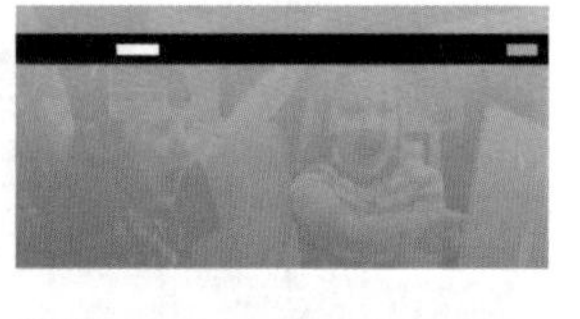

图 14-103

12 选择工具箱中的“文字”工具，输入文字，在工具属性栏中选择合适的字体、字号及颜色，制作文字，如图 14-104 所示。

13 选择工具箱中的“矩形”工具，分别绘制填充颜色为无颜色，描边颜色为黑色和白色，描边大小为 0.5 点和 1 点的矩形，如图 14-105 所示。

图 14-104

图 14-105

14 选择“手机”“资讯”和“图标”素材，并拖入文档，多次按 Enter 键全部确认置入，并将每个部分分组，方便后期调整，完成图像制作，如图 14-106 所示。

图 14-106

产品设计

本章主要学习用 Photoshop 制作产品设计的初期效果图，主要使用各种形状工具和“钢笔”工具，结合“渐变”图层样式，完成效果图的制作。

第 15 章 视频

第 15 章 素材

15.1 家电产品——微波炉

本节主要学习用“矩形”工具、“椭圆”工具、“叠加渐变”以及“重复上一步”的方法来制作一个逼真的微波炉效果图。

01 启动 Photoshop CC 2017，将背景色颜色设置为白色，执行“文件”|“新建”命令，新建一个宽为 3000 像素、高为 2000 像素、分辨率为 300 像素 / 英寸，背景内容为背景色的 RGB 文档。

02 选择工具箱中的“渐变”工具，设置渐变起点颜色为 #e7c9a5、居中位置颜色为白色的径向渐变，从画面中心向外水平单击并拖曳填充渐变，如图 15-1 所示。

03 选择工具箱中的“矩形”工具，在工具选项栏中选择 形状，绘制一个颜色为 #4d4d4d 的矩形，如图 15-2 所示。

图 15-1

图 15-2

04 在“图层”面板中，将该图层命名为“主面板”。

05 单击“图层”面板中的“添加图层样式”按钮，在菜单中选择“描边”选项，设置描边“大小”为 1 像素，颜色为 #989898，如图 15-3 所示。

06 选中“渐变叠加”复选框，单击渐变条，设置渐变起点颜色为 #e7c9a5、位置为 58% 时的颜色为白色，设置样式为“径向”，混合模式为“正常”，“角度”为 90°，并选中“反向”选项，如图 15-4 所示。

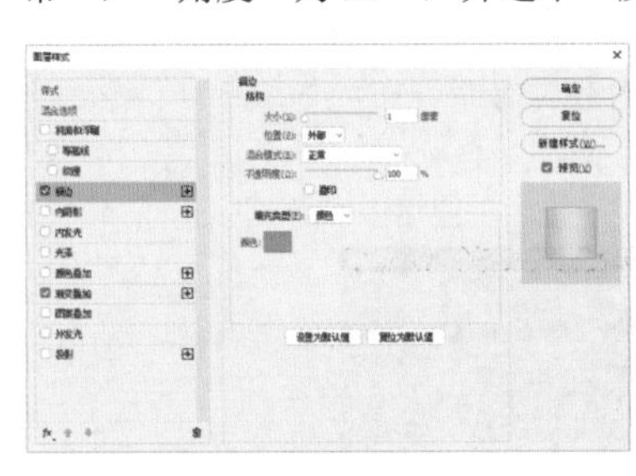

图 15-3

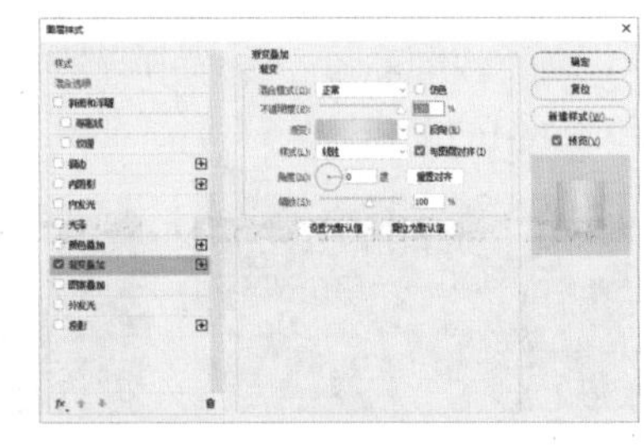

图 15-4

07 单击“确定”按钮后，效果如图 15-5 所示。

08 选择工具箱中的“矩形”工具，将填充颜色设置纯色填充，绘制一个颜色为 #0a0a0a 的矩形，如图 15-6 所示。

图 15-5

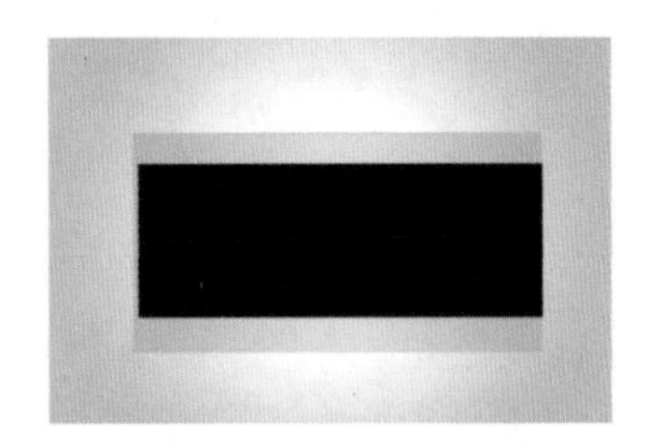

图 15-6

09 将前景色更改为 #191919，再绘制一个矩形，按快捷键 Alt+Delete 填充颜色。再按快捷键 Ctrl+T 将矩形旋转一定角度后按 Enter 键确定，并在“图层”面板中的矩形图层和旋转后的矩形图层之间单击，创建剪贴蒙版，如图 15-7 所示。

10 绘制颜色为 #2a2a2a 的矩形，如图 15-8 所示。

图 15-7

图 15-8

11 用同样的方法，绘制矩形并进行旋转，再创建剪贴蒙版，如图 15-9 所示。

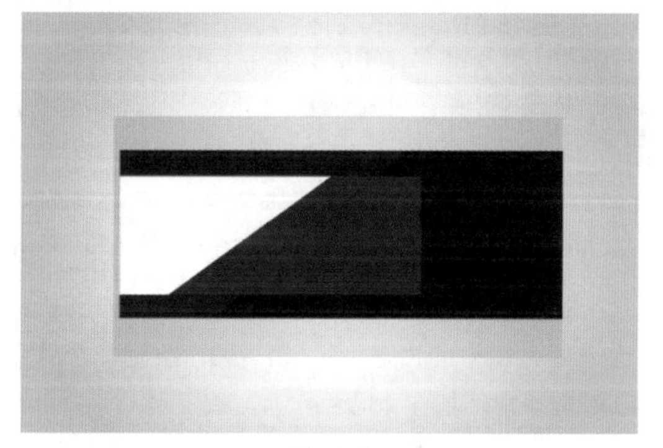

图 15-9

12 单击“图层”面板中的“添加图层样式”按钮 fx，在菜单中选择“渐变叠加”选项，设置渐变起点颜色为黑色、终点颜色为白色，设置样式为“线性”，混合模式为“正常”，“角度”为 90°，如图 15-10 所示。

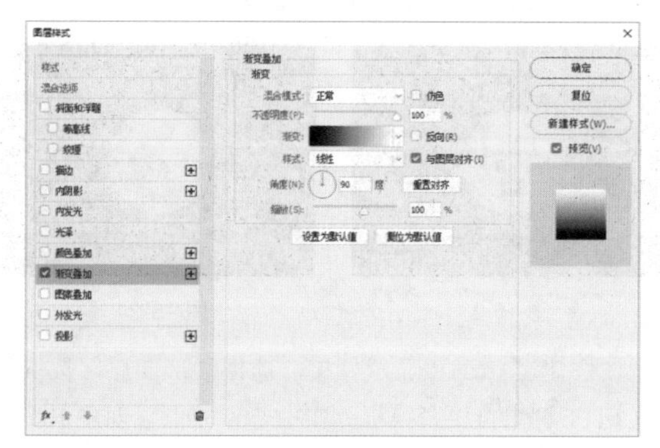

图 15-10

13 单击“确定”按钮后，效果如图 15-11 所示。

14 选择工具箱中的“椭圆”工具，在工具属性栏中选择 形状，绘制一个颜色为 #717376 的椭圆形，如图 15-12 所示。

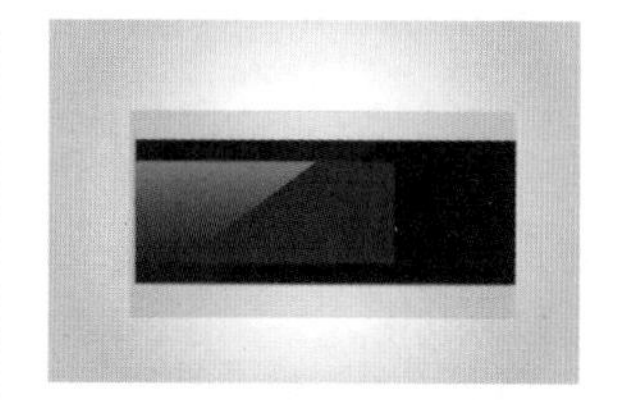

图 15-11

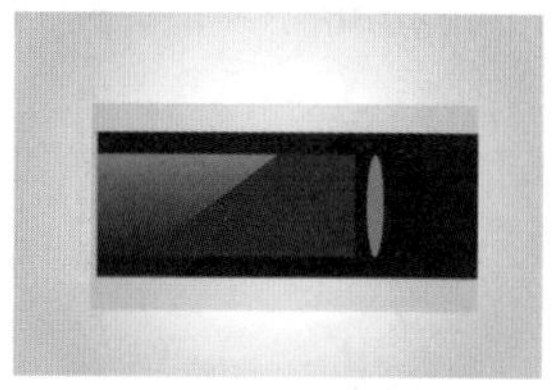

图 15-12

15 单击“图层”面板中的“添加图层样式”按钮 fx，在菜单中选择“渐变叠加”选项，设置渐变起点颜色为 #717376、位置为 89% 时的颜色为 0a0a0a，终点颜色为白色，设置样式为“线性”，混合模式为“正常”，“角度”为 0°，如图 15-13 所示。

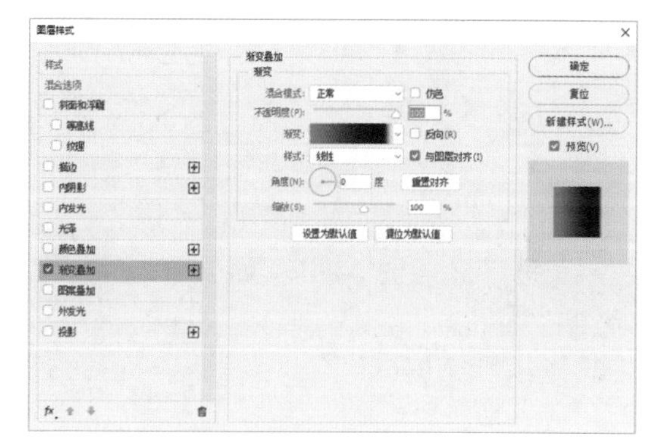

图 15-13

16 单击“确定”按钮后，效果如图 15-14 所示。

17 选择“主面板”图层，按快捷键 Ctrl+J 复制该图层。按快捷键 Ctrl+T，拖移该图层至面板是上方位置，鼠标靠近下方边缘，光标变成↕时，向上单击并拖曳，使矩形变短。再右击，在弹出的快捷菜单中选择“透视”选项，当鼠标移到矩形右上角的位置，光标变成▷时，向右单击并拖曳，完成透视效果的制作，如图 15-15 所示。

图 15-14

图 15-15

18 选择工具箱中的“矩形”工具，绘制填充颜色为黑色、描边颜色为 #a0a0a0 且描边大小为 1.5 点的矩形，如图 15-16 所示。

19 选择工具箱中的“椭圆”工具，在工具属性栏中选择 形状，按住 Shift 键，按绘制一个颜色为 #4d4d4d 的圆形，如图 15-17 所示。

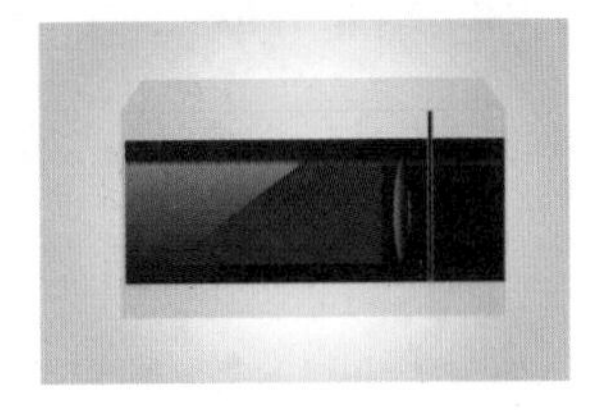

图 15-16

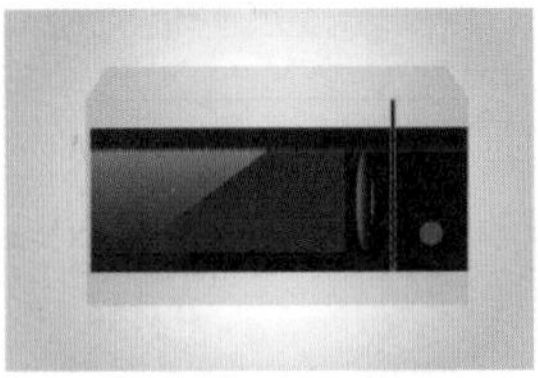

图 15-17

20 单击“图层”面板中的“添加图层样式”按钮fx，在菜单中选择“渐变叠加”选项，设置渐变起点颜色为#4d4d4d、位置为49%时的颜色为#4d4d4d、位置为73%时的颜色为#dadada，终点颜色为#757580，设置样式为线性，混合模式为“正常”，“角度”为15°，如图15-18所示。

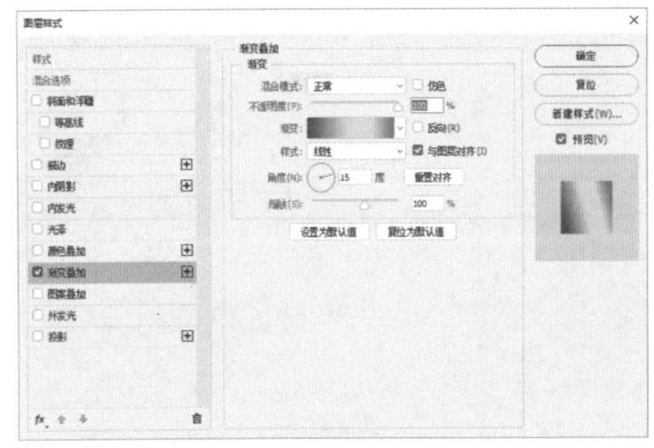

图 15-18

21 单击“确定”按钮后，效果如图15-19所示。

22 按快捷键Ctrl+J复制该图层，再按快捷键Ctrl+T调出自由变换框。按Alt+Shift键，当光标移动到自由变形框的任意一个顶角时，光标变成↙↗时，此时向圆内单击并拖动，对圆形进行缩放。

23 双击图层上右侧的小图标fx，弹出“图层样式”对话框。选中“渐变叠加”复选框，更改渐变起点颜色为#4d4d4d、位置为49%时的颜色为#dadada，设置样式为“线性”，混合模式为“正常”，“角度”为120°，单击“确定”按钮后，效果如图15-20所示。

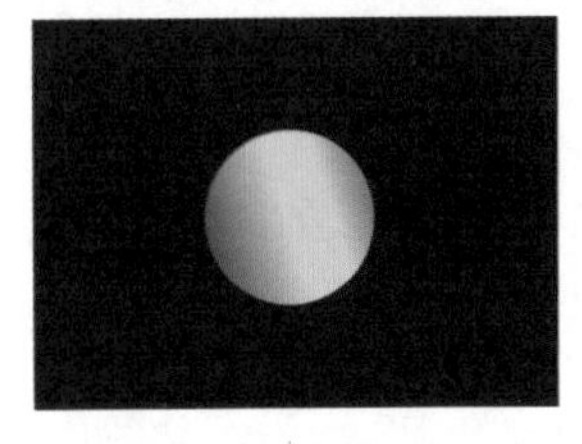

图 15-19

图 15-20

24 选择工具箱中的“矩形”工具□，绘制一个起点颜色为黑色、终点颜色为白色、渐变角度为0°的线性渐变的矩形，并按快捷键Ctrl+T，调出自由变换框，右击，在弹出的快捷菜单中选择“斜切”选项，对矩形进行变形，如图15-21所示。

25 在“图层”面板中选中该图层，右击，在弹出的快捷菜单中选择“栅格化图层”选项，将斜切后的矩形栅格化。

26 按住Ctrl键，在“图层”面板中选择缩放后的圆形，将圆形载入选区，按快捷键Ctrl+Shift+I将该选区反转。单击栅格化的矩形，按Delete键删除多余部分，如图15-22所示。

图 15-21

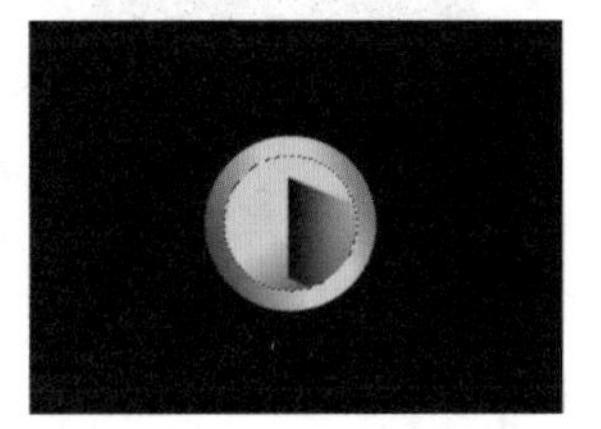

图 15-22

提示

此处没有直接在斜切矩形和缩放后的圆形之间单击创建剪贴蒙版，原因是剪贴蒙版中的基底图层添加颜色叠加、渐变叠加和图案叠加等图层样式后，剪贴图层的颜色和形状等信息无法在创建剪贴蒙版后显示出来。

27 选择工具箱中的“矩形”工具□，绘制一个颜色为#4d4d4d的矩形，如图15-23所示。

28 单击“图层”面板中的“添加图层样式”按钮fx，在菜单中选择“渐变叠加”选项，设置渐变起点颜色为#c2c3c5、位置为37%时的颜色为#7c8385、位置为59%时的颜色为#dadada，终点颜色为#757580，设置样式为“线性”，混合模式为“正常”，“角度”为90°，单击“确定”按钮后，效果如图15-24所示。

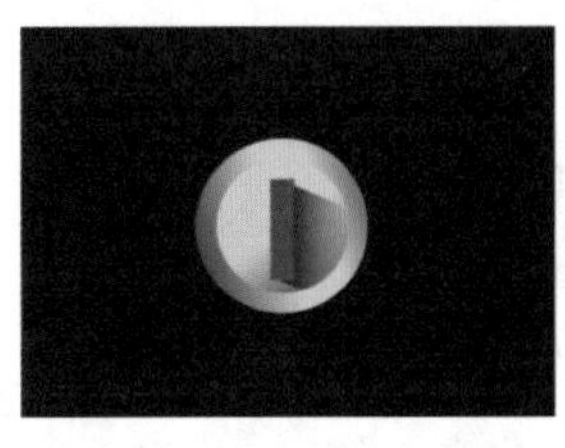

图 15-23

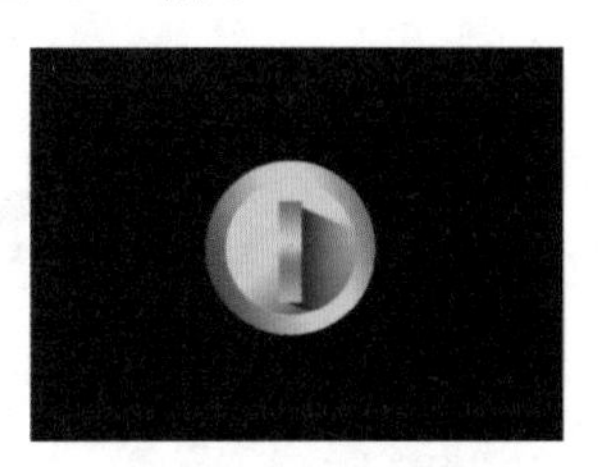

图 15-24

29 按快捷键Ctrl+R显示标尺，选择圆形图层，按快捷键Ctrl+T调出自由变换框。在中心点的位置创建水平和竖直方向的参考线，按Enter键取消变换框。

30 选择工具箱中的“直线”工具／，在工具选项栏中选择 形状 ，在竖直参考线上绘制一条白色的直线，并按快捷键Ctrl+T调出自由变换框，按住Alt键，同时在直线的中心点单击并拖动至参考线交点处，如图15-25所示。

> **提示**
> 直线比较短，可以通过按 Alt 键滚动鼠标滚轮，对画面进行放大处理。

31 在工具属性栏中，在“角度”后的文本框内输入 30，按两次 Enter 键确认旋转。按快捷键 Ctrl+Alt+Shift+T 执行重复上一步操作，重复 11 次，再按快捷键 Ctrl+H 隐藏参考线，如图 15-26 所示。

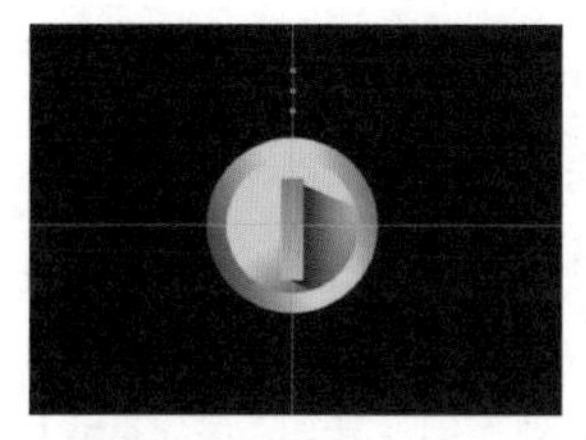
图 15-25

图 15-26

> **提示**
> 重复上一步操作，在 5.6 节有相应案例介绍。

32 用同样的方法，利用“直线”工具绘制一条较短的直线，在工具属性栏中，在“角度”后的文本框内输入 5，按两次 Enter 键确认旋转，如图 15-27 所示。

33 按快捷键 Ctrl+Alt+Shift+T 重复上一步操作，直到短直线铺满圆形周围，如图 15-28 所示。

图 15-27

图 15-28

34 选择工具箱中的“文字”工具，输入文字，在工具选项栏中设置字体为“方正兰亭准黑”，设置字号为 5.26 点，选择文字并填充白色，如图 15-29 所示。

35 将温度旋钮的所有图层拖到“创建新组”按钮上进行编组，将组拖到“创建新图层”按钮上进行复制，选择工具箱中的“移动”工具，按住 Shift 键，将复制的组垂直上移，并将文字更改为“时间（min）”，如图 15-30 所示。

图 15-29

图 15-30

36 选择工具箱中的“椭圆”工具，在工具属性栏中选择形状，绘制黑色椭圆，如图 15-31 所示。

37 在“属性”面板中，将椭圆的“羽化”值设置为 59.6 像素，如图 15-32 所示。

图 15-31

图 15-32

38 图像完成制作，如图 15-33 所示。

图 15-33

15.2　家居产品——沙发

“画笔”工具是 Photoshop 中比较常用的工具之一，本节主要学习“画笔”工具最基本的使用方法。

01 启动 Photoshop CC 2017，执行“文件”|“打开”命令，打开“背景”素材，如图 15-34 所示。

02 选择工具箱中的“圆角矩形”工具，绘制颜色为 #d7d7d7，半径为 10 像素的圆角矩形，如图 15-35 所示。

图 15-34

图 15-35

03 新建图层，选择工具箱中的“画笔”工具，将前景色设置#为e2d2bc，选择一个柔边圆笔尖，在圆角矩形的右侧边缘处涂抹，并在“图层”面板中该图层和圆角矩形图层之间单击，创剪贴蒙版，如图15-36所示。

04 选择工具箱中的“钢笔”工具，在工具选项栏中选择“工具模式”为 形状 ，绘制渐变颜色的形状，设置渐变起点颜色为#f4eee6、居中位置颜色为#e6d4bc、终点颜色为#e6d4bc，样式为线性渐变，如图15-37所示。

图 15-36

图 15-37

05 单击“创建新图层”按钮，创建一个新的空白图层，用“钢笔”工具绘制一个颜色为#dbccb6的形状，并置于圆角矩形图层的下方，如图15-38所示。

06 选择工具箱中的“画笔”工具，将前景色分别设置为#f4e8d5和#b49a81，选择一个柔边圆笔尖，涂抹出阴影和高光，并在“图层”面板中该图层和圆角矩形图层之间单击，创剪贴蒙版，如图15-39所示。

图 15-38

图 15-39

07 选择工具箱中的“矩形”工具，在工具属性栏中选择 形状 ，绘制一个颜色为#dbccb6的矩形，并置于圆角矩形图层的下方，如图15-40所示。

08 选中“渐变叠加”复选框，单击渐变条，设置渐变起点位置颜色为#9a9a9a、37%位置时的颜色为#5e5d5c、终点位置时的颜色为#a9a9a9，设置样式为“线性”，混合模式为“正常”，“角度”为0°，如图15-41所示。

图 15-40

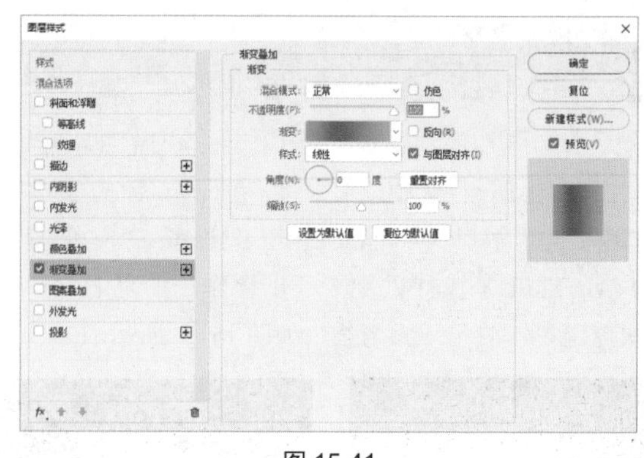

图 15-41

09 单击“确定”按钮后，沙发左侧制作完成，效果如图15-42所示。

10 将沙发左侧的所有图层拖到“创建新组”按钮上进行编组，将组拖到“创建新图层”按钮上进行复制，选择工具箱中的“移动”工具，按住Shift键，将该组水平右移，按快捷键Ctrl+T调出自由变换框，右击，在弹出的快捷菜单中选择“水平翻转”选项，按Enter键确认，如图15-43所示。

图 15-42

图 15-43

11 选择工具箱中的“圆角矩形”工具，绘制填充颜色为#44251f、半径为30像素的圆角矩形，如图15-44所示。

12 用“圆角矩形”工具再绘制一个颜色为#c7b39b的圆角矩形，如图15-45所示。

图 15-44

图 15-45

13 用“圆角矩形”工具绘制一个颜色为#e8e1d4的圆角矩形，并按住Alt键，在“图层”面板中上一个图层和该图层之间单击，创建剪贴蒙版，如图15-46所示。

14 在“属性”面板中，将“羽化”值设置为10像素，如图15-47所示。

图 15-46

图 15-47

15 羽化后的效果，如图 15-48 所示。

16 单击“创建新图层”按钮，创建一个新的空白图层。选择工具箱中的“画笔”工具，将前景色设置为 #b89f8a，选择一个柔边圆笔尖，在圆角矩形的右侧边缘处涂抹，并在“图层”面板中该图层和圆角矩形图层之间单击，创剪贴蒙版，如图 15-49 所示。

图 15-48

图 15-49

17 将沙发靠垫的所有图层拖到“创建新组”按钮上进行编组，将组拖到“创建新图层”按钮上进行复制，选择工具箱中的“移动”工具，按住 Shift 键，将该组水平右移，如图 15-50 所示。

18 选择工具箱中的“椭圆”工具，绘制一个填充颜色为 # e5d8c3 的椭圆，如图 15-51 所示。

图 15-50

图 15-51

19 单击“创建新图层”按钮，创建一个新的空白图层。选择工具箱中的“画笔”工具，将前景色设置为 #f3ece1，选择一个柔边圆笔尖，绘制高光，并在“图层”面板中该图层和椭圆图层之间单击，创剪贴蒙版，如图 15-52 所示。

20 选择工具箱中的“圆角矩形”工具，绘制填充颜色为 #ccb79f、半径为 30 像素的圆角矩形，单击“图层”面板中的“添加图层样式”按钮，在菜单中选择“渐变叠加”选项，单击渐变条，设置渐变起点颜色为 #e4d1ba、位置为 5% 时的颜色为 #d0baa0、位置为 50% 时的颜色为 #ccb49b、位置为 95% 时的颜色为 #d0baa0、终点颜色为#e4d1ba，设置样式为“线性”，混合模式为“正常”，“角度”为 0°，如图 15-53 所示。

图 15-52

图 15-53

21 选择工具箱中的“画笔”工具，将前景色设置为 #a48975，选择一个柔边圆笔尖，绘制阴影，并置于椭圆图层的下方，如图 15-54 所示。

22 将沙发坐垫的所有图层拖到“创建新组”按钮上进行编组，将组拖到“创建新图层”按钮上进行复制，选择工具箱中的“移动”工具，按住 Shift 键，将该组水平右移，如图 15-55 所示。

图 15-54

图 15-55

23 选择工具箱中的“圆角矩形”工具，绘制填充颜色为 #9d7f67、半径为 30 像素的圆角矩形，如图 15-56 所示。

24 用“圆角矩形”工具，绘制填充颜色为 #ccb79f、半径为 30 像素的圆角矩形，单击“图层”面板中的“添加图层样式”图标，在菜单中选择“渐变叠加”选项，单击渐变条，设置渐变起点颜色为 #d3bca4、位置为 79% 时的颜色为 #d3bca4、位置为 91% 时的颜色为 #e1d6c9，设置样式为“线性”，混合模式为“正常”，“角度”为 90°，单击“确定”按钮后，效果如图 15-57 所示。

图 15-56

图 15-57

25 单击“创建新图层”按钮，创建一个新的空白图层，选择工具箱中的“画笔”工具，将前景色设置为黑色，

“不透明度”设置为 30%，选择一个柔边圆笔尖，涂抹出沙发脚处的阴影，如图 15-58 所示。

26 选择工具箱中的“椭圆”工具，绘制一个填充颜色为 #0e0e0e 的椭圆，如图 15-59 所示。

图 15-58

图 15-59

27 在“属性”面板中，设置“羽化值”为 107.7 像素，如图 15-60 所示。

图 15-60

28 此时，完成图像制作，效果如图 15-61 所示。

图 15-61

15.3 电子产品——鼠标

本节主要利用渐变叠加和“钢笔”工具，制作一个逼真的鼠标效果图。

01 启动 Photoshop CC 2017，将背景色颜色设置为白色，执行“文件”|“新建”命令，新建一个宽为 3000 像素、高为 2000 像素、分辨率为 300 像素 / 英寸，背景内容为背景色的 RGB 文档。

02 选择工具箱中的“渐变”工具，设置渐变起点颜色为 # a0daec、终点颜色为 #fdfafa 的径向渐变，从画面中心向外水平单击并拖曳填充渐变，如图 15-62 所示。

03 选择工具箱中的“椭圆”工具，绘制一个填充颜色为 #0c0f19 的椭圆，如图 15-63 所示。

图 15-62

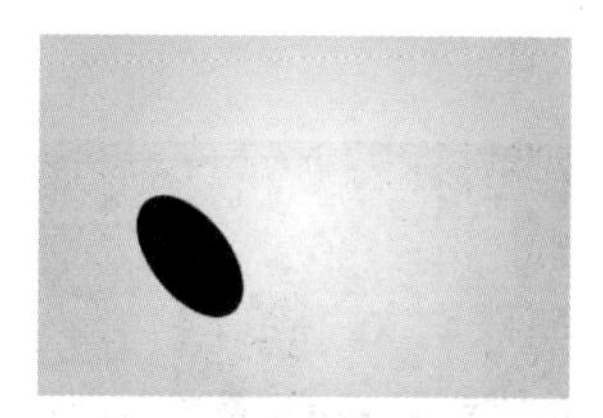
图 15-63

04 选择工具箱中的“钢笔”工具，在工具选项栏中选择“工具模式”为 形状，绘制颜色为 #f59008 的形状，如图 15-64 所示。

图 15-64

05 单击“图层”面板中的“添加图层样式”按钮，在菜单中选择“投影”选项，设置投影的“不透明度”为 75%，颜色为黑色，“角度”为 120°，“距离”为 12 像素，“扩展”为 0%，“大小”为 27 像素，如图 15-65 所示。

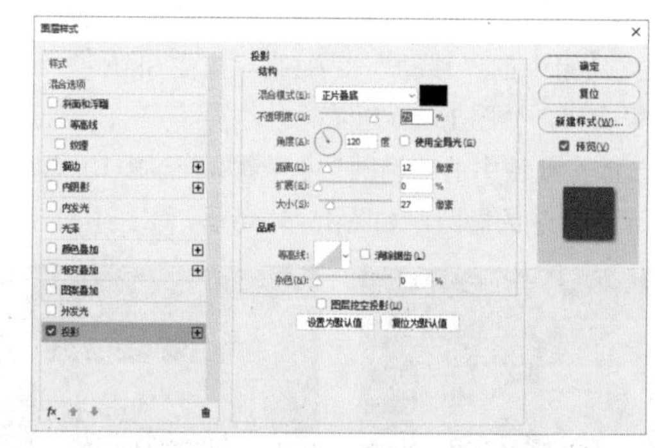
图 15-65

06 单击“确定”按钮后，效果如图 15-66 所示。

07 选择工具箱中的“椭圆”工具，绘制一个颜色为 #3a3b3c 的椭圆，如图 15-67 所示。

图 15-66

图 15-67

08 在“图层”面板中绘制的形状图层和椭圆图层之间单击，创建剪贴蒙版，如图 15-68 所示。

图 15-68

09 单击“图层”面板中的“添加图层样式”按钮 fx，在菜单中选择“渐变叠加”选项，单击渐变条，设置渐变起点颜色为 #010101、位置为 17% 时的颜色为 #3a3b3c、位置为 22% 时的颜色为 #a7a7a7、位置为 31% 时的颜色为 #4b4b4b、终点颜色为 #2f3436，设置样式为“线性”，混合模式为“正常”，“角度”为 -75°，如图 15-69 所示。

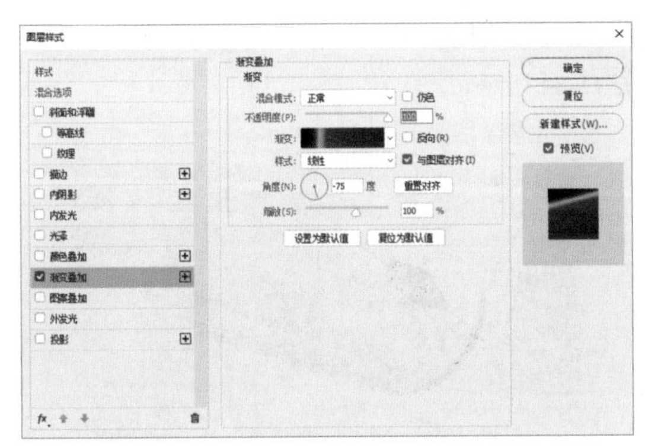

图 15-69

10 单击“确定”按钮后，效果如图 15-70 所示。

11 选择工具箱中的“钢笔”工具，在工具属性栏中选择“工具模式”为 形状，绘制颜色为白色的形状，如图 15-71 所示。

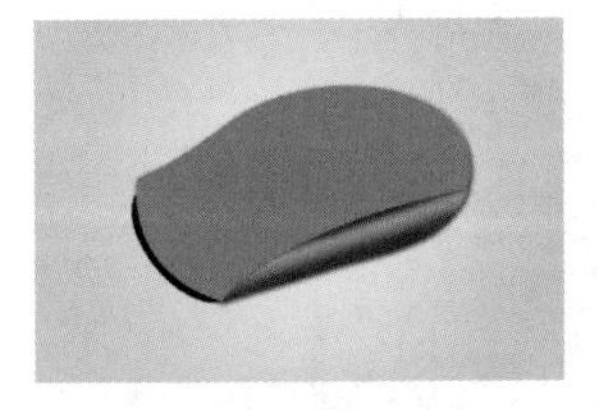

图 15-70　　图 15-71

12 单击“图层”面板中的“添加图层样式”按钮 fx，在单中选择“渐变叠加”选项，单击渐变条，设置渐变起点颜色为 #fcd38a、位置为 49% 时的颜色为 #fdbb5f，终点颜色为 #7ffa121，设置样式为“径向”，混合模式为“正常”，“角度”为 90°，如图 15-72 所示。

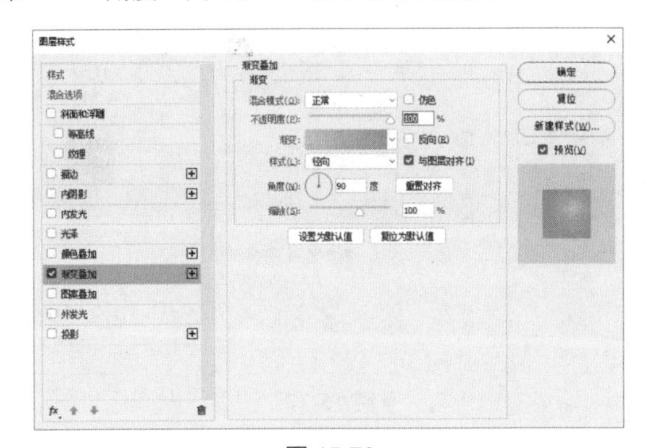

图 15-72

13 单击“确定”按钮后，效果如图 15-73 所示。

14 在“属性”面析中，设置形状的“羽化”值为 16 像素，如图 15-74 所示。

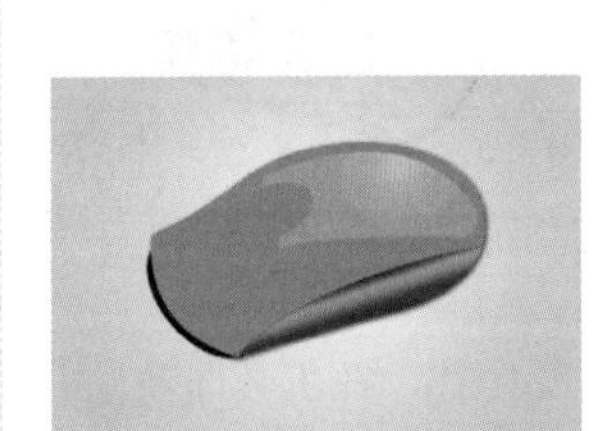

图 15-73　　图 15-74

15 羽化后的效果，如图 15-75 所示。

16 选择工具箱中的“钢笔”工具，在工具属性栏中选择“工具模式”为 形状，绘制颜色为 # b8b8b8 的形状，如图 15-76 所示。

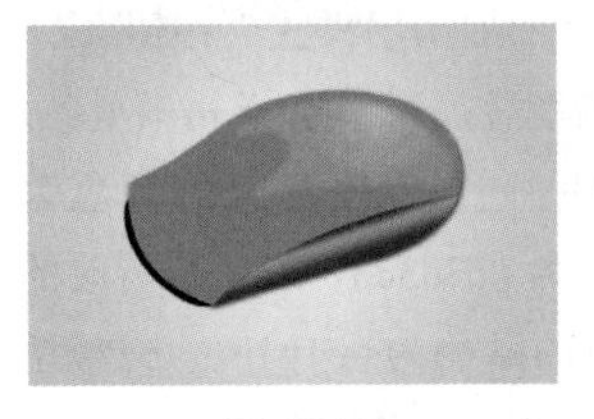

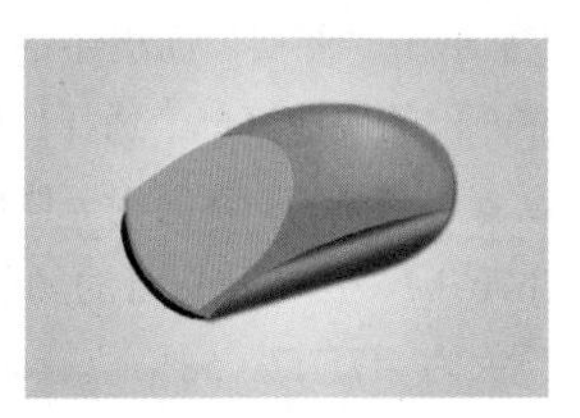

图 15-75　　图 15-76

17 单击“图层”面板中的“添加图层样式”按钮 fx，在菜单中选择“内阴影”选项，设置混合模式为“正片叠底”，“不透明度”为 75%，颜色为 #010101，“角度”为 0°，“距离”为 3 像素，“阻塞”为 0%，“大小”为 4 像素，如图 15-77 所示。

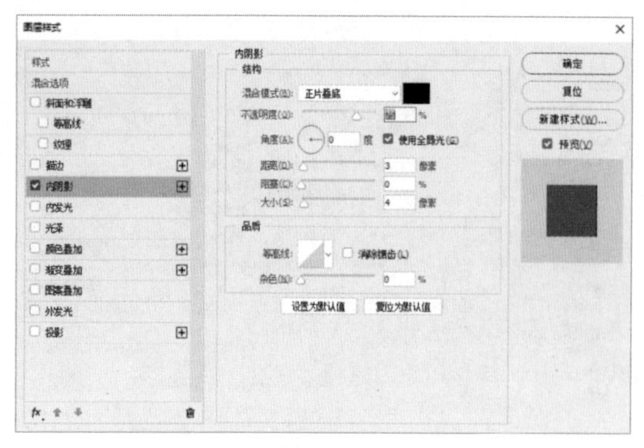

图 15-77

18 单击“确定”按钮后，效果如图 15-78 所示。

19 选择工具箱中的“矩形”工具，绘制填充颜色为 #808080、描边颜色为 #f7f3f0、描边大小为 0.5 点的矩形。按快捷键 Ctrl+T 对矩形进行纵向的斜切，按 Enter 键确认。按住 Alt 键，在“图层”面板中刚绘制的形状和矩形图层之间单击，创建剪贴蒙版，如图 15-79 所示。

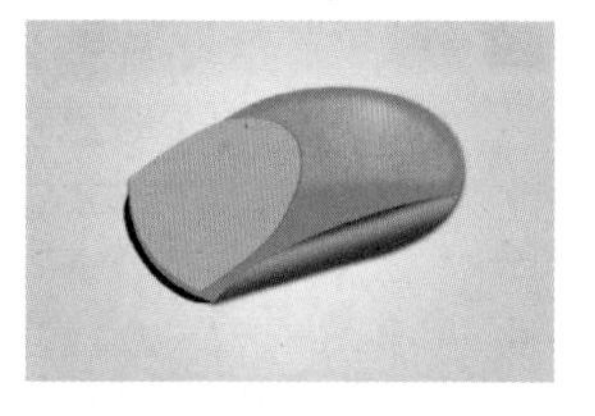

图 15-78

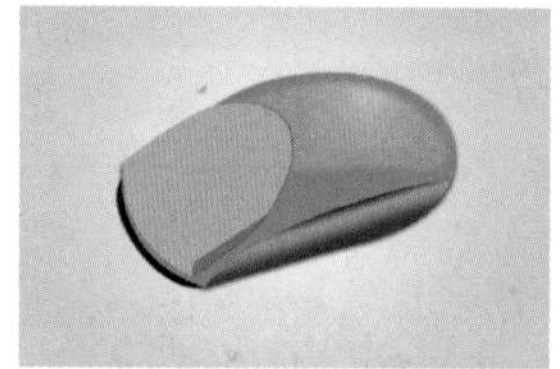

图 15-79

20 选择工具箱中的“钢笔”工具，在工具选项栏中选择“工具模式”为形状，绘制颜色为白色的形状，并在“图层”面板中该图层与矩形图层之间单击，创建连续的剪贴蒙版，如图 15-80 所示。

提示

连续的剪贴蒙版均以基底图层的形状为基础。

21 单击“图层”面板中的“添加图层样式”按钮，在弹出的快捷菜单中选择“渐变叠加”选项，单击渐变条，设置渐变起点颜色为 #d7d4d3、12% 位置时的颜色为 #b7b7b7、16% 位置时的颜色为 #d3d3d3、33% 位置时的颜色为 #f7f7f7、58% 位置时的颜色为 #b1b1b1、64% 位置时的颜色为 #cccdcd、70% 位置时的颜色为 #e1e1e1、87% 位置时的颜色为 #b1b1b1、终点颜色为白色，设置样式为“线性”，混合模式为“正常”，“角度”为 -58°，单击“确定”按钮后，效果如图 15-81 所示。

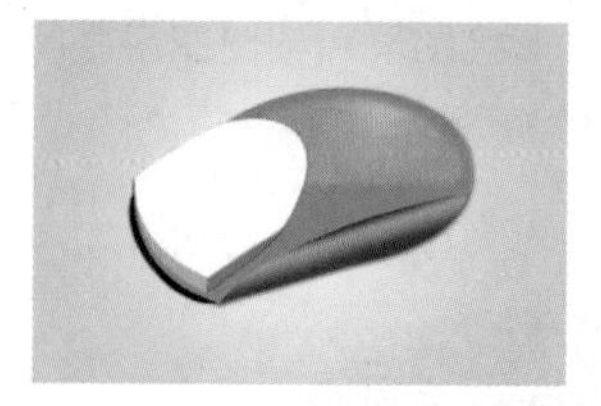

图 15-80

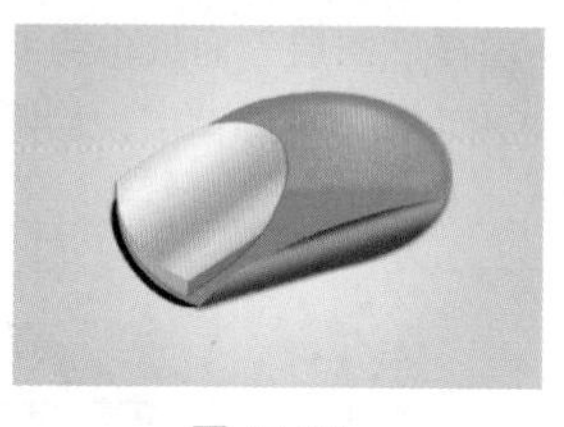

图 15-81

22 选择工具箱中的“直线”工具，绘制颜色为 #151f1f、粗细为 8 像素的直线，并在“图层”面板中该图层与上一个图层之间单击，创建连续的剪贴蒙版，如图 15-82 所示。

23 单击并拖动，绘制另一条直线，如图 15-83 所示。

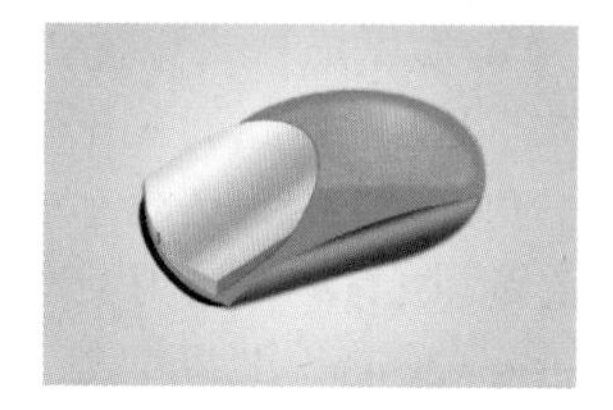

图 15-82

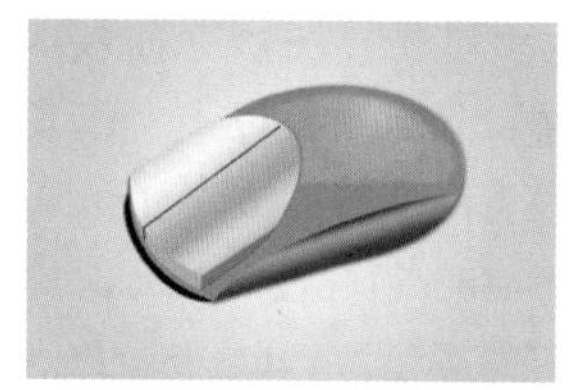

图 15-83

24 选择工具箱中的“钢笔”工具，在工具属性栏中选择“工具模式”为形状，绘制颜色为 #1d1d1d 的形状，如图 15-84 所示。

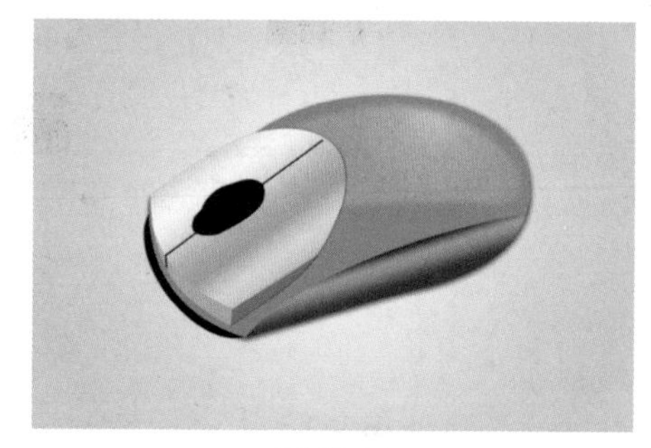

图 15-84

25 选择工具箱中的“椭圆”工具，绘制两个颜色分别为 #b8b8b8 和 #494a4b 的椭圆，按住 Alt 键，在“图层”面板中该图层与上一个图层、椭圆与椭圆图层之间单击，创建剪贴蒙版，完成图像制作，如图 15-85 所示。

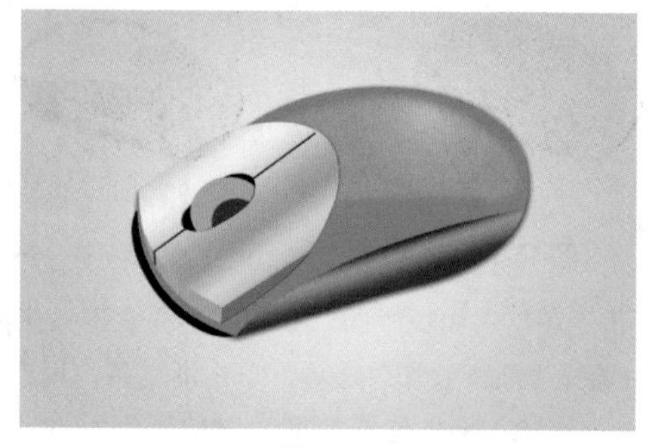

图 15-85

15.4　电子产品——MP3

本节主要利用渐变工具、椭圆工具、圆角矩形工具和“添加杂色”滤镜等方式制作一个 MP3 播放器。

01 启动 Photoshop CC 2017，执行“文件”|“新建”命令，新建一个宽为 3000 像素、高为 2000 像素、分辨率为 300 像素 / 英寸的 RGB 文档。

02 选择工具箱中的“渐变”工具，设置渐变起点颜色为 #33a7b7、终点颜色为 #31ba97 的线性渐变，按住 Shift 键，从画面上方向下垂直单击并拖曳填充渐变，如图 15-86 所示。

03 选择工具箱中的“圆角矩形”工具，绘制颜色为 #d7d7d7、半径为 10 像素的圆角矩形，如图 15-87 所示。

图 15-86

图 15-87

04 单击“图层”面板中的“添加图层样式”按钮，在菜单中选择“渐变叠加”选项，设置渐变起点颜色为黑色、位置为 11% 时的颜色为白色、位置为 30% 时的颜色为 #6f6f6f、位置为 57% 时的颜色为 #585858、位置为 73% 时的颜色为 #c6c6c6、位置为 85% 时的颜色为白色、位置为 92% 时的颜色为 #363636、终点颜色为黑色，设置样式为“线性”，混合模式为“正常”，“角度”为 0°，如图 15-88 所示。

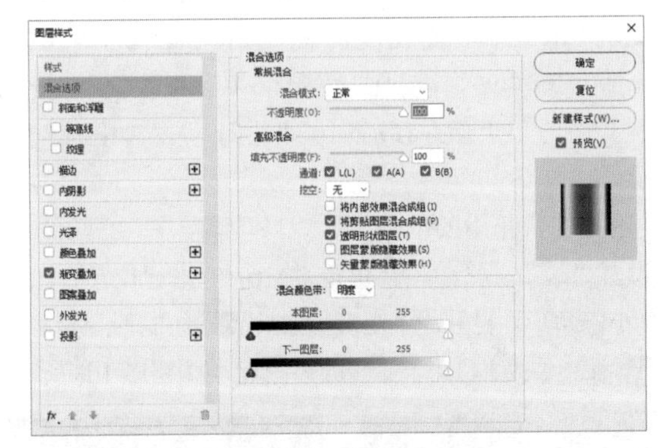

图 15-88

05 单击“确定”按钮后，效果如图 15-89 所示。

06 按快捷键 Ctrl+J 复制一个该图层，如图 15-90 所示。

07 选择工具箱中的“圆角矩形”工具，绘制颜色为白色，半径为 20 像素的圆角矩形，如图 15-91 所示。

图 15-89

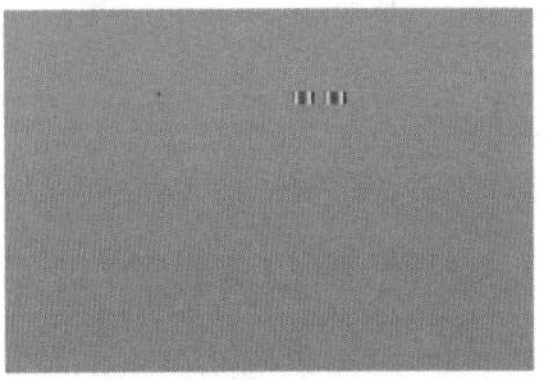

图 15-90

图 15-91

08 单击“图层”面板中的“添加图层样式”按钮，在菜单中选择“渐变叠加”选项，设置渐变起点颜色为 #80898c、位置为 13% 时的颜色为 #d7dfe3、位置为 57% 时的颜色为 #bec4c7、位置为 90% 时的颜色为 #d6e0e4、终点颜色为 #aab0b2，设置样式为“线性”，混合模式为“正常”，“角度”为 0°，如图 15-92 所示。

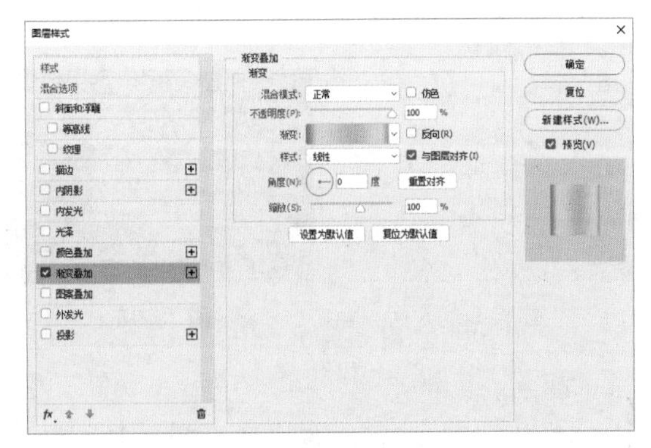

图 15-92

09 选中“投影”复选框，设置投影的“不透明度”为 75%，颜色为黑色，“角度”为 120°，“距离”为 13 像素，“扩展”为 0%，“大小”为 42 像素，如图 15-93 所示。

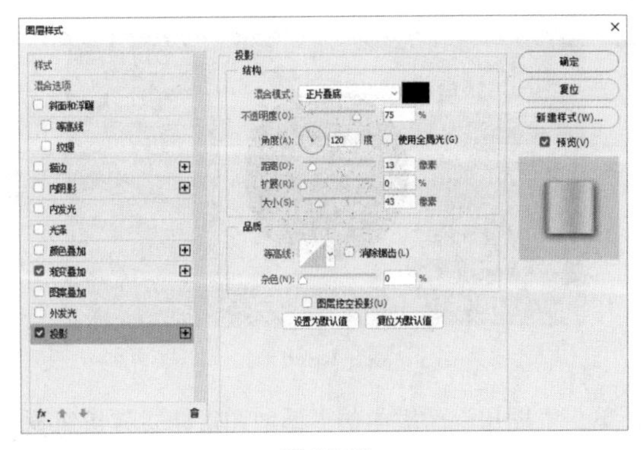

图 15-93

10 单击“确定”按钮后，效果如图 15-94 所示。

11 按住 Ctrl 键，在“图层”面板中单击图层缩略图，将圆角矩形载入选区，并单击“创建新图层”按钮，创建一个新的空白图层，将前景色设置为白色，按快捷键 Alt+Delete 填充该选区，如图 15-95 所示。

图 15-94

图 15-95

12 按快捷键 Ctrl+D 选择选区。执行“滤镜”|“杂色”|“添加杂色”命令，设置“数量”为 30%，选择“高斯分布”，并选中“单色”复选框，如图 15-96 所示。

13 单击“确定”按钮后，效果如图 15-97 所示。

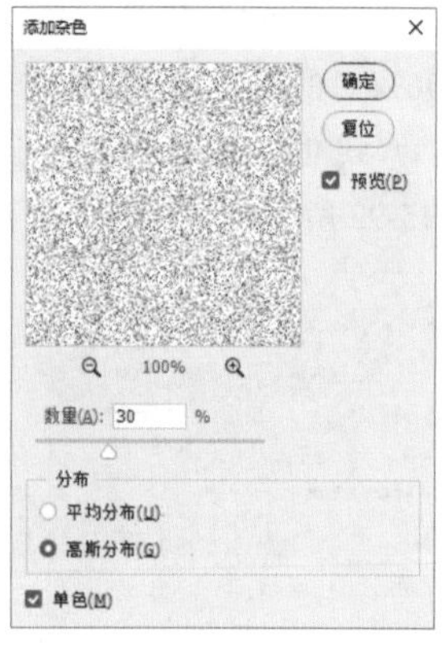

图 15-96

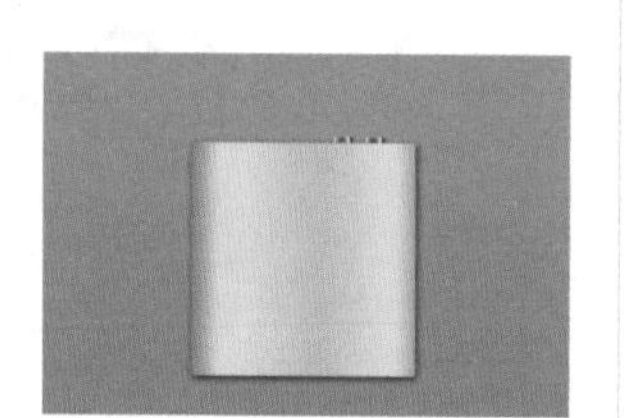

图 15-97

提示

“添加杂色”滤镜的主要作用是表现不锈钢的磨砂质感。

14 选择工具箱中的“椭圆”工具，在工具属性栏中选择 形状 ，按住 Shift 键，绘制一个颜色为 #191919 的正圆形，如图 15-98 所示。

图 15-98

15 单击“图层”面板中的“添加图层样式”按钮，在菜单中选择“渐变叠加”选项，设置渐变 49% 位置的颜色为黑色、位置为 71% 时的颜色为 #262626、终点时颜色为 #0d0d0d，设置样式为“径向”，混合模式为“正常”，“角度”为 90°，如图 15-99 所示。

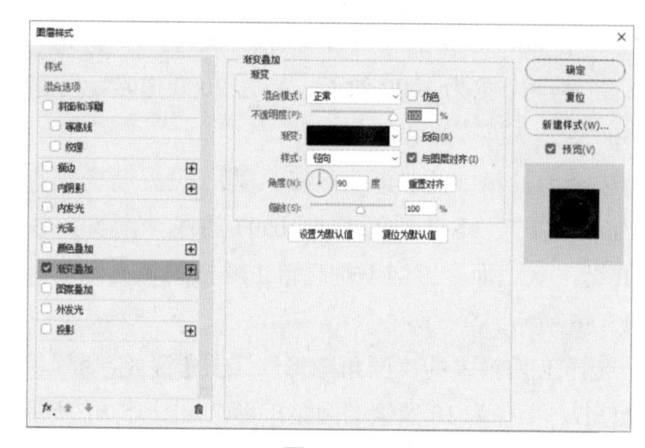

图 15-99

16 单击“确定”按钮后，效果如图 15-100 所示。

17 选择绘制的圆形，按快捷键 Ctrl+J 复制该圆形，按 Alt+Shift 键缩小该图，并将该图层上图层样式的图标拖到“删除”按钮上删除。将前景色设置为 #d9e3e6，按 Alt+Delete 填充前景色，如图 15-101 所示。

图 15-100

图 15-101

18 选择工具箱中的“矩形”工具，绘制 3 个颜色为 #d9e3e6 的矩形，并按快捷键 Ctrl+J 复制一个矩形。按快捷键 Ctrl+T 调出自由变换框，按住 Shift 键，将其中一个矩形旋转 90°，制作“音量 +”。按快捷键 Ctrl+J 复制其中一个矩形并移动制作“音量 -”，如图 15-102 所示。

19 选择工具箱中的“多边形”工具，在工具属性栏中设置“边”为 3，结合快捷键 Ctrl+T 进行旋转，绘制 4 个小三角形。再利用“矩形”工具，绘制两个矩形，制作“上一曲”和“下一曲”的小图标，如图 15-103 所示。

图 15-102

图 15-103

20 用同样的方法，利用“多边形”工具和“矩形”

工具制作颜色为 #101010 的“播放 / 暂停”图标，如图 15-104 所示。

21 选择工具箱中的“钢笔”工具，在工具选项栏中选择“形状” 形状 ，绘制颜色为 #fcfcfc 的耳机线，如图 15-105 所示。

图 15-104

图 15-105

22 单击“图层”面板中的“添加图层样式”按钮 fx，在菜单中选择“斜面和浮雕”选项，设置样式为“内斜面”，方法为“平滑”，“深度”为 100%，方向为“上”，“大小”为 5 像素，“软化”为 2 像素，如图 15-106 所示。

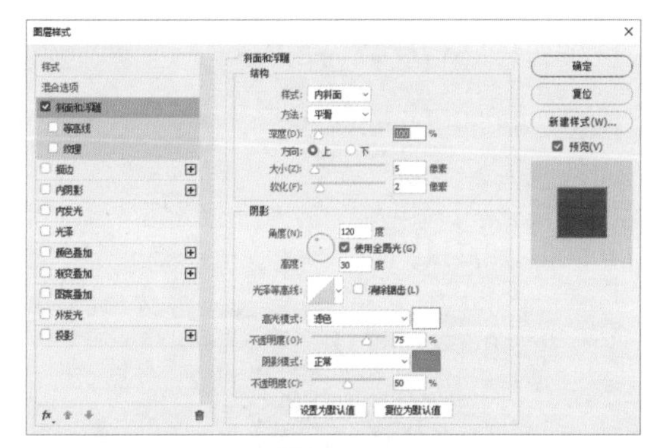

图 15-106

23 选中“投影”复选框，设置投影的“不透明度”为 30%，颜色为黑色，“角度”为 120°，“距离”为 0 像素，“扩展”为 0%，“大小”为 4 像素，如图 15-107 所示。

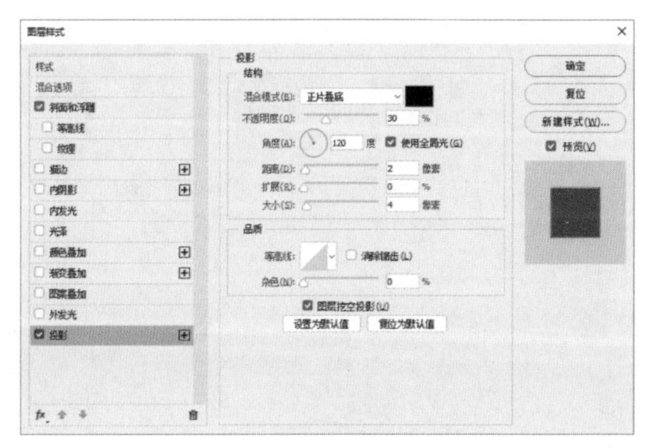

图 15-107

24 单击“确定”按钮后，效果如图 15-108 所示。

25 选择工具箱中的“钢笔”工具，绘制耳机插头的形状，并填充起点颜色为 #cfd3d5、位置为 72% 时的颜色为白色、终点颜色为 #ebebec、“角度”为 0° 的线性渐变，如图 15-109 所示。

图 15-108

图 15-109

26 选择工具箱中的“椭圆”工具，绘制一个颜色为 #8699a0 的小椭圆置于接口处，如图 15-110 所示。

27 用同样的方法，利用“钢笔”工具绘制耳机的金属部分形状，并填充 7% 位置的颜色为 #515c60、位置为 37% 时的颜色为 #717e83、位置为 54% 时的颜色为 #d4dee1、位置为 79% 时的颜色为 #77868b、终点颜色为 #58686d、角度为 0° 的线性渐变。将耳机图层选中并编组，置于主面板图层的下方，图像完成制作，如图 15-111 所示。

图 15-110

图 15-111